清华大学公共基础平台课教材

高等微积分教程(下)

多元函数微积分与级数

■ 章纪民　闫浩　刘智新　编著

清华大学出版社
北 京

内容简介

本教材是编者在多年的教学经验与教学研究的基础上编写而成的. 教材中适当加强了微积分的基本理论,同时兼顾微积分的应用,使之有助于培养学生分析问题和解决问题的能力. 书中还给出了习题答案或提示,以方便教师教学使用及学生自学.

教材分为上、下两册，此书是下册，内容包括多元函数及其微分学、含参积分及广义含参积分、重积分、曲线积分与曲面积分、常数项级数、函数项级数、Fourier 级数.

本书可作为大学理工科非数学专业微积分课程的教材.

图书在版编目(CIP)数据

高等微积分教程. 下,多元函数微积分与级数/章纪民,闫浩,刘智新编著. —北京:清华大学出版社,2015(2024.7 重印)

清华大学公共基础平台课教材

ISBN 978-7-302-39418-1

Ⅰ. ①高… Ⅱ. ①章… ②闫… ③刘… Ⅲ. ①微积分－高等学校－教材 Ⅳ. ①O172

中国版本图书馆 CIP 数据核字(2015)第 031483 号

责任编辑:石 磊 汪 操
封面设计:傅瑞学
责任校对:王淑云
责任印制:丛怀宇

出版发行:清华大学出版社
网 址:https://www.tup.com.cn,https://www.wqxuetang.com
地 址:北京清华大学学研大厦 A 座 **邮 编**:100084
社 总 机:010-83470000 **邮 购**:010-62786544
投稿与读者服务:010-62776969,c-service@tup.tsinghua.edu.cn
质量反馈:010-62772015,zhiliang@tup.tsinghua.edu.cn
印 装 者:三河市东方印刷有限公司
经 销:全国新华书店
开 本:170mm×230mm **印 张**:21.75 **字 数**:413 千字
版 次:2015 年 3 月第 1 版 **印 次**:2024 年 7 月第 11 次印刷
定 价:62.00 元

产品编号:052086-04

前言

微积分是现代大学生(包括理工科学生以及部分文科学生)大学入学后的第一门课程,也是大学数学教育的一门重要的基础课程,其重要性已为大家所认可.但学生对这门课仍有恐惧感.对学生来说如何学好这门课,对教师来说如何教好这门课,都是广大师生关注的事情.众多微积分教材的出版,都是为了帮助学生更好地理解、学习这门课程,也为了教师更容易地教授这门课.本书的编写就是这么一次尝试.

一、微积分的发展史

以英国科学家牛顿(Newton)和德国数学家莱布尼茨(Leibniz)在17世纪下半叶独立研究和完成的,现在被称为微积分基本定理的牛顿-莱布尼茨公式为标志,微积分的创立和发展已经历了三百多年的时间.但是微积分的思想可以追溯到公元前3世纪古希腊的阿基米德(Archimedes).他在研究一些关于面积、体积的几何问题时,所用的方法就隐含着近代积分学的思想.而微分学的基础——极限理论也早在公元前3世纪左右我国的庄周所著《庄子》一书的“天下篇”中就有记载,“一尺之棰,日取其半,万世不竭”;在魏晋时期我国伟大的数学家刘徽在他的割圆术中提到的“割之弥细,所失弥小,割之又割,以至于不可割,则与圆周合体而无所失矣”,都是朴素的、也是很典型的极限概念.利用割圆术,刘徽求出了圆周率$\pi=3.1416\cdots\cdots$的结果.

牛顿和莱布尼茨的伟大工作是把微分学的中心问题——切线问题和积分学的中心问题——求积问题联系起来.用这种划时代的联系所创立的微积分方法和手段,使得一些原本被认为是很难的天文学问题、物理学问题得到解决,展现了微积分的威力,推动了当时科学的发展.

尽管牛顿和莱布尼茨的理论在现在看来是正确的,但他们当时的工作是不完善的,尤其缺失数学分析的严密性.在一些基本概念上,例如“无穷”和“无穷小量”这些概念,他们的叙述十分含糊.“无穷小量”有时是以零的形式,有时又以非零而是有限的小量出现在牛顿的著作中.同样,在莱布尼茨的著作中也有类似的混淆.这些缺陷,导致了越来越多的悖论和谬论的出现,引发了微积分的危机.

在随后的几百年中，许多数学家为微积分理论做出了奠基性的工作，其中有：

捷克的数学家和哲学家波尔查诺(Bolzano)(1781—1848 年)，著有《无穷的悖论》，提出了级数收敛的概念，并对极限、连续和变量有了较深入的了解.

法国数学家柯西(Cauchy)(1789—1857 年)，著有《分析教程》、《无穷小分析教程概论》和《微积分在几何上的应用》，“柯西极限存在准则”给微积分奠定了严密的基础，创立了极限理论.

德国数学家维尔斯特拉斯(Weierstrass)(1815—1897 年)，引进“ε-δ”、“ε-N”语言，在数学上“严格”定义了“极限”和“连续”，逻辑地构造了实数理论，系统建立了数学分析的基础.

在微积分理论的发展之路上，还有一些数学家必须提到，他们是黎曼(Riemann)、欧拉(Euler)、拉格朗日(Lagrange)、阿贝尔(Abel)、戴德金(Dedekind)、康托尔(Cantor)，等等，他们的名字将在我们的教材中一次又一次地被提到.

我们在教材中呈现的是经过许多数学家不断完善、发展的微积分体系.

二、我们的教材

教材的编写与教学目的是紧密相关的.微积分的教学目的主要为：

工具与方法 微积分是近代自然科学与工程技术的基础，其工具与方法属性是毋庸置疑的.物理、化学、生物、力学等，很少有学科不用到微积分的概念、思想方法与手段.即便是在许多人文社会科学中，也会用到微积分知识.

语言功能 “数学教学也就是数学语言的教学.”这是俄罗斯学者斯托利亚尔说过的.其实这里说的数学语言，不仅仅指的是数学上用到的语言，还指科学上用到的语言.科学知识的获取、发展及表述都需要一套语言，而数学语言是应用最广的一种科学语言.微积分中所用到的语言，包括“ε-δ”、“ε-N”语言，是最重要的数学语言之一.因此数学语言的学习也是微积分课程的教学内容.

培养理性思维 理性思维方法是处理科学问题所必需的一种思维方法.微积分理论中处处闪耀着历史上一代又一代数学大师们理性思维的光芒，我们力图在教材中向学生展现这些理性思维的光芒，以激发学生理性思维的潜能.同时注重理性思维训练，使学生在微积分的学习过程中有机会逐步理解、掌握解决数学以及相关科学问题的逻辑思维方法.

实践过程 从微积分的发展历史可以发现，从阿基米德、刘徽的朴素微积分思想，到牛顿和莱布尼茨的微积分基本定理，再到“实数系—极限论—微积分”体系的建立，正好是一门学科从萌芽到初步建立再到完善的过程.任何一门科学的产生都沿袭这个过程.微积分是学生第一次完整地经历这一过程，而这种经历对每个学生来说也是难得的.微积分的学习就是一次实践过程,让学生体会、学习如何建立一门科学,在创建的过程中会遇到什么问题,如何去解决那些乍一看似乎解决不了的问题(例如"柯西极限存在准则"成功解决了数列或函数极限不存在的问题,而这个问题用极限的定义是无法解决的;实数理论解决了实数在实数轴上的完备性问题).尽管微积分是一门已经成熟的课程,我们几乎不可能有创新的机会,但是通过建立微积分理论体系的实践,可以培养学生创新的能力.一旦有机会,他们会在各自的工作中提出自己的理论,并会完善自己的理论.就像儿时的搭积木对培养建筑师的重要性一样.

随着计算机和软件技术的日益发展,微积分中的一些计算工作,例如求导数、求积分等的重要性日渐减弱,而微积分的语言功能和实践过程却越来越重要.对于非数学专业的理工科学生来说,原来的微积分教材太注重微积分的工具功能,而数学专业的数学分析教材又太注重细节,学时太长,因此我们编写了现在的教材.

在本教材中,我们在不影响总学时的情况下,适当加强了极限理论的内容和训练,为学生进一步学好微积分理论打下坚实的基础.同时,将确界原理作为平台(基本假设),给出了关于实数完备性的几个基本定理,使之满足微积分体系的需要.而对于初学学生不容易理解和掌握的内容,如有限覆盖定理等,则不作过多的论述与要求,从而避免冗长的论证和过于学究化的深究.我们比较详细地介绍了积分理论,证明了一元函数可积的等价定理以及二重积分的可积性定理,得到了只要函数"比较好"(函数的间断点为零长度集(一元函数定积分)或零面积集(二元函数的二重积分)),积分区域边界也"比较好"(积分区域边界为零面积集(二元函数的二重积分)),一元函数定积分(二元函数的二重积分)一定存在.至于三重积分和曲线、曲面积分,我们采取了简化的方法,没有探究细节.

我们将常微分方程的内容放到上册,以便于其他学科(比如物理学)的学习.而级数则放到本书的最后.作为函数项级数的应用,我们在本书的最后证明了常微分方程初值问题解的存在唯一性定理.

微积分教材的理性与直观的关系一直是比较难处理的问题.过多地强调理性,可能会失去微积分本来的意图;而过多地强调直观,又会使这么优秀的大学生失去了一次难得的理性思维训练,这种训练是高层次人才所必须经历的,而且我们的学生也非常愿意接受这种训练.与国外的微积分教材比较强调直观相比,我们兼顾了数学的理性思维训练.与国内的微积分教材相比,我们结合了学生的实际情况(学习能力强,学习热情高),适当地加强了教材与习题的难度,并考虑到理工科学生的背景,加强了应用.

本教材作为讲义已经在清华大学的很多院系使用过数次.上册与下册的基本内容分别使用 75 学时讲授,各辅以 20～25 学时的习题课.

本书是根据编者在清华大学微积分课程的讲义整理而成的.上册主要由刘智新编写,下册主要由章纪民编写,教材中的习题主要由北京邮电大学闫浩编写.在编写的过程中,得到了"清华大学'985工程'三期人才培养项目"的资助和清华大学数学科学系领导的关心与帮助.编者的同事苏宁、姚家燕、郭玉霞、扈志明、杨利军、崔建莲、梁恒等老师在本书的编写过程中也给予了很多帮助和关心,借此机会,向他们一一致谢.

三、关于微积分的学习

我们的学生经过小学、中学的数学学习,已经有一定的数学基础和技能,但是面对微积分这门严谨和理性的课程,多少都会有一些不适应.对学生而言,毅力和坚持是唯一的途径.对教师而言,耐心和细致也是必要的前提.任何教材都只是知识的载体,缺少了学生的毅力和教师的耐心,学好微积分是不可能的.

祝同学们学习进步!

编 者

2014年7月于清华园

目录

第1章　多元函数及其微分学

上册我们主要讨论一元函数的微分与积分，从这一章起，我们将研究多元函数的微分与积分.

本章是对多元函数讨论的第1章，涉及的内容有：

n 维 Euclid 空间；

多元函数（多元向量值函数）的定义、极限、连续性和可微性；

全微分、偏导数和方向导数的概念及计算；

隐函数（隐向量值函数）、参数函数（参数向量值函数）和反函数（反向量值函数）的存在性、光滑性及其微分；

微分的应用，其中包括微分的几何应用：曲面的切平面与法线、曲线的切线与法平面、Taylor 公式、极值与条件极值问题.

对多元函数的研究，可以看成是对一元函数研究的推广，而这些推广的基础是对实轴上的距离（实轴上两点 x,y 间的距离在上册用绝对值 $|x-y|$ 表示）的推广（推广到 n 维空间 $\mathbb{R}^n$ 中两点 $\boldsymbol{X},\boldsymbol{Y}$ 间的 **Euclid 距离** $\|\boldsymbol{X}-\boldsymbol{Y}\|_n$）. 在推广过程中，我们可以看到有些一元函数微分学的概念可以在多元函数中推广，比如：极限、连续、可微；而另外一些概念在多元函数微分学中没有相应的推广，比如：一元函数导数的概念.

$\mathbb{R}^n$ 是 n 元函数定义域所在的空间，所以我们首先讨论 n 维空间 $\mathbb{R}^n$.

1.1　n 维 Euclid 空间 $\mathbb{R}^n$

这里要讨论的 **n 维（实）空间** $\mathbb{R}^n$ 为集合

$$\mathbb{R}^n=\{(x_1,x_2,\cdots,x_n)\mid x_i\in\mathbb{R},i=1,2,\cdots,n\}.$$

先定义 $\mathbb{R}^n$ 中两种运算：

(1) **加法运算**：$\mathbb{R}^n$ 中的两个元素 $(x_1,x_2,\cdots,x_n)$ 和 $(y_1,y_2,\cdots,y_n)$ 的加法运算为

$$(x_1,x_2,\cdots,x_n)+(y_1,y_2,\cdots,y_n)=(x_1+y_1,x_2+y_2,\cdots,x_n+y_n).$$

(2) **数乘运算**：$\mathbb{R}^n$ 中的一个元素$(x_1,x_2,\cdots,x_n)$与实数 λ 的数乘运算为

$$\lambda(x_1,x_2,\cdots,x_n)=(\lambda x_1,\lambda x_2,\cdots,\lambda x_n),\quad \lambda\in\mathbb{R}.$$

容易验证，集合$\mathbb{R}^n$ 关于上述的加法运算与数乘运算在实数域上构成一个线性空间，其维数为 n.

因此$\mathbb{R}^n$ 中的一个元素既可称为$\mathbb{R}^n$ 中的一个**点**，也可称为$\mathbb{R}^n$ 中的一个**向量**. $\mathbb{R}^n$ 中的点(向量)通常也用 $\boldsymbol{X},\boldsymbol{Y}$ 等表示.

1.1.1 *n* 维 Euclid 空间

在上册书中，当自变量 x 趋于实数 a 时，一元函数 $f(x)$以实数 A 为极限(即$\lim\limits_{x\to a}f(x)=A$)的定义为

$$\forall\varepsilon>0,\quad \exists\delta>0,\quad \forall x:0<|x-a|<\delta,\quad |f(x)-A|<\varepsilon.$$

也就是函数值 $f(x)$与实数 A 要多“接近”就可以多“接近”，只要自变量 x 与实数 a 足够“接近”. $|x-a|$与$|f(x)-A|$是刻画 x 与 a 以及 $f(x)$与 A 的“接近”程度的两个量，也就是直线上 x 点与 a 点以及 $f(x)$与 A 的距离.

同样，在$\mathbb{R}^n$ 中我们也需要一个量来刻画两点 $\boldsymbol{X}$ 与 $\boldsymbol{Y}$ 的“接近”程度，这就是$\mathbb{R}^n$ 中的距离. $\mathbb{R}^n$ 中最常见的距离是 Euclid 距离 $\|\boldsymbol{X}-\boldsymbol{Y}\|_n$.

定义 1.1.1 ……………………………………………………………………

设 $\boldsymbol{X}=(x_1,x_2,\cdots,x_n)\in\mathbb{R}^n$，$\boldsymbol{Y}=(y_1,y_2,\cdots,y_n)\in\mathbb{R}^n$，它们之间的 **Euclid 距离** $\|\boldsymbol{X}-\boldsymbol{Y}\|_n$ 定义为

$$\|\boldsymbol{X}-\boldsymbol{Y}\|_n=\sqrt{\sum_{i=1}^{n}(x_i-y_i)^2}.$$

在不会引起混淆的情况下，我们省略 $\boldsymbol{X}$ 与 $\boldsymbol{Y}$ 的距离 $\|\boldsymbol{X}-\boldsymbol{Y}\|_n$ 中的下标“n”.

容易证明，$\mathbb{R}^n$ 中的上述距离满足以下性质：

(1) **正定性**：$\|\boldsymbol{X}-\boldsymbol{Y}\|\geqslant 0$，当且仅当 $\boldsymbol{X}=\boldsymbol{Y}$ 时，$\|\boldsymbol{X}-\boldsymbol{Y}\|=0$；

(2) **对称性**：$\|\boldsymbol{X}-\boldsymbol{Y}\|=\|\boldsymbol{Y}-\boldsymbol{X}\|$；

(3) **三角不等式**：$\forall\boldsymbol{Z}\in\mathbb{R}^n$，$\|\boldsymbol{X}-\boldsymbol{Y}\|\leqslant\|\boldsymbol{X}-\boldsymbol{Z}\|+\|\boldsymbol{Z}-\boldsymbol{Y}\|$.

带有 Euclid 距离的 n 维线性空间$\mathbb{R}^n$ 称为 **n 维 Euclid 空间**.

显然，绝对值$|x-y|$就是当 $n=1$ 时实数轴$\mathbb{R}^1$ 上两点 x,y 之间的 Euclid 距离.

1.1.2 *n* 维 Euclid 空间中的开集与闭集

n 维 Euclid 空间$\mathbb{R}^n$ 中的距离可以导出$\mathbb{R}^n$ 中一点的邻域的概念.

定义 1.1.2

设 $\boldsymbol{X}_0\in\mathbb{R}^n$，$\delta>0$，集合

$$B(\boldsymbol{X}_0,\delta)=\{\boldsymbol{X}\in\mathbb{R}^n \mid \|\boldsymbol{X}-\boldsymbol{X}_0\|<\delta\}$$

称为 $\boldsymbol{X}_0$ 点的**δ邻域**. 集合

$$B^{\circ}(\boldsymbol{X}_0,\delta)=\{\boldsymbol{X}\in\mathbb{R}^n \mid 0<\|\boldsymbol{X}-\boldsymbol{X}_0\|<\delta\}$$

称为点 $\boldsymbol{X}_0$ 的**去心δ邻域**.

$n=1$ 时，$B(\boldsymbol{X}_0,\delta)$就是以 $\boldsymbol{X}_0$ 为中心，两边各取长度 δ 的开区间$(\boldsymbol{X}_0-\delta,\boldsymbol{X}_0+\delta)$；

$n=2,3$ 时，$B(\boldsymbol{X}_0,\delta)$分别为以 $\boldsymbol{X}_0$ 为中心，半径为 δ 的圆域和球域(不包含边界).

在邻域的基础上，我们有下列基本概念：

定义 1.1.3

(1) **内点**：集合 $\Omega\subset\mathbb{R}^n$，点 $\boldsymbol{X}_0\in\mathbb{R}^n$. 如果存在 $\delta>0$，使得 $\boldsymbol{X}_0$ 的某个邻域 $B(\boldsymbol{X}_0,\delta)\subset\Omega$，则称 $\boldsymbol{X}_0$ 是集合 Ω 的一个内点.

(2) **边界点**：集合 $\Omega\subset\mathbb{R}^n$，点 $\boldsymbol{X}_0\in\mathbb{R}^n$. 如果对于任意 $\delta>0$，同时满足

$$B(\boldsymbol{X}_0,\delta)\cap\Omega\neq\varnothing,\quad B(\boldsymbol{X}_0,\delta)\cap(\mathbb{R}^n\backslash\Omega)\neq\varnothing,$$

则称 $\boldsymbol{X}_0$ 为 Ω 的一个边界点，其中$\mathbb{R}^n\backslash\Omega=\{\boldsymbol{X}\in\mathbb{R}^n \mid \boldsymbol{X}\notin\Omega\}$为集合 Ω 的**余集**.

(3) **开集**：若集合 Ω 中的每一点均为内点，则称 Ω 为开集.

(4) **闭集**：若集合 Ω 的余集$\mathbb{R}^n\backslash\Omega$ 为开集，则称 Ω 为闭集.

(5) **内部**：由集合 Ω 的所有内点构成的集合称为 Ω 的内部，记作 $\mathring{\Omega}$.

(6) **边界**：由集合 Ω 的所有边界点构成的集合称为 Ω 的边界，记作$\partial\Omega$.

(7) **闭包**：集合 Ω 的闭包$\overline{\Omega}$ 为：$\overline{\Omega}=\Omega\cup\partial\Omega$.

在$\mathbb{R}^n$ 中有两个特殊的集合：全集$\mathbb{R}^n$ 和空集$\varnothing$，它们既是开集也是闭集.

对于任意的集合 $\Omega\subset\mathbb{R}^n$，可以证明 Ω 的内部 $\mathring{\Omega}$ 是开集，Ω 的闭包$\overline{\Omega}$ 是闭集.

从上述基本概念还可推出下列性质：

(1) 任意多个开集之并为开集；有限个开集之交为开集.

(2) 任意多个闭集之交为闭集；有限个闭集之并为闭集.

例 1.1.1

$\forall\boldsymbol{X}_0\in\mathbb{R}^n$，$\delta>0$，$B(\boldsymbol{X}_0,\delta)$和 $B^{\circ}(\boldsymbol{X}_0,\delta)$均为开集，其边界为

$$\partial B(\boldsymbol{X}_0,\delta)=\{\boldsymbol{X}\in\mathbb{R}^n \mid \|\boldsymbol{X}-\boldsymbol{X}_0\|=\delta\},$$

$$\partial B^{\circ}(\boldsymbol{X}_0,\delta)=\{\boldsymbol{X}\in\mathbb{R}^n \mid \|\boldsymbol{X}-\boldsymbol{X}_0\|=\delta\}\cup\{\boldsymbol{X}_0\},$$

其内部为各自集合本身，其闭包均为

$$\overline{B}(\boldsymbol{X}_0,\delta)=\overline{B^{\circ}}(\boldsymbol{X}_0,\delta)=\{\boldsymbol{X}\in\mathbb{R}^n \mid \|\boldsymbol{X}-\boldsymbol{X}_0\|\leqslant\delta\}.$$

与$\mathbb{R}^1$中的集合一样，集合$\Omega\subset\mathbb{R}^n$，若存在实数$M>0$，使得$\forall \boldsymbol{X}\in\Omega$，$\|\boldsymbol{X}\|\leqslant M$，则称$\Omega$为**有界集合**. 例1.1.1中的集合$B(\boldsymbol{X}_0,\delta)$，$B^{\circ}(\boldsymbol{X}_0,\delta)$，$\bar{B}(\boldsymbol{X}_0,\delta)$均为有界集合，其中$\bar{B}(\boldsymbol{X}_0,\delta)$为**有界闭集**.

1.1.3 $\mathbb{R}^n$中集合的连通性

设集合$\Omega\subset\mathbb{R}^n$，我们很关心集合$\Omega$是不是连成一片的，在数学上，这就是集合连通性的概念. 下面是最简单的一种连通定义：**道路连通**.

定义 1.1.4 ……

集合$\Omega\subset\mathbb{R}^n$称为(道路)**连通**的，如果对于任意的两点$\boldsymbol{\xi},\boldsymbol{\eta}\in\Omega$，均有一条完全属于$\Omega$的折线段将两点连接起来；否则，$\Omega$叫做**非(道路)连通集**.

例如图1.1.1.

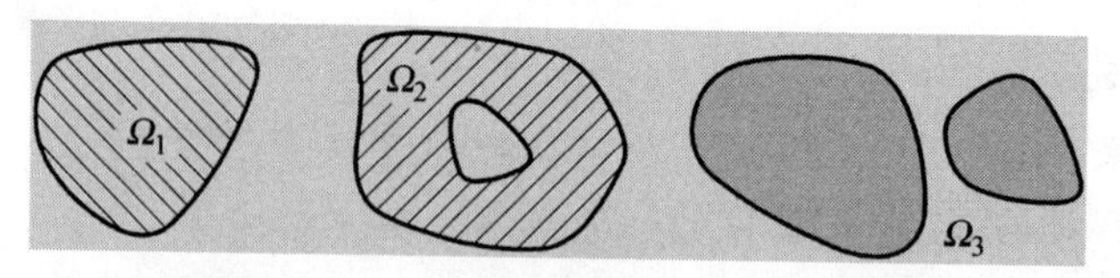

图1.1.1 Ω_1，Ω_2是连通集，Ω_3是非连通集

定义 1.1.5 ……

$\mathbb{R}^n$中非空的连通开集称为**开区域**，开区域的闭包称为**闭区域**.

例 1.1.2 ……

$D=\{(x,y)\mid a<x<b,c<y<d\}$是$\mathbb{R}^2$中的一个开区域；

$\Omega=\{(x,y,z)\mid x^2+y^2+z^2\leqslant 1\}$是$\mathbb{R}^3$中的一个闭区域.

1.1.4 $\mathbb{R}^n$中的点列，点列的收敛性以及收敛点列的性质

设$\boldsymbol{X}_k=(x_k^{(1)},x_k^{(2)},\cdots,x_k^{(n)})\in\mathbb{R}^n$，$k=1,2,\cdots$，则$\{\boldsymbol{X}_k\}_{k=1}^{+\infty}$称为$\mathbb{R}^n$中的一个**点列**. 点列通常也记作$\{\boldsymbol{X}_k\}$.

定义 1.1.6 ……

点$\boldsymbol{A}=(a^{(1)},a^{(2)},\cdots,a^{(n)})\in\mathbb{R}^n$，点列$\{\boldsymbol{X}_k\}$**收敛于$\boldsymbol{A}$**，即$\lim\limits_{k\to+\infty}\boldsymbol{X}_k=\boldsymbol{A}$，指的是

$$\forall\varepsilon>0,\quad \exists N\in\mathbb{N}^+,\quad \forall k\in\mathbb{N}^+: k>N,\quad \|\boldsymbol{X}_k-\boldsymbol{A}\|<\varepsilon.$$

当$n=1$时，定义1.1.6与实数列的收敛定义是一致的.

定理 1.1.1 ……

$\lim\limits_{k\to+\infty}\boldsymbol{X}_k=\boldsymbol{A}$的充分必要条件是$\lim\limits_{k\to+\infty}x_k^{(i)}=a^{(i)}$，$i=1,2,\cdots,n$.

证明 显然有不等式

$$\begin{aligned}&\max\{|x_k^{(1)}-a^{(1)}|,|x_k^{(2)}-a^{(2)}|,\cdots,|x_k^{(n)}-a^{(n)}|\}\\&\leqslant\|\boldsymbol{X}_k-\boldsymbol{A}\|=\sqrt{\sum_{i=1}^{n}(x_k^{(i)}-a^{(i)})^2}\qquad(1.1.1)\\&\leqslant|x_k^{(1)}-a^{(1)}|+|x_k^{(2)}-a^{(2)}|+\cdots+|x_k^{(n)}-a^{(n)}|.\end{aligned}$$

如果$\lim\limits_{k\to+\infty}\boldsymbol{X}_k=\boldsymbol{A}$,则由不等式(1.1.1)可知:$\forall\varepsilon>0,\exists N\in\mathbb{N}^+,\forall k\in\mathbb{N}^+$:$k>N$,

$$\max\{|x_k^{(1)}-a^{(1)}|,|x_k^{(2)}-a^{(2)}|,\cdots,|x_k^{(n)}-a^{(n)}|\}<\varepsilon.$$

即

$$\lim_{k\to+\infty}x_k^{(i)}=a^{(i)},\quad i=1,2,\cdots,n.$$

反之,如果

$$\lim_{k\to+\infty}x_k^{(i)}=a^{(i)},\quad i=1,2,\cdots,n,$$

则

$$\forall\varepsilon>0,\exists N_i\in\mathbb{N}^+,\forall k\in\mathbb{N}^+:k>N_i,\quad|x_k^{(i)}-a^{(i)}|<\frac{\varepsilon}{n},\quad i=1,2,\cdots,n.$$

由不等式(1.1.1)可知,$\forall\varepsilon>0$,取$N=\max\{N_1,N_2,\cdots,N_n\}\in\mathbb{N}^+$,$\forall k\in\mathbb{N}^+$:$k>N$,$\|\boldsymbol{X}_k-\boldsymbol{A}\|<\varepsilon$,即

$$\lim_{k\to+\infty}\boldsymbol{X}_k=\boldsymbol{A}.$$

上述定理告诉我们,点列$\{\boldsymbol{X}_k\}$收敛到$\boldsymbol{A}$等价与$\{\boldsymbol{X}_k\}$的n个分量构成的n个实数列$\{x_k^{(i)}\}_{k=1}^{+\infty}(i=1,2,\cdots,n)$分别收敛到$\boldsymbol{A}$的相应分量. 例如:

$$\boldsymbol{X}_k=\left(1+\frac{1}{k},1-\frac{1}{k}\right)\in\mathbb{R}^2,\quad\lim_{k\to+\infty}\boldsymbol{X}_k=(1,1).$$

与$\mathbb{R}^1$一样,我们可以定义$\mathbb{R}^n$中的Cauchy序列:

定义 1.1.7 ……………………

设$\{\boldsymbol{X}_k\}$为$\mathbb{R}^n$中的点列,如果

$$\forall\varepsilon>0,\quad\exists N\in\mathbb{N}^+,\quad\forall l,m\in\mathbb{N}^+:l,m>N,\quad\|\boldsymbol{X}_l-\boldsymbol{X}_m\|<\varepsilon,$$

则称$\{\boldsymbol{X}_k\}$为$\mathbb{R}^n$中 **Cauchy序列**.

容易证明,$\mathbb{R}^n$中的点列$\{\boldsymbol{X}_k\}$为Cauchy序列的充分必要条件是$\{\boldsymbol{X}_k\}$的n个分量构成的n个实数列$\{x_k^{(i)}\}_{k=1}^{+\infty}(i=1,2,\cdots,n)$均为Cauchy数列,因此有

定理 1.1.2 ……………………

$\mathbb{R}^n$是**完备**的,即$\mathbb{R}^n$中的Cauchy序列必收敛于$\mathbb{R}^n$中的点.

$\mathbb{R}^n$ 中的闭集还有下列性质：

定理 1.1.3

设 $\Omega\subset\mathbb{R}^n$ 为闭集，$\{\boldsymbol{X}_k\}$ 为 Ω 中的收敛点列，收敛点为 $\boldsymbol{A}$，则 $\boldsymbol{A}\in\Omega$.

证明 假设 $\boldsymbol{A}\notin\Omega$，因为 Ω 是闭集，Ω 的余集 $\mathbb{R}^n\setminus\Omega$ 为开集，$\boldsymbol{A}\in\mathbb{R}^n\setminus\Omega$ 为内点，$\exists\delta>0$，使得 $\Omega\cap B(\boldsymbol{A},\delta)=\varnothing$，与 $\lim\limits_{k\to+\infty}\boldsymbol{X}_k=\boldsymbol{A}$ 矛盾.

1.1.5 $\mathbb{R}^n$ 的进一步研究

除了定理 1.1.2(Cauchy 准则)外，在上册的实数理论中，我们研究了实数轴 $\mathbb{R}^1$ 的性质：

确界原理：非空有上界(下界)的实数集必有上(下)确界；

单调收敛定理：单调有界实数列必收敛；

Weierstrass 定理：有界实数列必有收敛子列；

以及在习题中出现的**区间套定理**，**有限覆盖定理**等. 这一节，我们将研究这些性质在 $\mathbb{R}^n$ 中的推广.

确界原理和单调收敛定理在 $\mathbb{R}^n$ 中没有推广，因为当 $n\geqslant 2$ 时，$\mathbb{R}^n$ 中的两个点 $\boldsymbol{X},\boldsymbol{Y}$ 之间没有大小关系.

定理 1.1.4(Weierstrass 定理)

$\mathbb{R}^n$ 中的有界点列必有收敛子点列.

证明 为书写简单起见，我们仅对 $n=3$ 的情况证明，一般的 n 类似.

设 $\mathbb{R}^3$ 中的点列 $\{\boldsymbol{X}_k\}$ 为有界点列，即

$$\exists M>0,\quad \forall k\in\mathbb{N}^+,\quad \|\boldsymbol{X}_k\|\leqslant M,$$

则 $\{\boldsymbol{X}_k\}$ 的 3 个分量构成的 3 个实数列 $\{x_k^{(i)}\}(i=1,2,3)$ 均为有界数列. 由 $\mathbb{R}^1$ 的 Weierstrass 定理，对于 $\{\boldsymbol{X}_k\}$ 的第一个分量构成的实数列 $\{x_k^{(1)}\}$，存在收敛子列 $\{x_{k_l}^{(1)}\}$，即存在实数 $a^{(1)}$，

$$\lim_{l\to+\infty}x_{k_l}^{(1)}=a^{(1)},$$

$\{\boldsymbol{X}_k\}$ 的第二个分量构成的实数列 $\{x_k^{(2)}\}$ 的相应的子数列 $\{x_{k_l}^{(2)}\}$ 也是一个有界数列，有收敛子列(数列 $\{x_k^{(2)}\}$ 的子子列) $\{x_{k_{l_m}}^{(2)}\}$，即存在实数 $a^{(2)}$，

$$\lim_{m\to+\infty}x_{k_{l_m}}^{(2)}=a^{(2)},$$

$\{\boldsymbol{X}_k\}$ 的最后一个分量构成的实数列 $\{x_k^{(3)}\}$ 的相应的子数列 $\{x_{k_{l_m}}^{(3)}\}$ 也是一个有界数列，有收敛子列 $\{x_{k_{l_{m_s}}}^{(3)}\}$，即存在实数 $a^{(3)}$，使得

$$\lim_{s\to+\infty}x_{k_{l_{m_s}}}^{(3)}=a^{(3)}.$$

记 $\boldsymbol{A}=(a^{(1)},a^{(2)},a^{(3)})$，点列 $\{\boldsymbol{X}_k\}$ 存在子列 $\{\boldsymbol{X}_{k_{l_{m_s}}}\}$，使得

$$\lim_{s\to+\infty} \boldsymbol{X}_{k_{l_{m_s}}} = \boldsymbol{A},$$

即有界点列$\{\boldsymbol{X}_k\}$存在收敛子点列.

定义了非空集合$\Omega\subset\mathbb{R}^n$的直径：

$$d(\Omega)=\sup\{\ \|\boldsymbol{X}-\boldsymbol{Y}\|\ |\boldsymbol{X},\boldsymbol{Y}\in\Omega\}$$

之后，我们可以给出闭集套定理(为简单起见，这里只给出定理的叙述).

定理 1.1.5(闭集套定理) ……

设$\{F_k\}(k=1,2,3,\cdots)$为闭集族，满足

$$F_1\supset F_2\supset F_3\supset\cdots\supset F_k\supset\cdots$$

且均非空. 如果$\lim\limits_{k\to+\infty} d(F_k)=0$，则在集合$\bigcap\limits_{k=1}^{+\infty} F_k$中有且只有一点.

定义 1.1.8 ……

设$\Omega\subset\mathbb{R}^n$，$\{G_\alpha\}(\alpha\in I)$为开集族，如果$\Omega\subset\bigcup\limits_{\alpha\in I} G_\alpha$，则称$\{G_\alpha\}(\alpha\in I)$为$\Omega$的一个**开覆盖**.

定理 1.1.6(有限覆盖定理) ……

设$\Omega\subset\mathbb{R}^n$为有界闭集，$\{G_\alpha\}(\alpha\in I)$为$\Omega$的一个开覆盖，则在$\{G_\alpha\}(\alpha\in I)$中，存在有限个开集$\{G_{\alpha_i}\}$，$\alpha_i\in I$，$i=1,2,\cdots,N$覆盖$\Omega$：

$$\Omega\subset\bigcup_{i=1}^{N} G_{\alpha_i}.$$

习题 1.1

1. 证明：n维 Euclid 空间中的距离$\|\boldsymbol{X}-\boldsymbol{Y}\|_n$满足正定性、对称性与三角不等式.

2. 求下列集合Ω的内部、外部、边界和闭包.

(1) Ω为$\mathbb{R}^2$的子集，$\Omega=\{(x,y)\,|\,x^2+y^2=1\}$；

(2) Ω为$\mathbb{R}^3$的子集，$\Omega=\{(x,y,z)\,|\,1\leqslant x^2+y^2+z^2<4\}$.

3. 证明下列命题：

(1) 已知$S\subset\mathbb{R}^n$，则S为开集$\Leftrightarrow S=\mathring{S}$；

(2) 若$S\subset\mathbb{R}^n$为开集，则$S\cap\partial S=\varnothing$；

(3) 任意多个开集之并为开集；有限个开集之交为开集；

(4) 若$A,B\subset\mathbb{R}^n$，记$S=A\cap B$，$T=A\cup B$，则$\mathring{S}=\mathring{A}\cap\mathring{B}$，$\mathring{T}\supset\mathring{A}\cup\mathring{B}$；

(5) 若$A\subset\mathbb{R}^n$，则集合$\mathring{A}$的内部等于$\mathring{A}$.

4. 证明下列命题：

(1) 已知 $S\subset\mathbb{R}^n$，则 S 为闭集 $\Leftrightarrow S=\overline{S}\Leftrightarrow\partial S\subset S$；

(2) 若 $A,B\subset\mathbb{R}^n$，则 $\overline{A}\setminus\overline{B}\subset\overline{A\setminus B}$，$\overline{A}\cup\overline{B}\subset\overline{A\cup B}$（事实上它们相等），$\overline{A}\cap\overline{B}\supset\overline{A\cap B}$；

(3) 若 $P_1,P_2,\cdots,P_k\in\mathbb{R}^n$，则 $\{P_1,P_2,\cdots,P_k\}$ 为闭集；

(4) 任意多个闭集之交为闭集；有限个闭集之并为闭集.

5. 证明下列命题：

(1) 已知 $S\subset\mathbb{R}^n$，则 $\mathring{S}$ 等于 S 的余集的闭包的余集；$\overline{S}$ 等于 S 的余集的内部的余集；

(2) 若 $A\subset\mathbb{R}^n$，则 $\overline{A}=A\cup\partial A=\mathring{A}\cup\partial A$，$\mathring{A}=A\setminus\partial A=\overline{A}\setminus\partial A$；$\partial A=\partial(\mathbb{R}^n\setminus A)$；

(3) 若 $A\subset\mathbb{R}^n$，则 $\partial(\mathring{A}),\partial(\overline{A})\subset\partial A$；

(4) 若 $A,B\subset\mathbb{R}^n$，则 $\partial(A\cup B)\subset\partial A\cup\partial B$；

(5) $\partial A=\varnothing\Leftrightarrow A$ 既是开集又是闭集.

6. 证明：$\mathbb{R}^n$ 中的点列 $\{\boldsymbol{X}_k\}$ 为 Cauchy 列当且仅当 $\{\boldsymbol{X}_k\}$ 的 n 个分量构成的 n 个实数列 $\{x_k^{(i)}\}_{k=1}^{+\infty}(i=1,2,\cdots,n)$ 均为 Cauchy 列.

7. 下列集合中，哪些是连通的，哪些是非连通的？

(1) $D=\{(x,y)\mid y\neq 0\}$；　　(2) $D=\{(x,y)\mid 0<x^2+y^2\leqslant 2\}$；

(3) $\Omega=\{(x,y,z)\mid x^2+y^2\neq 0\}$；　　(4) $\Omega=\{(x,y,z)\mid 1<x^2+y^2+z^2\leqslant 4\}$.

8. 连通的闭集是否为闭区域？如果是，请证明；如果不是，请举出反例.

9. 证明：$\mathbb{R}^n$ 中的收敛点列必为有界点列.

1.2 n 元函数与 n 元向量值函数

n 元函数与 n 元向量值函数是我们这一本书研究的对象，因此我们先给出它们的定义.

1.2.1 n 元函数

定义 1.2.1

设 $\Omega\subset\mathbb{R}^n$，若一个对应法则满足：对于任意的点 $\boldsymbol{X}\in\Omega$，存在唯一的数值 $y\in\mathbb{R}^1$ 与之对应，则我们将这个对应法则称为一个 **n 元函数**，记作 f，

$$f:\Omega\subset\mathbb{R}^n\to\mathbb{R}^1,$$
$$\boldsymbol{X}\mapsto y.$$

n 元函数常记作 $y=f(\boldsymbol{X})$，其中 $\boldsymbol{X}=(x_1,x_2,\cdots,x_n)\in\Omega\subset\mathbb{R}^n$ 为**自变量**（n 元），$y\in\mathbb{R}^1$ 为**因变量**，Ω 为 f 的**定义域**，集合 $\{y\mid\exists\boldsymbol{X}\in\Omega$，使 $y=f(\boldsymbol{X})\}$ 为 f 的**值域**.

$n=1,2,3$ 时，分别称为一元、二元、三元函数. 上册书中我们主要研究一元函数.

例 1.2.1

$z=x^2+y^2,(x,y)\in\mathbb{R}^2$ 为一个二元函数，其定义域为$\mathbb{R}^2$，值域为$[0,+\infty)\subset\mathbb{R}^1$. 函数的图形如图 1.2.1 所示. 我们称这个函数表示的曲面为旋转抛物面.

$z=xy,(x,y)\in\mathbb{R}^2$ 也是一个二元函数，定义域为整个平面$\mathbb{R}^2$，值域为$\mathbb{R}^1$，函数的图形如图 1.2.2 所示. 我们称这个函数表示的曲面为马鞍面.

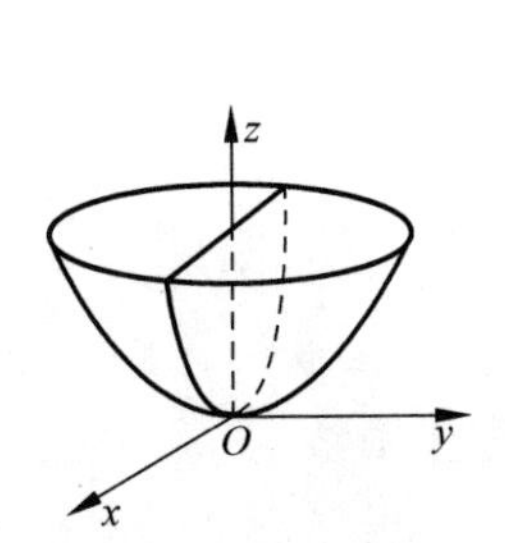

图 1.2.1 旋转抛物面

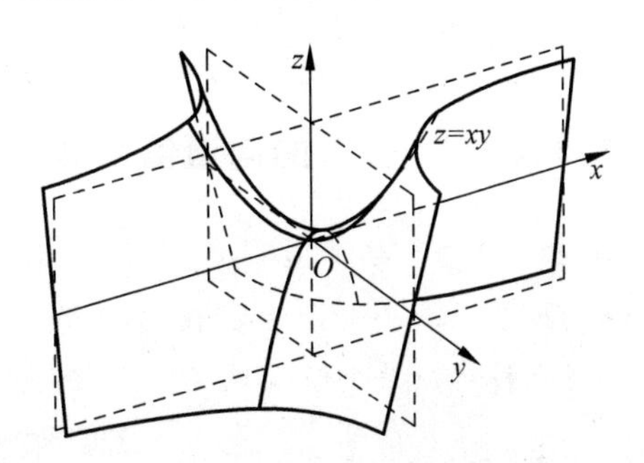

图 1.2.2 马鞍面

$u=\ln(1-z)+\sqrt{z-x^2-y^2},(x,y,z)\in\Omega\subset\mathbb{R}^3$ 为一个三元函数，定义域为 $\Omega=\{(x,y,z)\mid x^2+y^2\leqslant z\leqslant 1\}$，$\Omega$ 的图形如图 1.2.3 所示.

有公共定义域的两个 n 元函数可以定义四则运算.

设 $f(\boldsymbol{X}),g(\boldsymbol{X})$ 均为 $\Omega\subset\mathbb{R}^n$ 上的多元函数，则可以定义新的函数 $f\pm g,\lambda f,fg,\dfrac{f}{g}$：

$$f\pm g:\boldsymbol{X}\mapsto f(\boldsymbol{X})\pm g(\boldsymbol{X}),$$

即$(f\pm g)(\boldsymbol{X})=f(\boldsymbol{X})\pm g(\boldsymbol{X})$；

$\lambda f:\boldsymbol{X}\mapsto\lambda f(\boldsymbol{X})$， 即$(\lambda f)(\boldsymbol{X})=\lambda f(\boldsymbol{X})$；

$fg:\boldsymbol{X}\mapsto f(\boldsymbol{X})g(\boldsymbol{X})$， 即$(fg)(\boldsymbol{X})=f(\boldsymbol{X})g(\boldsymbol{X})$；

$\dfrac{f}{g}:\boldsymbol{X}\mapsto\dfrac{f(\boldsymbol{X})}{g(\boldsymbol{X})}$， 即$\left(\dfrac{f}{g}\right)(\boldsymbol{X})=\dfrac{f(\boldsymbol{X})}{g(\boldsymbol{X})}$， $g(\boldsymbol{X})\neq 0$，

图 1.2.3

以上均为 Ω 上的 n 元函数.

多元函数的表达方式是多种多样的，除了 $y=f(\boldsymbol{X})$（我们称为显式表示）之外，在某些条件下（我们后面会具体给出这些条件），方程 $F(x_1,x_2,\cdots,x_n,y)=0$ 也可以确定 y 是$(x_1,x_2,\cdots,x_n)$的函数，我们称之为隐式表示. 除此之外，多元函数还有参数表示法等.

▶ **例 1.2.2** ……………………………………………………

$z=\sqrt{R^2-x^2-y^2}$ 为二元函数，它的一个隐式表示为

$$x^2+y^2+z^2-R^2=0, z\geqslant 0.$$

它的一个参数表示法为

$$\begin{cases} x=R\sin\theta\cos\varphi, \\ y=R\sin\theta\sin\varphi, \\ z=R\cos\theta, \end{cases} \quad \theta\in\left[0,\frac{\pi}{2}\right], \varphi\in[0,2\pi),$$

其中 θ,φ 为参数.

1.2.2 $\mathbb{R}^n\to\mathbb{R}^m$ 的向量值函数

定义 1.2.2 ……………………………………………………

设 $\Omega\subset\mathbb{R}^n$，一个对应法则满足：对于任意的 $\boldsymbol{X}\in\Omega$，存在唯一的 $\boldsymbol{Y}\in\mathbb{R}^m$ 与之对应，则这种对应法则称为从 $\Omega\subset\mathbb{R}^n$ 到 $\mathbb{R}^m$ 的一个**向量值函数**，

$$\boldsymbol{f}:\Omega\subset\mathbb{R}^n\to\mathbb{R}^m,$$

$$\boldsymbol{X}\mapsto\boldsymbol{Y},$$

记作 $\boldsymbol{Y}=\boldsymbol{f}(\boldsymbol{X})$，$\Omega$ 称为 $\boldsymbol{f}$ 的**定义域**，$\boldsymbol{f}(\Omega)=\{\boldsymbol{Y}\in\mathbb{R}^m \mid \exists\boldsymbol{X}\in\Omega, 使\boldsymbol{Y}=\boldsymbol{f}(\boldsymbol{X})\}$ 称为 $\boldsymbol{f}$ 的**值域**.

若记 $\boldsymbol{X}=(x_1,x_2,\cdots,x_n)$，$\boldsymbol{Y}=(y_1,y_2,\cdots,y_m)$，则从 $\Omega\subset\mathbb{R}^n$ 到 $\mathbb{R}^m$ 的一个向量值函数

$$\boldsymbol{f}:(x_1,x_2,\cdots,x_n)\in\Omega \quad\mapsto\quad (y_1,y_2,\cdots,y_m),$$

其中每个分量 $y_j(j=1,2,\cdots,m)$ 都是 $\boldsymbol{X}=(x_1,x_2,\cdots,x_n)$ 的函数（n 元函数），记成

$$y_j=f_j(x_1,x_2,\cdots,x_n),\quad (x_1,x_2,\cdots,x_n)\in\Omega,\quad j=1,2,\cdots,m,$$

因此一个由 $\Omega\subset\mathbb{R}^n$ 到 $\mathbb{R}^m$ 的向量值函数等价于 m 个 n 元函数的联立：

$$\begin{cases} y_1=f_1(x_1,x_2,\cdots,x_n), \\ y_2=f_2(x_1,x_2,\cdots,x_n), \\ \quad\vdots \\ y_m=f_m(x_1,x_2,\cdots,x_n), \end{cases} \quad (x_1,x_2,\cdots,x_n)\in\Omega,$$

反之亦然. $f_j(j=1,2,\cdots,m)$ 称为向量值函数 $\boldsymbol{f}$ 的第 j 个**分量函数**.

▶ **例 1.2.3** ……………………………………………………

通常 $\Omega\subset\mathbb{R}^1$ 到 $\mathbb{R}^2$ 的向量值函数 $(x,y)=\boldsymbol{f}(t)$ 表示平面上的一条曲线. 例如

$$\begin{cases} x=\cos t, \\ y=\sin t, \end{cases} \quad t\in(-\pi,\pi]$$

是一个单位圆周.

$$\begin{cases}x=a(1+\cos\theta)\cos\theta,\\ y=a(1+\cos\theta)\sin\theta,\end{cases}\quad \theta\in[0,2\pi),\quad a>0$$

是平面上的一条曲线(如图 1.2.4,这条曲线称为心脏线).

$$\begin{cases}x=R\cos^3 t,\\ y=R\sin^3 t,\end{cases}\quad t\in[0,2\pi),\quad R>0$$

为星形线(如图 1.2.5).

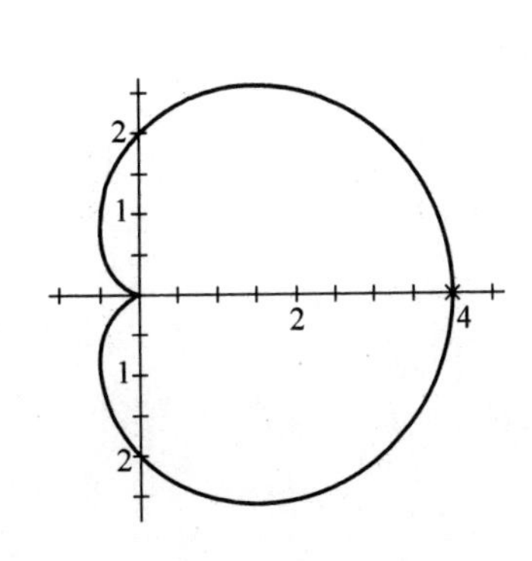

图 1.2.4 心脏线

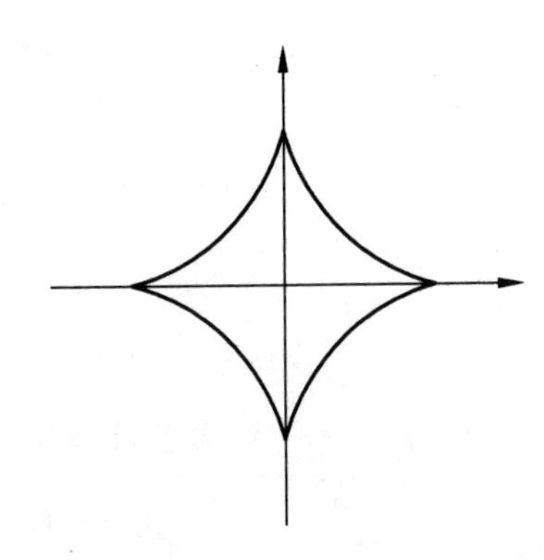

图 1.2.5 星形线

$\Omega\subset\mathbb{R}^1\to\mathbb{R}^3$ 的向量值函数$(x,y,z)=\boldsymbol{f}(t)$通常表示一条空间曲线,例如

$$\begin{cases}x=r\cos\omega t,\\ y=r\sin\omega t,\quad t\in\mathbb{R}^1,\\ z=\nu t,\end{cases}$$

其中常数 $r,\omega,\nu>0$,表示一条空间螺线(如图 1.2.6).

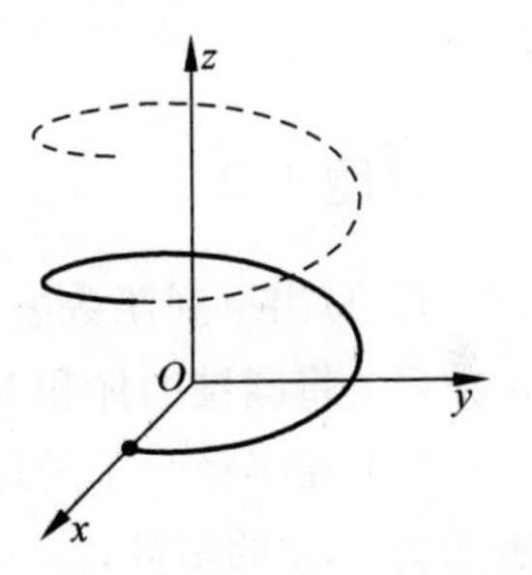

图 1.2.6 空间螺线

$\mathbb{R}^2\to\mathbb{R}^3$ 的向量值函数$(x,y,z)=\boldsymbol{f}(u,v)$通常表示空间中的一个曲面,例如

$$\begin{cases}x=a\sin u\cos v,\\ y=b\sin u\sin v,\quad u\in[0,\pi],\quad v\in[0,2\pi)\\ z=c\cos u,\end{cases}$$

表示椭球面. 消去变量 u,v 后,可化为大家所熟悉的椭球面

$$\frac{x^2}{a^2}+\frac{y^2}{b^2}+\frac{z^2}{c^2}=1.$$

向量值函数除了常见的加、减、数乘运算之外,还有**复合运算**. 设

$$\boldsymbol{f}:\Omega\subset\mathbb{R}^n\to\mathbb{R}^l,$$

$D_1=\boldsymbol{f}(\Omega)\subset\mathbb{R}^l$ 为其值域，

$$\boldsymbol{g}:\Omega_1\subset\mathbb{R}^l\to\mathbb{R}^m,$$

且 $D_1\subset\Omega_1$，则它们的复合 $\boldsymbol{g}\circ\boldsymbol{f}$ 是 $\Omega\subset\mathbb{R}^n$ 到 $\mathbb{R}^m$ 的向量值函数：

$$\boldsymbol{g}\circ\boldsymbol{f}:\Omega\subset\mathbb{R}^n\to\mathbb{R}^m,$$

$$\boldsymbol{X}\mapsto\quad\boldsymbol{g}(\boldsymbol{f}(\boldsymbol{X})),\quad\boldsymbol{X}\in\Omega,$$

即 $(\boldsymbol{g}\circ\boldsymbol{f})(\boldsymbol{X})=\boldsymbol{g}(\boldsymbol{f}(\boldsymbol{X})),\boldsymbol{X}\in\Omega.$

例 1.2.4

$$f:\mathbb{R}^1\to\mathbb{R}^2,\quad\begin{cases}u=t,\\ v=t^2\end{cases}$$

与

$$\boldsymbol{g}:\mathbb{R}^2\to\mathbb{R}^3,\begin{cases}x=\dfrac{1}{2}(u+v),\\ y=uv,\\ z=u^2+v^2\end{cases}$$

的复合 $\boldsymbol{g}\circ f$ 为 $\mathbb{R}^1\to\mathbb{R}^3$ 的向量值函数

$$\begin{cases}x=\dfrac{1}{2}(t+t^2),\\ y=t^3,\\ z=t^2+t^4,\end{cases}\qquad t\in\mathbb{R}^1.$$

习题 1.2

1. 写出下列函数表达式：

(1) 将圆锥的体积 V 表示为圆锥斜高 l 与高 h 的函数；

(2) 在半径为 1 的球面内内接长宽高分别为 x,y,z 的长方体，将其表面积表示为 x,y 的函数；

(3) 在椭球面 $\dfrac{x^2}{a^2}+\dfrac{y^2}{b^2}+\dfrac{z^2}{c^2}=1$ 内接长宽高分别为 $2x,2y,2z$ 的长方体，将其体积表示为 x,y 的函数；

(4) 将点 $P(x,y,z)$ 到球面 $(x-1)^2+y^2+(z+1)^2=2$ 的最短距离表示为 P 的坐标的函数.

2. 求下列函数的定义域，并画出定义域的图形

(1) $f(x,y)=\sqrt{4x^2+y^2-1}$；

(2) $f(x,y)=\ln(xy)$；

(3) $f(x,y,z)=\sqrt{y^2-1}+\ln(4-x^2-y^2-z^2)$；

(4) $f(x,y,z)=\arcsin\dfrac{x^2-y^2}{x^2+y^2}$.

3. 已知 $f\left(x+y,\dfrac{y}{x}\right)=x^2-y^2$,求 $f(x,y)$.

4. 如果 n 元函数 $f(x_1,x_2,\cdots,x_n)$ 对任意实数 t 满足 $f(tx_1,tx_2,\cdots,tx_n)=t^kf(x_1,x_2,\cdots,x_n)$,则称 f 是 $x_1,x_2,\cdots,x_n$ 的 k 次齐次式,下列函数是否为齐次式?若是,求出次数 k.

(1) $f(x,y,z)=\dfrac{x^3+y^3+z^3}{xyz}$;

(2) $f(x,y,z)=\sqrt{x^3+y^3+z^3}+xyz$;

(3) $f(x_1,x_2,\cdots,x_n)=\sum\limits_{i=1}^{n}\sum\limits_{j=1}^{n}a_{ij}x_ix_j$.

5. 位于 (a,b,c) 质量为 M_0 的空间质点对于位于 (x,y,z) 质量为 m_0 的空间质点的引力是定义在 $\mathbb{R}^3\backslash\{(a,b,c)\}$ 上的一个向量值函数 $\boldsymbol{F}(x,y,z)=(F_x,F_y,F_z)$,写出 $\boldsymbol{F}$ 及分量 F_x,F_y,F_z 的函数表达式.

6. $\mathbb{R}^2$ 的子集 D 到 $\mathbb{R}^2$ 的映射 $F:(x,y)\mapsto(u,v)$ 为 $\begin{cases}u=x^2-y^2,\\ v=xy,\end{cases}$ 其中定义域 D 是由四条曲线 $x^2-y^2=1,x^2-y^2=4,xy=1,xy=2$ 围成的平面区域,求 F 的值域 $F(D)$,并问:在 D 内的直线 $x=a$ 映射为何曲线?

7. $\mathbb{R}^2\backslash\{(0,0)\}$ 到 $\mathbb{R}^2$ 的映射 $F:(x,y)\mapsto(u,v)$ 为 $\begin{cases}u=\dfrac{x}{x^2+y^2},\\ v=\dfrac{y}{x^2+y^2}.\end{cases}$

问:(1) $O\text{-}xy$ 平面上的圆 $x^2+y^2=R^2$ 映射为 $O\text{-}uv$ 平面上的什么曲线?

(2) $O\text{-}xy$ 平面上的线段 $y=x(0<x\leqslant1)$ 映射为 $O\text{-}uv$ 平面上的什么曲线?

1.3 多元函数(向量值函数)的极限与连续

1.3.1 向量值函数的极限

将一元函数极限定义中的绝对值改成 Euclid 空间中的距离,就可以得到向量值函数极限的定义.

定义 1.3.1 ……………………………………………………

向量值函数 $\boldsymbol{f}:\Omega\subset\mathbb{R}^n\to\mathbb{R}^m$,$\boldsymbol{X}_0\in\mathbb{R}^n$,$\boldsymbol{f}$ 在 $\boldsymbol{X}_0$ 点的某个去心邻域 $B^\circ(\boldsymbol{X}_0,r)$ 内有定义,如果存在 $\boldsymbol{A}\in\mathbb{R}^m$,使

$\forall \varepsilon>0$, $\exists \delta>0$, $\forall \boldsymbol{X}\in\Omega$: $0<\|\boldsymbol{X}-\boldsymbol{X}_0\|_n<\delta$, $\|\boldsymbol{f}(\boldsymbol{X})-\boldsymbol{A}\|_m<\varepsilon$, 则称当 X 趋于 X_0 时, $\boldsymbol{f}(X)$ 以 $\boldsymbol{A}$ 为**极限**, 记作

$$\lim_{\boldsymbol{X}\to\boldsymbol{X}_0}\boldsymbol{f}(\boldsymbol{X})=\boldsymbol{A}.$$

当 $m=1$ 时, 定义 1.3.1 就是**多元函数极限**的定义:

$\forall \varepsilon>0$, $\exists \delta>0$, $\forall \boldsymbol{X}\in\Omega\subset\mathbb{R}^n$: $0<\|\boldsymbol{X}-\boldsymbol{X}_0\|_n<\delta$, $|f(\boldsymbol{X})-\boldsymbol{A}|<\varepsilon$.

我们已经知道, 向量值函数 $\boldsymbol{Y}=f(\boldsymbol{X})$: $\Omega\subset\mathbb{R}^n\to\mathbb{R}^m$ 等价于 m 个联立 n 元函数

$$y_j=f_j(\boldsymbol{X}),\quad j=1,2,\cdots,m.$$

用距离的定义不难证明:

定理 1.3.1 ……………………………………………………………

当 $\boldsymbol{X}$ 趋于 $\boldsymbol{X}_0$ 时, 向量值函数 $\boldsymbol{Y}=f(\boldsymbol{X})$ 以 $\boldsymbol{A}=(a^{(1)},a^{(2)},\cdots,a^{(m)})$ 为极限的充分必要条件是

$$\lim_{\boldsymbol{X}\to\boldsymbol{X}_0}f_j(\boldsymbol{X})=a^{(j)},\quad j=1,2,\cdots,m.$$

定理 1.3.1 告诉我们, 要理解向量值函数的极限, 只要研究其每个分量函数作为多元函数的极限就足够了.

在直线 $\mathbb{R}^1$ 上, 点 x 趋于点 x_0 的方法只有两种: 从左边趋于或从右边趋于 x_0, 它们分别决定了一元函数的两种极限: 左极限和右极限. 如果左右极限都存在且相等, 则一元函数在 x_0 处的极限就存在, 且等于左、右极限. 但在 $\mathbb{R}^n$ 上, 点 $\boldsymbol{X}$ 趋于点 $\boldsymbol{X}_0$ 的方法就多得多, 这也就导致了多元函数极限的复杂性. 下面的例子能说明这种复杂性.

▶ **例 1.3.1** ……………………………………………………………

函数 $u=f(x,y)$ 在 $\mathbb{R}^2$ 上的定义为

$$f(x,y)=\begin{cases}1, & xy\neq 0,\\ 0, & xy=0.\end{cases}$$

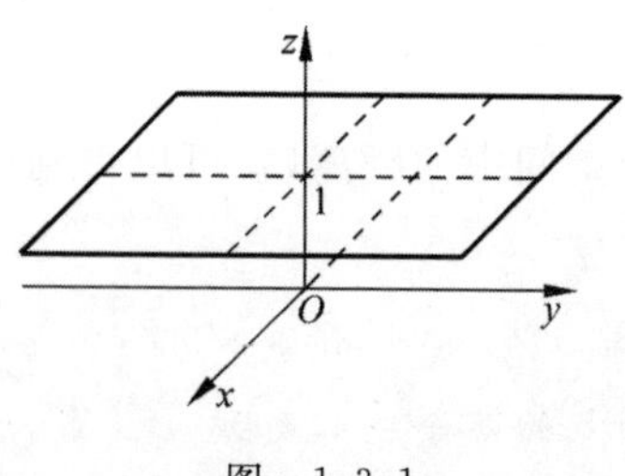

图 1.3.1

其图形如图 1.3.1 所示. 我们来看它在 $(0,0)$ 点附近的情况. 从图中可以看出, 当 (x,y) 点沿坐标轴趋于 $(0,0)$ 点时, $f(x,y)$ 都以 0 为极限, 但当 (x,y) 点沿除坐标轴之外的直线趋于 $(0,0)$ 点时, $f(x,y)$ 以 1 为极限. 因此当 (x,y) 趋于 $(0,0)$ 点时, $u=f(x,y)$ 的极限不存在 (这一点类似于一元函数极限中的左、右极限都存在, 但不相等的情形).

▶ **例 1.3.2** ……………………………………………………

考查函数 $f(x,y)=\dfrac{xy}{x^2+y^2}$，当 $(x,y)\to(0,0)$ 时的极限.

解 这个函数在 $(0,0)$ 点的任意去心邻域内都有定义. 当 (x,y) 沿直线 $y=kx$ 趋于 $(0,0)$ 时，

$$f(x,y)=f(x,kx)=\frac{kx^2}{(1+k^2)x^2}=\frac{k}{1+k^2}$$

为常数，因此当 (x,y) 沿直线 $y=kx$ 趋于 $(0,0)$ 时 $f(x,y)$ 以 $\dfrac{k}{1+k^2}$ 为极限. 不同的 k 值（也就是 (x,y) 点沿不同斜率的直线趋于 $(0,0)$ 点）导致不同的极限，因此当 $(x,y)\to(0,0)$ 时 $f(x,y)$ 的极限不存在.

如果 (x,y) 沿不同斜率的直线趋于 $(0,0)$ 点时，$f(x,y)$ 的极限均存在且相等，是否就能说 $f(x,y)$ 当 (x,y) 趋于 $(0,0)$ 时的极限存在了呢？答案也是不一定.

▶ **例 1.3.3** ……………………………………………………

考查函数 $f(x,y)=\dfrac{x^2y}{x^4+y^2}$，当 $(x,y)\to(0,0)$ 时的极限.

解 当 (x,y) 沿直线 $y=kx(k\neq0)$ 趋于 $(0,0)$ 时，

$$f(x,y)=f(x,kx)=\frac{kx^3}{x^4+k^2x^2}=\frac{kx}{x^2+k^2}\to0,\quad x\to0,\quad k\neq0.$$

当 (x,y) 沿直线 $y=0$ 或 $x=0$ 趋于 $(0,0)$ 点时，$f(x,y)$ 的极限显然为 0. 这说明当 (x,y) 沿任意直线趋于 $(0,0)$ 时，$f(x,y)$ 均以 0 为极限. 但当 (x,y) 沿曲线 $y=kx^2$ 趋于 $(0,0)$ 时，

$$f(x,y)=f(x,kx^2)=\frac{kx^4}{x^4+k^2x^4}=\frac{k}{1+k^2}$$

为常数，因此当 (x,y) 沿曲线 $y=kx^2$ 趋于 $(0,0)$ 时 $f(x,y)$ 以 $\dfrac{k}{1+k^2}$ 为极限. 不同的 k 值（(x,y) 点沿不同的抛物线趋于 $(0,0)$ 点）导致不同的极限，因此 $f(x,y)$ 当 (x,y) 趋于 $(0,0)$ 时的极限还是不存在.

通过上面几个例子，我们可以看出多元函数极限的复杂性，从中我们还可以知道，要证明一个多元函数的极限不存在，一个办法是找两条趋于 $\boldsymbol{X}_0$ 的路径，证明当 $\boldsymbol{X}$ 沿不同的路径趋于 $\boldsymbol{X}_0$ 时，$f(\boldsymbol{X})$ 的极限是不一样的. 当然，若能找到 $\boldsymbol{X}$ 趋于 $\boldsymbol{X}_0$ 的一种方法，使得 $f(\boldsymbol{X})$ 的极限不存在，也能说时当 $\boldsymbol{X}$ 趋于 $\boldsymbol{X}_0$ 时，$f(\boldsymbol{X})$ 的极限不存在.

下面的例子告诉我们如何证明一个多元函数的极限是存在的.

例 1.3.4

当$(x,y)\to(0,0)$时，考查函数$\dfrac{\ln(1+x^2+y^2)}{x^2+y^2}$的极限.

解 令$\rho=\sqrt{x^2+y^2}$，则$(x,y)\to(0,0)\Leftrightarrow\rho\to 0$.

$$\lim_{(x,y)\to(0,0)}\frac{\ln(1+x^2+y^2)}{x^2+y^2}=\lim_{\rho\to 0}\frac{\ln(1+\rho^2)}{\rho^2}=1.$$

例 1.3.5

当$(x,y)\to(0,0)$时，考查$\dfrac{e^{x^3+y^3}-1}{x^2+y^2}$的极限.

解 由微分中值定理可知

$$e^{x^3+y^3}-1=e^{\xi}(x^3+y^3),$$

其中ξ介于x^3+y^3与0之间. 因此当$x^2+y^2<1$时，

$$\left|\frac{e^{x^3+y^3}-1}{x^2+y^2}\right|\leqslant\frac{e(|x^3|+|y^3|)}{x^2+y^2}\leqslant e\left(\frac{|x^3|}{x^2+y^2}+\frac{|y^3|}{x^2+y^2}\right)\leqslant e(|x|+|y|),$$

即

$$\forall\varepsilon>0,\quad \exists\delta=\min\left\{\frac{\varepsilon}{3e},1\right\}，当\ 0<\sqrt{x^2+y^2}<\delta\ 时，\quad \left|\frac{e^{x^3+y^3}-1}{x^2+y^2}\right|\leqslant 2e\delta<\varepsilon,$$

故

$$\lim_{(x,y)\to(0,0)}\frac{e^{x^3+y^3}-1}{x^2+y^2}=0.$$

例 1.3.6

求$\lim\limits_{(x,y)\to(1,0)}(x+y)^{\frac{x+y+1}{x+y-1}}$.

解 $\lim\limits_{(x,y)\to(1,0)}(x+y)^{\frac{x+y+1}{x+y-1}}=\lim\limits_{(x,y)\to(1,0)}[1+(x+y-1)]^{\frac{1}{x+y-1}\cdot(x+y+1)}=e^2$.

例 1.3.7

设二元函数$f(x,y)=e^{-\frac{x^2}{y}}$，定义域为$D=\{(x,y)\,|\,y>0\}$. 讨论$(x,y)$点在$D$区域内趋于$(c,0)$时的函数$f$极限.

解 $(c,0)$是函数定义域的边界点，因此$(c,0)$的任一去心邻域都不包含在定义域内，定义1.3.1下的极限不存在. 此时极限的定义应修正为：

定义 1.3.1′

设函数$f(\boldsymbol{X})$在$\Omega\subset\mathbb{R}^n$有定义，$\boldsymbol{X}_0$是$\Omega$的边界点，若$\forall\varepsilon>0,\exists\delta>0,\forall\boldsymbol{X}\in\Omega$且$0<\|\boldsymbol{X}-\boldsymbol{X}_0\|<\delta$，$|f(\boldsymbol{X})-a|<\varepsilon$，则称当$\boldsymbol{X}$在$\boldsymbol{\Omega}$内趋于$\boldsymbol{X}_0$时，$f(\boldsymbol{X})$以$a$为极限，记作

$$\lim_{\substack{\boldsymbol{X}\to\boldsymbol{X}_0\\ \boldsymbol{X}\in\Omega}}f(\boldsymbol{X})=a.$$

联系本例题，当 $c\neq 0$ 时，$(x,y)\to(c,0)$，$-\dfrac{x^2}{y}\to-\infty(y>0)$，故 $f(x,y)\to 0$；当 $c=0$ 时，如果 (x,y) 沿 $y=kx^2$ 趋于 $(0,0)$，

$$f(x,y)=f(x,kx^2)=\mathrm{e}^{-\frac{1}{k}}$$

对于不同的 k 值，$f(x,kx^2)$ 的极限也是不一样的，所以当 $(x,y)\to(0,0)$ 时，$f(x,y)$ 的极限不存在.

除了 $(x,y)\to(x_0,y_0)$ 的极限外，二元函数（更一般地，多元函数）还有其他类型的极限.

例 1.3.8

求 $\lim\limits_{\substack{x\to 0\\ y\to\infty}}(1+x)^{\frac{y+1}{xy}}$.

解 $\lim\limits_{\substack{x\to 0\\ y\to\infty}}(1+x)^{\frac{y+1}{xy}}=\lim\limits_{\substack{x\to 0\\ y\to\infty}}\left[(1+x)^{\frac{1}{x}}\right]^{\frac{y+1}{y}}=\mathrm{e}$.

当然，对于多元函数还有其他形式的极限：$\lim\limits_{\substack{x\to\infty\\ y\to\infty}}f(x,y)$，$\lim\limits_{\substack{x\to+\infty\\ y\to-\infty}}f(x,y)$ 等.

与一元函数一样，多元函数的极限如果存在，也一定是唯一的. 极限运算和函数的四则运算在一定条件下也是可交换运算顺序.

定理 1.3.2

设 $\lim\limits_{\boldsymbol{X}\to\boldsymbol{X}_0}f(\boldsymbol{X})$，$\lim\limits_{\boldsymbol{X}\to\boldsymbol{X}_0}g(\boldsymbol{X})$ 均存在，则

(1) $\lim\limits_{\boldsymbol{X}\to\boldsymbol{X}_0}(f\pm g)(\boldsymbol{X})=\lim\limits_{\boldsymbol{X}\to\boldsymbol{X}_0}[f(\boldsymbol{X})\pm g(\boldsymbol{X})]=\lim\limits_{\boldsymbol{X}\to\boldsymbol{X}_0}f(\boldsymbol{X})\pm\lim\limits_{\boldsymbol{X}\to\boldsymbol{X}_0}g(\boldsymbol{X})$；

(2) $\lim\limits_{\boldsymbol{X}\to\boldsymbol{X}_0}(fg)(\boldsymbol{X})=\lim\limits_{\boldsymbol{X}\to\boldsymbol{X}_0}(f(\boldsymbol{X})g(\boldsymbol{X}))=\left(\lim\limits_{\boldsymbol{X}\to\boldsymbol{X}_0}f(\boldsymbol{X})\right)\left(\lim\limits_{\boldsymbol{X}\to\boldsymbol{X}_0}g(\boldsymbol{X})\right)$；

(3) $\lim\limits_{\boldsymbol{X}\to\boldsymbol{X}_0}\left(\dfrac{f}{g}\right)(\boldsymbol{X})=\lim\limits_{\boldsymbol{X}\to\boldsymbol{X}_0}\dfrac{f(\boldsymbol{X})}{g(\boldsymbol{X})}=\dfrac{\lim\limits_{\boldsymbol{X}\to\boldsymbol{X}_0}f(\boldsymbol{X})}{\lim\limits_{\boldsymbol{X}\to\boldsymbol{X}_0}g(\boldsymbol{X})}\quad\left(\lim\limits_{\boldsymbol{X}\to\boldsymbol{X}_0}g(\boldsymbol{X})\neq 0\right)$.

定理 1.3.2 的(1)对于多元向量值函数 $\boldsymbol{f}$，$\boldsymbol{g}$ 也成立.

复合函数也有类似的结论.

定理 1.3.3

设向量值函数

$$\boldsymbol{f}:\Omega\subset\mathbb{R}^n\to\mathbb{R}^l,\ D_1=\boldsymbol{f}(\Omega)\subset\mathbb{R}^l\ \text{为其值域},$$

$$\boldsymbol{g}:\Omega_1\subset\mathbb{R}^l\to\mathbb{R}^m$$

可以复合(即 $D_1 \subset \Omega_1$)，$\lim\limits_{\boldsymbol{X}\to\boldsymbol{X}_0} \boldsymbol{f}(\boldsymbol{X})=\boldsymbol{A}$，且存在 $\boldsymbol{X}_0$ 的去心邻域 $B^\circ(\boldsymbol{X}_0,\delta)$，使得 $\boldsymbol{f}(\boldsymbol{X})\neq\boldsymbol{A}$，$\boldsymbol{X}\in B^\circ(\boldsymbol{X}_0,\delta)$，$\lim\limits_{\boldsymbol{Y}\to\boldsymbol{A}}\boldsymbol{g}(\boldsymbol{Y})=\boldsymbol{B}$，则它们的复合 $\boldsymbol{g}\circ\boldsymbol{f}$ 当 $\boldsymbol{X}\to\boldsymbol{X}_0$ 时极限存在，且

$$\lim_{\boldsymbol{X}\to\boldsymbol{X}_0}(\boldsymbol{g}\circ\boldsymbol{f})(\boldsymbol{X})=\boldsymbol{B}.$$

多元函数也有与一元函数类似的 Cauchy 收敛准则及函数极限与序列极限的等价关系.

定理 1.3.4(Cauchy 准则) ……

设 n 元向量值函数 $\boldsymbol{f}(\boldsymbol{X})$ 在 $B^\circ(\boldsymbol{X}_0,r)$ 内有定义，则当 $\boldsymbol{X}\to\boldsymbol{X}_0$ 时，$f(\boldsymbol{X})$ 存在极限的充分必要条件是

$$\forall\,\varepsilon>0,\ \exists\,\delta>0,\ \forall\,\boldsymbol{X}',\boldsymbol{X}''\in B^\circ(\boldsymbol{X}_0,\delta),\quad \text{均有}\ \|\boldsymbol{f}(\boldsymbol{X}')-\boldsymbol{f}(\boldsymbol{X}'')\|<\varepsilon.$$

定理 1.3.5 ……

设 n 元向量值函数 $f(\boldsymbol{X})$ 在 $B^\circ(\boldsymbol{X}_0,r)$ 内有定义，则当 $\boldsymbol{X}\to\boldsymbol{X}_0$ 时 $f(\boldsymbol{X})\to\boldsymbol{A}$ 的充分必要条件为：对于任意的含于 $B^\circ(\boldsymbol{X}_0,r)$ 且收敛于 $\boldsymbol{X}_0$ 的点列 $\{\boldsymbol{X}_k\}$，均有

$$\lim_{k\to+\infty} f(\boldsymbol{X}_k)=\boldsymbol{A}.$$

n 元函数作为向量值函数的特例，定理 1.3.4、定理 1.3.5 均成立.

上述定理的证明与一元函数类似，在此就不重复了.

我们有时称多元函数的上述极限为**重极限**，除了重极限之外多元函数还有**累次极限**的概念.

以二元函数 $f(x,y)$ 为例，二次极限为

$$\lim_{x\to x_0}\lim_{y\to y_0} f(x,y)=\lim_{x\to x_0}\Big(\lim_{y\to y_0} f(x,y)\Big),$$

$$\lim_{y\to y_0}\lim_{x\to x_0} f(x,y)=\lim_{y\to y_0}\Big(\lim_{x\to x_0} f(x,y)\Big).$$

所谓二元函数的二次极限，指的是二元函数对其中一个变量求极限，然后再对另一个变量求极限(如果都存在的话).

▶ **例 1.3.9** ……

讨论二元函数

$$f_1(x,y)=\begin{cases} x\sin\dfrac{1}{y}+y\sin\dfrac{1}{x}, & xy\neq 0,\\ 0, & xy=0,\end{cases}$$

$$f_2(x,y)=\begin{cases} \dfrac{xy}{x^2+y^2}, & x^2+y^2\neq 0,\\ 0, & x^2+y^2=0,\end{cases}$$

当 $x\to 0,y\to 0$ 时的**二次极限与二重极限**.

解 $\lim\limits_{x\to 0}f_1(x,y)$与$\lim\limits_{y\to 0}f_1(x,y)$都不存在，所以两个二次极限都不存在. 而

$$|f_1(x,y)|\leqslant|x|+|y|,$$

因此二重极限 $\lim\limits_{(x,y)\to(0,0)}f_1(x,y)=0$.

而对于函数 $f_2(x,y)$，

$$\lim_{y\to 0}\lim_{x\to 0}f_2(x,y)=\lim_{x\to 0}\lim_{y\to 0}f_2(x,y)=0,$$

由例 1.3.2，二重极限 $\lim\limits_{(x,y)\to(0,0)}f_2(x,y)$不存在.

关于二重极限与二次极限，我们有结论（证明省略）：

(1) 若二重极限 $\lim\limits_{(x,y)\to(x_0,y_0)}f(x,y)$与累次极限$\lim\limits_{x\to x_0}\lim\limits_{y\to y_0}f(x,y)$，$\lim\limits_{y\to y_0}\lim\limits_{x\to x_0}f(x,y)$均存在，则有 $\lim\limits_{(x,y)\to(x_0,y_0)}f(x,y)=\lim\limits_{x\to x_0}\lim\limits_{y\to y_0}f(x,y)=\lim\limits_{y\to y_0}\lim\limits_{x\to x_0}f(x,y)$；

(2) 若$\lim\limits_{x\to x_0}\lim\limits_{y\to y_0}f(x,y)$，$\lim\limits_{y\to y_0}\lim\limits_{x\to x_0}f(x,y)$均存在但不等，则 $\lim\limits_{(x,y)\to(x_0,y_0)}f(x,y)$不存在.

1.3.2 向量值函数的连续性

有了向量值函数极限的概念，我们可以定义其连续性.

定义 1.3.2 ……………………………………………………

设 $\boldsymbol{f}:\Omega\to\mathbb{R}^n\to\mathbb{R}^m$，$\boldsymbol{X}_0\in\mathring{\Omega}$，如果 $\lim\limits_{\boldsymbol{X}\to\boldsymbol{X}_0}\boldsymbol{f}(\boldsymbol{X})=\boldsymbol{f}(\boldsymbol{X}_0)$，则称 $\boldsymbol{f}$ 在 Ω 的内点 $\boldsymbol{X}_0$ **连续**. 函数的不连续点称为**间断点**.

用"ε-δ"语言，$\boldsymbol{f}(\boldsymbol{X})$在 $\boldsymbol{X}_0$ 点连续叙述为

$$\forall\varepsilon>0,\quad\exists\delta>0,\quad\forall\boldsymbol{X}:\|\boldsymbol{X}-\boldsymbol{X}_0\|_n<\delta,\quad\text{均有}\ \|\boldsymbol{f}(\boldsymbol{X})-\boldsymbol{f}(\boldsymbol{X}_0)\|_m<\varepsilon.$$

当 $m=1$ 时，上述定义就是多元函数连续的定义. 由定理 1.3.1 可知，向量值函数的连续性与其 m 个分量函数的连续性等价. 因此我们只要讨论多元函数的连续性即可.

如果 $\boldsymbol{X}_0$ 是向量值函数 $\boldsymbol{f}(\boldsymbol{X})$定义域 Ω 的边界点，则在 $\boldsymbol{f}(\boldsymbol{X})$在 $\boldsymbol{X}_0$ 点的连续定义应修正为：

定义 1.3.3 ……………………………………………………

设 $\boldsymbol{X}_0$ 是向量值函数 $\boldsymbol{f}(\boldsymbol{X})$定义域 Ω 的边界点，如果

$$\forall\varepsilon>0,\exists\delta>0,\forall\boldsymbol{X}:\boldsymbol{X}\in B(\boldsymbol{X}_0,\delta)\cap\Omega,\text{均有}\ \|\boldsymbol{f}(\boldsymbol{X})-\boldsymbol{f}(\boldsymbol{X}_0)\|<\varepsilon,$$

则称**向量值函数 $\boldsymbol{f}(\boldsymbol{X})$在定义域$\boldsymbol{\Omega}$ 的边界点 $\boldsymbol{X}_0$ 连续**.

这样，我们就可以定义集合上的连续函数.

定义 1.3.4 ……………………………………………………………

设 $\Omega\subset\mathbb{R}^n$，向量值函数 $\boldsymbol{f}(\boldsymbol{X})$ 在 Ω 上有定义，如果 $\boldsymbol{f}$ 在 Ω 上点点连续，则称 $\boldsymbol{f}$ 在 Ω 上连续，记作 $\boldsymbol{f}\in C(\Omega)$.

定理 1.3.2 与定理 1.3.3 告诉我们：

定理 1.3.6 ……………………………………………………………

多元连续函数的加、减、乘、除(分母不为零)均为连续函数.

定理 1.3.7 ……………………………………………………………

连续向量值函数的加、减、数乘与复合都连续.

因此集合 $C(\Omega)$ 关于加法、数乘构成实数域上的一个线性空间.

例 1.3.10 ……………………………………………………………

讨论二元函数

$$f(x,y)=\begin{cases}\dfrac{xy}{x^2+y^2}, & x^2+y^2\neq 0,\\ 0, & x^2+y^2=0\end{cases}$$

在平面 $\mathbb{R}^2$ 上的连续性.

解 $f(x,y)$ 的定义域为 $\mathbb{R}^2$. 当 (x,y) 趋于 $(0,0)$ 时，由例 1.3.2，$f(x,y)$ 的极限不存在，因此 $(0,0)$ 是函数 $f(x,y)$ 的间断点. 在其他点，$f(x,y)=\dfrac{xy}{x^2+y^2}$，分子、分母均为连续函数，且分母不为 0，$f(x,y)$ 连续.

与一元函数类似，在有界闭集 Ω 上连续的 n 元函数也有一些重要性质，例如

定理 1.3.8(最值定理) ……………………………………………………

$\Omega\subset\mathbb{R}^n$ 为有界闭集，n 元函数 $f\in C(\Omega)$(即 f 是 Ω 上的连续函数)，则 f 在 Ω 上存在**最大值** M 和**最小值** m，即存在 $\boldsymbol{\xi},\boldsymbol{\eta}\in\Omega$，使 $\forall\,\boldsymbol{X}\in\Omega$，都有

$$m=f(\boldsymbol{\xi})\leqslant f(\boldsymbol{X})\leqslant f(\boldsymbol{\eta})=M.$$

定理 1.3.9(介值定理) ……………………………………………………

设 f 为连通域 Ω 上的连续函数，$\boldsymbol{X}_1,\boldsymbol{X}_2\in\Omega$，$f(\boldsymbol{X}_1)=\lambda$，$f(\boldsymbol{X}_2)=\mu$，则对于 λ 与 μ 之间的任一实数 σ，至少存在一点 $\boldsymbol{X}\in\Omega$，使 $f(\boldsymbol{X})=\sigma$.

定理 1.3.8 中的 m,M 分别称为函数 f 在有界闭集 Ω 上的最小值和最大值. 最值定理将用于极值或条件极值问题中极值存在性的判断.

上述定理的证明方法也与一元函数类似.

例 1.3.11

$f(\boldsymbol{X})$在$\mathbb{R}^n$上连续，且满足：

(1) $\boldsymbol{X}\neq\boldsymbol{0}$ 时，$f(\boldsymbol{X})>0$；

(2) $\forall c>0$，$f(c\boldsymbol{X})=cf(\boldsymbol{X})$.

证明：存在 $a>0,b>0$，使 $a\|\boldsymbol{X}\|\leqslant f(\boldsymbol{X})\leqslant b\|\boldsymbol{X}\|$.

证明 因为 $f(\boldsymbol{X})$在$\mathbb{R}^n$上连续，在有界闭集 $S=\{\boldsymbol{X}|\ \|\boldsymbol{X}\|=1\}$上有最小值和最大值，分别记为 a,b，由条件(1)，$a>0,b>0$，

$$a\leqslant f(\boldsymbol{X})\leqslant b,\quad \boldsymbol{X}\in S,$$

$\forall\boldsymbol{X}\in\mathbb{R}^n,\boldsymbol{X}\neq\boldsymbol{0},\dfrac{\boldsymbol{X}}{\|\boldsymbol{X}\|}\in S$，

$$a\leqslant f\left(\frac{\boldsymbol{X}}{\|\boldsymbol{X}\|}\right)\leqslant b,$$

由条件(2)，$a\|\boldsymbol{X}\|\leqslant f(\boldsymbol{X})\leqslant b\|\boldsymbol{X}\|$.

1.3.3 无穷小函数的阶

定义 1.3.5

若 n 元函数 $f(\boldsymbol{X})$满足

$$\lim_{\boldsymbol{X}\to\boldsymbol{X}_0}f(\boldsymbol{X})=0,$$

则称当 $\boldsymbol{X}\to\boldsymbol{X}_0$ 时 $f(\boldsymbol{X})$为**无穷小函数**(**或无穷小量**)，记作

$$f(\boldsymbol{X})=o(1),\quad \boldsymbol{X}\to\boldsymbol{X}_0.$$

显然，$\lim\limits_{\boldsymbol{X}\to\boldsymbol{X}_0}f(\boldsymbol{X})=a$，当且仅当 $\boldsymbol{X}\to\boldsymbol{X}_0$ 时，$f(\boldsymbol{X})-a$ 为无穷小函数.

根据趋于零的速度不同，无穷小函数也有阶的概念，这里我们用来比较的参考函数为 $\rho=\|\boldsymbol{X}-\boldsymbol{X}_0\|_n$.

定义 1.3.6

n 元函数 $f(\boldsymbol{X})$，若$\exists M>0,\delta>0,k>0$，使$\forall\boldsymbol{X}\in B^\circ(\boldsymbol{X}_0,\delta)$都有

$$|f(\boldsymbol{X})|\leqslant M\rho^k,$$

则称 n 元函数 $f(\boldsymbol{X})$**在点 $\boldsymbol{X}_0$ 附近被ρ^k 所控制**，记为

$$f(\boldsymbol{X})=O(\rho^k),\quad \boldsymbol{X}\to\boldsymbol{X}_0.$$

定义 1.3.7

n 元函数 $f(\boldsymbol{X})$，若$\exists k>0$，使得

$$\lim_{\boldsymbol{X}\to\boldsymbol{X}_0}\frac{f(\boldsymbol{X})}{\rho^k}=0,$$

则称 n 元函数 $f(\boldsymbol{X})$ 在点 $\boldsymbol{X}_0$ 附近是 ρ^k 的**高阶无穷小**，记作

$$f(\boldsymbol{X})=o(\rho^k),\quad \boldsymbol{X}\to\boldsymbol{X}_0.$$

无穷小函数 $f(\boldsymbol{X})$ 记为 $f(\boldsymbol{X})=o(1)$，$\boldsymbol{X}\to\boldsymbol{X}_0$，这是因为 $\lim\limits_{\boldsymbol{X}\to\boldsymbol{X}_0}\dfrac{f(\boldsymbol{X})}{1}=0$.

定义 1.3.8 ……………………………………………………

n 元函数 $f(\boldsymbol{X})$，若 $\exists k>0$，使得

$$\lim_{\boldsymbol{X}\to\boldsymbol{X}_0}\frac{f(\boldsymbol{X})}{\rho^k}=C\neq 0,\quad (C\text{ 为常数}),$$

就称 $f(\boldsymbol{X})$ 是 k **阶**（k 为正整数）**无穷小函数**.

例 1.3.12 ……………………………………………………

设 $f_1(\boldsymbol{X})=a_1x_1+a_2x_2+\cdots+a_nx_n$，$f_2(\boldsymbol{X})=\sum\limits_{i=1}^{n}\sum\limits_{j=1}^{n}a_{ij}x_ix_j\ (a_{ij}=a_{ji})$，证明：当 $\boldsymbol{X}\to\boldsymbol{0}$ 时，$f_1(\boldsymbol{X})=O(\rho)$，$f_2(\boldsymbol{X})=O(\rho^2)$.

证明 $|f_1(\boldsymbol{X})|\leqslant(|a_1|+|a_2|+\cdots+|a_n|)\rho$，因此 $f_1(\boldsymbol{X})=O(\rho)$，$\boldsymbol{X}\to 0$.

$$f_2(\boldsymbol{X})=\boldsymbol{X}^{\mathrm{T}}\boldsymbol{A}\boldsymbol{X},$$

其中 $\boldsymbol{X}=(x_1,x_2,\cdots,x_n)^{\mathrm{T}}$ 为 n 维列向量，$\boldsymbol{A}=(a_{ij})_{n\times n}$ 为 n 阶对称方阵. 我们知道存在正交矩阵 $\boldsymbol{Q}$，使 $\boldsymbol{Q}^{\mathrm{T}}\boldsymbol{A}\boldsymbol{Q}=\mathrm{diag}(\lambda_1,\lambda_2,\cdots,\lambda_n)$ 为实对角矩阵，其中 $\lambda_i(i=1,2,\cdots,n)$ 为 A 的 n 个特征值，$\lambda_1\leqslant\lambda_2\leqslant\cdots\leqslant\lambda_n$. 作正交换 $\boldsymbol{X}=\boldsymbol{Q}\boldsymbol{Y}$，

$$\frac{f_2(\boldsymbol{X})}{\rho^2}=\frac{\boldsymbol{X}^{\mathrm{T}}\boldsymbol{A}\boldsymbol{X}}{\boldsymbol{X}^{\mathrm{T}}\boldsymbol{X}}=\frac{\boldsymbol{Y}^{\mathrm{T}}\boldsymbol{Q}^{\mathrm{T}}\boldsymbol{A}\boldsymbol{Q}\boldsymbol{Y}}{\boldsymbol{Y}^{\mathrm{T}}\boldsymbol{Q}^{\mathrm{T}}\boldsymbol{Q}\boldsymbol{Y}}$$

$$=\frac{\lambda_1y_1^2+\lambda_2y_2^2+\cdots+\lambda_ny_n^2}{y_1^2+y_2^2+\cdots+y_n^2}.$$

于是

$$\lambda_1\leqslant\frac{f_2(\boldsymbol{X})}{\rho^2}\leqslant\lambda_n,\quad |f_2(\boldsymbol{X})|\leqslant\max\{|\lambda_1|,|\lambda_2|,\cdots,|\lambda_n|\}\rho^2,$$

所以 $f_2(\boldsymbol{X})=O(\rho^2)$，$\boldsymbol{X}\to\boldsymbol{0}$.

习题 1.3

1. 下列函数当 $(x,y)\to(0,0)$ 时，其极限是否存在？若存在，求出极限.

(1) $\dfrac{\arcsin(x^2+y^2)}{x^2+y^2}$；　　(2) $\dfrac{xy}{\sqrt{x^2+y^2}}$；

(3) $(x^2+y^2)\mathrm{e}^{-x-y}$；　　(4) $\dfrac{x+y}{|x|+|y|}$；

(5) $\dfrac{x^2-y^2}{x^2+y^2}$;

(6) $\dfrac{x^3y}{x^6+y^2}$;

(7) $\dfrac{x^3-y^3}{x+y}$;

(8) $\dfrac{1-\cos(xy)}{x^2+y^2}$;

(9) $\dfrac{x^2}{x^2+y^2}$;

(10) $\dfrac{xy-\sin(xy)}{xy-xy\cos(xy)}$;

(11) $\dfrac{x^4y^4}{(x^2+y^4)^3}$;

(12) $\dfrac{\sin(x^2y)-\arcsin(x^2y)}{x^6y^3}$.

2. 求下列函数极限.

(1) $\lim\limits_{\substack{x\to 3\\ y\to 0}}\dfrac{\ln(x+\sin y)}{\sqrt{x^2+y^2}}$;

(2) $\lim\limits_{\substack{x\to\infty\\ y\to\infty}}\dfrac{x+y}{x^2+xy+y^2}$;

(3) $\lim\limits_{\substack{x\to+\infty\\ y\to-\infty}}(x^2+y^2)\mathrm{e}^{y-x}$;

(4) $\lim\limits_{\substack{x\to\infty\\ y\to\infty}}\dfrac{\ln(x^2+y^2)}{\sqrt{x^2+y^2}}$;

(5) $\lim\limits_{\substack{x\to\infty\\ y\to\infty}}\left(\dfrac{|xy|}{x^2+y^2}\right)^{x^2}$;

(6) $\lim\limits_{\substack{x\to\infty\\ y\to\infty}}\dfrac{x+y}{xy}$.

3. 讨论下列累次极限与二重极限是否存在,若存在求值.

(1) $\lim\limits_{x\to\infty}\lim\limits_{y\to\infty}\sin\dfrac{\pi x}{2x+y}$, $\lim\limits_{y\to\infty}\lim\limits_{x\to\infty}\sin\dfrac{\pi x}{2x+y}$, $\lim\limits_{\substack{x\to\infty\\ y\to\infty}}\sin\dfrac{\pi x}{2x+y}$;

(2) $\lim\limits_{x\to+\infty}\lim\limits_{y\to 0^+}\dfrac{x^y}{1+x^y}$, $\lim\limits_{y\to 0^+}\lim\limits_{x\to+\infty}\dfrac{x^y}{1+x^y}$, $\lim\limits_{\substack{x\to+\infty\\ y\to 0^+}}\dfrac{x^y}{1+x^y}$.

(3) $\lim\limits_{x\to 0}\lim\limits_{y\to 0}(x+y)\sin\dfrac{1}{x}\sin\dfrac{1}{y}$, $\lim\limits_{y\to 0}\lim\limits_{x\to 0}(x+y)\sin\dfrac{1}{x}\sin\dfrac{1}{y}$,

$\lim\limits_{\substack{x\to 0\\ y\to 0}}(x+y)\sin\dfrac{1}{x}\sin\dfrac{1}{y}$.

4. (1) 举例说明累次极限存在性与二重极限的存在性互不包含;

(2) 证明:若二元函数 f 在某一点的两个累次极限和二重极限都存在,则这三个值相等.

5. 用定义证明函数 $f(x,y)=\sqrt{x^2+y^2}$ 在 $\mathbb{R}^2$ 上连续.

6. 判断下列函数的在(0,0)点的连续性.

(1) $f(x,y)=\begin{cases}\dfrac{\sin(x^3+y^3)}{x^2+y^2}, & x^2+y^2\neq 0,\\ 0, & x^2+y^2=0;\end{cases}$

(2) $f(x,y)=\begin{cases}1, & x^2+y^2\neq 0,\\ 0, & x^2+y^2=0;\end{cases}$

(3) $f(x,y)=\begin{cases}\dfrac{x^2y^2}{(x^2+y^2)^{\frac{3}{2}}}, & x^2+y^2\neq 0,\\ 0, & x^2+y^2=0;\end{cases}$

(4) $f(x,y)=\begin{cases}\dfrac{xy^2}{x^2+y^4}, & x^2+y^2\neq 0,\\ 0, & x^2+y^2=0.\end{cases}$

7. 考查下列函数在平面上的连续性,并指出在哪些点上函数是连续的.

(1) $f(x,y)=\begin{cases}\dfrac{x-y^2}{x^3+y^3}, & x+y\neq 0,\\ 0, & x+y=0;\end{cases}$

(2) $f(x,y)=\begin{cases}\dfrac{x}{y^2}\mathrm{e}^{-\frac{x^2}{y^2}}, & y\neq 0,\\ 0, & y=0;\end{cases}$

(3) $f(x,y)=[x+y]$;

(4) $f(x,y)=\begin{cases}x+y, & x,y\in\mathbb{Q},\\ 0, & \text{否则}.\end{cases}$

8. 设 f 是定义在$\mathbb{R}^2$ 上的连续函数,且 $\lim\limits_{x^2+y^2\to\infty} f(x,y)=+\infty$,证明:$f$ 有最小值.

9. 当$(x,y)\to(0,0)$时,$f(x,y)=o(\rho^m)$,$g(x,y)=o(\rho^n)$,其中 $\rho=\sqrt{x^2+y^2}$,证明:

(1) $f(x,y)+g(x,y)=o(\rho^k)$,$k=\min\{m,n\}$,

(2) $f(x,y)g(x,y)=o(\rho^{m+n})$.

10. 当$(x,y)\to(0,0)$时,讨论下列无穷小量的阶(若有阶,求阶;若无阶,说明理由).

(1) $\sin(x^2+y^2)$;

(2) $\ln(1+\sqrt{x^2+y^2})$;

(3) $(x^2+y^2)\sin\dfrac{1}{\sqrt{x^2+y^2}}$;

(4) $x+y+2xy$;

(5) $ax^2+2bxy+cy^2$.

1.4　多元函数的全微分及偏导数

1.4.1　n 元函数的全微分

设 n 元函数 $u=f(\boldsymbol{X})$的定义域为 $\Omega\subset\mathbb{R}^n$,$\boldsymbol{X}_0$ 是集合 Ω 的内点,因此 $\exists\, r>0$,使得 $B(X_0,r)\subset\Omega$. 与一元函数的微分类似,我们有 n 元函数 $u=f(\boldsymbol{X})$在 $\boldsymbol{X}_0$ 点可微的概念.

定义 1.4.1

设 $\Delta \boldsymbol{X}=(\Delta x_1,\Delta x_2,\cdots,\Delta x_n)\in\mathbb{R}^n$，$\|\Delta \boldsymbol{X}\|<r$，$\boldsymbol{X}=\boldsymbol{X}_0+\Delta\boldsymbol{X}\in\Omega$. 如果存在一个关于 $\Delta\boldsymbol{X}$ 的线性函数 $a_1\Delta x_1+a_2\Delta x_2+\cdots+a_n\Delta x_n$，使得当 $\Delta\boldsymbol{X}\to\boldsymbol{0}$ 时，

$$\Delta u=f(\boldsymbol{X}_0+\Delta\boldsymbol{X})-f(\boldsymbol{X}_0)=a_1\Delta x_1+a_2\Delta x_2+\cdots+a_n\Delta x_n+o(\|\Delta\boldsymbol{X}\|),$$

则称 $u=f(\boldsymbol{X})$ 在 $\boldsymbol{X}_0$ 点**可微**. 上式等号右边的主要部分 $a_1\Delta x_1+a_2\Delta x_2+\cdots+a_n\Delta x_n$ 称为函数 $u=f(\boldsymbol{X})$ 在 $\boldsymbol{X}_0$ 的**全微分**(简称**微分**)，记作 $\mathrm{d}u$，

$$\mathrm{d}u=a_1\Delta x_1+a_2\Delta x_2+\cdots+a_n\Delta x_n.$$

或写成

$$\mathrm{d}u=a_1\mathrm{d}x_1+a_2\mathrm{d}x_2+\cdots+a_n\mathrm{d}x_n.$$

如果 $u=f(\boldsymbol{X})$ 在 $\boldsymbol{X}_0$ 点可微，用线性函数

$$u=f(\boldsymbol{X}_0)+a_1(x_1-x_1^{(0)})+a_2(x_2-x_2^{(0)})+\cdots+a_n(x_n-x_n^{(0)})$$

来代替 $u=f(\boldsymbol{X})$，当 $\boldsymbol{X}\to\boldsymbol{X}_0$ 时两者的差为 $o(\|\boldsymbol{X}-\boldsymbol{X}_0\|)$.

当 $n=2$ 时，在 (x_0,y_0) 点可微的函数 $z=f(x,y)$ 在 (x_0,y_0) 点的局部小邻域用线性函数

$$z=f(x_0,y_0)+a_1(x-x_0)+a_2(y-y_0)$$

近似代替，当 $(x,y)\to(x_0,y_0)$ 时，其误差为 $o\left(\sqrt{(x-x_0)^2+(y-y_0)^2}\right)$. 也就是函数 $z=f(x,y)$ 表示的曲面 S 在 (x_0,y_0) 点的局部小邻域用平面

$$z=f(x_0,y_0)+a_1(x-x_0)+a_2(y-y_0)$$

代替，其误差为 $o\left(\sqrt{(x-x_0)^2+(y-y_0)^2}\right)$. 在本章的后面我们会定义满足这种性质的平面叫做曲面 S 在 (x_0,y_0) 点的切平面. 那时我们就可以得到结论：

$z=f(x,y)$ 在 (x_0,y_0) 点可微的充分必要条件是 $z=f(x,y)$ 表示的曲面 S 在 (x_0,y_0) 点存在切平面.

以上是二元函数可微的几何解释. 用文字来叙述，n 元函数 $u=f(\boldsymbol{X})$ 在 $\boldsymbol{X}_0$ 点可微，指的就是由于自变量的微小变化(从 $\boldsymbol{X}_0$ 变到 $\boldsymbol{X}$)，其函数值的变化量由两部分组成：起决定作用的线性部分(即微分)与相比之下可以忽略不计的高阶无穷小函数 $o(\|\boldsymbol{X}-\boldsymbol{X}_0\|)$.

▶ **例 1.4.1**

讨论函数 $z=f(x,y)=\sin(x+2y)$ 在 $(0,0)$ 点的可微性，若可微，求其微分.

解 $f(\Delta x,\Delta y)-f(0,0)=\sin(\Delta x+2\Delta y)=\Delta x+2\Delta y+\alpha(\Delta x,\Delta y)$，其中

$$\alpha(\Delta x,\Delta y)=\sin(\Delta x+2\Delta y)-(\Delta x+2\Delta y).$$

由一元函数 Taylor 公式可知，$|\sin t-t|\leqslant\dfrac{t^3}{3!}$，故

$$\frac{|\alpha(\Delta x,\Delta y)|}{\sqrt{\Delta x^2+\Delta y^2}}\leqslant\frac{|\Delta x+2\Delta y|^3}{\sqrt{\Delta x^2+\Delta y^2}},\quad \lim_{(\Delta x,\Delta y)\to(0,0)}\frac{\alpha(\Delta x,\Delta y)}{\sqrt{\Delta x^2+\Delta y^2}}=0.$$

当$(\Delta x,\Delta y)\to(0,0)$时，$\alpha(\Delta x,\Delta y)=o(\sqrt{\Delta x^2+\Delta y^2})$. 函数 $z=f(x,y)=\sin(x+2y)$在$(0,0)$点可微，其微分

$$\mathrm{d}f(0,0)=\mathrm{d}x+2\mathrm{d}y.$$

例 1.4.2

设 $u_1=f_1(x_1,x_2,\cdots,x_n)=\sum_{i=1}^{n}a_ix_i$，$u_2=f_2(x_1,x_2,\cdots,x_n)=\sum_{i=1}^{n}\sum_{j=1}^{n}a_{ij}x_ix_j$，证明 u_1,u_2 可微，并求其全微分.

证明 设自变量有很小的变化$(\Delta x_1,\Delta x_2,\cdots,\Delta x_n)$，由此引起的函数值的变化

$$\begin{aligned}\Delta u_1&=f_1(x_1+\Delta x_1,x_2+\Delta x_2,\cdots,x_n+\Delta x_n)-f_1(x_1,x_2,\cdots,x_n)\\&=a_1\Delta x_1+a_2\Delta x_2+\cdots+a_n\Delta x_n,\end{aligned}$$

因此 $u_1=f_1(x_1,x_2,\cdots,x_n)$可微，其全微分为

$$\mathrm{d}u_1=a_1\mathrm{d}x_1+a_2\mathrm{d}x_2+\cdots+a_n\mathrm{d}x_n,$$

记 $\boldsymbol{X}=(x_1,x_2,\cdots,x_n)^{\mathrm{T}}$，$\Delta\boldsymbol{X}=(\Delta x_1,\Delta x_2,\cdots,\Delta x_n)^{\mathrm{T}}$ 都是列向量，$\boldsymbol{A}=(a_{ij})_{n\times n}$，则

$$\begin{aligned}u_2&=\boldsymbol{X}^{\mathrm{T}}\boldsymbol{A}\boldsymbol{X},\\ \Delta u_2&=f_2(x_1+\Delta x_1,x_2+\Delta x_2,\cdots,x_n+\Delta x_n)-f_2(x_1,x_2,\cdots,x_n)\\&=(\boldsymbol{X}+\Delta\boldsymbol{X})^{\mathrm{T}}\boldsymbol{A}(\boldsymbol{X}+\Delta\boldsymbol{X})-\boldsymbol{X}^{\mathrm{T}}\boldsymbol{A}\boldsymbol{X}=2\boldsymbol{X}^{\mathrm{T}}\boldsymbol{A}\Delta\boldsymbol{X}+\Delta\boldsymbol{X}^{\mathrm{T}}\boldsymbol{A}\Delta\boldsymbol{X},\end{aligned}$$

等号右侧第一部分为 $\Delta\boldsymbol{X}$ 的线性部分，第二部分为 $\Delta\boldsymbol{X}$ 的高阶无穷小（见例 1.3.12），因此

$$\mathrm{d}u_2=2(x_1,x_2,\cdots,x_n)\begin{bmatrix}a_{11}&a_{12}&\cdots&a_{1n}\\a_{21}&a_{22}&\cdots&a_{2n}\\\vdots&\vdots&&\vdots\\a_{n1}&a_{n2}&\cdots&a_{nn}\end{bmatrix}\begin{bmatrix}\mathrm{d}x_1\\\mathrm{d}x_2\\\vdots\\\mathrm{d}x_n\end{bmatrix}.$$

如果 n 元函数 $f(\boldsymbol{X})$在 $\boldsymbol{X}_0$ 点可微，则在 $\boldsymbol{X}_0$ 点附近

$$f(\boldsymbol{X}_0+\Delta\boldsymbol{X})-f(\boldsymbol{X}_0)=a_1\Delta x_1+a_2\Delta x_2+\cdots+a_n\Delta x_n+o(\|\Delta\boldsymbol{X}\|).$$

当 $\Delta\boldsymbol{X}=\boldsymbol{X}-\boldsymbol{X}_0\to\boldsymbol{0}$ 时（即 $\boldsymbol{X}\to\boldsymbol{X}_0$ 时），$f(\boldsymbol{X})\to f(\boldsymbol{X}_0)$. 故有下列定理：

定理 1.4.1

在 $\boldsymbol{X}_0$ 点可微的函数在 $\boldsymbol{X}_0$ 点必连续.

定理 1.4.2 ……………………………………………………………………

可微函数的全微分是唯一的.

证明 反证法.假设 n 元函数 $u=f(\boldsymbol{X})$ 在 $\boldsymbol{X}_0$ 点可微,并有两个全微分

$$\begin{aligned}\mathrm{d}u&=a_1\mathrm{d}x_1+a_2\mathrm{d}x_2+\cdots+a_n\mathrm{d}x_n\\&=b_1\mathrm{d}x_1+b_2\mathrm{d}x_2+\cdots+b_n\mathrm{d}x_n.\end{aligned}$$

则当 $\Delta\boldsymbol{X}=\boldsymbol{X}-\boldsymbol{X}_0$ 充分小时,

$$\begin{aligned}\Delta u&=f(\boldsymbol{X}_0+\Delta\boldsymbol{X})-f(\boldsymbol{X}_0)\\&=(a_1,a_2,\cdots,a_n)\Delta\boldsymbol{X}+o_1(\rho)-\\&\quad(b_1,b_2,\cdots,b_n)\Delta\boldsymbol{X}+o_2(\rho),\end{aligned}$$

其中 $o_1(\rho),o_2(\rho)$ 均为 $\rho=\|\Delta\boldsymbol{X}\|$ 的高阶无穷小量.记 $o_1(\rho)=\|\Delta\boldsymbol{X}\|\varphi(\Delta\boldsymbol{X})$,$o_2(\rho)=\|\Delta\boldsymbol{X}\|\psi(\Delta\boldsymbol{X})$,其中当 $\Delta\boldsymbol{X}\to\boldsymbol{0}$ 时,$\varphi(\Delta\boldsymbol{X}),\psi(\Delta\boldsymbol{X})$ 为无穷小量,则

$$(a_1-b_1,a_2-b_2,\cdots,a_n-b_n)\Delta\boldsymbol{X}=\|\Delta\boldsymbol{X}\|(\varphi(\Delta\boldsymbol{X})-\psi(\Delta\boldsymbol{X})).$$

令 $\Delta\boldsymbol{X}=t\boldsymbol{h}$,其中 $t>0$,$\boldsymbol{h}$ 为任意单位向量,

$$(a_1-b_1,a_2-b_2,\cdots,a_n-b_n)t\boldsymbol{h}=t(\varphi(t\boldsymbol{h})-\psi(t\boldsymbol{h})),$$

令 $t\to0$,可得

$$(a_1-b_1,a_2-b_2,\cdots,a_n-b_n)\boldsymbol{h}=0,$$

其中 $\boldsymbol{h}$ 为任意单位向量,因此 $(a_1-b_1,a_2-b_2,\cdots,a_n-b_n)$ 为零,即

$$a_i=b_i,\quad i=1,2,\cdots,n,$$

这说明全微分是唯一的.

不难证明,多元函数的全微分还有与一元函数微分一样的运算法则:

定理 1.4.3 ……………………………………………………………………

Ω 上的 n 元函数 f 和 g 在 $\boldsymbol{X}_0\in\Omega$ 点可微,则 $f\pm g,\lambda f,fg,\dfrac{f}{g}(g(\boldsymbol{X}_0)\neq0)$ 在 $\boldsymbol{X}_0$ 点可微,其中 $\lambda\in\mathbb{R}^1$ 为常数,且

(1) $\mathrm{d}(f\pm g)(\boldsymbol{X}_0)=\mathrm{d}f(\boldsymbol{X}_0)\pm\mathrm{d}g(\boldsymbol{X}_0)$;

(2) $\mathrm{d}(\lambda f)(\boldsymbol{X}_0)=\lambda\mathrm{d}f(\boldsymbol{X}_0)$;

(3) $\mathrm{d}(fg)(\boldsymbol{X}_0)=g(\boldsymbol{X}_0)\mathrm{d}f(\boldsymbol{X}_0)+f(\boldsymbol{X}_0)\mathrm{d}g(\boldsymbol{X}_0)$;

(4) $\mathrm{d}\left(\dfrac{f}{g}\right)(\boldsymbol{X}_0)=\dfrac{g(\boldsymbol{X}_0)\mathrm{d}f(\boldsymbol{X}_0)-f(\boldsymbol{X}_0)\mathrm{d}g(\boldsymbol{X}_0)}{[g(\boldsymbol{X}_0)]^2}\quad(g(\boldsymbol{X}_0)\neq0)$.

1.4.2 偏导数、全微分的计算

设 n 元函数 $u=f(\boldsymbol{X})$ 在 $\boldsymbol{X}_0=(x_1^{(0)},x_2^{(0)},\cdots,x_n^{(0)})$ 点可微,其微分为

$$\mathrm{d}u=a_1\mathrm{d}x_1+a_2\mathrm{d}x_2+\cdots+a_n\mathrm{d}x_n,$$

取特殊的 $\Delta\boldsymbol{X}=(\Delta x_1,0,\cdots,0)$,即自变量 $\boldsymbol{X}$ 只有第一个分量 x_1 有微小变化,其

余分量不变，则由此引起的函数值的变化量为

$$\begin{aligned}\Delta_{x_1} u &= f(x_1^{(0)}+\Delta x_1, x_2^{(0)}, \cdots, x_n^{(0)}) - f(x_1^{(0)}, x_2^{(0)}, \cdots, x_n^{(0)}) \\ &= a_1 \Delta x_1 + o(|\Delta x_1|),\end{aligned}$$

$$\frac{\Delta_{x_1} u}{\Delta x_1} = a_1 + \frac{o(|\Delta x_1|)}{\Delta x_1} \to a_1, \quad \Delta x_1 \to 0.$$

同样，对于任意的 $i(1 \leqslant i \leqslant n)$，

$$\begin{aligned}a_i &= \lim_{\Delta x_i \to 0} \frac{\Delta_{x_i} u}{\Delta x_i} \\ &= \lim_{\Delta x_i \to 0} \frac{f(x_1^{(0)}, \cdots, x_{i-1}^{(0)}, x_i^{(0)}+\Delta x_i, x_{i+1}^{(0)}, \cdots, x_n^{(0)}) - f(x_1^{(0)}, x_2^{(0)}, \cdots, x_n^{(0)})}{\Delta x_i}.\end{aligned}$$

定义 1.4.2 ……………………………………

n 元函数 $u=f(x_1, x_2, \cdots, x_n)$，若极限

$$\lim_{\Delta x_i \to 0} \frac{\Delta_{x_i} u}{\Delta x_i} = \lim_{\Delta x_i \to 0} \frac{f(x_1^{(0)}, \cdots, x_{i-1}^{(0)}, x_i^{(0)}+\Delta x_i, x_{i+1}^{(0)}, \cdots, x_n^{(0)}) - f(x_1^{(0)}, x_2^{(0)}, \cdots, x_n^{(0)})}{\Delta x_i}$$

存在，则称其为 $u=f(x_1, x_2, \cdots, x_n)$ 在 $(x_1^{(0)}, x_2^{(0)}, \cdots, x_n^{(0)})$ 点关于变量 x_i 的**偏导数**，记作

$$\frac{\partial u}{\partial x_i}(x_1^{(0)}, x_2^{(0)}, \cdots, x_n^{(0)}) = \lim_{\Delta x_i \to 0} \frac{\Delta_{x_i} u}{\Delta x_i},$$

偏导数也简记作 $\frac{\partial u}{\partial x_i}, \frac{\partial f}{\partial x_i}, u'_{x_i}$ 或 f'_{x_i}.

由微分的定义可知：

定理 1.4.4 ……………………………………

若 n 元函数 $u=f(\boldsymbol{X})$ 在 $\boldsymbol{X}_0$ 点可微，则其 n 个偏导数

$$\frac{\partial u}{\partial x_i}(\boldsymbol{X}_0), \quad \frac{\partial u}{\partial x_2}(\boldsymbol{X}_0), \quad \cdots \quad, \frac{\partial u}{\partial x_n}(\boldsymbol{X}_0)$$

均存在，且 n 元函数 $u=f(\boldsymbol{X})$ 在 $\boldsymbol{X}_0$ 点的微分 $\mathrm{d}u = a_1 \mathrm{d}x_1 + a_2 \mathrm{d}x_2 + \cdots + a_n \mathrm{d}x_n$ 的系数为

$$a_i = \frac{\partial u}{\partial x_i}(\boldsymbol{X}_0), \quad i=1,2,\cdots,n,$$

或可以写成

$$\mathrm{d}u = \frac{\partial u}{\partial x_1}(\boldsymbol{X}_0)\mathrm{d}x_1 + \frac{\partial u}{\partial x_2}(\boldsymbol{X}_0)\mathrm{d}x_2 + \cdots + \frac{\partial u}{\partial x_n}(\boldsymbol{X}_0)\mathrm{d}x_n.$$

求偏导数的方法与一元函数的求导数的方法完全一样，只要将 n 个自变量中的某一个(x_i)仍看成是变量，其余 $n-1$ 个看成是常量，然后求导.

例 1.4.3

$z=f(x,y)=\sin(x+2y)$，求其在(0,0)点的偏导数$\frac{\partial z}{\partial x}(0,0)$，$\frac{\partial z}{\partial y}(0,0)$.

解 将 y 看成是常数，x 看成变量，

$$\frac{\partial z}{\partial x}(0,0)=\cos(x+2y)\Big|_{(0,0)}=1,$$

同样，

$$\frac{\partial z}{\partial y}(0,0)=2\cos(x+2y)\Big|_{(0,0)}=2,$$

与例 1.4.1 的结论一致.

以 $n=2$ 为例，我们考查偏导数的几何意义. 二元函数 $z=f(x,y)$在(x_0,y_0)点对 x 的偏导数为

$$\frac{\partial z}{\partial x}(x_0,y_0)=\lim_{\Delta x\to 0}\frac{f(x_0+\Delta x,y_0)-f(x_0,y_0)}{\Delta x},$$

$L:\begin{cases}z=f(x,y),\\ y=y_0\end{cases}$ 为曲面 $S: z=f(x,y)$上的一条曲线，在 L 上，$z=f(x,y_0)$. L 曲线在$(x_0,y_0,f(x_0,y_0))$点上的切线 T 与 x 轴的夹角 α 的正切满足(见图 1.4.1)：

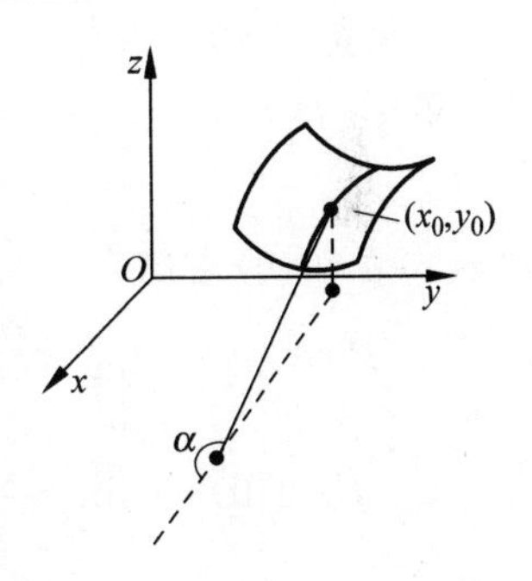

图 1.4.1

$$\tan\alpha=\lim_{\Delta x\to 0}\frac{f(x_0+\Delta x,y_0)-f(x_0,y_0)}{\Delta x}.$$

因此偏导数$\frac{\partial z}{\partial x}(x_0,y_0)$就是平面曲线 $L_1:\begin{cases}z=f(x,y),\\ y=y_0\end{cases}$ 在$(x_0,y_0,f(x_0,y_0))$点切线的斜率. 同样偏导数$\frac{\partial z}{\partial y}(x_0,y_0)$就是平面曲线 $L_2:\begin{cases}z=f(x,y),\\ x=x_0\end{cases}$ 在$(x_0,y_0,f(x_0,y_0))$点切线的斜率. 由此可见，函数 $z=f(x,y)$在一点的偏导数反映了它所表示的曲面上两条特殊的曲线 L_1，L_2 在该点的变化情况，当然它们还不足以反映曲面在这一点附近的全面情况，这也就是偏导数"偏"字的来源，是相对于全微分的"全"而言的. 定理 1.4.4 的逆定理不成立，例如函数(见例 1.3.1)

$$z=f(x,y)=\begin{cases}1, & xy\neq 0,\\ 0, & xy=0\end{cases}$$

在原点处

$$\frac{\partial z}{\partial x}(0,0)=\lim_{\Delta x\to 0}\frac{f(\Delta x,0)-f(0,0)}{\Delta x}=0.$$

同理，$\dfrac{\partial z}{\partial y}(0,0)=0$，然而这个函数在原点甚至不连续，当然更不可微.

要指出的是，与一元函数 $y=f(x)$ 的微商 $\dfrac{\mathrm{d}y}{\mathrm{d}x}$ 不同，多元函数 $u=f(x_1,x_2,\cdots,x_n)$ 的偏导数 $\dfrac{\partial u}{\partial x_i}$ 是一个整体，不能将其看作是 ∂u 与 ∂x_i 的商. 这一点我们将在复合函数求偏导数时看到.

例 1.4.4

求函数 $f(x,y)=\begin{cases}\dfrac{x^3-y^3}{x^2+y^2}, & x^2+y^2\neq 0,\\ 0, & x^2+y^2=0\end{cases}$ 在原点的偏导数 $f'_x(0,0)$ 与 $f'_y(0,0)$，并考查 $f(x,y)$ 在 $(0,0)$ 的连续性与可微性.

解 $|f(x,y)|\leqslant|x|+|y|$，因此

$$\lim_{(x,y)\to(0,0)} f(x,y)=0,$$

$f(x,y)$ 在 $(0,0)$ 连续.

$$f'_x(0,0)=\lim_{\Delta x\to 0}\frac{f(0+\Delta x,0)-f(0,0)}{\Delta x}=\lim_{\Delta x\to 0}\frac{(\Delta x)^3}{(\Delta x)^3}=1,$$

$$f'_y(0,0)=\lim_{\Delta y\to 0}\frac{f(0,0+\Delta y)-f(0,0)}{\Delta y}=-\lim_{\Delta y\to 0}\frac{(\Delta y)^3}{(\Delta y)^3}=-1.$$

考虑

$$\lim_{(\Delta x,\Delta y)\to(0,0)}\frac{f(\Delta x,\Delta y)-f(0,0)-(f'_x(0,0)\Delta x+f'_y(0,0)\Delta y)}{\sqrt{(\Delta x)^2+(\Delta y)^2}}$$

$$=\lim_{(\Delta x,\Delta y)\to(0,0)}\frac{\Delta x\Delta y(\Delta x-\Delta y)}{[(\Delta x)^2+(\Delta y)^2]^{3/2}},$$

当沿直线 $\Delta x=-\Delta y$ 趋于 $(0,0)$ 时，

$$\lim_{\substack{\Delta x\to 0\\ \Delta y=-\Delta x}}\frac{\Delta x\Delta y(\Delta x-\Delta y)}{[(\Delta x)^2+(\Delta y)^2]^{3/2}}=-\frac{\sqrt{2}}{2}\neq 0,$$

从而

$$\lim_{(\Delta x,\Delta y)\to(0,0)}\frac{f(\Delta x,\Delta y)-f(0,0)-(f'_x(0,0)\Delta x+f'_y(0,0)\Delta y)}{\sqrt{(\Delta x)^2+(\Delta y)^2}}\neq 0,$$

所以 $f(x,y)$ 在 $(0,0)$ 不可微，尽管在 $(0,0)$ 点 $f(x,y)$ 的两个偏导数均存在.

例 1.4.5

求函数

$$z=f(x,y)=\begin{cases}(x^2+y^2)\sin\dfrac{1}{\sqrt{x^2+y^2}}, & x^2+y^2\neq 0,\\ 0, & x^2+y^2=0\end{cases}$$

在原点的偏导数，它在原点是否可微？

解 $$\frac{\partial z}{\partial x}(0,0)=\lim_{\Delta x\to 0}\frac{f(\Delta x,0)-f(0,0)}{\Delta x}=\lim_{\Delta x\to 0}\Delta x\sin\frac{1}{\sqrt{\Delta x^2}}=0,$$

$$\frac{\partial z}{\partial y}(0,0)=\lim_{\Delta y\to 0}\frac{f(0,\Delta y)-f(0,0)}{\Delta y}=\lim_{\Delta y\to 0}\Delta y\sin\frac{1}{\sqrt{\Delta y^2}}=0.$$

要回答它在原点是否可微的问题，只要考查函数

$$\Delta z-\left[\frac{\partial z}{\partial x}(0,0)\Delta x+\frac{\partial z}{\partial y}(0,0)\Delta y\right]$$

当$(\Delta x,\Delta y)\to(0,0)$时是否是$\rho=\sqrt{\Delta x^2+\Delta y^2}$的高阶无穷小. 显然，当$(\Delta x,\Delta y)\to(0,0)$时，

$$\frac{\Delta z-\left[\frac{\partial z}{\partial x}(0,0)\Delta x+\frac{\partial z}{\partial y}(0,0)\Delta y\right]}{\sqrt{\Delta x^2+\Delta y^2}}=\frac{f(\Delta x,\Delta y)}{\sqrt{\Delta x^2+\Delta y^2}}$$

$$=\sqrt{\Delta x^2+\Delta y^2}\sin\frac{1}{\sqrt{\Delta x^2+\Delta y^2}}\to 0.$$

$\Delta z-\left[\frac{\partial z}{\partial x}(0,0)\Delta x+\frac{\partial z}{\partial y}(0,0)\Delta y\right]$是$\rho$的高阶无穷小，因此$z=f(x,y)$在原点可微，且在原点的微分$\mathrm{d}z=0$.

例 1.4.6

设$f(x,y)=(x+y)\varphi(x,y)$，其中$\varphi(x,y)$在$(0,0)$点连续，求证：$f(x,y)$在$(0,0)$点可微.

证明 $$f(\Delta x,\Delta y)-f(0,0)=(\Delta x+\Delta y)\varphi(\Delta x,\Delta y),$$

因为$\varphi(x,y)$在$(0,0)$点连续，

$$\lim_{(\Delta x,\Delta y)\to(0,0)}\varphi(\Delta x,\Delta y)=\varphi(0,0),$$

所以$\varphi(\Delta x,\Delta y)=\varphi(0,0)+\alpha(\Delta x,\Delta y)$，其中$\lim\limits_{(\Delta x,\Delta y)\to(0,0)}\alpha(\Delta x,\Delta y)=0$.

$$\lim_{(\Delta x,\Delta y)\to(0,0)}\frac{f(\Delta x,\Delta y)-f(0,0)-[\varphi(0,0)\Delta x+\varphi(0,0)\Delta y]}{\sqrt{\Delta x^2+\Delta y^2}}$$

$$=\lim_{(\Delta x,\Delta y)\to(0,0)}\frac{(\Delta x+\Delta y)\alpha(\Delta x,\Delta y)}{\sqrt{\Delta x^2+\Delta y^2}}=0,$$

故$f(x,y)$在$(0,0)$点可微，并且$\mathrm{d}f(0,0)=\varphi(0,0)(\mathrm{d}x+\mathrm{d}y)$.

如果$u=f(\boldsymbol{X})$是定义在开区域$\Omega\subset\mathbb{R}^n$上的$n$元函数，在$\Omega$中每一点$\boldsymbol{X}$，$f$对变量$x_i$的偏导数均存在，这样就得到一个新的对应关系：

$$\boldsymbol{X}\mapsto\frac{\partial f}{\partial x_i}(\boldsymbol{X}),\quad \boldsymbol{X}\in\Omega,\quad i=1,2,\cdots,n,$$

我们将这种 $\boldsymbol{X}$ 点与该点处偏导数 $\frac{\partial f}{\partial x_i}(\boldsymbol{X})$ 的对应关系称为对变量 x_i 偏导函数，也记作 $\frac{\partial f}{\partial x_i}(\boldsymbol{X}), i=1,2,\cdots,n$. 偏导函数也简称为偏导数.

下面的定理给出一个多元函数可微的充分条件.

定理 1.4.5 ……………………………………………………………

若 n 元函数 $u=f(\boldsymbol{X})$ 的所有偏导函数 $\frac{\partial f}{\partial x_i}(\boldsymbol{X})(i=1,2,\cdots,n)$ 在 $\boldsymbol{X}_0$ 点均连续，则 $f(\boldsymbol{X})$ 在 $\boldsymbol{X}_0$ 点可微.

证明 为了书写简单，我们只证明 $n=2$ 的情况，一般 n 元函数的证明类似. 设二元函数 $u=f(x_1,x_2)$ 的偏导数在 $\boldsymbol{X}_0=(x_1^{(0)},x_2^{(0)})$ 点连续，所以存在 $\boldsymbol{X}_0$ 的邻域 $B(\boldsymbol{X}_0,\delta)$，在该邻域内 $\frac{\partial f}{\partial x_1}(x_1,x_2)$，$\frac{\partial f}{\partial x_2}(x_1,x_2)$ 均存在. 当 $\Delta x_1,\Delta x_2$ 足够小时，由于自变量的微小变化 $\Delta\boldsymbol{X}=(\Delta x_1,\Delta x_2)$ 引起的函数值的变化

$$\begin{aligned}\Delta u &= f(x_1^{(0)}+\Delta x_1,x_2^{(0)}+\Delta x_2)-f(x_1^{(0)},x_2^{(0)})\\ &=\left[f(x_1^{(0)}+\Delta x_1,x_2^{(0)}+\Delta x_2)-f(x_1^{(0)},x_2^{(0)}+\Delta x_2)\right]\\ &\quad+\left[f(x_1^{(0)},x_2^{(0)}+\Delta x_2)-f(x_1^{(0)},x_2^{(0)})\right].\end{aligned}$$

由一元函数的微分中值定理可知

$$\Delta u=\frac{\partial f}{\partial x_1}(x_1^{(0)}+\theta_1\Delta x_1,x_2^{(0)}+\Delta x_2)\Delta x_1+\frac{\partial f}{\partial x_2}(x_1^{(0)},x_2^{(0)}+\theta_2\Delta x_2)\Delta x_2,$$

其中 $\theta_1,\theta_2\in(0,1)$. 因为两个偏导数在 $(x_1^{(0)},x_2^{(0)})$ 点连续，

$$\lim_{(\Delta x_1,\Delta x_2)\to(0,0)}\frac{\partial f}{\partial x_1}(x_1^{(0)}+\theta_1\Delta x_1,x_2^{(0)}+\Delta x_2)=\frac{\partial f}{\partial x_1}(x_1^{(0)},x_2^{(0)}),$$

$$\lim_{(\Delta x_1,\Delta x_2)\to(0,0)}\frac{\partial f}{\partial x_2}(x_1^{(0)},x_2^{(0)}+\theta_2\Delta x_2)=\frac{\partial f}{\partial x_2}(x_1^{(0)},x_2^{(0)}),$$

即

$$\frac{\partial f}{\partial x_1}(x_1^{(0)}+\theta_1\Delta x_1,x_2^{(0)}+\Delta x_2)=\frac{\partial f}{\partial x_1}(x_1^{(0)},x_2^{(0)})+\varepsilon_1(\Delta x_1,\Delta x_2),$$

$$\frac{\partial f}{\partial x_2}(x_1^{(0)},x_2^{(0)}+\theta_2\Delta x_2)=\frac{\partial f}{\partial x_2}(x_1^{(0)},x_2^{(0)})+\varepsilon_2(\Delta x_1,\Delta x_2),$$

其中余项 $\varepsilon_1(\Delta x_1,\Delta x_2),\varepsilon_2(\Delta x_1,\Delta x_2)$ 均为无穷小量

$$\lim_{(\Delta x_1,\Delta x_2)\to(0,0)}\varepsilon_i(\Delta x_1,\Delta x_2)=0,\quad i=1,2,$$

所以

$$\Delta u=\frac{\partial f}{\partial x_1}(x_1^{(0)},x_2^{(0)})\Delta x_1+\frac{\partial f}{\partial x_2}(x_1^{(0)},x_2^{(0)})\Delta x_2+\varepsilon(\Delta x_1,\Delta x_2),$$

其中 $\varepsilon(\Delta x_1,\Delta x_2)=\varepsilon_1(\Delta x_1,\Delta x_2)\Delta x_1+\varepsilon_2(\Delta x_1+\Delta x_2)\Delta x_2$ 为 $\rho=\sqrt{\Delta x_1^2+\Delta x_2^2}$ 的

高阶无穷小. 由定义可知 $u=f(x_1,x_2)$ 在 $\boldsymbol{X}_0$ 点可微.

例 1.4.7

判断二元函数 $z=\sin(x+2y)$ 的可微性.

解 我们在例 1.4.1、例 1.4.3 中讨论过函数 $z=\sin(x+2y)$ 在原点的情况. 现在我们从定理 1.4.5 的角度再讨论这个函数在平面 $\mathbb{R}^2$ 上的情况. 因为

$$\frac{\partial z}{\partial x}=\cos(x+2y),\quad \frac{\partial z}{\partial y}=2\cos(x+2y)$$

在 $\mathbb{R}^2$ 中任意点均连续, 故该函数在 $\mathbb{R}^2$ 上点点可微.

定理 1.4.5 的逆定理也不成立, 我们重新考虑例 1.4.5 中的函数, $z=f(x,y)$ 在原点是可微的, 但当 $x^2+y^2\neq0$ 时, 它的两个偏导函数分别为

$$\frac{\partial f}{\partial x}(x,y) = 2x\sin\frac{1}{\sqrt{x^2+y^2}}-\frac{x}{\sqrt{x^2+y^2}}\cos\frac{1}{\sqrt{x^2+y^2}},$$

$$\frac{\partial f}{\partial y}(x,y) = 2y\sin\frac{1}{\sqrt{x^2+y^2}}-\frac{y}{\sqrt{x^2+y^2}}\cos\frac{1}{\sqrt{x^2+y^2}}.$$

在原点, 它们的值为

$$\frac{\partial f}{\partial x}(0,0)=\frac{\partial f}{\partial y}(0,0)=0,$$

因而 $\frac{\partial f}{\partial x}(x,y)$, $\frac{\partial f}{\partial y}(x,y)$ 在 $(0,0)$ 点不连续(试着证一证).

至此, 关于函数 $u=f(\boldsymbol{X})$ 在 $\boldsymbol{X}_0$ 点的光滑性质, 我们有连续、偏导数存在、可微以及偏导函数连续四个概念, 总结一下上面的定理和例子, 可以得到下面的关系.

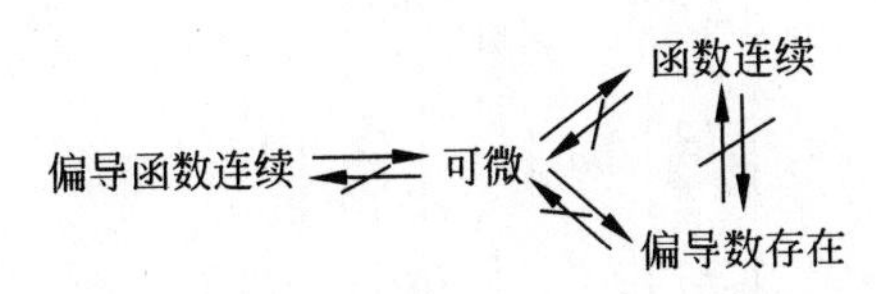

例 1.4.8

设 $f(x,y)$ 定义在 $\mathbb{R}^2$ 上, 若它对 x 连续, 对 y 的偏导数在 $\mathbb{R}^2$ 上有界, 证明 $f(x,y)$ 连续.

证明 $\forall(x_0,y_0)\in\mathbb{R}^2$,

$$\begin{aligned}|f(x,y)-f(x_0,y_0)| &= |[f(x,y)-f(x,y_0)]+[f(x,y_0)-f(x_0,y_0)]|\\ &\leqslant |f(x,y)-f(x,y_0)|+|f(x,y_0)-f(x_0,y_0)|,\end{aligned}$$

因为 $f(x,y)$ 对 x 连续, 所以

$$\lim_{x\to x_0}[f(x,y_0)-f(x_0,y_0)]=0.$$

又因为 $f(x,y)$ 对 y 的偏导数在 $\mathbb{R}^2$ 上有界，假设 $\left|\frac{\partial f}{\partial y}(x,y)\right| \leqslant M$，由一元函数的中值定理可知，在 y 与 y_0 之间存在 η，使得

$$|f(x,y)-f(x,y_0)| = \left|\frac{\partial f}{\partial y}(x,\eta)(y-y_0)\right| \leqslant M|y-y_0| \to 0, \quad y \to y_0,$$

所以

$$\lim_{(x,y)\to(x_0,y_0)}[f(x,y)-f(x_0,y_0)]$$

$$= \lim_{(x,y)\to(x_0,y_0)}[f(x,y)-f(x,y_0)] + \lim_{(x,y)\to(x_0,y_0)}[f(x,y_0)-f(x_0,y_0)] = 0,$$

$f(x,y)$ 连续.

试想一下，如果将上例的条件改为"$f(x,y)$ 对 x 连续，对 y 连续"或"$f(x,y)$ 对 x 连续，对 y 偏导数存在"，是否可以推出 $f(x,y)$ 为连续函数的结论？

下面我们给出全微分在误差分析上的一个应用.

例 1.4.9

设某物体在空气中的重量为 mg，浸入水中时的重量为 $\bar{m}g$，试计算物体的密度 ρ. 当测量值 m 和 $\bar{m}$ 的误差分别为 δ_m，$\delta_{\bar{m}}$ 时，试估计所算得的 ρ 的误差 δ_ρ.

解 根据阿基米德原理，$m-\bar{m}$ 等于与物体同体积的水的质量，在 cm · g · s 单位制中，它在数值上等于物体的体积，因此

$$\rho = \frac{m}{m-\bar{m}},$$

自由变量 $(m,\bar{m})$ 的微小变化 $(\delta_m,\delta_{\bar{m}})$ 引起的 ρ 值的变化就是 δ_ρ，δ_ρ 可用全微分 $\mathrm{d}\rho$ 近似代替，

$$\mathrm{d}\rho = \frac{\partial \rho}{\partial m}\mathrm{d}m + \frac{\partial \rho}{\partial \bar{m}}\mathrm{d}\bar{m},$$

$$|\mathrm{d}\rho| \leqslant \left|\frac{\partial \rho}{\partial m}\right| |\mathrm{d}m| + \left|\frac{\partial \rho}{\partial \bar{m}}\right| |\mathrm{d}\bar{m}|$$

$$\leqslant \left|\frac{\partial \rho}{\partial m}\right| \delta_m + \left|\frac{\partial \rho}{\partial \bar{m}}\right| \delta_{\bar{m}},$$

$$\delta_\rho = \left|\frac{\partial \rho}{\partial m}\right| \delta_m + \left|\frac{\partial \rho}{\partial \bar{m}}\right| \delta_{\bar{m}} = \frac{\bar{m}\delta_m + m\delta_{\bar{m}}}{(m-\bar{m})^2}.$$

例如，一片黄铜片，已知 $m=100\text{g}$，$\bar{m}=88\text{g}$，$\delta_m=0.005\text{g}$，$\delta_{\bar{m}}=0.008\text{g}$ 则

$$\rho = \frac{100}{100-88} = 8.33(\text{g/cm}^3),$$

$$\delta_\rho = \frac{88\times 5\times 10^{-3} + 100\times 8\times 10^{-3}}{(12)^2} \approx 0.009(\text{g/cm}^3).$$

1.4.3 方向导数、梯度

由于向量没有除法，一元函数 $y=f(x)$ 的导数

$$\frac{\mathrm{d}y}{\mathrm{d}x}=\lim_{x\to x_0}\frac{f(x)-f(x_0)}{x-x_0}$$

在多元函数没有推广，但是对于多元函数 $y=f(\boldsymbol{X})$ 而言，极限

$$\lim_{\boldsymbol{X}\to\boldsymbol{X}_0}\frac{f(\boldsymbol{X})-f(\boldsymbol{X}_0)}{\|\boldsymbol{X}-\boldsymbol{X}_0\|}$$

是有意义的. 显然，在上式极限中，我们只考虑了向量 $\boldsymbol{X}-\boldsymbol{X}_0$ 的模 $\|\boldsymbol{X}-\boldsymbol{X}_0\|$，而没有考虑其方向. 因此在下面方向导数的概念中，我们需要额外指定方向.

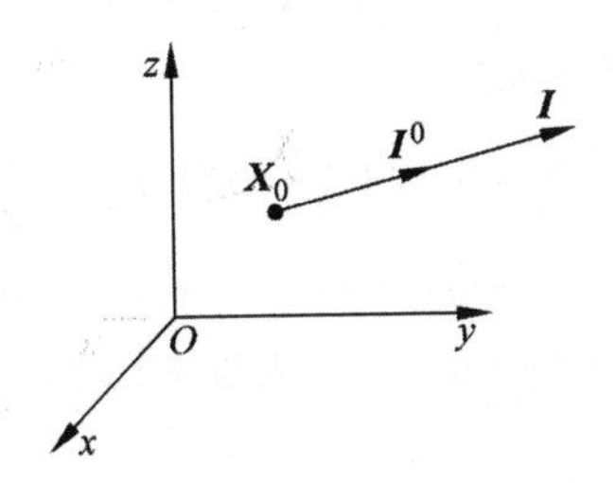

图 1.4.2

定义 1.4.3 ……………………………………

设多元函数 $y=f(\boldsymbol{X})$ 在 $\boldsymbol{X}_0$ 点的某个邻域 $B(\boldsymbol{X}_0,r)(r>0)$ 内有定义，$\boldsymbol{I}$ 是非零向量，l 表示从 $\boldsymbol{X}_0$ 点出发沿 $\boldsymbol{I}$ 方向的射线(见图 1.4.2)，f 在 $\boldsymbol{X}_0$ 点沿 $\boldsymbol{I}$ 方向的**方向导数**定义为

$$\frac{\partial f}{\partial \boldsymbol{I}}(\boldsymbol{X}_0)=\lim_{\substack{\boldsymbol{X}\to\boldsymbol{X}_0\\ \boldsymbol{X}\in l}}\frac{f(\boldsymbol{X})-f(\boldsymbol{X}_0)}{\|\boldsymbol{X}-\boldsymbol{X}_0\|}.$$

方向导数$\frac{\partial f}{\partial \boldsymbol{I}}(\boldsymbol{X}_0)$有时也记成 $f'_{\boldsymbol{I}}(\boldsymbol{X}_0)$. 对于方向导数，我们有

定理 1.4.6 ……………………………………

如果函数 f 在 $\boldsymbol{X}_0$ 点可微，则 f 在 $\boldsymbol{X}_0$ 点沿任意单位方向 $\boldsymbol{I}^0=(\cos\alpha_1,\cos\alpha_2,\cdots,\cos\alpha_n)$的方向导数都存在，且

$$\frac{\partial f}{\partial \boldsymbol{I}}(\boldsymbol{X}_0)=\frac{\partial f}{\partial x_1}(\boldsymbol{X}_0)\cos\alpha_1+\frac{\partial f}{\partial x_2}(\boldsymbol{X}_0)\cos\alpha_2+\cdots+\frac{\partial f}{\partial x_n}(\boldsymbol{X}_0)\cos\alpha_n.$$

证明 记 $\Delta\boldsymbol{X}=\boldsymbol{X}-\boldsymbol{X}_0=(\Delta x_1,\Delta x_2,\cdots,\Delta x_n)$，$\rho=\|\boldsymbol{X}-\boldsymbol{X}_0\|$. f 在 $\boldsymbol{X}_0$ 点可微，故当点 $\boldsymbol{X}\in l$ 时，

$$f(\boldsymbol{X})-f(\boldsymbol{X}_0)=\frac{\partial f}{\partial x_1}(\boldsymbol{X}_0)\Delta x_1+\frac{\partial f}{\partial x_2}(\boldsymbol{X}_0)\Delta x_2+\cdots+\frac{\partial f}{\partial x_n}(\boldsymbol{X}_0)\Delta x_n+o(\rho),$$

其中 $o(\rho)$ 为 ρ 高阶无穷小量. 因为 $\Delta x_i=\rho\cos\alpha_i, i=1,2,\cdots,n$,

$$\frac{\partial f}{\partial \boldsymbol{l}}(\boldsymbol{X}_0)=\lim_{\substack{\boldsymbol{X}\to\boldsymbol{X}_0\\ \boldsymbol{X}\in l}}\frac{f(\boldsymbol{X})-f(\boldsymbol{X}_0)}{\|\boldsymbol{X}-\boldsymbol{X}_0\|}$$

$$=\frac{\partial f}{\partial x_1}(\boldsymbol{X}_0)\cos\alpha_1+\frac{\partial f}{\partial x_2}(\boldsymbol{X}_0)\cos\alpha_2+\cdots+\frac{\partial f}{\partial x_n}(\boldsymbol{X}_0)\cos\alpha_n.$$

当 $n=2$ 时, 在平面 $\mathbb{R}^2$ 上, 单位方向 $\boldsymbol{l}^0=(\cos\alpha,\cos\beta)$, 其中 α 与 β 分别为 $\boldsymbol{l}$ 与 x 轴, y 轴的夹角,

$$\frac{\partial f}{\partial \boldsymbol{l}}(\boldsymbol{X}_0)=\frac{\partial f}{\partial x}(\boldsymbol{X}_0)\cos\alpha+\frac{\partial f}{\partial y}(\boldsymbol{X}_0)\cos\beta.$$

当 $n=3$ 时, 在空间 $\mathbb{R}^3$ 上, 单位方向 $\boldsymbol{l}^0=(\cos\alpha,\cos\beta,\cos\gamma)$, 其中 α,β 与 γ 分别为 $\boldsymbol{l}$ 与 x 轴, y 轴和 z 轴的夹角,

$$\frac{\partial f}{\partial \boldsymbol{l}}(\boldsymbol{X}_0)=\frac{\partial f}{\partial x}(\boldsymbol{X}_0)\cos\alpha+\frac{\partial f}{\partial y}(\boldsymbol{X}_0)\cos\beta+\frac{\partial f}{\partial z}(\boldsymbol{X}_0)\cos\gamma.$$

例 1.4.10

求二元函数 $z=\sin(x+2y)$ 在 $(0,0)$ 点沿 $\boldsymbol{l}=(1,2)$ 方向的方向导数.

解 由例 1.4.7 可知,

$$\frac{\partial z}{\partial x}(0,0)=1,\quad \frac{\partial z}{\partial y}(0,0)=2,$$

$\boldsymbol{l}$ 的方向余弦为 $\cos\alpha=\frac{\sqrt{5}}{5}, \cos\beta=\frac{2\sqrt{5}}{5}$ 于是

$$\frac{\partial z}{\partial \boldsymbol{l}}(0,0)=\sqrt{5}.$$

例 1.4.11

高度函数 $h=h(x,y)=1-\sqrt{x^2+y^2}$ 表示小山包, 如图 1.4.3 所示, 它在 $(0,0)$ 点的两个偏导数

$$\frac{\partial h}{\partial x}(0,0)=\lim_{\Delta x\to 0}\frac{h(\Delta x,0)-h(0,0)}{\Delta x}=\lim_{\Delta x\to 0}\left(-\frac{\sqrt{\Delta x^2}}{\Delta x}\right),$$

$$\frac{\partial h}{\partial y}(0,0)=\lim_{\Delta y\to 0}\frac{h(0,\Delta y)-h(0,0)}{\Delta y}=\lim_{\Delta y\to 0}\left(-\frac{\sqrt{\Delta y^2}}{\Delta y}\right),$$

均不存在, 因此 $h(x,y)$ 在原点是不可微的. 但是沿任意方向 $\boldsymbol{l}^0=(\cos\alpha,\cos\beta)$ 的方向导数

$$\frac{\partial h}{\partial \boldsymbol{l}}(0,0)=\lim_{\rho\to 0^+}\frac{h(\rho\cos\alpha,\rho\cos\beta)-h(0,0)}{\rho}=-1,$$

因此函数可微是方向导数存在的充分条件, 而非必要条件.

在非原点的 $\boldsymbol{X}_0=(x_0,y_0)$ 点 $(x_0^2+y_0^2\neq 0)$, h 函数沿 $\boldsymbol{l}^0=(\cos\alpha,\cos\beta)$ 方向的方向导数为

$$\frac{\partial h}{\partial l}(\boldsymbol{X}_0)=-\frac{x_0}{\sqrt{x_0^2+y_0^2}}\cos\alpha-\frac{y_0}{\sqrt{x_0^2+y_0^2}}\cos\beta$$
$$=-[\cos\theta\cos\alpha+\sin\theta\sin\alpha]=-\cos(\theta-\alpha),$$

其中 θ 为向径 $\boldsymbol{r}_0=\overrightarrow{OP_0}$ 与 x 轴的夹角(如图 1.4.3). 因此当 $\alpha=\theta$,即 $\boldsymbol{l}^0$ 与 $\boldsymbol{r}_0$ 方向相同时,$\frac{\partial h}{\partial \boldsymbol{l}}(\boldsymbol{X}_0)=-1$ 为最小;当 $\alpha=-\theta$,即 $\boldsymbol{l}^0$ 与 $\boldsymbol{r}_0$ 方向相反时,$\frac{\partial h}{\partial \boldsymbol{l}}(\boldsymbol{X}_0)=1$ 为最大;当 $\alpha-\theta=\pm\frac{\pi}{2}$,即 $\boldsymbol{l}^0$ 与 $\boldsymbol{r}_0$ 垂直时,$\frac{\partial h}{\partial \boldsymbol{l}}(\boldsymbol{X}_0)=0$;当 $\boldsymbol{l}^0$ 为其他方向时,$0<\left|\frac{\partial h}{\partial \boldsymbol{l}}(\boldsymbol{X}_0)\right|<1$.

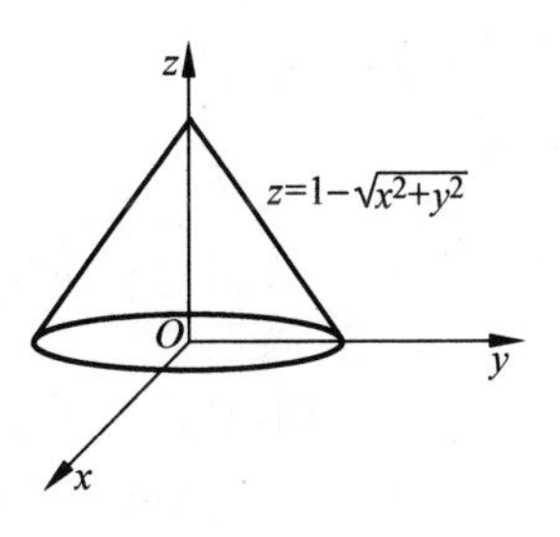

图 1.4.3

从函数 $h=h(x,y)$ 的等值线(图 1.4.3)看出,上述结果表示函数 $h=h(x,y)$ 沿与等值线垂直的方向上的方向导数的绝对值最大(正负号视 $h(x,y)$ 沿该方向的单调性而定),沿与等值线相切的方向,方向导数为 0.

1.4.4 数量场的梯度

所谓**数量场**,就是 n 维 Euclid 空间中集合 $\Omega\subset\mathbb{R}^n$ 中点与某个数量值物理量(例如温度,电位等)的对应关系. 用数学语言描述,一个数量场就是一个 n 元函数(物理学家习惯于用场这个词). $n=3$ 时,称为空间场;$n=2$ 时,称为平面场. 以 $n=3$ 为例,如果对应关系 $u=f(\boldsymbol{X})$ 在 $\boldsymbol{X}_0\in\Omega$ 点可微,则称数量场在 $\boldsymbol{X}_0$ 点可微. 在 Ω 上每一点可微的数量场 $u=u(\boldsymbol{X})$,沿任意方向 $\boldsymbol{l}^0=(\cos\alpha,\cos\beta,\cos\gamma)$ 的方向导数为

$$\frac{\partial f}{\partial l}(\boldsymbol{X}_0)=\frac{\partial f}{\partial x}(\boldsymbol{X}_0)\cos\alpha+\frac{\partial f}{\partial y}(\boldsymbol{X}_0)\cos\beta+\frac{\partial f}{\partial z}(\boldsymbol{X}_0)\cos\gamma=G(\boldsymbol{X}_0)\cdot\boldsymbol{l}^0,$$

其中向量 $G(\boldsymbol{X}_0)=\left(\frac{\partial f}{\partial x},\frac{\partial f}{\partial y},\frac{\partial f}{\partial z}\right)_{\boldsymbol{X}_0}$,即

$$\left.\frac{\partial f}{\partial \boldsymbol{l}}\right|_{\boldsymbol{X}_0}=\|G(\boldsymbol{X}_0)\|\cos\langle G(\boldsymbol{X}_0),\boldsymbol{l}^0\rangle,$$

其中 $\langle G(\boldsymbol{X}_0),\boldsymbol{l}^0\rangle$ 表示两个向量 $G(\boldsymbol{X}_0)$ 与 $\boldsymbol{l}^0$ 之间的夹角. 当 $\langle G(\boldsymbol{X}_0),\boldsymbol{l}^0\rangle=0$ 时,即 $G(\boldsymbol{X}_0)$ 与 $\boldsymbol{l}^0$ 同向时,$\frac{\partial f}{\partial \boldsymbol{l}}(\boldsymbol{X}_0)$ 最大,且最大值为 $\|G(\boldsymbol{X}_0)\|$.

定义 1.4.4 ……………………………………………………

设数量场 $u=f(\boldsymbol{X})(\boldsymbol{X}\in\Omega\subset\mathbb{R}^n)$,向量 $G(\boldsymbol{X}_0)$ 称为数量场在 $\boldsymbol{X}_0$ 点**梯度**,如果 $G(\boldsymbol{X}_0)$ 的方向是 u 在 $\boldsymbol{X}_0$ 点取到最大方向导数的方向,$G(\boldsymbol{X}_0)$ 的模是这个最大的方向导数.

数量场 $u=f(\boldsymbol{X})$在点 $\boldsymbol{X}_0$ 的梯度通常记成 $\mathrm{grad}f(\boldsymbol{X}_0)$. 数量场的梯度是向量. 由以上分析可知以下定理：

定理 1.4.7

设数量场 $u=f(\boldsymbol{X})(\boldsymbol{X}\in\Omega\subset\mathbb{R}^n)$在 $\boldsymbol{X}_0$ 点可微，则 $u=f(\boldsymbol{X})$在 $\boldsymbol{X}_0$ 点的梯度为

$$\mathrm{grad}f(\boldsymbol{X}_0)=\left(\frac{\partial f}{\partial x_1},\frac{\partial f}{\partial x_2},\cdots,\frac{\partial f}{\partial x_n}\right)_{\boldsymbol{X}_0}.$$

容易证明，梯度运算满足下列基本公式：

$$\mathrm{grad}c=\mathbf{0}(c\text{ 为常数}),$$
$$\mathrm{grad}(cu)=c(\mathrm{grad}u)(c\text{ 为常数}),$$
$$\mathrm{grad}(u\pm v)=\mathrm{grad}u\pm\mathrm{grad}v,$$
$$\mathrm{grad}(uv)=v(\mathrm{grad}u)+u(\mathrm{grad}v),$$
$$\mathrm{grad}\left(\frac{u}{v}\right)=\frac{1}{v^2}[v(\mathrm{grad}u)-u(\mathrm{grad}v)],$$
$$\mathrm{grad}g(u)=g'(u)\mathrm{grad}u\quad(g(u)\text{ 为可微函数}).$$

例 1.4.12

求二元函数 $z=\sin(x+2y)$在$(0,0)$点的梯度.

解 由例 1.4.10 可知，$\mathrm{gard}z(0,0)=(1,2)$.

例 1.4.13

设在空间坐标原点处有一点电荷 q，由电学可知，它在空间非原点(x,y,z) $(x^2+y^2+z^2\neq0)$处产生的电位(数量值)为

$$v=\frac{q}{4\pi\varepsilon r},$$

其中 ε 为介电系数，向径 $\boldsymbol{r}=(x,y,z)$，$r=\|\boldsymbol{r}\|=\sqrt{x^2+y^2+z^2}$. 试求电位 v 的梯度.

解 根据梯度公式及运算公式，得

$$\begin{aligned}\mathrm{gard}v&=-\frac{q}{4\pi\varepsilon r^2}\mathrm{gard}r\\&=-\frac{q}{4\pi\varepsilon r^2}\frac{x\boldsymbol{i}+y\boldsymbol{j}+z\boldsymbol{k}}{\sqrt{x^2+y^2+z^2}}\\&=-\frac{q}{4\pi\varepsilon r^3}\boldsymbol{r}=-\boldsymbol{E},\end{aligned}$$

其中 $\boldsymbol{E}$ 为点电荷 q 在点(x,y,z)处产生的电场强度. 上式反映了电场强度与电位梯度之间的关系.

例 1.4.14

$f(x,y)$在(x_0,y_0)点的微分为 $3\mathrm{d}x-2\mathrm{d}y$,设该函数在$(x_0,y_0)$点沿 $\boldsymbol{I}_1^0$ 方向增长最快,沿 $\boldsymbol{I}_2^0$ 方向减小最快,($\boldsymbol{I}_1^0,\boldsymbol{I}_2^0$ 均为单位向量),求 $\boldsymbol{I}_1^0,\boldsymbol{I}_2^0$.

解 $\mathrm{d}f(x_0,y_0)=3\mathrm{d}x-2\mathrm{d}y$,故$\dfrac{\partial f}{\partial x}(x_0,y_0)=3,\dfrac{\partial f}{\partial y}(x_0,y_0)=-2$,$\boldsymbol{I}_1^0$ 为梯度方向,$\boldsymbol{I}_2^0$ 为梯度反方向,

$$\boldsymbol{I}_1^0=\left(\frac{3\sqrt{13}}{13},-\frac{2\sqrt{13}}{13}\right),\quad \boldsymbol{I}_2^0=-\left(\frac{3\sqrt{13}}{13},-\frac{2\sqrt{13}}{13}\right).$$

1.4.5 高阶偏导数

设函数 $u=f(x_1,x_2,\cdots,x_n)$在 $\Omega\subset\mathbb{R}^n$ 上可微,其一阶偏导函数$\dfrac{\partial u}{\partial x_i}(x_1,x_2,\cdots,x_n)$仍为定义在 $\Omega\subset\mathbb{R}^n$ 上 n 元函数,同样可以考虑它的极限、连续、可微性及偏导数.

一阶偏导函数$\dfrac{\partial u}{\partial x_i}(x_1,x_2,\cdots,x_n)$对 x_j 的偏导数若存在,则称$\dfrac{\partial}{\partial x_j}\left(\dfrac{\partial u}{\partial x_i}\right)$为 u 对 x_i,x_j 的**二阶偏导数**,记作

$$\frac{\partial^2 u}{\partial x_j\partial x_i},\quad u''_{x_ix_j}\text{ 或 }f''_{x_ix_j},\quad i,j=1,2,\cdots,n,$$

$u''_{x_ix_j},f''_{x_ix_j}$有时也简记作 $u_{x_ix_j},f_{x_ix_j}$.当 $i=j$ 时,称为 u 对 x_i 的二阶偏导数,常记作

$$\frac{\partial^2 u}{\partial x_i^2},\quad u''_{x_i^2}\text{ 或 }f''_{x_i^2},$$

当 $i\neq j$ 时,称为 u 对 x_i,x_j 的二阶混合偏导数.

类似地,我们可以构造二阶偏导函数的偏导数——三阶偏导数.n 阶偏导函数的偏导数为 $n+1$ 阶偏导数.

例 1.4.15

求二元函数 $z=\sin(x+2y)$的二阶偏导数$\dfrac{\partial^2 z}{\partial x^2},\dfrac{\partial^2 z}{\partial y^2},\dfrac{\partial^2 z}{\partial x\partial y},\dfrac{\partial^2 z}{\partial y\partial x}$.

解 由例 1.4.7 直接计算可得

$$\frac{\partial^2 z}{\partial x^2}=-\sin(x+2y),$$

$$\frac{\partial^2 z}{\partial y^2}=-4\sin(x+2y),$$

$$\frac{\partial^2 z}{\partial y\partial x}=\frac{\partial}{\partial y}\left(\frac{\partial z}{\partial x}\right)=-2\sin(x+2y),$$

$$\frac{\partial^2 z}{\partial x \partial y} = \frac{\partial}{\partial x}\left(\frac{\partial z}{\partial y}\right) = -2\sin(x+2y).$$

我们注意到在上例中，$\frac{\partial^2 z}{\partial y \partial x} = \frac{\partial^2 z}{\partial x \partial y}$，但这个等式并非普通成立.

例 1.4.16 ……………………………………………………………………

设

$$f(x,y) = \begin{cases} xy\dfrac{x^2-y^2}{x^2+y^2}, & x^2+y^2 \neq 0, \\ 0, & x^2+y^2=0, \end{cases}$$

考查$\frac{\partial^2 f}{\partial y \partial x}(0,0)$与$\frac{\partial^2 f}{\partial x \partial y}(0,0)$.

解 当 $y \neq 0$ 时，

$$f(x,y) = xy\frac{x^2-y^2}{x^2+y^2},$$

$$\frac{\partial f}{\partial x}(x,y) = y\frac{x^2-y^2}{x^2+y^2} + \frac{4x^2y^3}{(x^2+y^2)^2},$$

令 $x=0$，$\frac{\partial f}{\partial x}(0,y) = -y(y \neq 0)$. $\frac{\partial f}{\partial x}(0,0)$可以直接利用定义来计算

$$\frac{\partial f}{\partial x}(0,0) = \lim_{\Delta x \to 0}\frac{f(\Delta x,0)-f(0,0)}{\Delta x} = 0,$$

由此可得

$$\frac{\partial f}{\partial x}(0,y) = \begin{cases} -y, & y \neq 0, \\ 0, & y=0, \end{cases}$$

同样可得

$$\frac{\partial f}{\partial y}(x,0) = \begin{cases} x, & x \neq 0, \\ 0, & x=0. \end{cases}$$

再求二阶混合偏导数

$$\frac{\partial^2 f}{\partial y \partial x}(0,0) = \lim_{\Delta y \to 0}\frac{\frac{\partial f}{\partial x}(0,\Delta y) - \frac{\partial f}{\partial x}(0,0)}{\Delta y} = -1,$$

$$\frac{\partial^2 f}{\partial x \partial y}(0,0) = \lim_{\Delta x \to 0}\frac{\frac{\partial f}{\partial y}(\Delta x,0) - \frac{\partial f}{\partial y}(0,0)}{\Delta x} = 1,$$

因此$\frac{\partial^2 f}{\partial y \partial x}(0,0) \neq \frac{\partial^2 f}{\partial x \partial y}(0,0)$.

下面的定理保证二阶混合偏导数相等.

定理 1.4.8 ……………………………………………………

设二元函数 $f(x,y)$ 的二阶混合偏导数在点 (x_0,y_0) 附近存在并在点 (x_0,y_0) 连续，则 $\dfrac{\partial^2 f}{\partial y\partial x}(x_0,y_0)=\dfrac{\partial^2 f}{\partial x\partial y}(x_0,y_0)$.

证明 记 $\Delta=f(x_0+\Delta x,y_0+\Delta y)-f(x_0+\Delta x,y_0)-f(x_0,y_0+\Delta y)+f(x_0,y_0)=\varphi(1)-\varphi(0)$，其中 $\varphi(t)=f(x_0+t\Delta x,y_0+\Delta y)-f(x_0+t\Delta x,y_0)$ 为 $C^{(2)}$ 类函数. 由一元函数的中值定理可知，存在 $\theta_1\in(0,1)$，

$$\begin{aligned}\Delta&=\varphi'(\theta_1)=\left[\frac{\partial f}{\partial x}(x_0+\theta_1\Delta x,y_0+\Delta y)-\frac{\partial f}{\partial x}(x_0+\theta_1\Delta x,y_0)\right]\Delta x\\&=\frac{\partial^2 f}{\partial y\partial x}(x_0+\theta_1\Delta x,y_0+\theta_2\Delta y)\Delta x\Delta y,\end{aligned}$$

其中 $\theta_2\in(0,1)$. Δ 也可以写成

$$\Delta=\psi(1)-\psi(0),$$

其中 $\psi(t)=f(x_0+\Delta x,y_0+t\Delta y)-f(x_0,y_0+t\Delta y)$. 同样，$\psi(t)$ 也为 $C^{(2)}$ 类函数. 存在 $\theta_3\in(0,1)$，

$$\begin{aligned}\Delta&=\psi'(\theta_3)=\left[\frac{\partial f}{\partial y}(x_0+\Delta x,y_0+\theta_3\Delta y)-\frac{\partial f}{\partial y}(x_0,y_0+\theta_3\Delta y)\right]\Delta y\\&=\frac{\partial^2 f}{\partial x\partial y}(x_0+\theta_4\Delta x,y_0+\theta_3\Delta y)\Delta x\Delta y,\end{aligned}$$

其中 $\theta_4\in(0,1)$. 故

$$\frac{\partial^2 f}{\partial y\partial x}(x_0+\theta_1\Delta x,y_0+\theta_2\Delta y)\Delta x\Delta y=\frac{\partial^2 f}{\partial x\partial y}(x_0+\theta_4\Delta x,y_0+\theta_3\Delta y)\Delta x\Delta y,$$

$$\frac{\partial^2 f}{\partial y\partial x}(x_0+\theta_1\Delta x,y_0+\theta_2\Delta y)=\frac{\partial^2 f}{\partial x\partial y}(x_0+\theta_4\Delta x,y_0+\theta_3\Delta y).$$

因为函数 $f(x,y)$ 的二阶混合偏导数 $\dfrac{\partial^2 f}{\partial y\partial x}(x,y)$，$\dfrac{\partial^2 f}{\partial x\partial y}(x,y)$ 在点 (x_0,y_0) 附近存在并在点 (x_0,y_0) 连续，

$$\lim_{(\Delta x,\Delta y)\to(0,0)}\frac{\partial^2 f}{\partial y\partial x}(x_0+\theta_1\Delta x,y_0+\theta_2\Delta y)=\lim_{(\Delta x,\Delta y)\to(0,0)}\frac{\partial^2 f}{\partial x\partial y}(x_0+\theta_4\Delta x,y_0+\theta_3\Delta y),$$

$$\frac{\partial^2 f}{\partial y\partial x}(x_0,y_0)=\frac{\partial^2 f}{\partial x\partial y}(x_0,y_0).$$

设 $\Omega\subset\mathbb{R}^n$ 是开区域，如果 n 元函数 $u=f(\boldsymbol{X})$ 在 Ω 上的 k 阶偏导函数都连续，则称 f 在 Ω 上为 k 阶连续可微函数，记作 $f\in C^{(k)}(\Omega)$.

对于 n 元函数 $u=f(\boldsymbol{X})$ 而言，如果 $f\in C^{(k)}(\Omega)$，则 f 的 r 阶混合偏导数 $(2\leqslant r\leqslant k)$ 与求导的顺序无关.

习题 1.4

1. 求下列函数的偏导数：

(1) $z=ax^2y+bxy^2$；　　(2) $z=\tan^2(x^2+y^2)$；

(3) $z=\dfrac{x}{y}+\dfrac{y}{x}$；　　(4) $z=\arctan\dfrac{y}{x^2}$；

(5) $z=\ln(x+\sqrt{x^2-y^2})$；　　(6) $z=x\mathrm{e}^{-y}+y\mathrm{e}^{-x}$；

(7) $z=\cos(1+2^{xy})$　　(8) $u=\mathrm{sh}\,\dfrac{y}{x}+\mathrm{ch}(yz)$；

(9) $z=\sqrt{|xy|}$.

2. 考查下列函数在坐标原点的可微性.

(1) $f(x,y)=\sqrt{|x|}\cos y$；

(2) $f(x,y)=\begin{cases}\dfrac{2xy}{\sqrt{x^2+y^2}}, & x^2+y^2\neq 0,\\ 0, & x^2+y^2=0;\end{cases}$

(3) $f(x,y)=\begin{cases}\dfrac{x^2y^2}{(x^2+y^2)^{\frac{3}{2}}}, & x^2+y^2\neq 0,\\ 0, & x^2+y^2=0;\end{cases}$

(4) $f(x,y)=|x-y|\varphi(x,y)$，其中 $\varphi(x,y)$ 在原点的某个邻域内连续，且 $\varphi(0,0)=0$.

3. 举例：函数偏导数存在，但不可微；函数偏导数不连续，但可微.

4. 求下列函数的全微分

(1) $u=\sin\dfrac{1}{\sqrt{x^2+y^2+z^2}}$，在点 $\left(\dfrac{\sqrt{2}}{2},\dfrac{1}{2},-\dfrac{1}{2}\right)$；

(2) $z=\mathrm{e}^{x+y+z}$；

(3) $z=(x+y)^2$；

(4) $z=\sqrt{1+x^2+y^2+z^2}$；

(5) $z=\dfrac{x-y}{x+y}$；

(6) $\arccos\mathrm{e}^{xy}$；

(7) $z=\ln(1+x^2+y^2+z^2)$；

(8) $z=\sum\limits_{i=1}^{n}\sum\limits_{j=1}^{n}x_ix_j$.

5. 圆台上、下底半径为 $r=20\text{cm}$，$R=30\text{cm}$，高 $h=40\text{cm}$，当 $\Delta R=0.3\text{cm}$，$\Delta R=0.4\text{cm}$，$\Delta h=0.2\text{cm}$ 时，求圆台体积增量的近似值.

6. 已知扇形中心角 $\alpha=60°$，半径 $R=20\text{cm}$，当 α 增加 $1°$时，为使扇形面积保持不变，其半径的增加量 ΔR 近似等于多少？

7. 设$\dfrac{\partial f}{\partial x}(x_0,y_0)$存在，$\dfrac{\partial f}{\partial y}(x,y)$连续，证明 $f(x,y)$在点(x_0,y_0)处可微.

8. 设函数 $f(x,y)=\sqrt[3]{xy}$，证明：函数 f 在原点处连续、偏导数存在，但沿方向 $l=(a,b)(ab\neq 0)$的方向导数不存在.

9. 证明：$f(x,y)=\begin{cases}\dfrac{x^3}{y}, & y\neq 0,\\ 0, & y=0\end{cases}$在原点处不连续，但沿任何方向的方向导数均存在.

10. 设 $f(x,y)=\sqrt{|x^2-y^2|}$，考查函数 f 在原点处沿哪些方向的方向导数存在？

11. 求下列函数在点 P_0 处沿方向 l 的方向导数.

(1) $z=\cos(x+y),P_0=\left(0,\dfrac{\pi}{2}\right),l=(3,-4)$；

(2) $u=\dfrac{1}{\sqrt{x^2+y^2+z^2}},P_0=(1,2,-2),l=(-2,1,2)$；

(3) $z=\sum\limits_{i=1}^{n}\sum\limits_{j=1}^{n}x_ix_j,P_0=(1,1,\cdots,1),l=(-1,-1,\cdots,-1)$；

(4) $z=\ln(x_1+x_2+\cdots+x_n),P_0=(1,0,\cdots,0),l=(1,1,\cdots,1)$.

12. 求下列数量场的梯度.

(1) $u(x,y)=\sqrt{x^2+y^2}$；　　(2) $u(x,y,z)=\dfrac{xyz}{x+y+z}$；

(3) $u(x_1,x_2,\cdots,x_n)=\sum\limits_{i=1}^{n}x_i$；　　(4) $u(x_1,x_2,\cdots,x_n)=\sum\limits_{i=1}^{n}\sum\limits_{j=1}^{n}x_ix_j$.

13. 已知函数 $u(x,y,z)=x^2+y^2+z^2-xy-xz+yz$ 及点 $P(1,1,1)$，求 u 在 P 点的方向导数$\dfrac{\partial u}{\partial l}$的最值，并指出取得最值时的方向，以及哪个方向的方向导数为零.

14. 求下列函数的二阶偏导数$\dfrac{\partial^2 u}{\partial x^2},\dfrac{\partial^2 u}{\partial y^2},\dfrac{\partial^2 u}{\partial x\partial y}$.

(1) $u=\cos^2(ax-by)$；　　(2) $u=\mathrm{e}^{-\alpha x}\sin\beta y$；

(3) $u=x\mathrm{e}^{-xy}$；　　(4) $u=\ln(x+\sqrt{1-y^2})$.

15. 证明下列函数满足相应的等式.

(1) $u=2\cos^2\left(x-\dfrac{y}{2}\right)$满足 $2\dfrac{\partial^2 u}{\partial y^2}+\dfrac{\partial^2 u}{\partial x\partial y}=0$；

(2) $u=\dfrac{1}{\sqrt{x^2+y^2+z^2}}$满足$\dfrac{\partial^2 u}{\partial x^2}+\dfrac{\partial^2 u}{\partial y^2}+\dfrac{\partial^2 u}{\partial z^2}=0$;

(3) $\begin{cases}u=e^x\cos y,\\ v=e^x\sin y\end{cases}$ 满足 Cauchy-Riemann 条件$\begin{cases}\dfrac{\partial u}{\partial x}=\dfrac{\partial v}{\partial y},\\ \dfrac{\partial u}{\partial y}=-\dfrac{\partial v}{\partial x},\end{cases}$且分别满足 Laplace 方程$\dfrac{\partial^2 f}{\partial x^2}+\dfrac{\partial^2 f}{\partial y^2}=0$;

(4) $n>2, u=(\sqrt{x_1^2+x_2^2+\cdots+x_n^2})^{2-n}$满足$\dfrac{\partial^2 u}{\partial x_1^2}+\dfrac{\partial^2 u}{\partial x_2^2}+\cdots+\dfrac{\partial^2 u}{\partial x_n^2}=0$.

1.5 向量值函数

1.4 节关于多元函数的微分的概念可以推广到向量值函数.

1.5.1 向量值函数的微分

定义 1.5.1 ……………………………………………………

设 n 元向量值函数 $\boldsymbol{Y}=\boldsymbol{f}(\boldsymbol{X}):\Omega\subset\mathbb{R}^n\to\mathbb{R}^m$ 在 $B(\boldsymbol{X}_0,r)(r>0)$ 内有定义,如果在 $\boldsymbol{X}_0$ 附近由于自变量的一个微小变化 $\boldsymbol{X}_0\to\boldsymbol{X}_0+\Delta\boldsymbol{X}(\|\Delta\boldsymbol{X}\|_n<r)$ 引起的向量值函数的变化 $\Delta\boldsymbol{Y}=\boldsymbol{f}(\boldsymbol{X}_0+\Delta\boldsymbol{X})-\boldsymbol{f}(\boldsymbol{X}_0)$ 可以写成两部分(线性部分和高阶无穷小部分):

$$\Delta\boldsymbol{Y}=\boldsymbol{f}(\boldsymbol{X}_0+\Delta\boldsymbol{X})-\boldsymbol{f}(\boldsymbol{X}_0)=\boldsymbol{A}\Delta\boldsymbol{X}+\boldsymbol{\alpha}(\Delta\boldsymbol{X}) \tag{1.5.1}$$

其中 $\boldsymbol{A}=(a_{ij})_{m\times n}$ 为矩阵,$\Delta\boldsymbol{X}$ 为列向量,$\boldsymbol{\alpha}(\Delta\boldsymbol{X})$ 也是向量值函数,满足

$$\lim_{\Delta\boldsymbol{X}\to\boldsymbol{0}}\frac{\|\boldsymbol{\alpha}(\Delta\boldsymbol{X})\|_m}{\|\Delta\boldsymbol{X}\|_n}=0, \tag{1.5.2}$$

则我们称向量值函数 $\boldsymbol{Y}=\boldsymbol{f}(\boldsymbol{X})$ 在 $\boldsymbol{X}_0$ 点**可微**,(1.5.1)式右端的主要部分(即线性部分)称为 $\boldsymbol{f}(\boldsymbol{X})$ 在 $\boldsymbol{X}_0$ 的**全微分**,记作

$$\mathrm{d}\boldsymbol{Y}=\mathrm{d}\boldsymbol{f}(\boldsymbol{X}_0)=\boldsymbol{A}\Delta\boldsymbol{X}$$

或

$$\mathrm{d}\boldsymbol{Y}=\mathrm{d}\boldsymbol{f}(\boldsymbol{X}_0)=\boldsymbol{A}\mathrm{d}\boldsymbol{X},$$

其中 $\mathrm{d}\boldsymbol{X}-(\mathrm{d}x_1,\mathrm{d}x_2,\cdots,\mathrm{d}x_n)^{\mathrm{T}}$,$\boldsymbol{A}$ 矩阵称为 $\boldsymbol{f}$ 在 $\boldsymbol{X}_0$ 点的 **Jacobi(雅可比)矩阵**,记作

$$\boldsymbol{A}=\boldsymbol{J}\boldsymbol{f}(\boldsymbol{X}_0).$$

$\boldsymbol{f}(\boldsymbol{X})$ 在 $\boldsymbol{X}_0$ 点的全微分也可记为

$$\mathrm{d}\boldsymbol{f}(\boldsymbol{X}_0)=\boldsymbol{J}\boldsymbol{f}(\boldsymbol{X}_0)\mathrm{d}\boldsymbol{X}.$$

满足(1.5.2)式的$\boldsymbol{\alpha}(\Delta\boldsymbol{X})$又记作

$$\boldsymbol{\alpha}(\Delta \boldsymbol{X})=\boldsymbol{o}(\Delta \boldsymbol{X}),\quad \Delta \boldsymbol{X}\to \boldsymbol{0}.$$

不难证明当 $\Delta \boldsymbol{X}\to\boldsymbol{0}$ 时向量值函数 $\boldsymbol{\alpha}(\Delta \boldsymbol{X})=\boldsymbol{o}(\Delta \boldsymbol{X})$ 的充分必要条件是其每个分量函数均为 $\|\Delta \boldsymbol{X}\|$ 的高阶无穷小. 因此有下列定理:

定理 1.5.1 ……………………………………………………

向量值函数 $\boldsymbol{Y}=\boldsymbol{f}(\boldsymbol{x})$:

$$\begin{cases} y_1=f_1(x_1,x_2,\cdots,x_n),\\ y_2=f_2(x_1,x_2,\cdots,x_n),\\ \qquad\vdots\\ y_m=f_m(x_1,x_2,\cdots,x_n)\end{cases}$$

在 $\boldsymbol{X}_0=(x_1^{(0)},x_2^{(0)},\cdots,x_n^{(0)})$ 点可微的充分必要条件是 m 个分量函数在 $\boldsymbol{X}_0$ 点可微, $\boldsymbol{f}$ 的微分对应的 Jacobi 矩阵为

$$J\boldsymbol{f}(\boldsymbol{X}_0)=\begin{bmatrix} \frac{\partial f_1}{\partial x_1} & \frac{\partial f_1}{\partial x_2} & \cdots & \frac{\partial f_1}{\partial x_n}\\ \frac{\partial f_2}{\partial x_1} & \frac{\partial f_2}{\partial x_2} & \cdots & \frac{\partial f_2}{\partial x_n}\\ \vdots & \vdots & & \vdots\\ \frac{\partial f_m}{\partial x_1} & \frac{\partial f_m}{\partial x_2} & \cdots & \frac{\partial f_m}{\partial x_n}\end{bmatrix}_{\boldsymbol{X}_0},$$

记作 $J\boldsymbol{f}(\boldsymbol{X}_0)=\left.\frac{\partial(f_1,f_2,\cdots,f_m)}{\partial(x_1,x_2,\cdots,x_n)}\right|_{\boldsymbol{X}_0}$. 如果 $m=n$, 方阵 $J\boldsymbol{f}(\boldsymbol{X}_0)$ 的行列式称为 **Jacobi 行列式**, 记作 $\left.\frac{D(f_1,f_2,\cdots,f_n)}{D(x_1,x_2,\cdots,x_n)}\right|_{\boldsymbol{X}_0}$.

定理 1.5.1 的证明见习题.

以向量值函数 $\boldsymbol{f}:D\subset\mathbb{R}^2\to\mathbb{R}^3$ 为例,

$$\begin{cases} x=x(u,v),\\ y=y(u,v),\quad (u,v)\in D\subset\mathbb{R}^2\\ z=z(u,v),\end{cases}$$

在一定的条件下表示 $\mathbb{R}^3$ 中的某个曲面(记为 S). 设 $(u_0,v_0)\in D$, 则 $P_0=(x(u_0,v_0),y(u_0,v_0),z(u_0,v_0))$ 为曲面 S 上的一点. 如果 $\boldsymbol{f}$ 的三个分量函数在 (u_0,v_0) 点可微, 则由于自变量的小变化 $(\Delta u,\Delta v)$ 引起三个分量函数的变化可以表示为

$$\begin{aligned}\Delta x&=x(u_0+\Delta u,v_0+\Delta v)-x(u_0,v_0)\\ &=\frac{\partial x}{\partial u}(u_0,v_0)\Delta u+\frac{\partial x}{\partial v}(u_0,v_0)\Delta v+\alpha_1(\Delta u,\Delta v),\\ \Delta y&=y(u_0+\Delta u,v_0+\Delta v)-y(u_0,v_0)\end{aligned}$$

$$= \frac{\partial y}{\partial u}(u_0, v_0)\Delta u + \frac{\partial y}{\partial v}(u_0, v_0)\Delta v + \alpha_2(\Delta u, \Delta v),$$

$$\Delta z = z(u_0 + \Delta u, v_0 + \Delta v) - z(u_0, v_0)$$

$$= \frac{\partial z}{\partial u}(u_0, v_0)\Delta u + \frac{\partial z}{\partial v}(u_0, v_0)\Delta v + \alpha_3(\Delta u, \Delta v),$$

其中

$$\lim_{(\Delta u, \Delta v)\to 0} \frac{\alpha_i(\Delta u, \Delta v)}{\sqrt{\Delta u^2 + \Delta v^2}} = 0, \quad i = 1, 2, 3.$$

写成向量形式

$$\Delta \boldsymbol{f} = \boldsymbol{f}(u_0 + \Delta u, v_0 + \Delta v) - \boldsymbol{f}(u_0, v_0)$$

$$= \begin{bmatrix} \dfrac{\partial x}{\partial u} & \dfrac{\partial x}{\partial v} \\ \dfrac{\partial y}{\partial u} & \dfrac{\partial y}{\partial v} \\ \dfrac{\partial z}{\partial u} & \dfrac{\partial z}{\partial v} \end{bmatrix}_{(u_0, v_0)} \begin{bmatrix} \Delta u \\ \Delta v \end{bmatrix} + \boldsymbol{o}(\Delta u, \Delta v),$$

其中

$$\boldsymbol{o}(\Delta u, \Delta v) = \begin{bmatrix} \alpha_1(\Delta u, \Delta v) \\ \alpha_2(\Delta u, \Delta v) \\ \alpha_3(\Delta u, \Delta v) \end{bmatrix}$$

是向量值函数,其每个分量函数均为$\sqrt{\Delta u^2 + \Delta v^2}$的高阶无穷小. 舍去$\Delta \boldsymbol{f}$右端的高阶无穷小向量值函数$\boldsymbol{o}(\Delta u, \Delta v)$,留下其主要部分(即线性部分),记作

$$\begin{bmatrix} x - x_0 \\ y - y_0 \\ z - z_0 \end{bmatrix} = \begin{bmatrix} \dfrac{\partial x}{\partial u} & \dfrac{\partial x}{\partial v} \\ \dfrac{\partial y}{\partial u} & \dfrac{\partial y}{\partial v} \\ \dfrac{\partial z}{\partial u} & \dfrac{\partial z}{\partial v} \end{bmatrix}_{(u_0, v_0)} \begin{bmatrix} u - u_0 \\ v - v_0 \end{bmatrix}$$

(一个线性方程组),其中$(x_0, y_0, z_0) = (x(u_0, v_0), y(u_0, v_0), z(u_0, v_0))$即为$\boldsymbol{P}_0$点的坐标. 当矩阵

$$\boldsymbol{A} = \begin{bmatrix} \dfrac{\partial x}{\partial u} & \dfrac{\partial x}{\partial v} \\ \dfrac{\partial y}{\partial u} & \dfrac{\partial y}{\partial v} \\ \dfrac{\partial z}{\partial u} & \dfrac{\partial z}{\partial v} \end{bmatrix}_{(u_0, v_0)}$$

的秩为 2 时,该线性方程组是$\mathbb{R}^3$中一个平面的参数方程,记该平面为π. π平面

满足：

(1) π 过 P_0 点；

(2) 由于自变量(u,v)在(u_0,v_0)附近的微小变化，引起对应的点在曲面 S 与平面 π 上的变化，它们之间的距离为 $\sqrt{\Delta u^2+\Delta v^2}$ 的高阶无穷小.

我们后面可以定义满足这样性质的平面 π 称为曲面 S 在 P_0 点处的**切平面**.

例 1.5.1

设$\mathbb{R}^3\to\mathbb{R}^2$ 向量值函数$(y_1,y_2)=\boldsymbol{f}(x_1,x_2,x_3)$为

$$\begin{cases}y_1=x_1x_2+x_2x_3+x_3x_1,\\ y_2=x_1x_2x_3.\end{cases}$$

问 $\boldsymbol{f}$ 在$(x_1,x_2,x_3)\in\mathbb{R}^3$ 上是否可微，若可微，求其 Jacobi 矩阵及在 $\boldsymbol{X}_0=(1,-1,-2)$点的微分.

解 显然，两个分量函数在$\mathbb{R}^3$ 上均可微，故 $\boldsymbol{f}$ 在$\mathbb{R}^3$ 上每一点均可微分，其 Jacobi 矩阵为

$$J\boldsymbol{f}(1,-1,-2)=\left.\frac{\partial(y_1,y_2)}{\partial(x_1,x_2,x_3)}\right|_{(1,-1,-2)}=\begin{bmatrix}x_2+x_3 & x_3+x_1 & x_1+x_2\\ x_2x_3 & x_3x_1 & x_1x_2\end{bmatrix}_{(1,-1,-2)}$$

$$=\begin{pmatrix}-3 & -1 & 0\\ 2 & -2 & -1\end{pmatrix},$$

$$\mathrm{d}\boldsymbol{f}(1,-1,-2)=J\boldsymbol{f}(1,-1,-2)\mathrm{d}x$$

$$=\begin{pmatrix}-3 & -1 & 0\\ 2 & -2 & -1\end{pmatrix}\begin{bmatrix}\mathrm{d}x_1\\ \mathrm{d}x_2\\ \mathrm{d}x_3\end{bmatrix}=\begin{bmatrix}-3\mathrm{d}x_1-\mathrm{d}x_2\\ 2\mathrm{d}x_1-2\mathrm{d}x_2-\mathrm{d}x_3\end{bmatrix},$$

写成分量形式

$$\mathrm{d}y_1(\boldsymbol{X}_0)=-3\mathrm{d}x_1-\mathrm{d}x_2,$$
$$\mathrm{d}y_2(\boldsymbol{X}_0)=2\mathrm{d}x_1-2\mathrm{d}x_2-\mathrm{d}x_3.$$

例 1.5.2

设 $D\subset\mathbb{R}^2\to\mathbb{R}^2$ 向量值函数$(x,y)=\boldsymbol{f}(\rho,\varphi)$为

$$\begin{cases}x=\rho\cos\varphi,\\ y=\rho\sin\varphi,\end{cases}\quad(\rho,\varphi)\in D=\{(\rho,\varphi)\mid 0<\rho<+\infty,-\pi<\varphi<\pi\},$$

试求 $\boldsymbol{f}$ 在 $P(\rho,\varphi)$点的微分 $\mathrm{d}\boldsymbol{f}(\rho,\varphi)$及其 Jacobi 行列式$\dfrac{D(x,y)}{D(\rho,\varphi)}$.

解 $$\mathrm{d}\boldsymbol{f}(\rho,\varphi)=J\boldsymbol{f}(\rho,\varphi)\begin{pmatrix}\mathrm{d}\rho\\ \mathrm{d}\varphi\end{pmatrix}=\begin{pmatrix}\cos\varphi & -\rho\sin\varphi\\ \sin\varphi & \rho\cos\varphi\end{pmatrix}\begin{pmatrix}\mathrm{d}\rho\\ \mathrm{d}\varphi\end{pmatrix}.$$

写成分量形式为

$$\begin{cases}\mathrm{d}x=\cos\varphi\mathrm{d}\rho-\rho\sin\varphi\mathrm{d}\varphi,\\ \mathrm{d}y=\sin\varphi\mathrm{d}\rho+\rho\cos\varphi\mathrm{d}\varphi,\end{cases}$$

其 Jacobi 行列式为

$$\frac{D(x,y)}{D(\rho,\varphi)}=\begin{vmatrix}\cos\varphi & -\rho\sin\varphi\\ \sin\varphi & \rho\cos\varphi\end{vmatrix}=\rho.$$

1.5.2　可微复合向量值函数的微分

设向量值函数

$$\begin{aligned}&\boldsymbol{g}:\Omega_1\subset\mathbb{R}^n\to\mathbb{R}^k,\\ &\boldsymbol{X}\mapsto\boldsymbol{U}=\boldsymbol{g}(\boldsymbol{X}),\\ &\boldsymbol{f}:\Omega_2\subset\mathbb{R}^k\to\mathbb{R}^m,\\ &\boldsymbol{U}\mapsto\boldsymbol{Y}=\boldsymbol{f}(\boldsymbol{U}),\end{aligned}$$

其中 $\boldsymbol{g}$ 的值域 $\boldsymbol{g}(\Omega_1)\subset\Omega_2$，则它们的复合为 $\Omega_1\subset\mathbb{R}^n\to\mathbb{R}^m$ 的向量值函数

$$\boldsymbol{f}\circ\boldsymbol{g}:\boldsymbol{X}\in\Omega_1\mapsto\boldsymbol{f}(\boldsymbol{g}(\boldsymbol{X})).$$

定理 1.5.2 ……

若 $\boldsymbol{U}=\boldsymbol{g}(\boldsymbol{X})$ 在 $\boldsymbol{X}_0$ 点可微，$\boldsymbol{Y}=\boldsymbol{f}(\boldsymbol{U})$ 在 $\boldsymbol{U}_0=\boldsymbol{g}(\boldsymbol{X}_0)$ 点可微，则复合向量值函数 $\boldsymbol{f}\circ\boldsymbol{g}$ 在 $\boldsymbol{X}_0$ 点也可微，并且

$$\mathrm{d}(\boldsymbol{f}\circ\boldsymbol{g})(\boldsymbol{X}_0)=\left.\frac{\partial(y_1,y_2,\cdots,y_m)}{\partial(u_1,u_2,\cdots,u_k)}\right|_{\boldsymbol{U}_0}\left.\frac{\partial(u_1,u_2,\cdots,u_k)}{\partial(x_1,x_2,\cdots,x_n)}\right|_{\boldsymbol{X}_0}\mathrm{d}\boldsymbol{X},$$

其中 $\boldsymbol{A}=\left.\frac{\partial(y_1,y_2\cdots,y_m)}{\partial(u_1,u_2\cdots,u_k)}\right|_{\boldsymbol{U}_0}$ 及 $\boldsymbol{B}=\left.\frac{\partial(u_1,u_2\cdots,u_k)}{\partial(x_1,x_2\cdots,x_n)}\right|_{\boldsymbol{X}_0}$ 分别为向量值函数 $\boldsymbol{f}$ 和 $\boldsymbol{g}$ 在 $\boldsymbol{U}_0,\boldsymbol{X}_0$ 点的 Jacobi 矩阵.

证明　由 $\boldsymbol{f},\boldsymbol{g}$ 在 $\boldsymbol{U}_0,\boldsymbol{X}_0$ 点的可微性可知，当 $\Delta\boldsymbol{U}\to\boldsymbol{o},\Delta\boldsymbol{X}\to\boldsymbol{o}$ 时，

$$\begin{aligned}\Delta\boldsymbol{Y}&=\boldsymbol{f}(\boldsymbol{U}_0+\Delta\boldsymbol{U})-\boldsymbol{f}(\boldsymbol{U}_0)=\boldsymbol{A}\Delta\boldsymbol{U}+\boldsymbol{o}(\Delta\boldsymbol{U}),\\ \Delta\boldsymbol{U}&=\boldsymbol{g}(\boldsymbol{X}_0+\Delta\boldsymbol{X})-\boldsymbol{g}(\boldsymbol{X}_0)=\boldsymbol{B}\Delta\boldsymbol{X}+\boldsymbol{o}(\Delta\boldsymbol{X}),\end{aligned}$$

其中 $\|\boldsymbol{o}(\Delta\boldsymbol{X})\|=o(\|\Delta\boldsymbol{X}\|)$，$\|\boldsymbol{o}(\Delta\boldsymbol{U})\|=o(\|\Delta\boldsymbol{U}\|)$. 由于自变量的微小变化 $\Delta\boldsymbol{X}$ 引起的复合向量值函数 $\boldsymbol{f}\circ\boldsymbol{g}$ 的变化可以表示成

$$\begin{aligned}\Delta\boldsymbol{Y}&=\boldsymbol{f}(\boldsymbol{g}(\boldsymbol{X}_0+\Delta\boldsymbol{X}))-\boldsymbol{f}(\boldsymbol{g}(\boldsymbol{X}_0))\\ &=\boldsymbol{f}(\boldsymbol{U}_0+\Delta\boldsymbol{U})-\boldsymbol{f}(\boldsymbol{U}_0)\\ &=\boldsymbol{A}\Delta\boldsymbol{U}+\boldsymbol{o}(\Delta\boldsymbol{U})\\ &=\boldsymbol{A}(\boldsymbol{B}\Delta\boldsymbol{X}+\boldsymbol{o}(\Delta\boldsymbol{X}))+\boldsymbol{o}(\Delta\boldsymbol{U})\\ &=\boldsymbol{A}\boldsymbol{B}\Delta\boldsymbol{X}+\boldsymbol{A}\boldsymbol{o}(\Delta\boldsymbol{X})+\boldsymbol{o}(\Delta\boldsymbol{U}).\end{aligned}$$

为证明本定理,只要证明上式中的余项

$$\boldsymbol{A}\boldsymbol{o}(\Delta\boldsymbol{X})+\boldsymbol{o}(\Delta\boldsymbol{U})=\boldsymbol{o}(\Delta\boldsymbol{X}) \tag{1.5.3}$$

即可.显然,第一项

$$\boldsymbol{A}\boldsymbol{o}(\Delta\boldsymbol{X})=\boldsymbol{o}(\Delta\boldsymbol{X}),$$

只要证明第二项 $\boldsymbol{o}(\Delta\boldsymbol{U})=\boldsymbol{o}(\Delta\boldsymbol{X})$.由高阶无穷小的定义可知,这一项可以表示成

$$\boldsymbol{o}(\Delta\boldsymbol{U})=\|\Delta\boldsymbol{U}\|\boldsymbol{\varphi}(\Delta\boldsymbol{U}),$$

其中 $\boldsymbol{\varphi}(\Delta\boldsymbol{U})\to\boldsymbol{0}$,当 $\Delta\boldsymbol{U}\to\boldsymbol{0}$ 时.因为 $\boldsymbol{g}$ 是连续向量值函数,故当 $\Delta\boldsymbol{X}\to\boldsymbol{0}$ 时,$\Delta\boldsymbol{U}\to\boldsymbol{0}$.

$$\frac{\|\boldsymbol{o}(\Delta\boldsymbol{U})\|}{\|\Delta\boldsymbol{X}\|}=\frac{\|\Delta\boldsymbol{U}\|}{\|\Delta\boldsymbol{X}\|}\|\boldsymbol{\varphi}(\Delta\boldsymbol{U})\|,$$

而 $\dfrac{\|\Delta\boldsymbol{U}\|}{\|\Delta\boldsymbol{X}\|}=\dfrac{\|\boldsymbol{B}\Delta\boldsymbol{X}+\boldsymbol{o}(\Delta\boldsymbol{X})\|}{\|\Delta\boldsymbol{X}\|}$ 是有界的,因此当 $\Delta\boldsymbol{X}\to\boldsymbol{0}$ 时,(1.5.3)式成立,即 $\boldsymbol{f}\circ\boldsymbol{g}$ 在 $\boldsymbol{X}_0$ 点可微,其在 $\boldsymbol{X}_0$ 点的 Jacobi 矩阵为 $\boldsymbol{AB}$.

若写成分量函数的形式,

$$y_i=f_i(u_1,u_2,\cdots,u_k),\quad i=1,2,\cdots,m,$$
$$u_j=g_j(x_1,x_2,\cdots,x_n),\quad j=1,2,\cdots,k.$$

定理 1.5.2 即为

$$\frac{\partial(y_1,y_2,\cdots,y_m)}{\partial(x_1,x_2,\cdots,x_n)}=\frac{\partial(y_1,y_2,\cdots,y_m)}{\partial(u_1,u_2,\cdots,u_k)}\frac{\partial(u_1,u_2,\cdots,u_k)}{\partial(x_1,x_2,\cdots,x_n)}.$$

上式左右两端的 $y_1,y_2,\cdots,y_m$ 的含义是不同的,左端的 y_i 是将其看成 $x_1,x_2,\cdots,x_n$ 的函数(即复合函数),而右端的 y_i 则是 $u_1,u_2,\cdots,u_k$ 的函数.为了区别两者,右端的 $\dfrac{\partial(y_1,y_2,\cdots,y_m)}{\partial(u_1,u_2,\cdots,u_k)}$ 常写成 $\dfrac{\partial(f_1,f_2,\cdots,f_m)}{\partial(u_1,u_2,\cdots,u_k)}$,即

$$\frac{\partial(y_1,y_2,\cdots,y_m)}{\partial(x_1,x_2,\cdots,x_n)}=\frac{\partial(f_1,f_2,\cdots,f_m)}{\partial(u_1,u_2,\cdots,u_k)}\frac{\partial(u_1,u_2,\cdots,u_k)}{\partial(x_1,x_2,\cdots,x_n)}.$$

若 $m=1$,即复合函数的形式为

$$y=f(u_1,u_2,\cdots,u_k),\begin{cases}u_1=g_1(x_1,x_2,\cdots,x_n),\\u_2=g_2(x_1,x_2,\cdots,x_n),\\\quad\vdots\\u_k=g_k(x_1,x_2,\cdots,x_n),\end{cases}$$

则由定理 1.5.2,复合函数的偏导数为

$$\frac{\partial y}{\partial x_i}=\frac{\partial f}{\partial u_1}\frac{\partial u_1}{\partial x_i}+\frac{\partial f}{\partial u_2}\frac{\partial u_2}{\partial x_i}+\cdots+\frac{\partial f}{\partial u_k}\frac{\partial u_k}{\partial x_i},\quad i=1,2,\cdots,n.$$

上式称为可微复合向量值函数求偏导数的**链式法则**.

▶ **例 1.5.3** ……………………………………………………………

设 $(y_1,y_2)=\boldsymbol{f}(u_1,u_2,u_3)$,$(u_1,u_2,u_3)=\boldsymbol{g}(r,\theta,\varphi)$,其中

$$\begin{cases} y_1 = u_1u_2u_3, \\ y_2 = u_1+u_2+u_3, \end{cases} \qquad \begin{cases} u_1 = r\sin\theta\cos\varphi, \\ u_2 = r\sin\theta\sin\varphi, \\ u_3 = r\cos\theta. \end{cases}$$

求复合向量值函数 $\boldsymbol{f}\circ\boldsymbol{g}$ 的微分及$\dfrac{\partial y_1}{\partial\theta}$.

解 记 $\boldsymbol{X}=(r,\theta,\varphi)$,$\boldsymbol{Y}=(y_1,y_2)$,$\boldsymbol{U}=(u_1,u_2,u_3)$,

$$\mathrm{d}\boldsymbol{Y} = J(\boldsymbol{f}\circ\boldsymbol{g})(\boldsymbol{X})\mathrm{d}\boldsymbol{X}.$$

$$J(\boldsymbol{f}\circ\boldsymbol{g})(\boldsymbol{X}) = \frac{\partial(y_1,y_2)}{\partial(u_1,u_2,u_3)}\frac{\partial(u_1,u_2,u_3)}{\partial(r,\theta,\varphi)}$$

$$= \begin{bmatrix} u_2u_3 & u_3u_1 & u_1u_2 \\ 1 & 1 & 1 \end{bmatrix}\begin{bmatrix} \sin\theta\cos\varphi & r\cos\theta\cos\varphi & -r\sin\theta\sin\varphi \\ \sin\theta\sin\varphi & r\cos\theta\sin\varphi & r\sin\theta\cos\varphi \\ \cos\theta & -r\sin\theta & 0 \end{bmatrix}.$$

$\dfrac{\partial y_1}{\partial\theta}$就是$J(\boldsymbol{f}\circ\boldsymbol{g})(\boldsymbol{X})$的第一行第二列元素

$$\frac{\partial y_1}{\partial\theta} = u_2u_3r\cos\theta\cos\varphi + u_3u_1r\cos\theta\sin\varphi - u_1u_2r\sin\theta.$$

同样,由链式法则也能求$\dfrac{\partial y_1}{\partial\theta}$:

$$\frac{\partial y_1}{\partial\theta} = \frac{\partial y_1}{\partial u_1}\frac{\partial u_1}{\partial\theta} + \frac{\partial y_1}{\partial u_2}\frac{\partial u_2}{\partial\theta} + \frac{\partial y_1}{\partial u_3}\frac{\partial u_3}{\partial\theta}$$
$$= u_2u_3r\cos\theta\cos\varphi + u_3u_1r\cos\theta\sin\varphi - u_1u_2r\sin\theta.$$

例 1.5.4

设 $z=f(u,v)=u^2v-uv^2$,其中 $u=x\sin y$,$v=x\cos y$,求$\dfrac{\partial z}{\partial x}$.

解 可以将 u,v 代入 $z=f(u,v)$ 求$\dfrac{\partial z}{\partial x}$,也可由链式法则求.

$$\frac{\partial z}{\partial x} = \frac{\partial f}{\partial u}\frac{\partial u}{\partial x} + \frac{\partial f}{\partial v}\frac{\partial v}{\partial x}$$
$$= (2uv - v^2)\sin y + (u^2 - 2uv)\cos y$$
$$= \frac{3}{2}x^2(\sin y - \cos y)\sin 2y.$$

例 1.5.5

设 $z=f(xy,x^2-y^2)$,f 可微,求$\dfrac{\partial z}{\partial x}$,$\dfrac{\partial z}{\partial y}$.

解 z 是由二元函数 $z=f(u,v)$ 与向量值函数

$$\begin{cases}u=xy,\\ v=x^2-y^2\end{cases}$$

复合而成,由链式法则可得

$$\frac{\partial z}{\partial x}=\frac{\partial f}{\partial u}\frac{\partial u}{\partial x}+\frac{\partial f}{\partial v}\frac{\partial v}{\partial x}=y\frac{\partial f}{\partial u}+2x\frac{\partial f}{\partial v},$$

$$\frac{\partial z}{\partial y}=\frac{\partial f}{\partial u}\frac{\partial u}{\partial y}+\frac{\partial f}{\partial v}\frac{\partial v}{\partial y}=x\frac{\partial f}{\partial u}-2y\frac{\partial f}{\partial v}.$$

▶ **例 1.5.6** ……

设 $z=\frac{y}{x}+xyf\left(\frac{y}{x}\right)$,$f$ 可微,求$\frac{\partial z}{\partial x}$.

解

$$\begin{aligned}\frac{\partial z}{\partial x}&=\frac{\partial}{\partial x}\left(\frac{y}{x}\right)+\frac{\partial}{\partial x}\left[xyf\left(\frac{y}{x}\right)\right]\\&=-\frac{y}{x^2}+\left(\frac{\partial}{\partial x}(xy)\right)f\left(\frac{y}{x}\right)+xy\frac{\partial}{\partial x}\left(f\left(\frac{y}{x}\right)\right)\\&=-\frac{y}{x^2}+yf\left(\frac{y}{x}\right)+xyf'\left(\frac{y}{x}\right)\frac{\partial}{\partial x}\left(\frac{y}{x}\right)\\&=-\frac{y}{x^2}+yf\left(\frac{y}{x}\right)-\frac{y^2}{x}f'\left(\frac{y}{x}\right).\end{aligned}$$

这里我们用到了复合函数的求导法则:

$$\frac{\partial}{\partial x}\left[f\left(\frac{y}{x}\right)\right]=\left(\frac{\mathrm{d}}{\mathrm{d}u}f(u)\right)\frac{\partial u}{\partial x}=f'\left(\frac{y}{x}\right)\left(-\frac{y}{x^2}\right),$$

其中 $u=\frac{y}{x}$.

注意 f 是一元函数,所以导数记作$\frac{\mathrm{d}f}{\mathrm{d}u}$或 $f'(u)$.

▶ **例 1.5.7** ……

求 $y=[f(x)]^{g(x)}$ 的导数$\frac{\mathrm{d}y}{\mathrm{d}x}$,其中 $f(x)>0$ 与 $g(x)$ 均可导.

解 这里可以利用 $y=[f(x)]^{g(x)}=\mathrm{e}^{g(x)\ln f(x)}$,按一元函数来求导,也可利用多元函数的复合来求导

$$y=\varphi(u,v)=u^v,$$

其中

$$\begin{cases}u=f(x),\\ v=g(x).\end{cases}$$

由链式法则可得

$$\frac{\mathrm{d}y}{\mathrm{d}x}=\frac{\partial\varphi}{\partial u}\frac{\mathrm{d}u}{\mathrm{d}x}+\frac{\partial\varphi}{\partial v}\frac{\mathrm{d}v}{\mathrm{d}x}=vu^{v-1}f'(x)+u^{v}(\ln u)g'(x)$$

$$=[f(x)]^{g(x)}\left[\frac{g(x)}{f(x)}f'(x)+g'(x)\ln f(x)\right],$$

这个结果与原来的结果一致.

如果例 1.5.6 中的 f 是 $C^{(2)}$ 类函数，则 z 作为 x,y 的函数，还可以求二阶偏导数

$$\frac{\partial^2 z}{\partial y\partial x}=\frac{\partial}{\partial y}\left[-\frac{y}{x^2}+xf\left(\frac{y}{x}\right)-\frac{y^2}{x}\frac{\mathrm{d}f}{\mathrm{d}u}\right]$$

$$=-\frac{1}{x^2}+f\left(\frac{y}{x}\right)+y\frac{\partial}{\partial y}\left[f\left(\frac{y}{x}\right)\right]-\frac{2y}{x}\frac{\mathrm{d}f}{\mathrm{d}u}-\frac{y^2}{x}\frac{\partial}{\partial y}\left(\frac{\mathrm{d}f}{\mathrm{d}u}\right)$$

$$=-\frac{1}{x^2}+f\left(\frac{y}{x}\right)+y\frac{\mathrm{d}f}{\mathrm{d}u}\frac{\partial}{\partial y}\left(\frac{y}{x}\right)-\frac{2y}{x}\frac{\mathrm{d}f}{\mathrm{d}u}-\frac{y^2}{x}\frac{\mathrm{d}^2 f}{\mathrm{d}u^2}\frac{\partial}{\partial y}\left(\frac{y}{x}\right)$$

$$=-\frac{1}{x^2}+f\left(\frac{y}{x}\right)-\frac{y}{x}\frac{\mathrm{d}f}{\mathrm{d}u}-\frac{y^2}{x^2}\frac{\mathrm{d}^2 f}{\mathrm{d}u^2}.$$

对于一般的复合函数 $y=f(u_1,u_2,\cdots,u_k)$，

$$\begin{cases}u_1=g_1(x_1,x_2,\cdots,x_n),\\ u_2=g_2(x_1,x_2,\cdots,x_n),\\ \quad\vdots\\ u_k=g_k(x_1,x_2,\cdots,x_n).\end{cases}$$

如果函数 $f,g_i(i=1,2,\cdots,k)$ 都是 $C^{(2)}$ 类函数，则 y 也是 $x_1,x_2,\cdots,x_n$ 的 $C^{(2)}$ 类函数，由链式法则可得

$$\frac{\partial^2 y}{\partial x_i\partial x_j}=\frac{\partial}{\partial x_i}\left(\frac{\partial y}{\partial x_j}\right)=\frac{\partial}{\partial x_i}\left(\sum_{s=1}^{k}\frac{\partial y}{\partial u_s}\frac{\partial u_s}{\partial x_j}\right)$$

$$=\sum_{s=1}^{k}\left[\frac{\partial}{\partial x_i}\left(\frac{\partial y}{\partial u_s}\right)\frac{\partial u_s}{\partial x_j}+\frac{\partial y}{\partial u_s}\frac{\partial}{\partial x_i}\left(\frac{\partial u_s}{\partial x_j}\right)\right]$$

$$=\sum_{s=1}^{k}\left[\left(\sum_{t=1}^{k}\frac{\partial^2 y}{\partial u_t\partial u_s}\frac{\partial u_t}{\partial x_i}\right)\frac{\partial u_s}{\partial x_j}+\frac{\partial y}{\partial u_s}\frac{\partial^2 u_s}{\partial x_i\partial x_j}\right].$$

如果 $f,g_i(i-1,2,\cdots,k)$ 都是 $C^{(3)}$ 类函数，则还可以求三阶偏导数.

例 1.5.8

设 $u=\frac{1}{r}$，$r=\sqrt{x^2+y^2+z^2}$，证明：

$$\frac{\partial^2 u}{\partial x^2}+\frac{\partial^2 u}{\partial y^2}+\frac{\partial^2 u}{\partial z^2}=0.$$

证明 u 是复合函数，由链式法则可知

$$\frac{\partial u}{\partial x}=\frac{\mathrm{d}u}{\mathrm{d}r}\frac{\partial r}{\partial x}=-\frac{1}{r^2}\frac{x}{\sqrt{x^2+y^2+z^2}}=-\frac{x}{r^3},$$

$$\frac{\partial^2 u}{\partial x^2}=-\frac{1}{r^3}+\frac{3x^2}{r^5}.$$

由于 x,y,z 的地位相同,所以

$$\frac{\partial^2 u}{\partial y^2}=-\frac{1}{r^3}+\frac{3y^2}{r^5},\quad \frac{\partial^2 u}{\partial z^2}=-\frac{1}{r^3}+\frac{3z^2}{r^5},$$

$$\frac{\partial^2 u}{\partial x^2}+\frac{\partial^2 u}{\partial y^2}+\frac{\partial^2 u}{\partial z^2}=-\frac{3}{r^3}+\frac{3(x^2+y^2+z^2)}{r^5}=0.$$

方程$\frac{\partial^2 z}{\partial x^2}+\frac{\partial^2 z}{\partial y^2}+\frac{\partial^2 z}{\partial z^2}=0$ 称为 Laplace(拉普拉斯)方程,这是一个重要的偏微分方程. 引入 Laplace 算子

$$\Delta=\frac{\partial^2}{\partial x^2}+\frac{\partial^2}{\partial y^2}+\frac{\partial^2}{\partial z^2},$$

则 Laplace 方程可以简记为 $\Delta u=0$.

$\mathbb{R}^2$ 中的 Laplace 方程为

$$\frac{\partial^2 u}{\partial x^2}+\frac{\partial^2 u}{\partial y^2}=0.$$

在极坐标系(ρ,φ)

$$\begin{cases}x=\rho\cos\varphi,\\ y=\rho\cos\varphi\end{cases}$$

下,Laplace 方程可以化为

$$\frac{\partial^2 u}{\partial \rho^2}+\frac{1}{\rho^2}\frac{\partial^2 u}{\partial \varphi^2}+\frac{1}{\rho}\frac{\partial u}{\partial \rho}=0.$$

习题 1.5

1. 求下列变换所确定的向量值函数$\begin{pmatrix}u\\ v\end{pmatrix}=\begin{pmatrix}f_1(x,y)\\ f_2(x,y)\end{pmatrix}$的 Jacobi 矩阵$\frac{\partial(u,v)}{\partial(x,y)}$,并指出在哪些区域 Jacobi 矩阵可逆.

(1) $\begin{cases}u=\sqrt{x^2+y^2},\\ v=\arctan\dfrac{y}{x};\end{cases}$ (2) $\begin{cases}u=\mathrm{e}^x\cos y,\\ v=\mathrm{e}^x\sin y;\end{cases}$

(3) $\begin{cases}u=\dfrac{x}{x^2+y^2},\\ v=\dfrac{y}{x^2+y^2};\end{cases}$ (4) $\begin{cases}u=\ln\sqrt{x^2+y^2},\\ v=\arctan\dfrac{y}{x}.\end{cases}$

2. 求变换$\begin{cases}x=r\sin\theta\cos\varphi,\\ y=r\cos\theta\cos\varphi,\\ z=r\sin\varphi,\end{cases}$ $r>0, 0\leqslant\theta\leqslant 2\pi, 0\leqslant\varphi\leqslant\pi$ 确定的向量值函数 $\begin{pmatrix}x\\ y\\ z\end{pmatrix}=\begin{pmatrix}f_1(r,\theta,\varphi)\\ f_2(r,\theta,\varphi)\\ f_3(r,\theta,\varphi)\end{pmatrix}$ 的 Jacobi 矩阵.

3. 求下列复合函数的偏导数$\dfrac{\partial z}{\partial x}, \dfrac{\partial z}{\partial y}$(已知 f 为可微函数).

(1) $z=\arctan\dfrac{u}{v}, u=x^2+y^2, v=xy$;

(2) $z=f(u,v), u=3x+2y, v=4x-2y$;

(3) $z=f(x^2-y^2, \mathrm{e}^{xy})$;

(4) $z=f(x, x+y, x-y)$;

(5) $z=xy+\dfrac{y}{x}f(xy)$;

(6) $z=f(x\ln x, 2x-y)$.

4. 已知函数 $z=u\ln(u-v)$,其中 $u=\mathrm{e}^{-x}, v=\ln x$,求$\dfrac{\mathrm{d}z}{\mathrm{d}x}$.

5. 已知函数 $u=f(x,y)$,其中 $x=r\cos\theta, y=r\sin\theta$, f 可微,证明:

$$\left(\frac{\partial u}{\partial r}\right)^2+\left(\frac{1}{r}\frac{\partial u}{\partial\theta}\right)^2=\left(\frac{\partial u}{\partial x}\right)^2+\left(\frac{\partial u}{\partial y}\right)^2.$$

6. 设 f 可微, $u=xy+xf\left(\dfrac{y}{x}\right)$,证明: $x\dfrac{\partial u}{\partial x}+y\dfrac{\partial u}{\partial y}=u+xy$.

7. 设 $f\in C^2(\mathbb{R}^2)$满足 Laplace 方程$\dfrac{\partial^2 f}{\partial x^2}+\dfrac{\partial^2 f}{\partial y^2}=0$,证明: $u(x,y)=f\left(\dfrac{x}{x^2+y^2}, \dfrac{y}{x^2+y^2}\right)$也满足 Laplace 方程.

8. 已知变换$\begin{cases}w=x+y+z,\\ u=x,\\ v=x+y,\end{cases}$ 化简方程$\dfrac{\partial^2 z}{\partial x^2}-2\dfrac{\partial^2 z}{\partial x\partial y}+\dfrac{\partial^2 z}{\partial y^2}+\dfrac{\partial z}{\partial x}-\dfrac{\partial z}{\partial y}=0$,以 w 为因变量, u, v 为自变量.

9. 向量值函数 $\boldsymbol{Y}=\boldsymbol{f}(\boldsymbol{U}), \boldsymbol{U}=\boldsymbol{g}(\boldsymbol{X})$ 均可微,求复合函数 $\boldsymbol{Y}=\boldsymbol{f}\circ\boldsymbol{g}(\boldsymbol{X})$ 的 Jacobi 矩阵和全微分.

(1) $\begin{cases}y_1=u_1+u_2,\\ y_2=u_1u_2,\\ y_3=\dfrac{u_2}{u_1},\end{cases}$ $\begin{cases}u_1=\dfrac{x}{x^2+y^2},\\ u_2=\dfrac{y}{x^2+y^2};\end{cases}$

(2) $\begin{cases} y_1 = u_1^2 + u_2^2, \\ y_2 = u_1^2 - u_2^2, \end{cases}$ $\begin{cases} u_1 = \ln\sqrt{x^2+y^2}, \\ u_2 = \arctan\dfrac{y}{x}; \end{cases}$

(3) $\begin{cases} y_1 = \ln\sqrt{u_1^2+u_2^2}, \\ y_2 = \arctan\dfrac{u_1}{u_2}, \end{cases}$ $\begin{cases} u_1 = e^x\cos y, \\ u_2 = e^x\sin y. \end{cases}$

1.6 隐(向量值)函数、反(向量值)函数的存在性及其微分

一元二次方程

$$a^2 + y^2 = 1, \quad |a| \leqslant 1, \tag{1.6.1}$$

其解为

$$y = \pm\sqrt{1-a^2}.$$

用 x 来代替 a,方程(1.6.1)可以重新写成

$$x^2 + y^2 = 1, \quad x \in [-1,1], \tag{1.6.2}$$

其解为

$$y = \pm\sqrt{1-x^2}, \quad x \in [-1,1]. \tag{1.6.3}$$

一般将(1.6.1)式中的 a 看成一个常数,而将(1.6.2)式中的 x 看成是变量(有时记号的不同会影响人们对同一表达式的认识).(1.6.3)式是由方程(1.6.2)导出的从 x 到 y 的对应关系,但这个对应关系不是函数,因为同一 x 值可以对应正负两个不同的 y 值.如果我们指定 y 值的取值范围,即选取了 y 的值域,例如$y\in[-1,0]$,则方程(1.6.2)在这个取值范围内的解为

$$y = -\sqrt{1-x^2}, \quad x \in [-1,1]. \tag{1.6.4}$$

这是一个函数,其定义域为$[-1,1]$,值域为$[-1,0]$.因此一个方程(例如(1.6.2)式)在某些条件下,(例如取值域为$[-1,0]$)可以确定一个函数(例如(1.6.4)式).

上面所谓"简单"方程,指的是这个方程"可解",或这个方程的解可由初等函数表示.在本小节,我们并不关心方程的解是否可由初等函数表出,我们关心的是由方程能否导出一种对应关系(即方程是否隐含着一个对应关系,我们称为**隐函数**).因此我们现在考虑的方程比以前要复杂得多,甚至可以是一个抽象方程$F(x,y)=0$.

同一个方程(例如(1.6.2)),由于值域选取的不同,导出的隐函数也不同.如果选取值域为$[0,1]$,方程(1.6.2)导出的隐函数为

$$y = \sqrt{1-x^2}, x \in [-1,1],$$

如果值域选取$[-1,1]$,方程(1.6.2)不能导出隐函数.

下面的定理告诉我们在什么条件下一个抽象方程 $F(x,y)=0$ 能够导出一

个对应关系—— 隐函数.这里,我们用"导出一个对应关系",而不用"解出一个对应关系",因为我们想强调这里证明的对应关系的存在性,而这个对应关系,通常是不能用我们所熟悉的初等函数表示.

定理 1.6.1 ……

设二元函数 $F(x,y)$ 在 $P_0(x_0,y_0)$ 点的某个邻域 $B(P_0,r)$ 内是 $C^{(1)}$ 类函数,并满足 $F(x_0,y_0)=0$, $\frac{\partial F}{\partial y}(x_0,y_0)\neq 0$,则存在以 P_0 点为中心的开矩形域 $D\times E\subset B(P_0,r)$,其中

$$D=(x_0-\delta,x_0+\delta),\quad E=(y_0-\eta,y_0+\eta),\quad \delta,\eta>0,$$

$$D\times E=\{(x,y)\mid x\in(x_0-\delta,x_0+\delta),y\in(y_0-\eta,y_0+\eta)\},$$

使得对于任一 $x\in D$,存在唯一的 $y\in E$ 满足方程 $F(x,y)=0$,即方程 $F(x,y)=0$ 确定一个从 D 到 E 的函数 $y=f(x)$,并且这个函数在 D 内连续可微,其导数为

$$\frac{\mathrm{d}y}{\mathrm{d}x}=-\frac{\frac{\partial F}{\partial x}(x,y)}{\frac{\partial F}{\partial y}(x,y)}.\tag{1.6.5}$$

证明 不妨假设 $\frac{\partial F}{\partial y}(x_0,y_0)>0$.

(1) 证明隐函数 $y=f(x)$ 的存在性.

由于 $F\in C^{(1)}$,存在以 (x_0,y_0) 为中心的开矩形域 $D_1\times E\subset B(P_0,r)$,其中 $D_1=(x_0-\delta_1,x_0+\delta_1)$, $E=(y_0-\eta,y_0+\eta)$,使得 $\frac{\partial F}{\partial y}(x,y)>0$, $\forall\,(x,y)\in D_1\times E$.对于任意的 $x\in D_1$, $F(x,y)$ 关于 y 是单调增的连续函数.因为 $F(x_0,y_0)=0$,所以我们可以选择 η 值,使

$$F(x_0,y_0-\eta)<0,\quad F(x_0,y_0+\eta)>0.$$

F 连续可微,自然是连续函数,存在 $0<\delta<\delta_1$,使得 $\forall\, x\in(x_0-\delta,x_0+\delta)$,

$$F(x,y_0-\eta)<0,\quad F(x,y_0+\eta)>0.$$

由连续函数中值定理可知,对于这个 x 值,存在唯一的 y 值属于 $(y_0-\eta,y_0+\eta)$,使 $F(x,y)=0$ $\left(\text{唯一性是由}\frac{\partial F}{\partial y}(x,y)>0\text{ 条件给出}\right)$.这种由方程 $F(x,y)=0$ 导出的 x 与 y 之间的对应关系记作 $y=f(x)$.我们有

$$F(x,f(x))=0.\tag{1.6.6}$$

这样,我们已证了隐函数的存在性.

(2) 证明 $y=f(x)$是$(x_0-\delta,x_0+\delta)$上的连续函数.

在 x_0 点,从隐函数 $y=f(x)$的作法可知,不管 η 取多小,总可以找到足够小的 δ 值,使得当 $x\in(x_0-\delta,x_0+\delta)$时,$y\in(y_0-\eta,y_0+\eta)$,故 $y=f(x)$在 x_0 点连续.

任取 $x_1\in(x_0-\delta,x_0+\delta)$,记 $y_1=f(x_1)$,则 $y_1\in(y_0-\eta,y_0+\eta)$,$F(x_1,y_1)=0$,$\dfrac{\partial F}{\partial y}(x_1,y_1)>0$. 与 $F(x,y)$在(x_0,y_0)点满足的条件一样. 因此 $F(x,y)=0$ 在(x_1,y_1)附近的区域$(x_1-\delta_1,x_1+\delta_1)\times(y_1-\eta_1,y_1+\eta_1)$(其中$0<\delta_1<\delta,0<\eta_1<\eta$)也可以导出隐函数 $y=g(x)$. 由唯一性可知,当 $x\in(x_1-\delta_1,x_1+\delta_1)$时,$g(x)=f(x)$,这样 $y=f(x)$在 x_1 点也连续(相当于 $y=g(x)$在 x_1 点连续,而这一点在上面已证过). 由 x_1 的任意性可知,$y=f(x)$在$(x_0-\delta,x_0+\delta)$连续.

(3) 证明隐函数 $y=f(x)$的可微性及导数公式(1.6.5).

设 $x\in(x_0-\delta,x_0+\delta)$,作自变量的一个小小变化 Δx,记 $\Delta y=f(x+\Delta x)-f(x)$为函数值的变化量,由隐函数的定义及 F 的连续可微性可知

$$\begin{aligned}
0&=F(x+\Delta x,y+\Delta y)-F(x,y)\\
&=[F(x+\Delta x,y+\Delta y)-F(x,y+\Delta y)]+[F(x,y+\Delta y)-F(x,y)]\\
&=\frac{\partial F}{\partial x}(x+\theta_1\Delta x,y+\Delta y)\Delta x+\frac{\partial F}{\partial y}(x,y+\theta_2\Delta y)\Delta y\\
&=\frac{\partial F}{\partial x}(x,y)\Delta x+\frac{\partial F}{\partial y}(x,y)\Delta y+\alpha\Delta x+\beta\Delta y,
\end{aligned}$$

其中 α,β 为无穷小量,当$(\Delta x,\Delta y)\to(0,0)$时. 由自变量微小变化引起函数值的变化可以表示为

$$\Delta y=-\frac{\dfrac{\partial F}{\partial x}(x,y)+\alpha}{\dfrac{\partial F}{\partial y}(x,y)+\beta}\Delta x=-\frac{\dfrac{\partial F}{\partial x}(x,y)}{\dfrac{\partial F}{\partial y}(x,y)}\Delta x+\frac{\beta\dfrac{\partial F}{\partial x}(x,y)-\alpha\dfrac{\partial F}{\partial y}(x,y)}{\dfrac{\partial F}{\partial y}(x,y)\left[\dfrac{\partial F}{\partial y}(x,y)+\beta\right]}\Delta x.$$

显然,$\lim\limits_{\Delta x\to0}\dfrac{\beta\dfrac{\partial F}{\partial x}(x,y)-\alpha\dfrac{\partial F}{\partial y}(x,y)}{\dfrac{\partial F}{\partial y}(x,y)\left[\dfrac{\partial F}{\partial y}(x,y)+\beta\right]}=0$,因此 $y=f(x)$在$(x_0-\delta,x_0+\delta)$上连续可微,且导数为(1.6.5)式.

从几何上看,$\dfrac{\partial F}{\partial y}(x_0,y_0)\neq0$ 表示曲线 $F(x,y)=0$ 在(x_0,y_0)点的切线不平行于 y 轴. 切线不平行于 y 轴只是隐函数存在的充分条件,它不是必要的. $F_1(x,y)=x-y^2=0$,$F_2(x,y)=x-y^3=0$ 的图形如图 1.6.1 所示,$\dfrac{\partial F_1}{\partial y}(0,0)=0$,$\dfrac{\partial F_2}{\partial y}(0,0)=0$,但 $F_1(x,y)=0$ 在$(0,0)$点附近不存在隐函数,而 $F_2=(x,y)=0$ 在$(0,0)$点附

近存在隐函数.

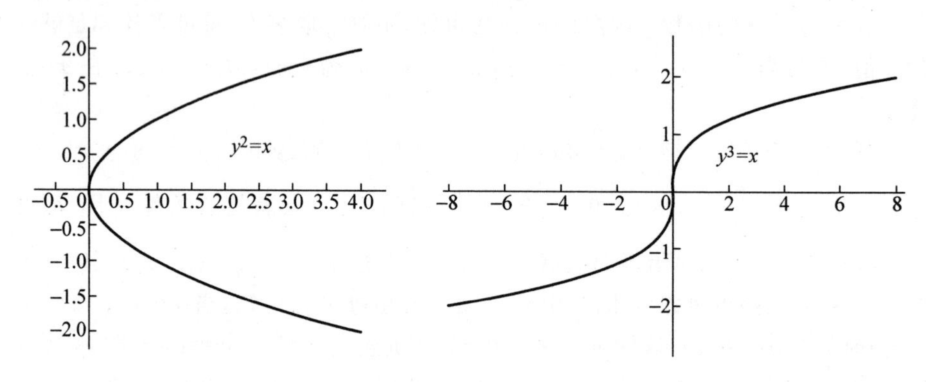

图 1.6.1

对于任意的$n+1$元函数($n\geqslant 1$)$F(x_1,x_2,\cdots,x_n,y)$,也有类似的隐函数存在定理.

定理 1.6.2

设$n+1$元函数$F(x_1,x_2,\cdots,x_n,y)$在点$P_0(\boldsymbol{X}_0,y_0)$(其中$\boldsymbol{X}_0=(x_1^{(0)},x_2^{(0)},\cdots,x_n^{(0)})$)的某个邻域$B(P_0,r)$内是$C^{(1)}$类函数,且$F(\boldsymbol{X}_0,y_0)=0$,$\dfrac{\partial F}{\partial y}(\boldsymbol{X}_0,y_0)\neq 0$,则存在$P_0$点的某个邻域$B(\boldsymbol{X}_0,\delta)\times(y_0-\eta,y_0+\eta)\subset B(P_0,r)$,其中$\delta,\eta>0$,使得$\forall\boldsymbol{X}\in B(\boldsymbol{X}_0,\delta)$,存在唯一$y\in(y_0-\eta,y_0+\eta)$满足$F(\boldsymbol{X},y)=0$,即方程$F(\boldsymbol{X},y)=0$在$B(\boldsymbol{X}_0,\delta)\times(y_0-\eta,y_0+\eta)$内确定了一个$n$元隐函数$y=f(\boldsymbol{X})$,使得$F(\boldsymbol{X},f(\boldsymbol{X}))=0$.这个隐函数也是$C^{(1)}$类的,其偏导数为

$$\frac{\partial y}{\partial x_i}=-\frac{\dfrac{\partial F}{\partial x_i}(\boldsymbol{X},y)}{\dfrac{\partial F}{\partial y}(\boldsymbol{X},y)},\quad i=1,2,\cdots,n.$$

这个定理的证明方法与定理1.6.1完全一样,我们就不再重复了.

例 1.6.1

方程$F(x,y,z)=x(1+yz)+\mathrm{e}^{x+y+z}-1=0$在原点$(0,0,0)$附近是否确定一个隐函数$z=f(x,y)$?若是,求隐函数在原点的偏导数.

解 $F(0,0,0)=0$,

$$\frac{\partial F}{\partial z}(0,0,0)=(xy+\mathrm{e}^{x+y+z})\big|_{(0,0,0)}=1\neq 0.$$

故由隐函数存在定理可知,在原点附近方程$F(x,y,z)=0$确定一个隐函数$z=f(x,y)$,

$$\frac{\partial z}{\partial x}(0,0)=-\frac{\frac{\partial F}{\partial x}(0,0,0)}{\frac{\partial F}{\partial z}(0,0,0)}=-2,$$

$$\frac{\partial z}{\partial y}(0,0)=-\frac{\frac{\partial F}{\partial y}(0,0,0)}{\frac{\partial F}{\partial z}(0,0,0)}=-1.$$

例 1.6.2

假设 $f(u,v,w)$存在连续的偏导数,f_1',f_2',f_3'表示三元函数 $f(u,v,w)$的三个偏导数.

(1) 在什么条件下,方程

$$f(x-y,y-z,z-x)=1$$

可以确定隐函数 $z=z(x,y)$;

(2) 求此时二元函数 $z=z(x,y)$在任意点(x,y)的微分.

解 (1) 令 $F(x,y,z)=f(x-y,y-z,z-x)-1$,则

$$\frac{\partial F}{\partial z}=-f_2'(x-y,y-z,z-x)+f_3'(x-y,y-z,z-x).$$

因此当$-f_2'(x-y,y-z,z-x)+f_3'(x-y,y-z,z-x)\neq 0$ 时,方程

$$f(x-y,y-z,z-x)=1$$

可以确定隐函数 $z=z(x,y)$.

(2)

$$\frac{\partial z}{\partial x}=-\frac{\frac{\partial F}{\partial x}}{\frac{\partial F}{\partial z}},\quad \frac{\partial z}{\partial y}=-\frac{\frac{\partial F}{\partial y}}{\frac{\partial F}{\partial z}},$$

其中

$$\frac{\partial F}{\partial x}=f_1'(x-y,y-z,z-x)-f_3'(x-y,y-z,z-x),$$

$$\frac{\partial F}{\partial y}=-f_1'(x-y,y-z,z-x)+f_2'(x-y,y-z,z-x),$$

$$\frac{\partial F}{\partial z}=-f_2'(x-y,y-z,z-x)+f_3'(x-y,y-z,z-x),$$

故

$$dz=\frac{f_1'-f_3'}{f_2'-f_3'}dx+\frac{f_2'-f_1'}{f_2'-f_3'}dy.$$

若函数 $F\in C^{(2)}$，则由方程 $F(x,y,z)=0$ 确定的隐函数 $z=z(x,y)$ 也是二阶连续可微的，其二阶偏导数的求法如下：

$$\frac{\partial z}{\partial x}=-\frac{\frac{\partial F}{\partial x}(x,y,z(x,y))}{\frac{\partial F}{\partial z}(x,y,z(x,y))}, \tag{1.6.7}$$

$$\frac{\partial z}{\partial y}=-\frac{\frac{\partial F}{\partial y}(x,y,z(x,y))}{\frac{\partial F}{\partial z}(x,y,z(x,y))}, \tag{1.6.8}$$

其中$\frac{\partial F}{\partial x},\frac{\partial F}{\partial y},\frac{\partial F}{\partial z}$表示 F 作为(x,y,z)的三元函数分别对第一、第二和第三个变量的偏导. 在(1.6.7)式与(1.6.8)式中用 $z(x,y)$ 来代替 z，是希望大家记住函数$\frac{\partial F}{\partial x}(x,y,z(x,y))$是函数$\frac{\partial F}{\partial x}(x,y,z)$与函数 $z=z(x,y)$ 的复合函数，下面来求二阶混合偏导数

$$\begin{aligned}\frac{\partial^2 z}{\partial y\partial x}&=\frac{\partial}{\partial y}\left(\frac{\partial z}{\partial x}\right)\\&=-\frac{\partial}{\partial y}\left[\frac{\frac{\partial F}{\partial x}(x,y,z(x,y))}{\frac{\partial F}{\partial z}(x,y,z(x,y))}\right]\\&=\frac{-1}{\left[\frac{\partial F}{\partial z}(x,y,z(x,y))\right]^2}\left\{\frac{\partial}{\partial y}\left[\frac{\partial F}{\partial x}(x,y,z(x,y))\right]\frac{\partial F}{\partial z}(x,y,z(x,y))\right.\\&\quad\left.-\frac{\partial F}{\partial x}(x,y,z(x,y))\,\frac{\partial}{\partial y}\left[\frac{\partial F}{\partial z}(x,y,z(x,y))\right]\right\},\end{aligned} \tag{1.6.9}$$

其中

$$\frac{\partial}{\partial y}\left[\frac{\partial F}{\partial x}(x,y,z(x,y))\right]=\frac{\partial^2 F}{\partial x^2}\cdot 0+\frac{\partial^2 F}{\partial y\partial x}\cdot 1+\frac{\partial^2 F}{\partial z\partial x}\frac{\partial z}{\partial y}, \tag{1.6.10}$$

$$\frac{\partial}{\partial y}\left[\frac{\partial F}{\partial z}(x,y,z(x,y))\right]=\frac{\partial^2 F}{\partial x\partial z}\cdot 0+\frac{\partial^2 F}{\partial y\partial z}\cdot 1+\frac{\partial^2 F}{\partial z^2}\frac{\partial z}{\partial y}. \tag{1.6.11}$$

将(1.6.7)式和(1.6.8)式代入(1.6.10)、(1.6.11)式后，统统代入式(1.6.9)可得

$$\frac{\partial^2 z}{\partial y\partial x}=-\frac{\left(\frac{\partial F}{\partial z}\right)^2\frac{\partial^2 F}{\partial y\partial x}-\frac{\partial F}{\partial y}\frac{\partial F}{\partial z}\frac{\partial^2 F}{\partial z\partial x}-\frac{\partial F}{\partial x}\frac{\partial F}{\partial z}\frac{\partial^2 F}{\partial y\partial z}+\frac{\partial F}{\partial x}\frac{\partial F}{\partial y}\frac{\partial^2 F}{\partial z^2}}{\left(\frac{\partial F}{\partial z}\right)^3}.$$

同样，我们也可以计算$\frac{\partial^2 z}{\partial x^2},\frac{\partial^2 z}{\partial y^2}$.

例 1.6.3

设 φ 为二阶连续可微函数，$z=z(x,y)$ 为由方程 $x^3+y^3+z^3=\varphi(z)$ 确定的隐函数，求 $\frac{\partial^2 z}{\partial x\partial y}$ 并说明其存在的条件.

解 $x^3+y^3+[z(x,y)]^3=\varphi(z(x,y))$，两边分别对变量 x,y 求偏导，

$$3x^2+3z^2\frac{\partial z}{\partial x}=\varphi'(z)\frac{\partial z}{\partial x},$$

$$3y^2+3z^2\frac{\partial z}{\partial y}=\varphi'(z)\frac{\partial z}{\partial y}. \tag{1.6.12}$$

可知，隐函数 $z=z(x,y)$ 存在的充分条件为：$\varphi'(z)-3z^2\neq 0$，且

$$\frac{\partial z}{\partial x}=\frac{3x^2}{\varphi'(z)-3z^2},$$

$$\frac{\partial z}{\partial y}=\frac{3y^2}{\varphi'(z)-3z^2},$$

因为 φ 为二阶连续可微函数，在(1.6.12)式两边再对 x 求偏导数，可得

$$6z\frac{\partial z}{\partial x}\frac{\partial z}{\partial y}+3z^2\frac{\partial^2 z}{\partial x\partial y}=\varphi''(z)\frac{\partial z}{\partial x}\frac{\partial z}{\partial y}+\varphi'(z)\frac{\partial^2 z}{\partial x\partial y},$$

$$\frac{\partial^2 z}{\partial x\partial y}=\frac{(6z-\varphi''(z))}{\varphi'(z)-3z^2}\frac{\partial z}{\partial x}\frac{\partial z}{\partial y}=\frac{9x^2y^2(6z-\varphi''(z))}{(\varphi'(z)-3z^2)^3}.$$

在一定的条件下，由 m 个方程构成的方程组成可以确定一个**向量值隐函数**.

定理 1.6.3

设 $\boldsymbol{X}=(x_1,x_2,\cdots,x_n)\in\mathbb{R}^n$，$\boldsymbol{Y}=(y_1,\cdots,y_m)\in\mathbb{R}^m$，$m$ 个 $n+m$ 元函数 $F_i(\boldsymbol{X},\boldsymbol{Y})(i=1,2,\cdots,m)$ 在 $P_0=(\boldsymbol{X}_0,\boldsymbol{Y}_0)$（其中 $\boldsymbol{X}_0=(x_1^{(0)},\cdots,x_n^{(0)})$，$\boldsymbol{Y}_0=(y_1^{(0)},\cdots,y_m^{(0)})$）点的某个邻域 $B(P_0,r)$ 内是 $C^{(1)}$ 类函数，$F_i(P_0)=0$，$i=1,2,\cdots,m$，且矩阵 $\left.\frac{\partial(F_1,\cdots,F_m)}{\partial(y_1,\cdots,y_m)}\right|_{P_0}$ 可逆，则存在 P_0 点的邻域 $B(\boldsymbol{X}_0,\delta)\times B(\boldsymbol{Y}_0,\eta)\subset B(P_0,r)$，$\delta,\eta>0$，使得 $\forall\,\boldsymbol{X}\in B(\boldsymbol{X}_0,\delta)$，存在唯一 $\boldsymbol{Y}\in B(\boldsymbol{Y}_0,\eta)$，满足方程组

$$F_i(\boldsymbol{X},\boldsymbol{Y})=0,\quad i=1,2,\cdots,m. \tag{1.6.13}$$

即方程组(1.6.13)在 $B(\boldsymbol{X}_0,\delta)\times B(\boldsymbol{Y}_0,\eta)$ 内确定了一个向量值隐函数

$$\boldsymbol{Y}=\boldsymbol{f}(\boldsymbol{X}),\quad \boldsymbol{X}\in B(\boldsymbol{X}_0,\delta).$$

向量值函数 $\boldsymbol{Y}=\boldsymbol{f}(\boldsymbol{X})$ 也是连续可微的，其 Jacobi 矩阵为

$$J(\boldsymbol{f}(\boldsymbol{X}))=\frac{\partial(y_1,\cdots,y_m)}{\partial(x_1,\cdots,x_n)}=-\left(\frac{\partial(F_1,\cdots,F_m)}{\partial(y_1,\cdots,y_m)}\right)^{-1}\frac{\partial(F_1,\cdots,F_m)}{\partial(x_1,\cdots,x_n)}. \tag{1.6.14}$$

证明 为简单起见，我们只证 $m=n=2$ 的情况，更一般的情况，可由数学归纳法证明. 考虑方程组

$$\begin{cases} F_1(x_1,x_2,y_1,y_2)=0, \\ F_2(x_1,x_2,y_1,y_2)=0. \end{cases} \tag{1.6.15}$$

(1) 证明隐向量值函数 $\boldsymbol{Y}=\boldsymbol{f}(\boldsymbol{X})$ 的存在性，其中 $\boldsymbol{X}=(x_1,x_2)$，$\boldsymbol{Y}=(y_1,y_2)$.

因为矩阵

$$\left.\frac{\partial(F_1,F_2)}{\partial(y_1,y_2)}\right|_{P_0}=\begin{pmatrix} \dfrac{\partial F_1}{\partial y_1} & \dfrac{\partial F_1}{\partial y_2} \\ \dfrac{\partial F_2}{\partial y_1} & \dfrac{\partial F_2}{\partial y_2} \end{pmatrix}_{P_0}$$

可逆，$\frac{\partial F_1}{\partial y_1}$，$\frac{\partial F_1}{\partial y_2}$，$\frac{\partial F_2}{\partial y_1}$，$\frac{\partial F_2}{\partial y_2}$ 在 P_0 点不全为零，不妨设 $\frac{\partial F_2}{\partial y_2}(P_0)\neq 0$，由定理 1.6.2，方程 $F_2(x_1,x_2,y_1,y_2)=0$ 存在从 $B((x_1^{(0)},x_2^{(0)},y_1^{(0)}),\delta_1)$ 到 $B(y_2^{(0)},\eta_1)$ 的 $C^{(1)}$ 类隐函数

$$y_2=g(x_1,x_2,y_1), \tag{1.6.16}$$

其中 $\delta_1,\eta_1>0$，并且

$$\frac{\partial y_2}{\partial y_1}=\frac{\partial g}{\partial y_1}=-\frac{\dfrac{\partial F_2}{\partial y_1}}{\dfrac{\partial F_2}{\partial y_2}}.$$

考虑方程

$$F_1(x_1,x_2,y_1,g(x_1,x_2,y_1))=0, \tag{1.6.17}$$

在 P_0 点，

$$\begin{aligned} &\left\{\frac{\partial}{\partial y_1}[F_1(x_1,x_2,y_1,g(x_1,x_2,y_1))]\right\}_{P_0} \\ &=\left(\frac{\partial F_1}{\partial y_1}+\frac{\partial F_1}{\partial y_2}\frac{\partial g}{\partial y_1}\right)_{P_0} \\ &=\left(\frac{\partial F_2}{\partial y_2}\right)_{P_0}^{-1}\left[\frac{\partial F_1}{\partial y_1}\frac{\partial F_2}{\partial y_2}-\frac{\partial F_1}{\partial y_2}\frac{\partial F_2}{\partial y_1}\right]_{P_0}\neq 0, \end{aligned}$$

其中最后的不等号是由条件：矩阵 $\left.\frac{\partial(F_1,F_2)}{\partial(y_1,y_2)}\right|_{P_0}=\begin{pmatrix} \frac{\partial F_1}{\partial y_1} & \frac{\partial F_1}{\partial y_2} \\ \frac{\partial F_2}{\partial y_1} & \frac{\partial F_2}{\partial y_2} \end{pmatrix}_{P_0}$ 可逆得到. 由定理 1.6.2 可得存在 $\delta,\eta_2>0$，使得 $B((x_1^{(0)},x_2^{(0)}),\delta)\times B(y_1^{(0)},\eta_2)\subset B((x_1^{(0)},x_2^{(0)},y_1^{(0)}),\delta_1)$，且方程(1.6.17)确定了一个 $B((x_1^{(0)},x_2^{(0)}),\delta)\to B(y_1^{(0)},\eta_2)$ 的 $C^{(1)}$ 类隐函数

$$y_1=f_1(x_1,x_2),(x_1,x_2)\in B((x_1^{(0)},x_2^{(0)}),\delta),y_1\in B(y_1^{(0)},\eta_2).$$

定义 $f_2(x_1,x_2)=g(x_1,x_2,f_1(x_1,x_2))$，记 $\eta=\min(\eta_1,\eta_2)>0$，结合(1.6.16)式可知

$$\begin{cases}y_1=f_1(x_1,x_2),\\ y_2=f_2(x_1,x_2)\end{cases}$$

为 $B((x_1^{(0)},x_2^{(0)}),\delta)\to B((y_1^{(0)},y_2^{(0)}),\eta)$ 的 $C^{(1)}$ 类向量值函数，并且满足

$$\begin{cases}F_1(x_1,x_2,f_1(x_1,x_2),f_2(x_1,x_2))=0,\\ F_2(x_1,x_2,f_1(x_1,x_2),f_2(x_1,x_2))=0.\end{cases}\tag{1.6.18}$$

这样，我们就证明了 $C^{(1)}$ 类向量值隐函数 $(y_1,y_2)=\boldsymbol{f}(x_1,x_2)=(f_1(x_1,x_2),f_2(x_1,x_2))$ 的存在性.

(2) 证明(1.6.14)式.

(1.6.18)式的两边对 x_1 求偏导数

$$\begin{cases}\dfrac{\partial F_1}{\partial x_1}\cdot 1+\dfrac{\partial F_1}{\partial y_1}\dfrac{\partial y_1}{\partial x_1}+\dfrac{\partial F_1}{\partial y_2}\dfrac{\partial y_2}{\partial x_1}=0,\\ \dfrac{\partial F_2}{\partial x_1}\cdot 1+\dfrac{\partial F_2}{\partial y_1}\dfrac{\partial y_1}{\partial x_1}+\dfrac{\partial F_2}{\partial y_2}\dfrac{\partial y_2}{\partial x_1}=0,\end{cases}$$

或写成

$$\frac{\partial(F_1,F_2)}{\partial(y_1,y_2)}\begin{bmatrix}\dfrac{\partial y_1}{\partial x_1}\\ \dfrac{\partial y_2}{\partial x_1}\end{bmatrix}=-\begin{bmatrix}\dfrac{\partial F_1}{\partial x_1}\\ \dfrac{\partial F_2}{\partial x_1}\end{bmatrix},$$

同理可得

$$\frac{\partial(F_1,F_2)}{\partial(y_1,y_2)}\begin{bmatrix}\dfrac{\partial y_1}{\partial x_2}\\ \dfrac{\partial y_2}{\partial x_2}\end{bmatrix}=-\begin{bmatrix}\dfrac{\partial F_1}{\partial x_2}\\ \dfrac{\partial F_2}{\partial x_2}\end{bmatrix},$$

两个方程组合并可得

$$\frac{\partial(F_1,F_2)}{\partial(y_1,y_2)}\frac{\partial(y_1,y_2)}{\partial(x_1,x_2)}=-\frac{\partial(F_1,F_2)}{\partial(x_1,x_2)}.$$

由于矩阵 $\dfrac{\partial(F_1,F_2)}{\partial(y_1,y_2)}$ 在 P_0 点可逆，所以它在 P_0 点的某个邻域内也可逆，这样就可得到(1.6.14)式.

▶ **例 1.6.4** ……………………………………………………

证明方程组

$$\begin{cases}F_1(x,y,u,v)=3x^2+y^2+u^2+v^2-1=0,\\ F_2(x,y,u,v)=x^2+2y^2-u^2+v^2-1=0\end{cases}$$

在点 $P_0\left(0,\frac{1}{2},\sqrt{\frac{1}{8}},\sqrt{\frac{5}{8}}\right)$附近确定了一个向量值函数$(u,v)=\boldsymbol{f}(x,y)$,并求该映射的 Jacobi 矩阵和微分.

证明 F_1,F_2 显然都是 $C^{(1)}$ 类函数,且

$$\frac{\partial(F_1,F_2)}{\partial(u,v)}=\begin{pmatrix}2u & 2v\\ -2u & 2v\end{pmatrix},\frac{D(F_1,F_2)}{D(u,v)}\bigg|_{P_0}=\sqrt{5}\neq 0.$$

因此由定理 1.6.3 可得,这个方程组在 P_0 点的某个邻域 $B\left(\left(0,\frac{1}{2}\right),\delta\right)\times B\left(\left(\sqrt{\frac{1}{8}},\sqrt{\frac{5}{8}}\right),\eta\right)$内确定了一个向量值隐函数$(u,v)=\boldsymbol{f}(x,y)$,且其 Jacobi 矩阵为

$$\frac{\partial(u,v)}{\partial(x,y)}\bigg|_{(x_0,y_0)}=-\left(\frac{\partial(F_1,F_2)}{\partial(u,v)}\bigg|_{P_0}\right)^{-1}\frac{\partial(F_1,F_2)}{\partial(x,y)}\bigg|_{P_0}$$

$$=-\frac{1}{4}\begin{bmatrix}\frac{1}{u_0} & -\frac{1}{u_0}\\ \frac{1}{v_0} & \frac{1}{v_0}\end{bmatrix}\begin{bmatrix}6x_0 & 2y_0\\ 2x_0 & 4y_0\end{bmatrix}=\begin{bmatrix}0 & \frac{\sqrt{2}}{2}\\ 0 & -\frac{3\sqrt{10}}{10}\end{bmatrix},$$

其微分为 $$\mathrm{d}f\left(0,\frac{1}{2}\right)=\begin{pmatrix}\mathrm{d}u\\ \mathrm{d}v\end{pmatrix}=\frac{\partial(u,v)}{\partial(x,y)}\bigg|_{(x_0,y_0)}\begin{pmatrix}\mathrm{d}x\\ \mathrm{d}y\end{pmatrix}=\begin{vmatrix}\frac{\sqrt{2}}{2}\mathrm{d}y\\ -\frac{3\sqrt{10}}{10}\mathrm{d}y\end{vmatrix}.$$

如果 $F(x,y)$具有特殊的形式

$$F(x,y)=f(x)-y,$$

其中 $f(x)$是 $C^{(1)}$已知函数,则由方程 $F(x,y)=0$ 确定的隐函数 $x=g(y)$就是函数 $y=f(x)$的**反函数**. 对于方程组的情形也完全相同,设 $\boldsymbol{Y}=\boldsymbol{f}(\boldsymbol{X})$是 $\Omega\subset\mathbb{R}^n\to\mathbb{R}^n$ 的向量值函数,$\mathbb{R}^{2n}\to\mathbb{R}^n$ 的向量值函数 $\boldsymbol{F}$ 定义为

$$\boldsymbol{F}(\boldsymbol{X},\boldsymbol{Y})=\boldsymbol{f}(\boldsymbol{X})-\boldsymbol{Y},$$

则由方程组 $\boldsymbol{F}(\boldsymbol{X},\boldsymbol{Y})=\boldsymbol{0}$ 确定的隐向量值函数 $\boldsymbol{X}=\boldsymbol{g}(\boldsymbol{Y})$就是向量值函数 $\boldsymbol{Y}=\boldsymbol{f}(\boldsymbol{X})$的**逆向量值函数**. 由隐向量值函数的存在性定理可知(证明见习题):

定理 1.6.4 ……………………………………………………

设 $\boldsymbol{Y}=\boldsymbol{f}(\boldsymbol{X})$为 $\Omega\subset\mathbb{R}^n\to\mathbb{R}^n$ 的 $C^{(1)}$ 类向量值函数,在 $X_0\in\Omega$ 点的 Jacobi 矩阵 $J\boldsymbol{f}(\boldsymbol{X}_0)$可逆,则存在 $\boldsymbol{X}_0$ 的一个邻域 $B(\boldsymbol{X}_0,\delta)$和 $\boldsymbol{Y}_0=\boldsymbol{f}(\boldsymbol{X}_0)$的一个邻域 $B(\boldsymbol{Y}_0,\eta)$,使得 $\boldsymbol{f}$ 在 $B(\boldsymbol{X}_0,\delta)$内可逆,其逆向量值函数 $\boldsymbol{X}=\boldsymbol{g}(\boldsymbol{Y})$为 $B(\boldsymbol{Y}_0,\eta)\to B(\boldsymbol{X}_0,\delta)$的向量值函数,仍为 $C^{(1)}$ 类函数,其 Jacobi 矩阵为

$$Jg(Y)=[Jf(X)]^{-1},$$

f 的逆通常记作 f^{-1}，因此上式也常写成

$$J(f^{-1})(Y)=[Jf(X)]^{-1}.$$

例 1.6.5

平面直角坐标(x,y)与极坐标(ρ,φ)之间的关系为

$$\begin{cases}x=\rho\cos\varphi,\\ y=\rho\sin\varphi,\end{cases}$$

其中$(\rho,\varphi)\in D_{\rho\varphi}=\{(\rho,\varphi)\mid 0<\rho<+\infty,-\pi<\varphi\leqslant\pi\}$. 这个坐标变换是 $D_{\rho\varphi}\subset\mathbb{R}^2\to\mathbb{R}^2$ 的一个向量值函数，记作 f：

$$(x,y)=f(\rho,\varphi),$$

显然 f 是可微的，且其每一点处的 Jacobi 行列式

$$\frac{D(x,y)}{D(\rho,\varphi)}=\begin{vmatrix}\cos\varphi & -\rho\sin\varphi\\ \sin\varphi & \rho\cos\varphi\end{vmatrix}=\rho.$$

当 $\rho>0$ 时，f 的 Jacobi 矩阵 $J(f(\rho,\varphi))$可逆，因此 f 是可逆的，且其逆向量值函数 f^{-1} 的 Jacobi 矩阵为

$$J(f^{-1})(x,y)=[Jf(\rho,\varphi)]^{-1}=\frac{1}{\rho}\begin{pmatrix}\rho\cos\varphi & \rho\sin\varphi\\ -\sin\varphi & \cos\varphi\end{pmatrix},$$

也就是

$$\begin{cases}\dfrac{\partial\rho}{\partial x}=\cos\varphi,\\ \dfrac{\partial\rho}{\partial y}=\sin\varphi,\end{cases}\quad\begin{cases}\dfrac{\partial\varphi}{\partial x}=-\dfrac{\sin\varphi}{\rho},\\ \dfrac{\partial\varphi}{\partial y}=\dfrac{\cos\varphi}{\rho}.\end{cases}$$

这一点不难从 f^{-1} 的表达式

$$\begin{cases}\rho=\sqrt{x^2+y^2},\\ \varphi=\operatorname{Arctan}\dfrac{y}{x}\end{cases}$$

得到验证，其中 $\operatorname{Arctan}\dfrac{y}{x}$是非零向量$(x,y)$的幅角，根据不同的象限，有不同的表达式.

习题 1.6

1. 隐函数存在定理(定理 1.6.1)的条件是否是必要条件？试举例说明.
2. 下列方程中，在哪些点附近可以确定一个函数 $y=y(x)$或 $z=z(x,y)$，

并求出相应的$\frac{\mathrm{d}y}{\mathrm{d}x}$或$\frac{\partial z}{\partial x},\frac{\partial z}{\partial y}$.

(1) $(x^2+y^2)^2=a^2(y^2-x^2)$;

(2) $\mathrm{e}^{-(x+y+z)}=x+y+z$;

(3) $\sin xy+\sin yz+\sin zx=0$.

3. 下列方程均确定了函数 $z=z(x,y)$,分别求解下列各表达式的值.

(1) $f(ax-cz,ay-bz)=0$,f 可微,计算:$c\frac{\partial z}{\partial x}+b\frac{\partial z}{\partial y}$;

(2) $y+z=xf(x^2-z^2)$,f 可微,计算:$x\frac{\partial z}{\partial x}+z\frac{\partial z}{\partial y}$;

(3) $f(x,x+y,x+y+z)=0$,f 二阶可微,计算:$\frac{\partial z}{\partial x},\frac{\partial z}{\partial y},\frac{\partial^2 z}{\partial x^2}$;

(4) $\begin{cases}x=u\cos v,\\ y=u\sin v,\\ z=v,\end{cases}$ 计算:$\frac{\partial^2 z}{\partial x^2},\frac{\partial^2 z}{\partial x\partial y}$.

4. 设方程 $f(u^2-x^2,u^2-y^2,u^2-z^2)=0$ 确定了函数 $u=u(x,y,z)$,其中 f 可微,证明:

$$\frac{1}{x}\frac{\partial u}{\partial x}+\frac{1}{y}\frac{\partial u}{\partial y}+\frac{1}{z}\frac{\partial u}{\partial z}=\frac{1}{u}.$$

5. 方程组$\begin{cases}x=u+v,\\ y=u-v,\\ z=u^2v^2\end{cases}$能否确定 z 是 x,y 的函数?如果能,求$\frac{\partial z}{\partial x},\frac{\partial z}{\partial y}$;如果不能,说明理由.

6. 方程组$\begin{cases}x+y+z+z^2=0,\\ x+y^2+z+z^3=0\end{cases}$在点 $P(-1,1,0)$附近能否确定向量值函数 $\begin{pmatrix}y\\ z\end{pmatrix}=\boldsymbol{f}(x)$,如果能确定,求出 $y'(-1),z'(-1)$.

7. 已知$\begin{cases}x^2+y^2=\frac{1}{2}z^2,\\ x+y+z=2\end{cases}$在$(1,-1,2)$附近确定了向量值函数$\begin{pmatrix}x\\ y\end{pmatrix}=\boldsymbol{f}(z)$,在$(1,-1,2)$处求$\frac{\mathrm{d}x}{\mathrm{d}z},\frac{\mathrm{d}y}{\mathrm{d}z},\frac{\mathrm{d}^2x}{\mathrm{d}z^2},\frac{\mathrm{d}^2y}{\mathrm{d}z^2}$.

8. 证明定理 1.6.4.

9. 求下列向量值函数的逆映射的 Jacobi 矩阵以及 Jacobi 行列式.

(1) $\begin{cases}u=x^2-y^2,\\ v=2xy;\end{cases}$　　(2) $\begin{cases}u=\mathrm{e}^x\cos y,\\ v=\mathrm{e}^x\sin y;\end{cases}$

(3) $\begin{cases} u=x^3-y^3, \\ v=xy^2; \end{cases}$ (4) $\begin{cases} u=\mathrm{sh}x+\mathrm{ch}y, \\ v=-\mathrm{ch}x+\mathrm{sh}y; \end{cases}$

(5) $\begin{cases} u=ax+by, \\ v=cx+dy; \end{cases}$ (6) $\begin{cases} u=x^3-y, \\ v=y^3+x. \end{cases}$

10. 下列由可微向量值函数 $\boldsymbol{g}:(\xi,\eta)\mapsto(u,v)$ 和 $\boldsymbol{f}:(x,y)\mapsto(\xi,\eta)$ 复合而成的复合向量值函数 $\boldsymbol{g}\circ\boldsymbol{f}$ 在 (x_0,y_0) 的邻域内能否确定可微的逆向量值函数 $(\boldsymbol{g}\circ\boldsymbol{f})^{-1}$？

(1) $\begin{cases} u=\xi^2-\eta^2, \\ v=2\xi\eta, \end{cases}$ $\begin{cases} \xi=\mathrm{e}^x\cos y, \\ \eta=\mathrm{e}^x\sin y, \end{cases}$ $(x_0,y_0)=(1,0)$；

(2) $\begin{cases} u=\mathrm{e}^{\xi+\eta}, \\ v=\mathrm{e}^{\xi-\eta}, \end{cases}$ $\begin{cases} \xi=\mathrm{ch}x+\mathrm{sh}y, \\ \eta=\mathrm{sh}x+\mathrm{ch}y, \end{cases}$ $(x_0,y_0)=(1,1)$；

(3) $\begin{cases} u=\xi^5+\eta, \\ v=\eta^5-\xi, \end{cases}$ $\begin{cases} \xi=x^3-y^3, \\ \eta=x^2+2y^2, \end{cases}$ $(x_0,y_0)=(1,0)$.

1.7 曲面与曲线的表示法、切平面与切线

1.7.1 $\mathbb{R}^3$ 中的曲面

在 1.2 节，我们已经知道二元函数 $z=f(x,y),(x,y)\in D\subset\mathbb{R}^2$ 可以表示三维空间中的一张曲面. 例如：

$$z=\sqrt{R^2-x^2-y^2},\quad (x,y)\in\{(x,y)\mid x^2+y^2\leqslant R^2\} \tag{1.7.1}$$

表示球心在原点半径为 R 的上半球面.

$$z=1-x-y,\quad (x,y)\in\mathbb{R}^2$$

表示三维空间中的过(1,0,0),(0,1,0),(0,0,1)三点的平面.

$$z=x^2-y^2,\quad (x,y)\in\mathbb{R}^2$$

表示的曲面称为马鞍面(如图 1.7.1).

$$z=x^2+y^2,\quad z=\sqrt{x^2+y^2}$$

分别为旋转抛物面(图 1.2.1)和圆锥面(图 1.4.3). 我们称二元函数 $z=f(x,y)\cdot(x,y)\in D\subset\mathbb{R}^2$ 为曲面 S 的显式表示式.

除了显式表示式外，空间曲面还有其他形式的表示. 例如

$$x^2+y^2+z^2-R^2=0$$

也表示球心在原点半径为 R 的球面. 与(1.7.1)式不同，这个表示式既可以表示上半球面，也可以表示下半球面. 一般的方程

$$F(x,y,z)=0$$

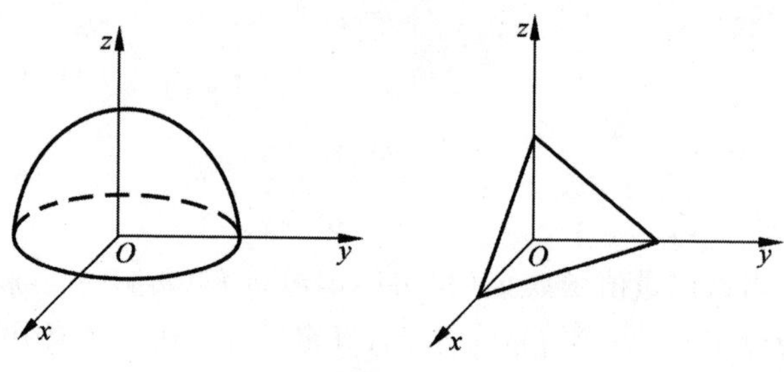

马鞍面

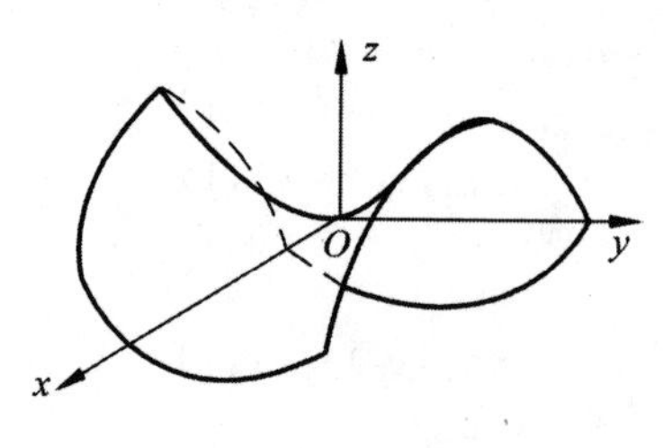

图 1.7.1

在 $P_0(x_0,y_0,z_0)$ 点($F(x_0,y_0,z_0)=0$)附近有时也可以表示曲面,如果函数 F 在 P_0 满足下列条件:

(1) 函数 $F(x,y,z)$ 在该点连续可微;

(2) 矩阵 $\left(\frac{\partial F}{\partial x},\frac{\partial F}{\partial y},\frac{\partial F}{\partial z}\right)_{P_0}$ 的秩为 1,即 $\left(\frac{\partial F}{\partial x},\frac{\partial F}{\partial y},\frac{\partial F}{\partial z}\right)_{P_0}\neq\mathbf{0}$.

曲面的这种表示方法我们称为曲面的隐式表示. 满足这些条件的点 $P_0(x_0,y_0,z_0)$ 称为曲面上的**正则点**.

我们可以思考一下 $\left(\frac{\partial F}{\partial x},\frac{\partial F}{\partial y},\frac{\partial F}{\partial z}\right)_{P_0}\neq\mathbf{0}$ 条件的必要性(试试隐函数定理).

曲面的显式表示是隐式表示的特例,

$$F_1(x,y,z)=z-(x^2+y^2)=0,\quad F_2(x,y,z)=z-\sqrt{x^2+y^2}=0$$

就分别是旋转抛物面和圆锥面的隐式表示.

除此之外,曲面还有其他表示方法,例如,

$$\begin{cases}x = R\sin v\cos u,\\ y = R\sin v\sin u, \quad (u,v)\in D_{uv}=\{(u,v)\mid -\pi<u\leqslant\pi, 0<v<\pi\}.\\ z = R\cos v,\end{cases}\tag{1.7.2}$$

显然,$x^2+y^2+z^2=R^2$,因此(1.7.2)式就是球面(曲面)的另一种表示方法,我们称为曲面的参数表示法,(u,v)是参数,在地球仪上的含义分别为经度和纬度.

一般的曲面的参数表示法为

$$S:\begin{cases}x=x(u,v),\\ y=y(u,v), & (u,v)\in D_{uv}\subset\mathbb{R}^2.\\ z=z(u,v),\end{cases}\tag{1.7.3}$$

曲面 S 上的点 $P_0(x(u_0,v_0),y(u_0,v_0),z(u_0,v_0))$ 称为**正则点**如果在该点满足条件：

(1) $(x(u,v),y(u,v),z(u,v))$ 为连续可微的向量值函数；

(2) 矩阵 $\left.\dfrac{\partial(x,y,z)}{\partial(u,v)}\right|_{(u_0,v_0)}$ 的秩为 2.

曲面的显式表示也是参数表示的一个特例. 如 $\begin{cases}x=u,\\ y=v, & (u,v)\in\mathbb{R}^2,\\ z=u^2+v^2,\end{cases}$

$\begin{cases}x=u,\\ y=v, & (u,v)\in\mathbb{R}^2\\ z=\sqrt{u^2+v^2},\end{cases}$ 同样也表示旋转抛物面和圆锥面.

1.7.2 $\mathbb{R}^3$ 中的曲线

空间曲线的第一种表示法为参数表示

$$\begin{cases}x=x(t),\\ y=y(t), & t\in I\subset\mathbb{R}.\\ z=z(t),\end{cases}\tag{1.7.4}$$

例如：

$$\begin{cases}x=x_0+at,\\ y=y_0+bt, & t\in\mathbb{R}\\ z=z_0+ct,\end{cases}$$

在条件：

向量(a,b,c)的秩为 1(这是代数语言，也就是 $a^2+b^2+c^2\neq0$)

下为三维空间中过(x_0,y_0,z_0)点，沿非零向量(a,b,c)的直线.

$$\begin{cases}x=R\cos t,\\ y=R\sin t, & t\in\mathbb{R}\\ z=bt,\end{cases}$$

为三维空间的螺线(见图 1.7.2)

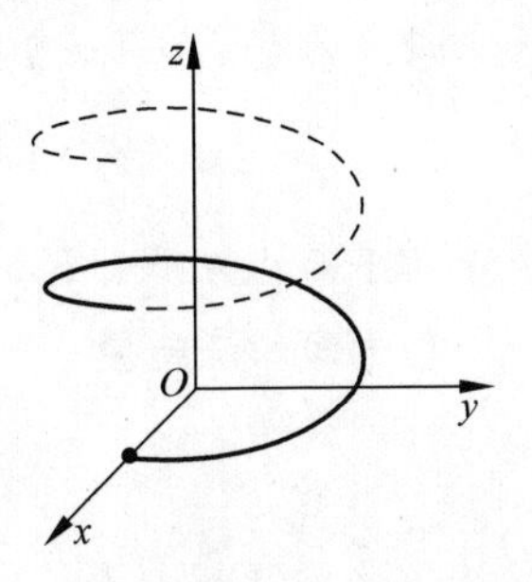

图 1.7.2

曲线上的点 $P_0(x(t_0),y(t_0),z(t_0))$ 称为**正则点**如果在该点满足条件：

(1) 向量值函数$(x(t),y(t),z(t))$在该点连续可微；

(2) $(x'(t_0),y'(t_0),z'(t_0))$的秩为 1，即

$$(x'(t_0),y'(t_0),z'(t_0))\neq\mathbf{0} \quad 或 \quad x'^2(t_0)+y'^2(t_0)+z'^2(t_0)\neq 0.$$

空间曲线的第二种表示法是作为空间两个曲面的交

$$L:\begin{cases}F(x,y,z)=0,\\ G(x,y,z)=0.\end{cases}$$

曲线 L 上的点 $\boldsymbol{P}_0(x_0,y_0,z_0)$称为**正则点**如果在该点满足条件：

(1) 函数 $F(x,y,z)$,$G(x,y,z)$在该点连续可微；

(2) $\left.\dfrac{\partial(F,G)}{\partial(x,y,z)}\right|_{\boldsymbol{P}_0}$ 的秩为 2,即$\left(\dfrac{\partial F}{\partial x},\dfrac{\partial F}{\partial y},\dfrac{\partial F}{\partial z}\right)_{\boldsymbol{P}_0}\times\left(\dfrac{\partial G}{\partial x},\dfrac{\partial G}{\partial y},\dfrac{\partial G}{\partial z}\right)_{\boldsymbol{P}_0}\neq\mathbf{0}$.

在本节的余下部分,我们将讨论曲面在正则点的切平面与法线；曲线在正则点的切线与法平面.

1.7.3 曲面的切平面和法线

这一小节我们将在曲面的三种表示法下,求其切平面和法线的方程.

(1) 曲面在显式表示法下的切平面、法向量和法线

设曲面 S 的显式表示法为

$$z=f(x,y),(x,y)\in D\subset\mathbb{R}^2,$$

令 $z_0=f(x_0,y_0)$,设 $\boldsymbol{P}_0(x_0,y_0,z_0)\in S$,$f$ 在(x_0,y_0)点可微,在 $\boldsymbol{P}_0$ 点附近,由于自变量的微小变化引起函数值的变化为

$$z-z_0=\frac{\partial f}{\partial x}(x_0,y_0)(x-x_0)+\frac{\partial f}{\partial y}(x_0,y_0)(y-y_0)+o(x-x_0,y-y_0),$$

其中 $o(x-x_0,y-y_0)$为$\sqrt{(x-x_0)^2+(y-y_0)^2}$的高阶无穷小.如果用线性部分

$$z=z_0+\frac{\partial f}{\partial x}(x_0,y_0)(x-x_0)+\frac{\partial f}{\partial y}(x_0,y_0)(y-y_0) \tag{1.7.5}$$

代替原来的函数 $z=f(x,y)$,当$(x,y)\to(x_0,y_0)$时其误差为关于$\sqrt{(x-x_0)^2+(y-y_0)^2}$的高阶无穷小.

定义 1.7.1

设 f 在(x_0,y_0)点可微,由方程

$$z=z_0+\frac{\partial f}{\partial x}(x_0,y_0)(x-x_0)+\frac{\partial f}{\partial y}(x_0,y_0)(y-y_0)$$

表示的平面称为曲面 S:$z=f(x,y)$在正则点(x_0,y_0)的**切平面**.

切平面的**法向量**

$$\boldsymbol{n}=\left.\left(\frac{\partial f}{\partial x},\frac{\partial f}{\partial y},-1\right)\right|_{(x_0,y_0)}$$

也称为曲面 S 在(x_0,y_0)点的法向量.显然 $\boldsymbol{n}$ 不是零向量.

过 $P_0(x_0,y_0,z_0)$ 点沿 $\boldsymbol{n}$ 方向的直线

$$\frac{x-x_0}{\frac{\partial f}{\partial x}(x_0,y_0)}=\frac{y-y_0}{\frac{\partial f}{\partial y}(x_0,y_0)}=\frac{z-z_0}{-1}$$

称为曲面 S 在 (x_0,y_0) 点的**法线**.

(2) 曲面在隐式表示下的切平面、法向量和法线

设曲面 S 的隐式表示法为

$$F(x,y,z)=0, \tag{1.7.6}$$

$P_0(x_0,y_0,z_0)\in S$ 为正则点,由正则点的条件: $\left(\frac{\partial F}{\partial x},\frac{\partial F}{\partial y},\frac{\partial F}{\partial z}\right)_{P_0}$ 为非零向量,不妨假设其第三分量

$$\frac{\partial F}{\partial z}(x_0,y_0,z_0)\neq 0.$$

由隐函数定理,方程(1.7.6)局部确定一个 $C^{(1)}$ 类函数 $z=f(x,y)$,并且

$$\frac{\partial z}{\partial x}(x_0,y_0)=-\frac{\frac{\partial F}{\partial x}(x_0,y_0,z_0)}{\frac{\partial F}{\partial z}(x_0,y_0,z_0)}, \tag{1.7.7}$$

$$\frac{\partial z}{\partial y}(x_0,y_0)=-\frac{\frac{\partial F}{\partial y}(x_0,y_0,z_0)}{\frac{\partial F}{\partial z}(x_0,y_0,z_0)}. \tag{1.7.8}$$

由定义 1.7.1,S 曲面在正则点 $P_0(x_0,y_0,z_0)$ 的切平面为

$$z-z_0=\frac{\partial z}{\partial x}(x_0,y_0)(x-x_0)+\frac{\partial z}{\partial y}(x_0,y_0)(y-y_0),$$

代入(1.7.7)式、(1.7.8)式,切平面为

$$\frac{\partial F}{\partial x}(P_0)(x-x_0)+\frac{\partial F}{\partial y}(P_0)(y-y_0)+\frac{\partial F}{\partial z}(P_0)(z-z_0)=0,$$

法向量为

$$\boldsymbol{n}=\left(\frac{\partial F}{\partial x},\frac{\partial F}{\partial y},\frac{\partial F}{\partial z}\right)_{P_0},$$

法线方程为

$$\frac{x-x_0}{\frac{\partial F}{\partial x}(P_0)}=\frac{y-y_0}{\frac{\partial F}{\partial y}(P_0)}=\frac{z-z_0}{\frac{\partial F}{\partial z}(P_0)}.$$

(3) 曲面在参数表示法下的切平面、法向量和法线

设曲面 S 的参数表示法为

$$\begin{cases} x=x(u,v), \\ y=y(u,v), \quad (u,v)\in D_{uv}\in \mathbb{R}^2. \\ z=z(u,v), \end{cases}$$

曲面 S 上的点 $P_0(x(u_0,v_0),y(u_0,v_0),z(u_0,v_0))$ 为正则点，即矩阵 $\left.\dfrac{\partial(x,y,z)}{\partial(u,v)}\right|_{(u_0,v_0)}$ 的秩为 2. 不妨假设该矩阵的一个二阶子式 $\left.\dfrac{D(x,y)}{D(u,v)}\right|_{(u_0,v_0)}\neq 0$，由逆向量值函数的存在性可知：

$$\begin{cases} x=x(u,v), \\ y=y(u,v) \end{cases}$$

局部可逆，即存在向量值逆函数

$$\begin{cases} u=u(x,y), \\ v=v(x,y). \end{cases} \tag{1.7.9}$$

且

$$\frac{\partial(u,v)}{\partial(x,y)}=\left(\frac{\partial(x,y)}{\partial(u,v)}\right)^{-1}$$
$$=\frac{1}{\dfrac{D(x,y)}{D(u,u)}}\begin{pmatrix} \dfrac{\partial y}{\partial v} & -\dfrac{\partial x}{\partial v} \\ -\dfrac{\partial y}{\partial u} & \dfrac{\partial x}{\partial u} \end{pmatrix}.$$

将(1.7.9)式代入 $z=z(u,v)$，可以得到曲面 S 的局部显式表示：

$$z=z(u(x,y),v(x,y)).$$

曲面 S 在 $P_0(x(u_0,v_0),y(u_0,v_0),z(u_0,v_0))$ 的切平面为

$$z-z_0=\frac{\partial z}{\partial x}(x_0,y_0)(x-x_0)+\frac{\partial z}{\partial y}(x_0,y_0)(y-y_0),$$

其中

$$\frac{\partial z}{\partial x}(x_0,y_0)=\left(\frac{\partial z}{\partial u}\frac{\partial u}{\partial x}+\frac{\partial z}{\partial v}\frac{\partial v}{\partial x}\right)_{(u_0,v_0)}=-\frac{A}{C},$$

$$\frac{\partial z}{\partial y}(x_0,y_0)=\left(\frac{\partial z}{\partial u}\frac{\partial u}{\partial y}+\frac{\partial z}{\partial v}\frac{\partial v}{\partial y}\right)_{(u_0,v_0)}=-\frac{B}{C},$$

$$A=\left|\begin{matrix} \dfrac{\partial y}{\partial u} & \dfrac{\partial y}{\partial v} \\ \dfrac{\partial z}{\partial u} & \dfrac{\partial z}{\partial v} \end{matrix}\right|_{(u_0,v_0)}, \quad B=\left|\begin{matrix} \dfrac{\partial z}{\partial u} & \dfrac{\partial z}{\partial v} \\ \dfrac{\partial x}{\partial u} & \dfrac{\partial x}{\partial v} \end{matrix}\right|_{(u_0,v_0)}, \quad C=\left|\begin{matrix} \dfrac{\partial x}{\partial u} & \dfrac{\partial x}{\partial v} \\ \dfrac{\partial y}{\partial u} & \dfrac{\partial y}{\partial v} \end{matrix}\right|_{(u_0,v_0)}.$$

可以重新改写切平面为

$$A(x-x_0)+B(y-y_0)+C(z-z_0)=0, \tag{1.7.10}$$

法向量为

$$\boldsymbol{n}=(A,B,C),$$

法线方程为

$$\frac{x-x_0}{A}=\frac{y-y_0}{B}=\frac{z-z_0}{C}.$$

不难验算，曲面 S 的参数表示

$$\begin{cases}x=x(u,v),\\ y=y(u,v),(u,v)\in D_{uv}\subset\mathbb{R}^2\\ z=z(u,v),\end{cases}$$

中的三个函数 $x=x(u,v)$，$y=y(u,v)$，$z=z(u,v)$ 分别在 (u_0,v_0) 点线性化得到

$$\begin{cases}x-x_0=\dfrac{\partial x}{\partial u}(u_0,v_0)(u-u_0)+\dfrac{\partial x}{\partial v}(u_0,v_0)(v-v_0),\\ y-y_0=\dfrac{\partial y}{\partial u}(u_0,v_0)(u-u_0)+\dfrac{\partial y}{\partial v}(u_0,v_0)(v-v_0),\\ z-z_0=\dfrac{\partial z}{\partial u}(u_0,v_0)(u-u_0)+\dfrac{\partial z}{\partial v}(u_0,v_0)(v-v_0).\end{cases}\tag{1.7.11}$$

方程(1.7.11)消去参数 u,v 后得到的方程就是(1.7.10). 因此方程(1.7.11)是参数表示法曲面的切平面的参数表示.

对照曲面的不同表示式下切平面的方程，不难看出，在曲面的正则点，切平面方程其实就是曲面方程的线性化.

例 1.7.1

求证：通过曲面 S：$\mathrm{e}^{xyz}+x-y+z=3$ 上点 $(1,0,1)$ 的切平面平行于 y 轴.

证明 令 $F(x,y,z)=\mathrm{e}^{xyz}+x-y+z-3$. 则 S 在其上任一点 P_0 的法向量为

$$\boldsymbol{n}=\left(\frac{\partial F}{\partial x},\frac{\partial F}{\partial y},\frac{\partial F}{\partial z}\right)_{P_0},$$

于是曲面 S 在其上的点 $P_0(1,0,1)$ 的法向量为

$$(yz\mathrm{e}^{xyz}+1,xz\mathrm{e}^{xyz}-1,xy\mathrm{e}^{xyz}+1)|_{(1,0,1)}=(1,0,1).$$

切平面的方程为 $(x-1)+(z-1)=0$. S 在 $(1,0,1)$ 的法向量垂直于 y 轴，从而切平面平行于 y 轴. 但是由于原点不在切平面上，故切平面不含 y 轴.

例 1.7.2

曲面 S 的参数方程为

$$\begin{cases}x=u+\mathrm{e}^{u+v},\\ y=u+v,\\ z=\mathrm{e}^{u-v},\end{cases}$$

求曲面在 $u_0=1$，$v_0=-1$ 处的切平面与法线方程.

解 记 $(u,v)\to(x,y,z)$ 的向量值函数为 $\boldsymbol{f}$，则

$$Jf(u_0,v_0)=\begin{bmatrix}\frac{\partial x}{\partial u} & \frac{\partial x}{\partial v}\\ \frac{\partial y}{\partial u} & \frac{\partial y}{\partial v}\\ \frac{\partial z}{\partial u} & \frac{\partial z}{\partial v}\end{bmatrix}_{(u_0,v_0)}=\begin{bmatrix}2 & 1\\ 1 & 1\\ \mathrm{e}^2 & -\mathrm{e}^2\end{bmatrix}.$$

$Jf(u_0,v_0)$的秩为 2,切平面为

$$\begin{cases}x-2=2(u-1)+(v+1),\\ y=(u-1)+(v+1),\\ z-\mathrm{e}^2=\mathrm{e}^2(u-1)-\mathrm{e}^2(v+1),\end{cases}$$

消去参数 u,v,可得切平面为 $z=\mathrm{e}^2(2x-3y-3)$. 法线方程为

$$\frac{x-2}{-2\mathrm{e}^2}=\frac{y}{3\mathrm{e}^2}=\frac{z-\mathrm{e}^2}{1}.$$

例 1.7.3

已知 f 可微,证明曲面 $f\left(\frac{x-a}{z-c},\frac{y-b}{z-c}\right)=0$ 上任意一点处的切平面通过一定点,并求此点位置.

证明 因为

$$\frac{\partial f}{\partial x}=f_1'\cdot\left(\frac{1}{z-c}\right),\quad \frac{\partial f}{\partial y}=f_2'\cdot\left(\frac{1}{z-c}\right),\quad \frac{\partial f}{\partial z}=f_1'\cdot\frac{a-x}{(z-c)^2}+f_2'\cdot\frac{b-y}{(z-c)^2},$$

所以曲面在 $P_0(x_0,y_0,z_0)$处的切平面是

$$f_1'(P_0)\frac{x-x_0}{z_0-c}+f_2'(P_0)\frac{y-y_0}{z_0-c}+\left(f_1'(P_0)\frac{a-x_0}{(z_0-c)^2}+f_2'(P_0)\frac{b-y_0}{(z_0-c)^2}\right)(z-z_0)=0.$$

整理得到

$$\begin{aligned}&f_1'(P_0)(z_0-c)(x-x_0)+f_2'(P_0)(z_0-c)(y-y_0)+\\&f_1'(P_0)(a-x_0)(z-z_0)+f_2'(P_0)(b-y_0)(z-z_0)=0.\end{aligned}$$

易见当 $x=a,z=c,y=b$ 时上式恒等于零. 所以曲面 $f\left(\frac{x-a}{z-c},\frac{y-b}{z-c}\right)=0$ 上任意一点处的切平面通过一定点,此定点为(a,b,c).

1.7.4 空间曲线及其切线和法平面

空间曲线有两种表示法,不同的表示法,相应的切线、法平面也有不同的表达式.

(1) 空间曲线在参数表示下的切线,法平面

设空间曲线 L 的参数表示为

$$L:\begin{cases}x=x(t),\\y=y(t),\quad t\in[\alpha,\beta]\\z=z(t),\end{cases}\tag{1.7.12}$$

写成向量形式为 $\boldsymbol{r}=\boldsymbol{r}(t)$,其中 $\boldsymbol{r}=(x,y,z)$,$\boldsymbol{r}(t)=(x(t),y(t),z(t))$. $P_0(x_0,y_0,z_0)$为 L 上的正则点,对应的参数为 $t_0\in[\alpha,\beta]$. 由于自变量 t 的微小变化(从 t_0 变到 t)引起的 $\boldsymbol{r}(t)$的变化可以表示为

$$\begin{cases}x-x_0=x'(t_0)(t-t_0)+o((t-t_0)),\\y-y_0=y'(t_0)(t-t_0)+o((t-t_0)),\\z-z_0=z'(t_0)(t-t_0)+o((t-t_0)).\end{cases}$$

当 $\boldsymbol{r}'(t_0)=(x'(t_0),y'(t_0),z'(t_0))\neq\boldsymbol{0}$ 时,上式的线性部分为过 P_0 点的一条直线的方程

$$\begin{cases}x-x_0=x'(t_0)(t-t_0),\\y-y_0=y'(t_0)(t-t_0),\\z-z_0=z'(t_0)(t-t_0),\end{cases}$$

消去参数 t 可得直线的点斜式方程

$$\frac{x-x_0}{x'(t_0)}=\frac{y-y_0}{y'(t_0)}=\frac{z-z_0}{z'(t_0)}.\tag{1.7.13}$$

定义 1.7.2

直线(1.7.13)称为空间曲线 L 在 P_0 点的**切线**;切线的方向向量

$$\boldsymbol{T}=(x'(t_0),y'(t_0),z'(t_0)),$$

称为空间曲线 L 在 P_0 点的**切向量**;过 P_0 点以切线为法线的平面

$$x'(t_0)(x-x_0)+y'(t_0)(y-y_0)+z'(t_0)(z-z_0)=0$$

称为空间曲线 L 在 P_0 点的**法平面**.

在 P_0 点附近如果用切线代替原来的曲线,所产生的误差为 $o((t-t_0))$.

(2) 空间曲线作为两个曲面的交线的切线,法平面

设空间曲线 L 的表示式为

$$\begin{cases}F(x,y,z)=0,\\G(x,y,z)=0.\end{cases}\tag{1.7.14}$$

$P_0(x_0,y_0,z_0)$点为空间曲线 L 上的正则点,则$\left.\dfrac{\partial(F,G)}{\partial(x,y,z)}\right|_{P_0}$的秩为 2. 不妨假设矩阵$\left.\dfrac{\partial(F,G)}{\partial(x,y,z)}\right|_{P_0}$的二阶子式$\left.\dfrac{D(F,G)}{D(y,z)}\right|_{P_0}\neq0$,则方程组(1.7.14)局部隐函数存在:

$$\begin{cases} y = y(x), \\ z = z(x), \end{cases} \tag{1.7.15}$$

且

$$\frac{\mathrm{d}y}{\mathrm{d}x}(x_0) = \frac{\left.\frac{D(F,G)}{D(z,x)}\right|_{P_0}}{\left.\frac{D(F,G)}{D(y,z)}\right|_{P_0}}, \quad \frac{\mathrm{d}z}{\mathrm{d}x}(x_0) = \frac{\left.\frac{D(F,G)}{D(x,y)}\right|_{P_0}}{\left.\frac{D(F,G)}{D(y,z)}\right|_{P_0}}. \tag{1.7.16}$$

参数表示的曲线(1.7.15)的切线为

$$\frac{x-x_0}{1} = \frac{y-y_0}{y'(x_0)} = \frac{z-z_0}{z'(x_0)}.$$

代入(1.7.16)式,切线可以表示为

$$\frac{x-x_0}{\left.\frac{D(F,G)}{D(y,z)}\right|_{P_0}} = \frac{y-y_0}{\left.\frac{D(F,G)}{D(z,x)}\right|_{P_0}} = \frac{z-z_0}{\left.\frac{D(F,G)}{D(x,y)}\right|_{P_0}}. \tag{1.7.17}$$

不难在验证曲线 L 在正则点 $P_0(x_0,y_0,z_0)$ 的切线(1.7.17)与两个曲面

$$F(x,y,z) = 0,$$

$$G(x,y,z) = 0$$

在 $P_0(x_0,y_0,z_0)$ 点的切平面的交线

$$\begin{cases} \left.\frac{\partial F}{\partial x}\right|_{P_0}(x-x_0) + \left.\frac{\partial F}{\partial y}\right|_{P_0}(y-y_0) + \left.\frac{\partial F}{\partial z}\right|_{P_0}(z-z_0) = 0, \\ \left.\frac{\partial G}{\partial x}\right|_{P_0}(x-x_0) + \left.\frac{\partial G}{\partial y}\right|_{P_0}(y-y_0) + \left.\frac{\partial G}{\partial z}\right|_{P_0}(z-z_0) = 0 \end{cases} \tag{1.7.18}$$

为同一直线. 此时切向量

$$\begin{aligned} \boldsymbol{T} &= \left(\frac{D(F,G)}{D(y,z)}, \frac{D(F,G)}{D(z,x)}, \frac{D(F,G)}{D(x,y)}\right)_{P_0} \\ &= \left(\frac{\partial F}{\partial x}, \frac{\partial F}{\partial y}, \frac{\partial F}{\partial z}\right)_{P_0} \times \left(\frac{\partial G}{\partial x}, \frac{\partial G}{\partial y}, \frac{\partial G}{\partial z}\right)_{P_0}, \end{aligned}$$

即切向量为两个曲面在该点法向量的叉积. 在代数上,

$$\left(\frac{\partial F}{\partial x}, \frac{\partial F}{\partial y}, \frac{\partial F}{\partial z}\right)_{P_0} \times \left(\frac{\partial G}{\partial x}, \frac{\partial G}{\partial y}, \frac{\partial G}{\partial z}\right)_{P_0} \neq \mathbf{0} \Leftrightarrow \left.\frac{\partial(F,G)}{\partial(x,y,z)}\right|_{P_0} \text{的秩为 2.}$$

曲线 L 在正则点 $P_0(x_0,y_0,z_0)$ 的法平面方程为

$$\left.\frac{G(F,G)}{G(y,z)}\right|_{P_0}(x-x_0) + \left.\frac{D(F,G)}{D(z,x)}\right|_{P_0}(y-y_0) + \left.\frac{D(F,G)}{D(x,y)}\right|_{P_0}(z-z_0) = 0.$$

▶ **例 1.7.4** ……………………………………………………

求螺线

$$\begin{cases} x = a\cos t, \\ y = a\cos t, \quad a > 0, c > 0 \\ z = ct, \end{cases}$$

在点 $P_0\left(\frac{a}{\sqrt{2}},\frac{a}{\sqrt{2}},\frac{\pi c}{4}\right)$处的切线与法平面.

解 由于点 M 对应的参数为 $t_0=\frac{\pi}{4}$，所以螺线在 $P_0\left(\frac{a}{\sqrt{2}},\frac{a}{\sqrt{2}},\frac{\pi c}{4}\right)$处的切向量是

$$\boldsymbol{T}=\left(x'\left(\frac{\pi}{4}\right),y'\left(\frac{\pi}{4}\right),z'\left(\frac{\pi}{4}\right)\right)=\left(-\frac{a}{\sqrt{2}},\frac{a}{\sqrt{2}},c\right),$$

因而所求切线的参数方程为

$$\begin{cases}x=\dfrac{a}{\sqrt{2}}-\dfrac{a}{\sqrt{2}}t,\\ y=\dfrac{a}{\sqrt{2}}+\dfrac{a}{\sqrt{2}}t,\\ z=\dfrac{\pi c}{4}+ct,\end{cases}$$

法平面方程为

$$-\frac{a}{\sqrt{2}}\left(x-\frac{a}{\sqrt{2}}\right)+\frac{a}{\sqrt{2}}\left(y-\frac{a}{\sqrt{2}}\right)+c\left(z-\frac{\pi c}{4}\right)=0.$$

例 1.7.5

设曲线 L：$x=t,y=t^2,z=t^3$，求曲线上一点，使曲线在该点的切线平行于平面 $x+2y+z=4$.

解 曲线 $x=t,y=t^2,z=t^3$ 的切线方向为$(1,2t,3t^2)$. 由曲线在该点的切线平行于平面 $x+2y+z=4$ 可知

$$1+4t+3t^2=0,$$

$$t_1=-\frac{1}{3},\quad t_2=-1.$$

所求的点为$\left(-\frac{1}{3},\frac{1}{9},-\frac{1}{27}\right)$，$(-1,1,-1)$.

例 1.7.6

求曲线

$$\begin{cases}x^2+y^2+z^2-9=0,\\ xy-z=0\end{cases}$$

在 $P_0(1,2,2)$点的切线方程与法平面方程.

解 由方程组(1.7.18)，切线方程为

$$\begin{cases}2(x-1)+4(y-2)+4(z-2)=0,\\2(x-1)+(y-2)-(z-2)=0,\end{cases}$$

切方向为

$$\boldsymbol{T}=(2,4,4)\times(2,1,-1)=(-8,10,-6),$$

切线可表成点斜式

$$\frac{x-1}{-4}=\frac{y-2}{5}=\frac{z-2}{-3},$$

法平面为

$$-4(x-1)+5(y-2)-3(z-2)=0.$$

习题 1.7

1. 求下列曲面在给定点的切平面方程和法线方程.

(1) $z=x^2+y^2$，点 $P(1,2,5)$；

(2) $z=\arctan\dfrac{y}{x}$，点 $P\left(1,1,\dfrac{\pi}{4}\right)$；

(3) $(2a^2-z^2)x^2=a^2y^2$，点 $P(a,a,a)(a\neq 0)$；

(4) $\dfrac{x^2}{a^2}+\dfrac{y^2}{b^2}+\dfrac{z^2}{c^2}=1$，点 $P\left(\dfrac{a}{\sqrt{3}},\dfrac{b}{\sqrt{3}},\dfrac{c}{\sqrt{3}}\right)$；

(5) $\begin{cases}x=u\cos v,\\y=u\sin v,\\z=av,\end{cases}$ 点 $(u,v)=(u_0,v_0)$；

(6) $\begin{cases}x=u+v,\\y=u^2+v^2,\\z=u^3+v^3,\end{cases}$ 点 $(u,v)=(1,2)$.

2. 在椭球面 $\dfrac{x^2}{a^2}+\dfrac{y^2}{b^2}+\dfrac{z^2}{c^2}=1$ 上求一点 P，使得过 P 点的法线与坐标轴正方向成等角.

3. 求曲面 $x^2+2y^2+3z^2=21$ 上平行于 $x+4y+6z=0$ 的切平面.

4. 证明下列各题.

(1) 曲面 $xyz=a^3$ 上任一点的切平面与坐标平面围成的四面体的体积为定值；

(2) 曲面 $\sqrt{x}+\sqrt{y}+\sqrt{z}=\sqrt{a}$ 的任意一点处的切平面在各坐标轴上的截距之和为 a；

(3) 曲面 $z=x^2+y^2$ 与直线 l：$\begin{cases}x+2z=1,\\y+2z=2\end{cases}$ 垂直的切平面；

(4) 曲面 $f(y-az,x-bz)=0$ 任一点的切平面与一定直线平行，其中 f 可微；

(5) 设 f 可微，曲面 $z=yf\left(\frac{x}{y}\right)$ 的所有切平面相交于一个定点.

5. 求曲线 $l:\begin{cases}x^2+y^2+z^2=6,\\x+y+z=0\end{cases}$ 在点 $P(1,-2,1)$ 处的切线方程与法平面方程.

6. 证明：螺旋线 $\begin{cases}x=a\cos t,\\y=a\sin t,\\z=bt\end{cases}$ 的切线与 z 轴形成定角.

7. 已知函数 f 可微，若 T 为曲面 $S:f(x,y,z)=0$ 在点 $P(x_0,y_0,z_0)$ 处的切平面，l 为 T 上任意一条过 P 的直线，求证：在 S 上存在一条曲线，该曲线在 P 处的切线恰好为 l.

1.8 Taylor 公式

这一章对多元函数的研究是从极限、连续开始，到多元函数的微分. 总结一下，我们可以得到：

(1) 如果 $y=f(\boldsymbol{X})$ 在 $\boldsymbol{X}_0$ 点连续，则在 $\boldsymbol{X}_0$ 附近，

$$f(\boldsymbol{X})=f(\boldsymbol{X}_0)+\alpha_0(\boldsymbol{X}) \tag{1.8.1}$$

其中函数 $\alpha_0(\boldsymbol{X})=o(1)$（或 $\alpha_0(\boldsymbol{X})\to 0$），当 $\boldsymbol{X}\to\boldsymbol{X}_0$ 时.

(1.8.1)式告诉我们，在 $\boldsymbol{X}_0$ 附近用常数 $f(\boldsymbol{X}_0)$ 代替函数 $f(\boldsymbol{X})$，其误差 $\alpha_0(\boldsymbol{X})$ 为无穷小量.

(2) 对函数 $f(\boldsymbol{X})$ 加更高的要求：f 在 $\boldsymbol{X}_0$ 点可微，则在 $\boldsymbol{X}_0$ 点附近，

$$f(\boldsymbol{X})=f(\boldsymbol{X}_0)+Jf(\boldsymbol{X}_0)(\boldsymbol{X}-\boldsymbol{X}_0)+\alpha_1(\boldsymbol{X}-\boldsymbol{X}_0), \tag{1.8.2}$$

其中 $\alpha_1(\boldsymbol{X}-\boldsymbol{X}_0)=o(\|\boldsymbol{X}-\boldsymbol{X}_0\|)\left(或\frac{\alpha_1(\boldsymbol{X}-\boldsymbol{X}_0)}{\|\boldsymbol{X}-\boldsymbol{X}_0\|}\to 0\right)$，当 $\boldsymbol{X}\to\boldsymbol{X}_0$ 时.

(1.8.2)式告诉我们，在 $\boldsymbol{X}_0$ 点附近用线性函数 $f(\boldsymbol{X}_0)+Jf(\boldsymbol{X}_0)(\boldsymbol{X}-\boldsymbol{X}_0)$ 来代替函数 $f(\boldsymbol{X})$，其误差 $\alpha_1(\boldsymbol{X})$ 为 $\|\boldsymbol{X}-\boldsymbol{X}_0\|$ 的高阶无穷小量. 在一般的情况下，$\alpha_1(\boldsymbol{X})$ 远远小于 $\alpha_0(\boldsymbol{X})$.

一个很直接的问题是：如果我们对函数 $f(\boldsymbol{X})$ 加更强的条件，类似于(1.8.1)式、(1.8.2)式的多项式函数替代过程能否继续下去？误差能否更小？这就是我们这一节要讨论的问题.

定理 1.8.1 ……

若 n 元函数 $y=f(x)$ 在 $\boldsymbol{X}_0$ 点的某个邻域 $B(\boldsymbol{X}_0,r)$ 内二阶连续可微,则 $\forall \boldsymbol{X}\in B(\boldsymbol{X}_0,r)$,$\exists\theta\in(0,1)$,使得

$$f(\boldsymbol{X})=f(\boldsymbol{X}_0)+Jf(\boldsymbol{X}_0)\Delta\boldsymbol{X}+\frac{1}{2!}(\Delta\boldsymbol{X})^{\mathrm{T}}H(\boldsymbol{X}_0+\theta\Delta\boldsymbol{X})\Delta\boldsymbol{X},\quad(1.8.3)$$

其中 $\Delta\boldsymbol{X}=\boldsymbol{X}-\boldsymbol{X}_0$ 为 n 维列向量

$$\Delta\boldsymbol{X}=(x_1-x_1^{(0)},x_2-x_2^{(0)},\cdots,x_n-x_n^{(0)})^{\mathrm{T}}=(\Delta x_1,\Delta x_2,\cdots,\Delta x_n)^{\mathrm{T}},$$

$$Jf(\boldsymbol{X}_0)=\left(\frac{\partial f}{\partial x_1},\frac{\partial f}{\partial x_2},\cdots,\frac{\partial f}{\partial x_n}\right)\Bigg|_{\boldsymbol{X}_0},$$

$$H(\boldsymbol{X})=\begin{bmatrix}\dfrac{\partial^2 f}{\partial x_1\partial x_1} & \dfrac{\partial^2 f}{\partial x_1\partial x_2} & \cdots & \dfrac{\partial^2 f}{\partial x_1\partial x_n}\\ \dfrac{\partial^2 f}{\partial x_2\partial x_1} & \dfrac{\partial^2 f}{\partial x_2\partial x_2} & \cdots & \dfrac{\partial^2 f}{\partial x_2\partial x_n}\\ \vdots & \vdots & & \vdots\\ \dfrac{\partial^2 f}{\partial x_n\partial x_1} & \dfrac{\partial^2 f}{\partial x_n\partial x_2} & \cdots & \dfrac{\partial^2 f}{\partial x_n\partial x_n}\end{bmatrix}_{\boldsymbol{X}}$$

为 n 阶实对称矩阵.

证明 构造一元函数

$$\begin{aligned}F(t)&=f(\boldsymbol{X}_0+t\Delta\boldsymbol{X})\\&=f(x_1^{(0)}+t\Delta x_1,x_2^{(0)}+t\Delta x_2,\cdots,x_n^{(0)}+t\Delta x_n).\end{aligned}$$

显然,$F(1)=f(\boldsymbol{X})$,$F(0)=f(\boldsymbol{X}_0)$. $F(t)$ 在 $t=0$ 附近二阶连续可导,因此它在 $t=0$点的一阶泰勒公式为

$$F(t)=F(0)+F'(0)t+\frac{1}{2!}F''(\theta)t^2,\quad(1.8.4)$$

其中 $0<\theta<1$,

$$F'(t)=\frac{\partial f}{\partial x_1}\Delta x_1+\frac{\partial f}{\partial x_2}\Delta x_2+\cdots+\frac{\partial f}{\partial x_n}\Delta x_n=Jf(\boldsymbol{X}_0+t\Delta\boldsymbol{X})\Delta\boldsymbol{X},$$

$$F'(0)=Jf(\boldsymbol{X}_0)\Delta\boldsymbol{X},$$

$$\begin{aligned}F''(t)&=\frac{\mathrm{d}}{\mathrm{d}t}\sum_{i=1}^{n}\frac{\partial f}{\partial x_i}\Delta x_i=\sum_{i=1}^{n}\frac{\mathrm{d}}{\mathrm{d}t}\left(\frac{\partial f}{\partial x_i}\right)\Delta x_i\\&=\sum_{i=1}^{n}\sum_{j=1}^{n}\frac{\partial^2 f}{\partial x_j\partial x_i}\Delta x_j\Delta x_i=(\Delta\boldsymbol{X})^{\mathrm{T}}H(\boldsymbol{X}_0+t\Delta\boldsymbol{X})(\Delta\boldsymbol{X}),\end{aligned}$$

$$F''(\theta)=(\Delta\boldsymbol{X})^{\mathrm{T}}H(\boldsymbol{X}_0+\theta\Delta\boldsymbol{X})\Delta\boldsymbol{X}.$$

取 $t=1$,(1.8.4)式就变为(1.8.3)式.

(1.8.3)式称为 n 元函数 $y=f(\boldsymbol{X})$ 在 $\boldsymbol{X}_0$ 点带 Lagrange(拉格朗日)余项的

一阶 **Taylor 公式**,方阵 $H(\boldsymbol{X})$称为 f 在 $\boldsymbol{X}$ 点的 **Hesse(海赛)矩阵 Hessian**. 因为 $f \in C^{(2)}$, $H(\boldsymbol{X})$中每一元素均为连续函数,所以

$$H(\boldsymbol{X}_0+\theta\Delta\boldsymbol{X})=H(\boldsymbol{X}_0)+\widetilde{H}(\boldsymbol{X}_0+\theta\Delta\boldsymbol{X}),$$

其中矩阵$\widetilde{H}(\boldsymbol{X}_0+\theta\Delta\boldsymbol{X})$中每一个元素当 $\Delta\boldsymbol{X}\to\boldsymbol{0}$ 时均为无穷小量,(1.8.3)式可改写成

$$f(\boldsymbol{X}) = f(\boldsymbol{X}_0)+J(f(\boldsymbol{X}_0))\Delta\boldsymbol{X}+\frac{1}{2!}(\Delta\boldsymbol{X})^{\mathrm{T}}H(\boldsymbol{X}_0)\Delta\boldsymbol{X}+\alpha(\Delta\boldsymbol{X}), \quad (1.8.5)$$

其中

$$\alpha(\Delta\boldsymbol{X})=\frac{1}{2!}(\Delta\boldsymbol{X})^{\mathrm{T}}\ \widetilde{H}(\boldsymbol{X}_0+\theta\Delta\boldsymbol{X})\Delta\boldsymbol{X}.$$

不难证明

$$\alpha(\Delta\boldsymbol{X})=o(\|\Delta X\|^2),\quad \Delta\boldsymbol{X}\to\boldsymbol{0}.$$

(1.8.5)式称为 n 元函数 $y=f(\boldsymbol{X})$在 $\boldsymbol{X}_0$ 点**带有 Peano(皮亚诺)余项的二阶 Taylor 公式.**

(1.8.5)式部分回答了我们在这一节开始时提出的问题,当函数 f 满足更强的条件($f\in C^{(2)}$)时,我们可以用更高次的多项式(二次多项式)来代替原来的复杂函数 f,误差为 $o(\|\Delta\boldsymbol{X}\|^2)$. 比(1.8.2)式中的 $\alpha_1(\Delta\boldsymbol{X})$更小了.

这个过程我们还可以继续做下去,因为缺少相应的代数工具,在此就不介绍了.

▶ **例 1.8.1** ……………………………………………………………………

求 $z=f(x,y)=\sin(x+y)$在(0,0)点带有 Peano 余项的二阶 Taylor 公式.

解 $Jf(0,0)=(1,1)$,

$$H(0,0)=\begin{pmatrix}0&0\\0&0\end{pmatrix},$$

所以,当 $x^2+y^2\to 0$ 时,

$$\begin{aligned}f(x,y)&=(1,1)\begin{pmatrix}x\\y\end{pmatrix}+o(x^2+y^2)\\&=x+y+o(x^2+y^2).\end{aligned}$$

记中间变量 $t=x+y$, $z=f(x,y)=\sin t$,也可以用一元函数的 Taylor 公式得到相同的结果.

习题 1.8

1. 分别写出下列函数在点 O 处带有二阶 Peano 余项和 Larange 余项的 Taylor 公式.

(1) $z=\cos(x^2+y^2)$； (2) $z=e^{x^2-y^2}$； (3) $u=\ln(1+x+y+z)$.

2. 写出下列函数在指定点处的 Taylor 多项式

(1) $z=x^y$ 在点$(1,1)$处的三阶 Taylor 多项式，并计算$(1,1)^{1.02}$；

(2) $z=\dfrac{\cos x}{\cos y}$在点$(0,0)$处的二阶 Taylor 多项式；

(3) $z=e^{-x}\ln(1+y)$在点$(0,0)$处的二阶 Taylor 多项式.

1.9 极值与条件极值

1.9.1 多元函数的极值

与一元函数类似，我们可以定义 n 元函数的极值与最值.

定义 1.9.1 ……………………………………………………

若$\exists\delta>0$，使 n 元函数 $y=f(\boldsymbol{X})$在 $\boldsymbol{X}_0$ 点的邻域 $B(\boldsymbol{X}_0,\delta)$内有定义，且$\forall\boldsymbol{X}\in B(\boldsymbol{X}_0,\delta)$，恒有

$$f(\boldsymbol{X})\geqslant f(\boldsymbol{X}_0),$$

则称 $\boldsymbol{X}_0$ 为 f 的(局部)**极小值点**，$f(\boldsymbol{X}_0)$称为(局部)**极小值**；若$\forall\boldsymbol{X}\in B(\boldsymbol{X}_0,\delta)$，恒有

$$f(\boldsymbol{X})\leqslant f(\boldsymbol{X}_0),$$

则称 $\boldsymbol{X}_0$ 为 f 的(局部)**极大值点**，$f(\boldsymbol{X}_0)$称为(局部)**极大值**.

极小值与极大值都是局部概念，其实极小值未必小，只是相对于该点周围的值而言；极大值未必大，也是相对于该点周围的值而言. 在全局上，我们可以定义最值.

定义 1.9.2 ……………………………………………………

设 n 元函数 $y=f(\boldsymbol{X})$定义在 $\Omega\subset\mathbb{R}^n$ 上，$\boldsymbol{X}_0\in\Omega$. 如果$\forall\boldsymbol{X}\in\Omega$，恒有

$$f(\boldsymbol{X})\geqslant f(\boldsymbol{X}_0),$$

则称 $\boldsymbol{X}_0$ 为函数 f 在集合 Ω 上的**最小值点**，$f(\boldsymbol{X}_0)$称为函数 f 在集合 Ω 上的**最小值**；如果$\forall\boldsymbol{X}\in\Omega$，恒有

$$f(\boldsymbol{X})\leqslant f(\boldsymbol{X}_0),$$

则称 $\boldsymbol{X}_0$ 为函数 f 在集合 Ω 上的**最大值点**，$f(\boldsymbol{X}_0)$称为函数 f 在集合 Ω 上的**最大值**.

下面的定理让我们回忆起一元函数在一点取到极值的必要条件.

定理 1.9.1 ……

设 n 元函数 $y=f(\boldsymbol{X})$ 在 $B(\boldsymbol{X}_0,\delta)$ 内有定义，且 f 在 $\boldsymbol{X}_0$ 点可微，如果 $\boldsymbol{X}_0$ 是 f 的一个极大(小)值点，则 $\nabla f(\boldsymbol{X}_0)=\boldsymbol{0}$，即

$$\frac{\partial f}{\partial x_i}(\boldsymbol{X}_0)=0,\quad i=1,2,\cdots,n.$$

证明 因为 f 在 $\boldsymbol{X}_0$ 点可微，所以 f 在 $\boldsymbol{X}_0$ 点沿任意方向 $\boldsymbol{l}$ 的方向导数为

$$\left.\frac{\partial f}{\partial \boldsymbol{l}}\right|_{\boldsymbol{X}_0}=\nabla f(\boldsymbol{X}_0)\cdot\boldsymbol{l}^0,$$

其中 $\boldsymbol{l}^0$ 为 $\boldsymbol{l}$ 的单位方向，$\boldsymbol{l}^0=\frac{\boldsymbol{l}}{\|\boldsymbol{l}\|}$. 如果 $\boldsymbol{X}_0$ 是 f 的一个极小值点，则沿 $\boldsymbol{l}$ 方向的函数增量

$$f(\boldsymbol{X}_0+t\boldsymbol{l}^0)-f(\boldsymbol{X}_0)\geqslant 0,\quad t>0.$$

因此方向导数 $\nabla f(\boldsymbol{X}_0)\cdot\boldsymbol{l}^0\geqslant 0$；同理可证 $\nabla f(\boldsymbol{X}_0)\cdot(-\boldsymbol{l}^0)\geqslant 0$，所以

$$\nabla f(\boldsymbol{X}_0)\cdot\boldsymbol{l}^0=0,\quad \forall\,\boldsymbol{l}^0.$$

使上式成立的唯一 $\nabla f(\boldsymbol{X}_0)$ 就是零向量，即 $\nabla f(\boldsymbol{X}_0)=\boldsymbol{0}$. 同理可证，当 $\boldsymbol{X}_0$ 为极大值点时，结论也成立.

使函数 f 的梯度为零的点称为 f 的**驻点**，驻点是该点为极值点的必要条件，而非充分条件(只要考虑函数 $z=x^2-y^2$，$(0,0)$ 是驻点，但非极值点，曲面 $z=x^2-y^2$ 称为马鞍面，$(0,0)$ 点称为鞍点(见图 1.2.2)).

如果 f 在 $\boldsymbol{X}_0$ 点附近更光滑，我们可以得到极值点的充分条件.

定理 1.9.2 ……

设 $\boldsymbol{X}_0$ 是 f 的一个驻点，f 在 $\boldsymbol{X}_0$ 点的某个邻域 $B(\boldsymbol{X}_0,\delta)$ 内二阶连续可微.

(1) 若 f 在 $\boldsymbol{X}_0$ 点的 Hesse 矩阵 $H(\boldsymbol{X}_0)$ 正定，则 $\boldsymbol{X}_0$ 是 f 的极小值点；

(2) 若 f 在 $\boldsymbol{X}_0$ 点的 Hesse 矩阵 $H(\boldsymbol{X}_0)$ 负定，则 $\boldsymbol{X}_0$ 是 f 的极大值点.

证明 $\boldsymbol{X}_0$ 是 f 的驻点，由 Taylor 公式可得

$$f(\boldsymbol{X})-f(\boldsymbol{X}_0)=\frac{1}{2!}(\Delta\boldsymbol{X})^{\mathrm{T}}H(\boldsymbol{X}_0)\Delta\boldsymbol{X}+\alpha_2(\Delta\boldsymbol{X}),$$

其中函数 $\alpha_2(\Delta\boldsymbol{X})$ 满足

$$\lim_{\Delta X\to\boldsymbol{0}}\frac{\alpha_2(\Delta\boldsymbol{X})}{\|\Delta\boldsymbol{X}\|^2}=0.$$

由代数知识可知，二次型 $(\Delta\boldsymbol{X})^{\mathrm{T}}H(\boldsymbol{X}_0)\Delta\boldsymbol{X}$ 满足

$$\lambda_n\|\Delta\boldsymbol{X}\|^2\geqslant(\Delta\boldsymbol{X})^{\mathrm{T}}H(\boldsymbol{X}_0)\Delta\boldsymbol{X}\geqslant\lambda_1\|\Delta\boldsymbol{X}\|^2,$$

其中 λ_1,λ_n 分别是实对称知阵 $H(\boldsymbol{X}_0)$ 的最小、最大特征值. 如果 $H(\boldsymbol{X}_0)$ 正定，则 $\lambda_1>0$，

$$f(\boldsymbol{X})-f(\boldsymbol{X}_0)\geqslant\frac{\lambda_1}{2}\|\Delta\boldsymbol{X}\|^2+\alpha_2(\Delta\boldsymbol{X}).$$

当 $\|\boldsymbol{X}-\boldsymbol{X}_0\|$ 足够小时，$f(\boldsymbol{X})-f(\boldsymbol{X}_0)$ 的正负号由不等号右侧的主要部分，即 $\frac{\lambda_1}{2}\|\Delta\boldsymbol{X}\|^2$ 决定，故

$$f(\boldsymbol{X})\geqslant f(\boldsymbol{X}_0),$$

$\boldsymbol{X}_0$ 是极小值点；同理可证若 $H(\boldsymbol{X}_0)$ 负定，$\boldsymbol{X}_0$ 必为极大值点.

若 $H(\boldsymbol{X}_0)$ 半正定或半负定，则无法判断 $\boldsymbol{X}_0$ 是否是极值点. 可以考虑下面三个函数在各自的驻点(0,0)的情况：

$$f_1(x,y)=x^2-y^2,$$
$$f_2(x,y)=x^4+y^4,$$
$$f_3(x,y)=-x^4-y^4.$$

但若 $H(\boldsymbol{X}_0)$ 不定，则 $\boldsymbol{X}_0$ 点肯定不是极值点，因为矩阵 $H(\boldsymbol{X}_0)$ 存在正的和负的特征值，假设 $\lambda_1>0,\lambda_2<0$ 为 $H(\boldsymbol{X}_0)$ 的两个特征值，对应的特征向量分别为 $\boldsymbol{\eta}_1,\boldsymbol{\eta}_2$. 取 $\Delta\boldsymbol{X}_1=t\boldsymbol{\eta}_1,\Delta\boldsymbol{X}_2=t\boldsymbol{\eta}_2,t>0$，

$$(\Delta\boldsymbol{X}_1)^{\mathrm{T}}H(\boldsymbol{X}_0)\Delta\boldsymbol{X}_1=\lambda_1t^2\|\boldsymbol{\eta}_1\|^2>0,$$
$$(\Delta\boldsymbol{X}_2)^{\mathrm{T}}H(\boldsymbol{X}_0)\Delta\boldsymbol{X}_2=\lambda_2t^2\|\boldsymbol{\eta}_2\|^2<0,$$

故 $\boldsymbol{X}_0$ 点不是极值点.

当 $f\in C^{(2)}$ 时，我们再来看 f 在 $\boldsymbol{X}_0$ 点附近的二次多项式逼近

$$f_2(\boldsymbol{X})=f(\boldsymbol{X}_0)+Jf(\boldsymbol{X}_0)\Delta\boldsymbol{X}+(\Delta\boldsymbol{X})^{\mathrm{T}}H(\boldsymbol{X}_0)\Delta\boldsymbol{X}.$$

Taylor 公式告诉我们，$f_2(\boldsymbol{X})$ 与 $f(\boldsymbol{X})$ 相差 $\|\Delta\boldsymbol{X}\|^2$ 的高阶无穷小. 如果 $\boldsymbol{X}_0$ 是 f 的驻点，显然当 $H(\boldsymbol{X}_0)$ 正定时，$\boldsymbol{X}_0$ 是 $f_2(\boldsymbol{X})$ 的极小值点，当 $H(\boldsymbol{X}_0)$ 负定时，$\boldsymbol{X}_0$ 是 $f_2(\boldsymbol{X})$ 的极大值点. 此时函数 $f(\boldsymbol{X})$ 的二次多项式逼近 $f_2(\boldsymbol{X})$，与原来的复杂函数 $f(\boldsymbol{X})$ 有相同的极值点(前提条件是 Hesse 矩阵正定或负定).

▶ **例 1.9.1** ……………………………………………………………………

求 $u=f(x,y,z)=x^3+y^2+z^2+6xy+2z$ 的极值点.

解 先求 f 的驻点，解方程组

$$\begin{cases}u'_x=3x^2+6y=0,\\u'_y=2y+6x=0,\\u'_z=2z+2=0,\end{cases}$$

得到 f 的两个驻点 $\boldsymbol{P}_1(6,-18,-1),\boldsymbol{P}_2(0,0,-1)$，$f$ 在任意点的 Hesse 矩阵为

$$H(\boldsymbol{P})=\begin{pmatrix}6x&6&0\\6&2&0\\0&0&2\end{pmatrix},$$

于是

$$H(P_1)=\begin{pmatrix}36&6&0\\6&2&0\\0&0&2\end{pmatrix},\quad H(P_2)=\begin{pmatrix}0&6&0\\6&2&0\\0&0&2\end{pmatrix}.$$

$H(P_1)$各阶顺序主子式均大于零，所以$H(P_1)$是正定矩阵，P_1是极小值点．而$H(P_2)$的特征值为$\lambda_1=2,\lambda_2=1+\sqrt{37}>0,\lambda_3=1-\sqrt{37}<0$，所以$H(P_2)$是不定矩阵，$P_2$点不是极值点．

例 1.9.2

水流通过流量计时，假设流量Q与水位高h的关系为

$$Q=a_1h^2+a_2h.$$

现作了6次实验，测得如下数据：

i	1	2	3	4	5	6
h	5	10	15	20	25	28
Q	0.04	0.14	0.27	0.48	0.87	1.13

试确定a_1,a_2之值．

解 将一些实验数据拟合成一条曲线的问题，在工程技术中是经常会遇到的．这里，显然不可能找到a_1,a_2之值，使得6组实验数据都符合上述关系，那么如何确定a_1,a_2呢？一个合理的原则是：实验数据的纵坐标Q_i与原曲线相应点的纵坐标$a_1h_i^2+a_2h_i$之差的绝对值

$$|\delta_i|=|Q_i-a_1h_i^2-a_2h_i|,\quad i=1,2,\cdots,6$$

之和应为最小．但是，绝对值函数有导数不存在的点，用微分的办法不便于讨论，因此我们用δ_i^2之和的最小值来确定a_1,a_2的值，也就是求自变量a_1,a_2，使

$$u=\sum_{i=1}^{6}\delta_i^2=\sum_{i=1}^{6}(Q_i-a_1h_i^2-a_2h_i)^2$$

为最小．对于我们的具体问题，先求u的驻点，即解方程组

$$\frac{\partial u}{\partial a_1}=\sum_{i=1}^{6}[-2h_i^2(Q_i-a_1h_i^2-a_2h_i)]=0,$$

$$\frac{\partial u}{\partial a_2}=\sum_{i=1}^{6}[-2h_i(Q_i-a_1h_i^2-a_2h_i)]=0,$$

或

$$\begin{cases}\left(\sum\limits_{i=1}^{6}h_i^4\right)a_1+\left(\sum\limits_{i=1}^{6}h_i^3\right)a_2=\sum\limits_{i=1}^{6}Q_ih_i^2,\\ \left(\sum\limits_{i=1}^{6}h_i^3\right)a_1+\left(\sum\limits_{i=1}^{6}h_i^2\right)a_2=\sum\limits_{i=1}^{6}Q_ih_i.\end{cases}$$

代入上述数据后，即可解得唯一驻点

$$(a_1,a_2)=(0.00162,0.00581),$$

这就是 $u=\sum_{i=1}^{6}\delta_i^2$ 的最小值点，于是我们得到这个流量计的 Q 与 h 的经验公式

$$Q=0.00162h^2+0.00581h.$$

这种用一条曲线来平均逼近一组已知点的方法叫做最小二乘法.

一般来说，一个方程个数大于未知数个数的线性方程组往往是无解的，因为这些方程之间可能不相容. 因此常用最小二乘解来代替准确解. 也就是找一组"近似解"，要求把它们代入方程后，所得右端的值与原给定右端值之差的平方和为最小. 下面我们来讨论一般的方法. 考虑线性非齐次方程组

$$\boldsymbol{AX}=\boldsymbol{b},$$

其中 $\boldsymbol{A}=(a_{ij})_{m\times n}$ 为 $m\times n$ 矩阵$(m>n)$，$\boldsymbol{b}=(b_1,b_2,\cdots,b_m)^{\mathrm{T}}$. 假设 $\boldsymbol{A}$ 的秩为 n. 现在求 $\boldsymbol{X}^*\in\mathbb{R}^n$，使得 $\forall\,\boldsymbol{X}\in\mathbb{R}^n$，都有

$$\|\boldsymbol{b}-\boldsymbol{AX}^*\|^2\leqslant\|\boldsymbol{b}-\boldsymbol{AX}\|^2.$$

这个 $\boldsymbol{X}^*$ 就是前面讲的最小二乘法的解，也叫不相容方程组的最小二乘解. 从微积分的角度，$\boldsymbol{X}^*$ 是函数

$$\|\boldsymbol{b}-\boldsymbol{AX}\|^2=\sum_{i=1}^{m}\left(b_i-\sum_{j=1}^{n}a_{ij}x_j\right)^2$$

的最小值点. 下面从代数的角度研究最小二乘法.

记矩阵 $\boldsymbol{A}$ 的列空间(如图 1.9.1)为

$$R(\boldsymbol{A})=L(\boldsymbol{\xi}_1,\boldsymbol{\xi}_2,\cdots,\boldsymbol{\xi}_n),$$

其中列向量 $\boldsymbol{\xi}_j=(a_{1j},a_{2j},\cdots,a_{mj})^{\mathrm{T}}$，$j=1,2,\cdots,n$. $R(\boldsymbol{A})$中的任意向量可表示为

$$\boldsymbol{\xi}=x_1\boldsymbol{\xi}_1+x_2\boldsymbol{\xi}_2+\cdots+x_n\boldsymbol{\xi}_n=\boldsymbol{AX}.$$

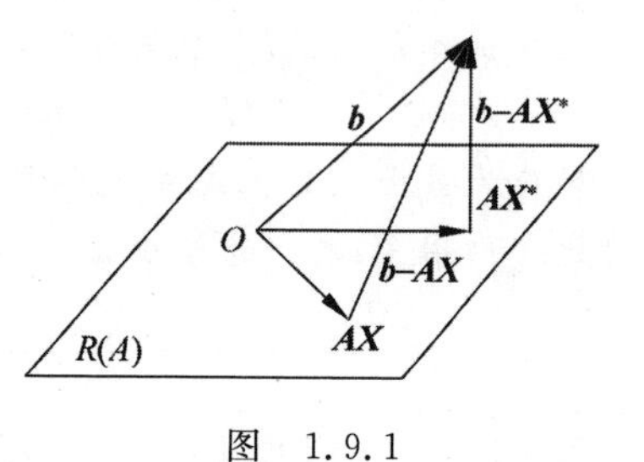

图　1.9.1

代数告诉我们，当$(\boldsymbol{b}-\boldsymbol{AX}^*)\perp R(\boldsymbol{A})$，即 $\boldsymbol{AX}^*$ 是 $\boldsymbol{b}$ 在 $R(\boldsymbol{A})$上的投影时，$\|\boldsymbol{b}-\boldsymbol{AX}^*\|$ 就是 $\|\boldsymbol{b}-\boldsymbol{AX}\|$ 的最小值，于是 $\boldsymbol{X}^*$ 满足

$$(\boldsymbol{b}-\boldsymbol{AX}^*,\boldsymbol{\xi})=0,\quad\forall\,\boldsymbol{\xi}\in R(\boldsymbol{A}).$$

即

$$(\boldsymbol{b}-\boldsymbol{AX}^*,\boldsymbol{AX})=0,\quad\forall\,\boldsymbol{X}\in\mathbb{R}^n,$$

$$(\boldsymbol{AX})^{\mathrm{T}}(\boldsymbol{b}-\boldsymbol{AX}^*)=\boldsymbol{X}^{\mathrm{T}}(\boldsymbol{A}^{\mathrm{T}}\boldsymbol{b}-\boldsymbol{A}^{\mathrm{T}}\boldsymbol{AX}^*)=0.$$

此式对任意 $\boldsymbol{X}\in\mathbb{R}^n$ 都成立，所以必有

$$\boldsymbol{A}^{\mathrm{T}}\boldsymbol{b}-\boldsymbol{A}^{\mathrm{T}}\boldsymbol{AX}^*=\boldsymbol{0},$$

即

$$(\boldsymbol{A}^{\mathrm{T}}\boldsymbol{A})\boldsymbol{X}^* = \boldsymbol{A}^{\mathrm{T}}\boldsymbol{b}.$$

上述称为原方程的正规方程. 对于任何秩为 n 的 $m\times n(m>n)$ 矩阵 $\boldsymbol{A}$, $\boldsymbol{A}^{\mathrm{T}}\boldsymbol{A}$ 为可逆矩阵,正规方程有唯一解 $\boldsymbol{X}^*$(不相容方程的最小二乘解).

1.9.2 条件极值

有人想用篱笆围一个长方形庭院. 庭院当然是越大越好,无奈他只有一百米篱笆,他该怎么为才能得到面积最大的庭院? 这是一个极值问题,他的目标是想到最大的庭院,他所受到的约束是他只有一百米的篱笆,这类极值问题称为条件极值问题. 一般的有一个约束条件的条件极值问题可以记作

$$\begin{cases}\min(\max) f(\boldsymbol{X}),\\ \varphi(\boldsymbol{X})=0,\end{cases}$$

其中 $u=f(\boldsymbol{X})$ 为目标函数, $\varphi(\boldsymbol{X})=0$ 为约束条件.

定义 1.9.3

如果存在 $\delta>0$,使得

$$f(\boldsymbol{X})\leqslant f(\boldsymbol{X}_0),\quad \forall \boldsymbol{X}\in\{X\in\mathbb{R}^n \mid \|\boldsymbol{X}-\boldsymbol{X}_0\|<\delta, \varphi(\boldsymbol{X})=0\},$$

则称 $\boldsymbol{X}_0\in\mathbb{R}^n$ 为目标函数 $u=f(\boldsymbol{X})$ 在约束条件 $\varphi(\boldsymbol{X})=0$ 下的**条件极大值点**, $f(\boldsymbol{X}_0)$ 称为目标函数 $u=f(\boldsymbol{X})$ 在约束条件 $\varphi(\boldsymbol{X})=0$ 下的**条件极大值**. 同样,我们也可以定义**条件极小值点**,如果存在 $\delta>0$,使得

$$f(\boldsymbol{X})\geqslant f(\boldsymbol{X}_0),\quad \forall \boldsymbol{X}\in\{\boldsymbol{X}\in\mathbb{R}^n \mid \|\boldsymbol{X}-\boldsymbol{X}_0\|<\delta, \varphi(\boldsymbol{X})=0\},$$

则称 $\boldsymbol{X}_0\in\mathbb{R}^n$ 为目标函数 $u=f(\boldsymbol{X})$ 在约束条件 $\varphi(\boldsymbol{X})=0$ 下的**条件极小值点**, $f(\boldsymbol{X}_0)$ 称为目标函数 $u=f(\boldsymbol{X})$ 在约束条件 $\varphi(\boldsymbol{X})=0$ 下的**条件极小值**.

在下面的讨论中,我们假设约束条件 $\varphi\in C^{(1)}$,且其梯度向量 $\mathrm{grad}\varphi\neq\boldsymbol{0}$.

定理 1.9.3

设 $f:\Omega\subset R^n\to R^1$, $\varphi:\Omega\subset R^n\to R^1$ 均为一阶连续可微函数,且 $\dfrac{\partial\varphi}{\partial x_i}(i=1,2,\cdots,n)$ 不全为零,则条件极值问题在 Ω 中的极值点一定是 **Lagrange 函数**

$$L(x_1,x_2,\cdots,x_n,\lambda)=f(x_1,x_2,\cdots,x_n)+\lambda\varphi(x_1,x_2,\cdots,x_n)$$

的驻点(其中 λ 叫做 **Lagrange 乘子**).

证明 设 $\boldsymbol{X}_0=(x_1^{(0)},x_2^{(0)},\cdots,x_n^{(0)})$ 为条件极值问题的极值点,由条件 $\dfrac{\partial\varphi}{\partial x_i}(i=1,2,\cdots,n)$ 不全为零可知在 $\boldsymbol{X}_0$ 的某个邻域中,由方程

$$\varphi(x_1,x_2,\cdots,x_n)=0$$

可确定某一变量(假设为 x_n)可以表示成其他变量的函数

$$x_n=g(x_1,x_2,\cdots,x_{n-1}).$$

记 $\boldsymbol{X}_{n-1}^{(0)}=(x_1^{(0)},x_2^{(0)},\cdots,x_{n-1}^{(0)})$，它一定是复合函数 $f(x_1,\cdots,x_{n-1},g(x_1,\cdots,x_{n-1}))$ 的极值点，于是

$$\left(\frac{\partial f}{\partial x_i}+\frac{\partial f}{\partial x_n}\frac{\partial g}{\partial x_i}\right)\Bigg|_{\boldsymbol{X}_{n-1}^{(0)}}=0,\quad i=1,2,\cdots,n-1.$$

由反函数的求导法可知

$$\frac{\partial g}{\partial x_i}=-\frac{\dfrac{\partial\varphi}{\partial x_i}}{\dfrac{\partial\varphi}{\partial x_n}},\quad i=1,2,\cdots,n-1,$$

因此在 $\boldsymbol{X}_0$ 点

$$\frac{\dfrac{\partial f}{\partial x_i}}{\dfrac{\partial\varphi}{\partial x_i}}=\frac{\dfrac{\partial f}{\partial x_n}}{\dfrac{\partial\varphi}{\partial x_n}}=-\lambda,\quad i=1,2,\cdots,n-1,$$

$$\frac{\partial f}{\partial x_i}+\lambda\frac{\partial\varphi}{\partial x_i}=0,\quad i=1,2,\cdots,n.$$

$\boldsymbol{X}_0$ 一定是 Lagrange 函数的驻点.

这个定理的结论可以推广到多个约束条件下的条件极值问题，例如有两个约束条件

$$\begin{cases}\varphi(x_1,x_2,\cdots,x_n)=0,\\ \psi(x_1,x_2,\cdots,x_n)=0,\end{cases}$$

φ,ψ 均一次连续可微，且 Jacobi 矩阵 $\dfrac{\partial(\varphi,\psi)}{\partial(x_1,x_2,\cdots,x_n)}$ 的秩为 2，条件极值点必为 Lagrange 函数

$$L=f(x_1,x_2,\cdots,x_n)+\lambda\varphi(x_1,x_2,\cdots,x_n)+\mu\psi(x_1,x_2,\cdots,x_n)$$

的驻点，其中 λ,μ 为 Lagrange 乘子.

例 1.9.3

在平面直角坐标系中已知三点 $P_1(0,0)$，$P_2(1,0)$，$P_3(0,1)$，试在 $\Delta P_1P_2P_3$ 所围的闭域 $\overline{D}$ 上求那些点 $P(x,y)$，使它们到 P_1,P_2,P_3 的距离平方和分别为最大和最小.

解 目标函数为 P 到 P_1,P_2,P_3 的距离平方和

$$\begin{aligned}u=f(x,y)&=|PP_1|^2+|PP_2|^2+|PP_3|^2\\&=x^2+y^2+(x-1)^2+y^2+x^2+(y-1)^2\\&=3x^2+3y^2-2x-2y+2,\end{aligned}$$

$\overline{D}=\{(x,y)\mid x\geqslant0,y\geqslant0,x+y\leqslant1\}$. 函数 $u=f(x,y)$ 在全平面上是连续的，所以在有界闭域 $\overline{D}$ 上存在最大值和最小值. 函数的最大(小值)可能发生在 D 的内部，也有可能发生在 D 的边界 ∂D 上或 D 的三个角点上.

(1) 若最大(小)值发生在内部,则它一定是局部极值点,由定理 1.9.1 可知

$$\begin{cases}\dfrac{\partial f}{\partial x}=6x-2=0,\\[2ex] \dfrac{\partial f}{\partial y}=6y-2=0,\end{cases}\quad \begin{cases}x_1=\dfrac{1}{3},\\[2ex] y_1=\dfrac{1}{3},\end{cases}$$

$f\left(\dfrac{1}{3},\dfrac{1}{3}\right)=\dfrac{4}{3}$.

(2) 若最大(小)值发生在∂D 上,∂D 由三条直线段组成

$$\begin{aligned}\partial D=&\{(x,y)\mid y=0,0<x<1\}\\ &\cup\{(x,y)\mid x=0,0<y<1\}\\ &\cup\{(x,y)\mid x+y=1,0<y<1\},\end{aligned}$$

$u=f(x,y)$最大(小)值点一定是 u 在三条边 P_1P_2,P_1P_3,P_2P_3 上的条件极值点,三个 Lagrange 函数分别为

$$\begin{aligned}L_1&=3x^2+3y^2-2x-2y+2+\lambda_1 y,\\ L_2&=3x^2+3y^2-2x-2y+2+\lambda_2 x,\\ L_3&=3x^2+3y^2-2x-2y+2+\lambda_3(x+y-1).\end{aligned}$$

其驻点分别为

$$\begin{cases}L'_{1x}=6x-2=0,\\ L'_{1y}=6y-2+\lambda_1=0,\\ y=0,\end{cases}\quad \begin{cases}x_2=\dfrac{1}{3},\\[2ex] y_2=0,\end{cases}$$

$$\begin{cases}L'_{2x}=6x-2+\lambda_2=0,\\ L'_{2y}=6y-2=0,\\ x=0,\end{cases}\quad \begin{cases}x_3=0,\\[2ex] y_3=\dfrac{1}{3},\end{cases}$$

$$\begin{cases}L'_{3x}=6x-2+\lambda_3=0,\\ L'_{3y}=6y-2+\lambda_3=0,\\ x+y-1=0,\end{cases}\quad \begin{cases}x_4=\dfrac{1}{2},\\[2ex] y_4=\dfrac{1}{2}.\end{cases}$$

因此三个条件极值的驻点分别为$\left(\dfrac{1}{3},0\right)$,$\left(0,\dfrac{1}{3}\right)$,$\left(\dfrac{1}{2},\dfrac{1}{2}\right)$,他们的值分别为 $f\left(\dfrac{1}{3},0\right)=\dfrac{5}{3}$,$f\left(0,\dfrac{1}{3}\right)=\dfrac{5}{3}$,$f\left(\dfrac{1}{2},\dfrac{1}{2}\right)=\dfrac{3}{2}$. 边界端点 P_1,P_2,P_3 处的函数值分别为 $f(P_1)=2$,$f(P_2)=3$,$f(P_3)=3$. 比较上述各点的函数值可知,f 在 P_2,P_3 点取最大值 3,在$\left(\dfrac{1}{3},\dfrac{1}{3}\right)$处取最小值$\dfrac{4}{3}$.

对于上述例题中的简单的条件极值问题,其实没有必要用 Lagrange 函数,将约束条件解出来,代入目标函数可能更简单.

例 1.9.4

长方体体积一定时,求其表面积的最小值.

解 设长方体的长、宽、高分别为 x,y,z,则目标函数为表面积 $S=2(xy+yz+zx)$,约束条件是体积 $xyz=a^3$ 为常数,因此可以构造 Lagrange 函数:

$$L=2(xy+yz+zx)+\lambda(xyz-a^3).$$

求 L 的驻点

$$\begin{cases}L'_x=2(y+z)+\lambda yz=0,\\L'_y=2(z+x)+\lambda zx=0,\\L'_z=2(x+y)+\lambda xy=0,\\xyz-a^3=0.\end{cases}$$

由前两个方程可得

$$\frac{y+z}{z+x}=\frac{y}{x},\quad 即\ x=y.$$

由中间两个方程可解得 $y=z$,代入最后一个方程可得唯一驻点 (a,a,a).

如果实际问题存在最小值,则所求出的唯一驻点一定是最小值点.这一点也可以这样来证明:由约束条件 $xyz=a^3$ 可以解出 $z=\dfrac{a^3}{xy}$ 代入 S 可得

$$S=2\left(xy+\frac{a^3}{x}+\frac{a^3}{y}\right),\quad x>0,y>0,$$

S 在 $\Omega=\{(x,y)\mid x>0,y>0\}$ 区域内是连续函数,它在有界闭区域

$$\overline{D}_{\varepsilon N}=\{(x,y)\mid\varepsilon\leqslant x\leqslant N,\varepsilon\leqslant y\leqslant N\}$$

上必有最小值,其中 $0<\varepsilon<N$.因为

$$\lim_{x\to0^+}S=+\infty,\quad \lim_{x\to+\infty}S=+\infty,$$

$$\lim_{y\to0^+}S=+\infty,\quad \lim_{x\to+\infty}S=+\infty,$$

所以存在足够小的正常数 ε 和足够大的正数 N,使得 S 在 $\overline{D}_{\varepsilon N}$ 上的最小值就是 S 在 Ω 内的最小值,而且 S 在 $\overline{D}_{\varepsilon N}$ 上的最小值只能在 $\overline{D}_{\varepsilon N}$ 的内部取到,故 S 在 Ω 内的最小值点就是 S 在 $\overline{D}_{\varepsilon N}$ 上的极小值点,即唯一驻点 (a,a,a),所以 S 在 $x=y=z=a$ 点取到最小值 $6a^2$.

例 1.9.5

求空间椭圆

$$\begin{cases}\dfrac{x^2}{a^2}+\dfrac{y^2}{b^2}+\dfrac{z^2}{c^2}=1,\\lx+my+nz=0\end{cases}$$

(其中 $l^2+m^2+n^2=1$)的长、短半轴的长度.

解 椭圆的长、短半轴就是椭圆上的点 $P(x,y,z)$ 到椭圆中心(此处为原点 O)的距离 $r=\sqrt{x^2+y^2+z^2}$ 的最大值、最小值,因此这就是求如下的条件极值问题:

$$\max(x^2+y^2+z^2)\text{及}\min(x^2+y^2+z^2),$$

其中 (x,y,z) 满足约束

$$(x,y,z)\in\Omega=\left\{(x,y,z)\left|\frac{x^2}{a^2}+\frac{y^2}{b^2}+\frac{z^2}{c^2}=1,lx+my+nz=0\right.\right\}.$$

作 Lagrange 函数,这里有两个约束,所以

$$L=x^2+y^2+z^2+\lambda_1\left(\frac{x^2}{a^2}+\frac{y^2}{b^2}+\frac{z^2}{c^2}-1\right)+\lambda_2(lx+my+nz),$$

则条件极值点的必要条件是

$$L'_x=2x+\lambda_1\frac{2x}{a^2}+\lambda_2 l=0,$$

$$L'_y=2y+\lambda_1\frac{2y}{b^2}+\lambda_2 m=0,$$

$$L'_z=2z+\lambda_1\frac{2z}{c^2}+\lambda_2 n=0.$$

将三个式子分别乘以 x,y,z 再相加,利用约束条件,即得

$$x^2+y^2+z^2+\lambda_1=0,\quad \text{即 } \lambda_1=-r^2.$$

将此式代入上面三个式子,可分别求得

$$x=\frac{a^2 l}{2(r^2-a^2)}\lambda_2,\quad y=\frac{b^2 m}{2(r^2-b^2)}\lambda_2,\quad z=\frac{c^2 n}{2(r^2-c^2)}\lambda_2.$$

再分别乘以 l,m,n 相加,由于 $\lambda_2\neq 0$,可得

$$\frac{a^2l^2}{r^2-a^2}+\frac{b^2m^2}{r^2-b^2}+\frac{c^2n^2}{r^2-c^2}=0,$$

由此解出

$$r^2=\frac{B\pm\sqrt{B^2-AC}}{A},$$

其中

$$A=a^2l^2+b^2m^2+c^2n^2,\quad C=a^2b^2c^2,$$

$$B=\frac{1}{2}[l^2a^2(b^2+c^2)+m^2b^2(a^2+c^2)+n^2c^2(a^2+b^2)].$$

求出的两个 r 的唯一的极大值和极小值,也是其最大值和最小值,因此空间椭圆的长、短半轴分别为

$$a^*=\left(\frac{B+\sqrt{B^2-AC}}{A}\right)^{\frac{1}{2}},\quad b^*=\left(\frac{B-\sqrt{B^2-AC}}{A}\right)^{\frac{1}{2}}.$$

顺便指出，这个椭圆的面积为

$$S=\pi a^* b^* =\pi\sqrt{\frac{C}{A}}=\frac{\pi abc}{\sqrt{a^2l^2+b^2m^2+c^2n^2}}.$$

▶ **例 1.9.6** ………………………………………………………………………

求实二次型 $f(\boldsymbol{X})=\sum\limits_{i=1}^{n}\sum\limits_{j=1}^{n}a_{ij}x_ix_j$（其中 $a_{ij}=a_{ji}$），在约束条件 $\sum\limits_{i=1}^{n}x_i^2=1$ 下的最大值与最小值.

解 作 Lagrange 函数

$$L=\sum_{i=1}^{n}\sum_{j=1}^{n}a_{ij}x_ix_j+\lambda\left(1-\sum_{i=1}^{n}x_i^2\right),$$

由方程组

$$\begin{cases}L'_{x_1}=2[(a_{11}-\lambda)x_1+a_{12}x_2+\cdots+a_{1n}x_n=0],\\ L'_{x_2}=2[a_{21}x_1+(a_{22}-\lambda)x_2+\cdots+a_{2n}x_n=0],\\ \qquad\vdots\\ L'_{x_n}=2[a_{n1}x_1+a_{n2}x_2+\cdots+(a_{nn}-\lambda)x_n]=0,\\ x_1^2+x_2^2+\cdots+x_n^2=1\end{cases}$$

中最后一个方程可知 $x_1,x_2,\cdots,x_n$ 不全为零，于是其前 n 个方程（$x_1,x_2,\cdots,x_n$ 的齐次线性方程组）的系数行列式等于零，即

$$\det(\boldsymbol{A}-\lambda\boldsymbol{E})=0,$$

其中 $\boldsymbol{A}=(a_{ij})_{n\times n}$，$\boldsymbol{E}$ 为 n 阶单位方阵. 因此，Lagrange 乘子 λ 是实对称矩阵 $\boldsymbol{A}$ 的特征值，由这个方程组解得的驻点 $\boldsymbol{X}=(x_1,x_2,\cdots,x_n)^{\mathrm{T}}$ 是 $\boldsymbol{A}$ 的属于特征值 λ 的单位特征向量，相应的实二次型 $f(\boldsymbol{X})$ 的值为

$$f(\boldsymbol{X})=\boldsymbol{X}^{\mathrm{T}}\boldsymbol{A}\boldsymbol{X}=\boldsymbol{X}^{\mathrm{T}}\lambda\boldsymbol{X}=\lambda\boldsymbol{X}^{\mathrm{T}}\boldsymbol{X}=\lambda\|\boldsymbol{X}\|^2=\lambda.$$

由于 $\Omega=\left\{(x_1,x_2,\cdots,x_n)\in\mathbb{R}^n\,\middle|\,\sum\limits_{i=1}^{n}x_i^2=1\right\}$ 是 $\mathbb{R}^n$ 中的单位球面，为有界闭集，连续函数 f 在 Ω 中有最大值与最小值，所以 f 在约束条件 $\sum\limits_{i=1}^{n}x_i^2=1$ 下的最大值（也就是 f 在 Ω 中的最小值）为 $\boldsymbol{A}$ 的最大特征值；最小值为 $\boldsymbol{A}$ 的最小特征值.

这个问题也可用代数方法来解：记

$$f(\boldsymbol{X})=\boldsymbol{X}^{\mathrm{T}}\boldsymbol{A}\boldsymbol{X}.$$

对于实对称矩阵 $\boldsymbol{A}$，存在正交矩阵 $\boldsymbol{Q}$，使

$$\boldsymbol{Q}^{\mathrm{T}}\boldsymbol{A}\boldsymbol{Q}=\mathrm{diag}(\lambda_1,\lambda_2,\cdots,\lambda_n),$$

其中 $\lambda_1,\lambda_2,\cdots,\lambda_n$ 是 $\boldsymbol{A}$ 的 n 个实特征值，不妨设 $\lambda_1\leqslant\lambda_2\leqslant\cdots\leqslant\lambda_n$. 作正交变换 $\boldsymbol{X}=\boldsymbol{Q}\boldsymbol{Y}$，其中 $\boldsymbol{Y}=(y_1,\cdots,y_n)^{\mathrm{T}}$，得

$$f(\boldsymbol{X}) = (\boldsymbol{QY})^{\mathrm{T}}\boldsymbol{A}(\boldsymbol{QY}) = \boldsymbol{Y}^{\mathrm{T}}(\boldsymbol{Q}^{\mathrm{T}}\boldsymbol{AQ})\boldsymbol{Y} = \sum_{i=1}^{n}\lambda_i y_i^2,$$

此时约束条件 $\sum_{i=1}^{n} x_i^2 = 1$ 即 $\boldsymbol{X}^{\mathrm{T}}\boldsymbol{X}=1$，变换为

$$\boldsymbol{X}^{\mathrm{T}}\boldsymbol{X}=(\boldsymbol{QY})^{\mathrm{T}}(\boldsymbol{QY})=\boldsymbol{Y}^{\mathrm{T}}(\boldsymbol{Q}^{\mathrm{T}}\boldsymbol{Q})\boldsymbol{Y}=\boldsymbol{Y}^{\mathrm{T}}\boldsymbol{Y}=1.$$

即 $\sum_{i=1}^{n} y_i^2 = 1$. 在这个约束条件下，显然有

$$\lambda_1 = \lambda_{\min} \leqslant \sum_{i=1}^{n}\lambda_i y_i^2 \leqslant \lambda_{\max} = \lambda_n.$$

又知，在 λ_1 与 λ_n 所对应的单位特征向量 $\boldsymbol{X}_1,\boldsymbol{X}_n$ 处，二次型 f 的值恰为 λ_1,λ_n，即

$$f(\boldsymbol{X}_1) = \boldsymbol{X}_1^{\mathrm{T}}\boldsymbol{AX}_1 = \boldsymbol{X}_1^{\mathrm{T}}(\lambda_1\boldsymbol{X}_1) = \lambda\boldsymbol{X}_1^{\mathrm{T}}\boldsymbol{X}_1 = \lambda_1,$$

$$f(\boldsymbol{X}_n) = \boldsymbol{X}_n^{\mathrm{T}}\boldsymbol{AX}_n = \boldsymbol{X}_n^{\mathrm{T}}(\lambda_n\boldsymbol{X}_n) = \lambda_n\boldsymbol{X}_n^{\mathrm{T}}\boldsymbol{X}_n = \lambda_n.$$

所以 λ_1,λ_n 分别是 f 在 Ω 上的最小值与最大值. 上面的推导表明，所谓"瑞雷商"：

$$R(\boldsymbol{X})=\frac{\boldsymbol{X}^{\mathrm{T}}\boldsymbol{AX}}{\boldsymbol{X}^{\mathrm{T}}\boldsymbol{X}}$$

（其中 $\boldsymbol{A}$ 为 n 阶实对称矩阵，$\boldsymbol{X}$ 为 n 维非零列向量）的最大值、最小值就是 $\boldsymbol{A}$ 的最大、最小特征值.

习题 1.9

1. 研究下列函数的极值.

(1) $z=x^3+y^3-3x^2-3y^2$；

(2) $z=\mathrm{e}^{2x}(x+y^2+2y)$；

(3) $u=\sin x+\sin y+\sin z-\sin(x+y+z)$， $0\leqslant x,y,z\leqslant\pi$；

(4) $z=x_1+\dfrac{x_2}{x_1}+\dfrac{x_3}{x_2}+\cdots+\dfrac{x_n}{x_{n-1}}+\dfrac{2}{x_n}$， $x_i>1$；

(5) $u=x+\dfrac{y^2}{4x}+\dfrac{z^2}{y}+\dfrac{2}{z}$， $x,y,z>0$.

2. 函数 $z=z(x,y)$ 由 $2x^2+2y^2+z^2+8xz-z+8=0$ 确定，求 $z=z(x,y)$ 的极值.

3. 在一元函数中有如下结论：$f(x)$ 在 (a,b) 内可微，在 (a,b) 内有唯一极值点 x_0，则 x_0 为最值点. 这个结论能否推广到多元情况：$f(x,y)$ 在开集 D 内可微，在 D 内唯一驻点 (x_0,y_0)，则 (x_0,y_0) 是否一定为 $f(x,y)$ 的最值点？如果是，请证明；如果不是，请举出反例.

4. 求下列函数在给定区域的最值.

(1) $z=(x^2+2y^2)\mathrm{e}^{-x^2-y^2}$，$x,y\in(-\infty,+\infty)$；

(2) $z=xy(4-x-y),(x,y)\in\{(x,y)\mid x+y\leqslant 6,y\geqslant 0,x\geqslant 1\}$.

5. 证明下列各题

(1) 设 D 为$\mathbb{R}^2$ 中的有界闭区域. $f(x,y)$在 D 上连续,在 D 内可微,且满足方程$\dfrac{\partial f}{\partial x}+\dfrac{\partial f}{\partial y}=kf(x,y)(k>0)$,若在 D 的边界上有 $f(x,y)=0$,试证 $f(x,y)$在 D 上恒为零.

(2) 设 $u(x,y)$在 $x^2+y^2\leqslant 1$ 上连续,在 $x^2+y^2<1$ 满足$\dfrac{\partial^2 u}{\partial x^2}+\dfrac{\partial^2 u}{\partial y^2}=u$. 且在 $x^2+y^2=1$ 上,$u(x,y)\geqslant 0$. 证明:当 $x^2+y^2\leqslant 1$ 时,$u(x,y)\geqslant 0$.

6. 证明函数 $z(x,y)=(1+e^y)\cos x-ye^y$ 有无穷多个极大值点而无极小值.

7. 求下列函数在给定条件下的条件极值.

(1) $\begin{cases} z=x^2+y^2, \\ \text{s. t.} \quad \dfrac{x}{a}+\dfrac{y}{b}=1; \end{cases}$

(2) $\begin{cases} u=x-2y+2z, \\ \text{s. t.} \quad x^2+y^2+z^2=1; \end{cases}$

(3) $\begin{cases} u=x^2+y^2+z^2, \\ \text{s. t.} \quad \dfrac{x^2}{16}+\dfrac{y^2}{9}+\dfrac{z^2}{4}=1; \end{cases}$

(4) $\begin{cases} u=x^2+y^2+z^2, \\ \text{s. t.} \quad \begin{cases} x+y-z=1, \\ x+y+z=0. \end{cases} \end{cases}$

8. 求函数 $u=x^2+2y^2+z^2-2xy-2yz$ 在区域 $x^2+y^2+z^2\leqslant 4$ 内的最值.

9. 求解下列问题.

(1) 求椭圆 $x^2+\dfrac{y^2}{4}=1$ 上的点到直线 $x+y=4$ 距离的最值;

(2) 求旋转抛物面 $z=x^2+y^2$ 与平面 $x+y-z=1$ 的最短距离;

(3) 求椭球面$\dfrac{x^2}{a^2}+\dfrac{y^2}{b^2}+\dfrac{z^2}{c^2}=1$ 内接长方体的体积最值;

(4) 求原点到曲面 $z^2=xy+x-y+4$ 的最短距离;

(5) 求原点到曲线 $x^3-xy+y^3=1\quad(x\geqslant 0,y\geqslant 0)$的最短距离.

10. 求解下列问题.

(1) 水渠的断面为等腰梯形,在渠道表面抹上水泥,当断面面积一定时,梯形的上、下底及腰的长度比例为多少时,所用水泥最省?

(2) 断面为半圆形的柱形开口容器,其表面积 S 为定值时,求容积的最大值.

(3) 已知矩形的周长为 $2p$,将它绕其一边旋转成的圆柱体的体积最大值为多少?

(4) 一个长为 a 的铁丝,分成两部分,分别折成一个正三角形和矩形,求三角形面积和矩形面积和的最大值.

11. 求解下列问题.

(1) 求函数 $u=x^2y^2z^2$ 在约束条件 $x^2+y^2+z^2=a^2$ 下的最大值,并证明:

$$\sqrt[3]{x^2y^2z^2}\leqslant\frac{x^2+y^2+z^2}{3};$$

(2) 类似(1)证明:$a_1,a_2,\cdots,a_n>0$ 有

$$\sqrt{\frac{a_1^2+a_2^2+\cdots+a_n^2}{n}}\geqslant\frac{a_2+a_2+\cdots+a_n}{n}\geqslant\sqrt[n]{a_1a_2\cdots a_n}\geqslant\frac{n}{\frac{1}{a_1}+\frac{1}{a_2}+\cdots+\frac{1}{a_n}}.$$

12. 已知平面上有 n 个质点 $P_i(x_i,y_i)$,质量分别为 m_i.

(1) 求点 P 坐标,使 P 到这些点的距离的平方和最小;

(2) 求点 Q 坐标,使质点系 $P_i(x_i,y_i)$对 Q 的转动惯量最小.

13. 弹簧在弹性限度内的伸长 x 与所受拉力 y 满足关系式 $y=a+bx$,试根据下列数据确定弹性系数 b.

x_i/cm	2.6	3.0	3.5	4.3
y_i/kg	0	1	2	3

14. 某商店在一年的前五个月的营业额曲线为月份的二次多项式曲线,已知前五个月的营业额为 4.0, 4.4, 5.2, 6.4, 8.0(百万元),试用最小二乘法求出营业额曲线,并估计 12 月份的营业额.

第 1 章总复习题

1. 已知集合 $\Omega\subset\mathbb{R}^n$,点 $\boldsymbol{X}_0\subset\mathbb{R}^n$,如果对于任意 $\delta>0$,$B(\boldsymbol{X}_0,\delta)\cap(\Omega\backslash\boldsymbol{X}_0)\neq\varnothing$,则称 $\boldsymbol{X}_0$ 为 Ω 的聚点,集合 Ω 的所以聚点构成的集合称为 Ω 的导集,记为 $d(\Omega)$.

证明:(1) $d(\varnothing)=\varnothing$;

(2) 若 $A,B\subseteq\mathbb{R}^n$,$A\subseteq B$,则 $d(A)\subseteq d(B)$;

(3) $d(A\cup B)=d(A)\cup d(B)$;

(4) Ω 为闭集$\Leftrightarrow d(\Omega)\subseteq\Omega$;

(5) $\boldsymbol{P}\in d(\Omega)\Leftrightarrow\exists\{\boldsymbol{P}_n\}\subseteq\Omega,\lim\limits_{n\to\infty}\boldsymbol{P}_n=\boldsymbol{P}$;

(6) $\overline{\Omega}=\Omega\cup d(\Omega)$(从而 Ω 为闭集$\Leftrightarrow\Omega=\overline{\Omega}$);

(7) $\overline{\overline{\Omega}}=\overline{\Omega}$.

2. 若 $A,B\subseteq\mathbb{R}$ 均为$\mathbb{R}$ 中开集(闭集),则 $A\times B=\{(x,y)\mid x\in A,y\in B\}$为$\mathbb{R}^2$ 中开集(闭集).

3. $\Omega\subset\mathbb{R}^n$，证明：(1)$\partial\Omega$ 是闭集；(2)$\partial\overline{\Omega}\subseteq\partial\Omega$.

4. 设映射 $f:\mathbb{R}^n\to\mathbb{R}$，证明：$f$ 为连续函数当且仅当对任意$\mathbb{R}$ 的开集 G，集合 $f^{-1}(G)$为$\mathbb{R}^n$ 中开集.

5. 设向量值函数 $\boldsymbol{f}:\mathbb{R}^n\to\mathbb{R}^n$ 满足：存在 $L:0<L<1$，对任意的 $X,Y\in\mathbb{R}^n$ 有 $\|\boldsymbol{f}(\boldsymbol{X})-\boldsymbol{f}(\boldsymbol{Y})\|\leqslant L\|\boldsymbol{X}-\boldsymbol{Y}\|$. 证明：$\exists\boldsymbol{X}^*\in\mathbb{R}^n,\boldsymbol{f}(\boldsymbol{X}^*)=\boldsymbol{X}^*$.

6. 设 $\Omega\subset\mathbb{R}^n$，$\boldsymbol{X}\in\mathbb{R}^n$，定义 $\rho(\boldsymbol{X},\Omega)=\inf\limits_{\boldsymbol{Y}\in\Omega}\|\boldsymbol{X}-\boldsymbol{Y}\|_n$. 证明：

(1) $\rho(\boldsymbol{X},\Omega)$为 $\boldsymbol{X}$ 的连续函数；

(2) Ω 为有界闭集时，存在 $\boldsymbol{X}_0\in\Omega$，使得 $\rho(\boldsymbol{X},\Omega)=\|\boldsymbol{X}-\boldsymbol{X}_0\|_n$；

(3) $\Omega_1,\Omega_2\subset\mathbb{R}^n$，定义 $\rho(\Omega_1,\Omega_2)=\inf\limits_{\boldsymbol{X}\in\Omega_1,\boldsymbol{Y}\in\Omega_2}\|\boldsymbol{X}-\boldsymbol{Y}\|_n$，证明：当 Ω_1,Ω_2 为有界闭集时，存在 $\boldsymbol{X}_0\in\Omega_1,\boldsymbol{Y}_0\in\Omega_2$，使得 $\rho(\Omega_1,\Omega_2)=\|\boldsymbol{X}_0-\boldsymbol{Y}_0\|_n$.

7. 设函数 $g\in C[a,b]$，$h\in C[c,d]$，证明：函数 $f(x,y)=\int_a^x g(t)\mathrm{d}t\int_c^y h(s)\mathrm{d}s$ 在$[a,b]\times[c,d]$上连续.

8. 已知 $\boldsymbol{r}=x\boldsymbol{i}+y\boldsymbol{j}+z\boldsymbol{k}$，$r=\|\boldsymbol{r}\|$，$\Delta=\dfrac{\partial^2}{\partial x^2}+\dfrac{\partial^2}{\partial y^2}+\dfrac{\partial^2}{\partial z^2}$，求：$\|\mathrm{grad}r\|$，$\Delta r$，$\Delta(\ln r)$，$\Delta\left(\dfrac{1}{r}\right)$.

9. 设 $f(x,y,z)$可微，$\boldsymbol{I}_1,\boldsymbol{I}_2,\boldsymbol{I}_3$ 为$\mathbb{R}^3$ 中互相垂直的三个单位向量，求证：

$$\left(\frac{\partial f}{\partial \boldsymbol{I}_1}\right)^2+\left(\frac{\partial f}{\partial \boldsymbol{I}_2}\right)^2+\left(\frac{\partial f}{\partial \boldsymbol{I}_3}\right)^2=\left(\frac{\partial f}{\partial x}\right)^2+\left(\frac{\partial f}{\partial y}\right)^2+\left(\frac{\partial f}{\partial z}\right)^2.$$

10. 设 $f(x,y)=\begin{cases}x-y+\dfrac{xy^2}{x^2+y^2}, & (x,y)\neq(0,0)\\ 0, & (x,y)=(0,0),\end{cases}$，证明：$f(x,y)$在$(0,0)$处连续，沿任意方向方向导数存在，但不可微.

11. 已知偏微分方程(输运方程)$\begin{cases}\dfrac{\partial z}{\partial t}=a\dfrac{\partial z}{\partial x}+b\dfrac{\partial z}{\partial y},\\ z(x,y,0)=z_0(x,y),\end{cases}$ 证明它的解为 $z=z_0(x+at,y+bt)$.

12. 求解下列问题.

(1) 设函数 $f,g\in C^2$，证明：$u(x,y,z,t)=\dfrac{1}{r}(f(t+r)-g(t-r))$满足弦振动方程$\dfrac{\partial^2 u}{\partial t^2}=\dfrac{\partial^2 u}{\partial x^2}+\dfrac{\partial^2 u}{\partial y^2}+\dfrac{\partial^2 u}{\partial z^2}$，其中 $r=\sqrt{x^2+y^2+z^2}$；

(2) $f(x,y,z)$为 k 次齐次函数，即 $f(tx,ty,tz)=t^kf(x,y,z)$，若 f 可微，证明：$f(x,y,z)$满足 $x\dfrac{\partial u}{\partial x}+y\dfrac{\partial u}{\partial y}+z\dfrac{\partial u}{\partial z}=kf(x,y,z)$；

(3) 设函数 $u(x,y,z)=f(\sqrt{x^2+y^2+z^2})$,若 u 满足 $\frac{\partial^2 u}{\partial x^2}+\frac{\partial^2 u}{\partial y^2}+\frac{\partial^2 u}{\partial z^2}=0$,证明:$u=\frac{a}{\sqrt{x^2+y^2+z^2}}+b$($a,b$ 为常数);

(4) 已知函数 $f(x,y)=g(x^2+y^2)$,$g\in C'$且具有 $f(x,y)=\varphi(x)\varphi(y)$的形式;若 $f(0,0)=1$,$f(1,0)=\mathrm{e}$,求 $f(x,y)$.

13. 已知变换$\begin{cases}u=\varphi(\xi,\eta),\\ v=\psi(\xi,\eta),\end{cases}\begin{cases}\xi=f(x),\\ \eta=g(y),\end{cases}$其中 f,g,φ,ψ 可微,证明:$\frac{D(u,v)}{D(x,y)}=f'(x)g'(y)\frac{D(u,v)}{D(\xi,\eta)}$.

14. 求解下列问题.

(1) 证明:曲面 $z=x\mathrm{e}^{\frac{x}{y}}$ 上所有点处的切平面均过原点;

(2) 求曲面 $x^2+y^2+z^2=x$ 的切平面,使其垂直于平面 $x-y-z=2$ 和 $x-y-\frac{3}{2}z=2$.

(3) 两曲面正交是指在交线上,它们的法向量互相垂直.已知两曲面 $F_1(x,y,z)=0$,$F_2(x,y,z)=0$ 正交,其中 F_1,F_2 可微,给出它们正交所满足的等式.

(4) 讨论椭球面 $a_{11}x^2+a_{22}y^2+a_{33}z^2+2a_{12}xy+2a_{13}xz+2a_{23}yz=1$ 的长轴的长度与方阵 $\boldsymbol{A}=\begin{pmatrix}a_{11}&a_{12}&a_{13}\\a_{12}&a_{22}&a_{23}\\a_{13}&a_{23}&a_{33}\end{pmatrix}$特征值之间的关系.

15. 设 $f(x,y)$是可微函数,且满足以下条件 $\lim\limits_{x^2+y^2\to+\infty}\frac{f(x,y)}{\sqrt{x^2+y^2}}=+\infty$,试证明:对于任意的$\boldsymbol{v}=\{v_1,v_2\}$,都存在点$(x_0,y_0)$,使得 $\mathrm{grad}f(x_0,y_0)=\boldsymbol{v}$.

16. 求 $f(x,y)=\frac{1}{p}x^p+\frac{1}{q}y^q$ 在约束条件 $xy=1$ 下的最小值,并证明 Young 不等式:$\frac{1}{p}x^p+\frac{1}{q}y^q\geqslant xy$,其中 $x,y\geqslant 0$,$\frac{1}{p}+\frac{1}{q}=1$,$p,q>0$.

17. 已知点 $P(a,b)$在曲线 $f(x,y)=0$ 上,点 $Q(c,d)$在曲线 $g(x,y)=0$ 上,其中 f,g 可微,证明:若 $|PQ|$ 为两条曲线的距离,则 $\frac{a-c}{b-d}=\frac{f_1'(a,b)}{f_2'(a,b)}=\frac{g_1'(c,d)}{g_2'(c,d)}$.利用此结论求椭圆 $x^2+2xy+5y^2-16y=0$ 与直线 $x-y-8=0$ 的距离.

18. 求 $f(x,y)=\sin x\sin y\sin(x+y)$在闭区域$\{(x,y)\mid x\geqslant 0,y\geqslant 0,x+y\leqslant\pi\}$上的最值.

第2章　含参积分及广义含参积分

假设定义在矩形域$[a,b]\times[c,d]=\{(x,y)\mid a\leqslant x\leqslant b,c\leqslant y\leqslant d\}$上的二元函数$f(x,y)$对于任意固定的$y\in[c,d]$都Riemann可积，这时积分$\int_a^b f(x,y)\mathrm{d}x$实际上是一个自变量$y$定义在区间$[c,d]$上的函数，记作

$$I(y)=\int_a^b f(x,y)\mathrm{d}x,\quad y\in[c,d],$$

这个函数就是我们这一章要研究的**含参积分**.

如果对于固定的$y\in[c,d]$，二元函数$f(x,y)$关于变量x在$[a,b]$上为无界函数，或者$b=+\infty(a=-\infty)$，则上式中关于x的积分相应地变成广义积分

$$I(y)=\int_a^b f(x,y)\mathrm{d}x,\quad y\in[c,d],$$

或

$$I(y)=\int_a^{+\infty} f(x,y)\mathrm{d}x,\quad y\in[c,d],$$

$$I(y)=\int_{-\infty}^b f(x,y)\mathrm{d}x,\quad y\in[c,d],$$

这时函数$I(y)$称为由**广义含参积分**定义的函数.

含参积分和广义含参积分是我们引进非初等函数的一个重要手段，例如：

Gamma 函数　$\Gamma(x)=\int_0^{+\infty} t^{x-1}\mathrm{e}^{-t}\mathrm{d}t,\quad x>0,$

Beta 函数　$B(x,y)=\int_0^1 t^{x-1}(1-t)^{y-1}\mathrm{d}t,\quad x>0,y>0,$

Bessel 函数　$J_0(x)=\frac{2}{\pi}\int_0^{+\infty}\sin(x\cosh t)\mathrm{d}t,\quad x>0,$

等等.

我们在这一章要研究的是这些由含参积分或广义含参积分定义的函数作为一元函数的微积分性质：

(1) $I(y)$关于变量 y 的连续性;

(2) $I(y)$关于变量 y 的可微性;

(3) $I(y)$关于变量 y 的可积性.

一旦 $I(y)$的这些性质研究清楚之后,我们就可以得到 $I(y)$的单调性、凸性等几何性质,我们甚至可以得到函数 $I(y)$满足的微分方程,这样我们就可以将 $I(y)$作为已知函数收录在我们的函数库中,我们就可以扩充自己的函数库. 实际上对于那些我们认为是熟知的函数,例如 e^x,我们到底知道了多少呢? 单调性、凸性、周期性、微分方程而已.

在正式讨论含参积分及广义含参积分之前,我们先给出两个关于"一致性"的概念.

2.1 预备知识

2.1.1 多元函数的一致连续性

与一元函数一样,多元函数也有一致连续的概念. 多元函数 $f(X)$在定义域内一点 X_0 处连续的定义为

$$\forall \varepsilon > 0, \exists \delta > 0, \forall X: \| X - X_0 \| < \delta, \quad | f(X) - f(X_0) | < \varepsilon. \tag{2.1.1}$$

一般而言,δ 值的选取与 ε 值有关,ε 越小,δ 也只能选得越小,因此 δ 可以记作 $\delta(\varepsilon)$,以表示 δ 对 ε 的依赖性(这里 $\delta(\varepsilon)$并不表示 δ 是 ε 的函数,因为一个 ε 值可以对应无数个 δ 值). 如果我们将 X_0 看成是在某个集合 Ω 中变化的参数,δ 值其实也与 X_0 有关,因此 δ 通常也记作 $\delta(\varepsilon, X_0)$,表示 δ 值依赖于 ε 值和 X_0 值. 如果可以找到与 X_0 无关的 $\delta=\delta(\varepsilon)>0$,使得(2.1.1)式对任意的 $X_0 \in \Omega$ 成立,则称多元函数 $f(X)$在集合 Ω 上一致连续.

定义 2.1.1 ……………………………………………………………………

设 n 元函数 $f(X)$在 $\Omega \subset \mathbb{R}^n$ 上有定义,若

$$\forall \varepsilon > 0, \exists \delta > 0, \forall X', X'' \in \Omega: \| X' - X'' \| < \delta, \ | f(X') - f(X'') | < \varepsilon,$$

*称 n 元函数 $f(X)$在 Ω 上***一致连续**.

与一元函数一样,对于在$\mathbb{R}^n$ 中有界闭集上连续的函数,我们有:

定理 2.1.1 ……………………………………………………………………

n 元函数 $f(X)$在有界闭集 $\Omega \subset \mathbb{R}^n$ 上连续,则在该有界闭集上一致连续.

定理 2.1.1 的证明与一元函数完全一样,有兴趣的同学可以参看一元微积分部分.

2.1.2 广义积分的一致收敛性

在本小节,我们只以无界区间上的广义含参积分$\int_a^{+\infty} f(x,y)\mathrm{d}x$为例说明广义积分的一致收敛性,对于有界区间上的无界函数的含参瑕积分有类似的概念和结论,在此就不重复了.

定义在无界区间$[a,+\infty)$上的函数$f(x)$的广义积分有收敛性的问题,其等价于极限$\lim\limits_{A\to+\infty}\int_a^A f(x)\mathrm{d}x$的存在性. 由Cauchy准则,知广义积分$\int_a^{+\infty} f(x)\mathrm{d}x$收敛,如果

$$\forall\varepsilon>0,\exists A(\varepsilon)>0,\forall A',A''>A(\varepsilon),\left|\int_{A'}^{A''} f(x)\mathrm{d}x\right|<\varepsilon,$$

这里$A(\varepsilon)$表示A是依赖于ε的一个实数.

考虑定义在带状域$[a,+\infty)\times[c,d]$上的二元函数$f(x,y)$,如果对于任意固定的$y\in[c,d]$,广义积分$\int_a^{+\infty} f(x,y)\mathrm{d}x$都收敛,用上述Cauchy准则可以表述为

$$\forall\varepsilon>0,\exists A(\varepsilon,y)>0,\forall A',A''>A(\varepsilon,y),\left|\int_{A'}^{A''} f(x,y)\mathrm{d}x\right|<\varepsilon, \tag{2.1.2}$$

其中$A(\varepsilon,y)$表示一个依赖于ε与y的实数.

一般而言,区间$[c,d]$中不同的y值,$A(\varepsilon,y)$的值也是不同的. 这样就提出了一个问题,对于任意的$\varepsilon>0$,是否能找到一个仅依赖于ε的实数$A(\varepsilon)$,使得只要$A',A''>A(\varepsilon)$,不等式(2.1.2)就对$y\in[c,d]$一致成立. 这就是广义含参积分$\int_a^{+\infty} f(x,y)\mathrm{d}x$关于参变量$y\in[c,d]$一致收敛的问题.

定义 2.1.2

若$\forall\varepsilon>0,\exists A(\varepsilon)>0,\forall A',A''>A(\varepsilon),\forall y\in[c,d],\left|\int_{A'}^{A''} f(x,y)\mathrm{d}x\right|<\varepsilon$,则无界区间上的广义含参积分$\int_a^{+\infty} f(x,y)\mathrm{d}x$关于$y\in[c,d]$**一致收敛**.

例 2.1.1

求证$\int_a^{+\infty} y\mathrm{e}^{-xy}\mathrm{d}x$关于$y\in[0,+\infty)$不一致收敛.

证明 显然,含参变量y的广义积分$\int_a^{+\infty} y\mathrm{e}^{-xy}\mathrm{d}x$当$y\in[0,+\infty)$时收敛.

取$\varepsilon_0=\mathrm{e}^{-1}-\mathrm{e}^{-2}$,$\forall A>0$,取$A'=A+1,A''=2(A+1),y_0=\dfrac{1}{A+1}$,

$$\left|\int_{A'}^{A''} y\mathrm{e}^{-xy}\mathrm{d}x\right|=-\mathrm{e}^{-xy}\Big|_{x=A'}^{x=A''}=\mathrm{e}^{-A'y}-\mathrm{e}^{-A''y}=\varepsilon_0,$$

故广义积分关于$y\in[0,+\infty]$收敛但不一致收敛.

从广义积分一致收敛的定义，我们不难推出下面的比较判别法：

定理 2.1.2

设 $\forall y\in[c,d]$，$f(x,y)$ 作为变量 x 的一元函数在 $[a,+\infty)$ 上连续．如果存在 $[a,+\infty)$ 上的连续函数 $F(x)$，使得

$$|f(x,y)|\leqslant F(x),\quad (x,y)\in[a,+\infty)\times[c,d],$$

且 $\int_a^{+\infty}F(x)\mathrm{d}x$ 收敛，则 $\int_a^{+\infty}f(x,y)\mathrm{d}x$ 在 $y\in[c,d]$ 上一致收敛．

证明 因为 $\int_a^{+\infty}F(x)\mathrm{d}x$ 收敛，所以

$$\forall\varepsilon>0,\exists A(\varepsilon)>0,\forall A',A''>A(\varepsilon),\quad \left|\int_{A'}^{A''}F(x)\mathrm{d}x\right|<\varepsilon,$$

此时

$$\left|\int_{A'}^{A''}f(x,y)\mathrm{d}x\right|\leqslant\left|\int_{A'}^{A''}|f(x,y)|\mathrm{d}x\right|\leqslant\left|\int_{A'}^{A''}F(x)\mathrm{d}x\right|<\varepsilon,$$

故 $\int_a^{+\infty}f(x,y)\mathrm{d}x$ 在 $y\in[c,d]$ 上一致收敛．

▶ **例 2.1.2**

设 $d>c>0$，求证 $\int_a^{+\infty}\mathrm{e}^{-xy}\mathrm{d}x$ 在 $y\in[c,d]$ 上一致收敛．

证明 当 $y\in[c,d]$ 时，

$$|\mathrm{e}^{-xy}|\leqslant\mathrm{e}^{-cx},$$

$c>0$，故 $\int_o^{+\infty}\mathrm{e}^{-cx}\mathrm{d}x$ 收敛．由定理 2.1.2 可知 $\int_o^{+\infty}\mathrm{e}^{-cx}\mathrm{d}x$ 在 $y\in[c,d]$ 上一致收敛．

在无界区间广义积分收敛性的判断中我们有 Dirichlet 判别法和 Abel 判别法，在无界区间广义积分一致收敛性的判别法中，同样有 Dirichlet 判别法和 Abel 判别法．

定理 2.1.3（Dirichlet 判别法）

如果 $f(x,y)$，$g(x,y)$ 满足条件：

(1) 积分 $\int_a^A f(x,y)\mathrm{d}x$ 关于 $y\in[c,d]$，以及充分大的 A 一致有界，即存在 $M>0$，使得 $\forall y\in[c,d]$ 以及充分大的 A，都有

$$\left|\int_a^A f(x,y)\mathrm{d}x\right|\leqslant M;$$

(2) $g(x,y)$ 关于变量 x 为单调函数，且 $\lim\limits_{x\to+\infty}g(x,y)=0$ 关于 $y\in[c,d]$ 一致成立，即 $\forall\varepsilon>0,\exists L(\varepsilon)>0,\forall x>L(\varepsilon),\forall y\in[c,d]$ 都有

$$|g(x,y)|<\varepsilon,$$

则广义含参积分$\int_a^{+\infty}f(x,y)g(x,y)\mathrm{d}x$关于$y\in[c,d]$上一致收敛.

定理 2.1.4(Abel 判别法) ……

如果$f(x,y)$,$g(x,y)$满足条件:

(1) 广义含参积分$\int_a^{+\infty}f(x,y)\mathrm{d}x$关于$y\in[c,d]$一致收敛;

(2) $g(x,y)$关于变量x单调,且关于$y\in[c,d]$一致有界,即$\exists M>0$,

$$|g(x,y)|\leqslant M,\quad \forall x\in[a,+\infty),\quad \forall y\in[c,d],$$

则广义含参积分$\int_a^{+\infty}f(x,y)g(x,y)\mathrm{d}x$关于$y\in[c,d]$上一致收敛.

上述两个判别法的证明用到了推广的第二积分平均值定理:若$g(x,y)$关于x单调,则存在$\xi\in[A',A'']$,

$$\int_{A'}^{A''}f(x,y)g(x,y)\mathrm{d}x=g(A',y)\int_{A'}^{\xi}f(x,y)\mathrm{d}x+g(A'',y)\int_{\xi}^{A''}f(x,y)\mathrm{d}x.$$

具体证明过程与广义积分收敛性判断的 Dirichlet 判别法和 Abel 判别法类似,我们在此就不证了.

▶ **例 2.1.3** ……

考查广义含参积分$\int_1^{+\infty}\frac{\sin xy}{x}\mathrm{d}x,y\in[1,+\infty)$的一致收敛性.

解 记$f(x,y)=\sin xy,g(x,y)=\frac{1}{x}$,则

$$\left|\int_1^A f(x,y)\mathrm{d}x\right|\leqslant 2,\quad A\in[1,+\infty),y\in[1,+\infty)$$

一致有界,

$$\lim_{x\to+\infty}g(x,y)=0$$

关于$y\in[1,+\infty)$一致(函数$g(x,y)=\frac{1}{x}$根本就不含变量y),故由 Dirichlet 判别法,广义含参积分$\int_1^{+\infty}\frac{\sin xy}{x}\mathrm{d}x$关于$y\in[0,+\infty)$一致收敛.

▶ **例 2.1.4** ……

证明广义含参积分$\int_0^{+\infty}\mathrm{e}^{-xy}\frac{\sin x}{x}\mathrm{d}x$关于$y\in[0,+\infty)$一致收敛.

证明 由广义积分的收敛性可知$\int_0^{+\infty}\frac{\sin x}{x}\mathrm{d}x$收敛.由于这个广义积分不含

参数 y，故收敛性关于 $y\in[0,+\infty)$ 是一致的. 另外

$$|e^{-xy}|\leqslant 1,\quad x\in[0,+\infty),\quad y\in[0,+\infty)$$

是一致有界的，关于 x 是单调的，故由 Abel 判别法可知，含有参数的广义积分 $\int_0^{+\infty}e^{-xy}\frac{\sin x}{x}dx$ 关于参数 $y\in[0,+\infty)$ 一致收敛.

习题 2.1

1. 证明：$f(x,y)=\sin(x^2+y^2)$ 在 $\mathbb{R}^2$ 上一致连续.

2. 已知函数 $f:\mathbb{R}^n\to\mathbb{R}$ 连续，且 $\lim\limits_{\|X\|\to+\infty}f(X)$ 存在，求证：f 在 $\mathbb{R}^n$ 上一致连续.

3. 证明：函数 $f(X)$ 在 $\Omega\subset\mathbb{R}^n$ 上一致连续的充要条件是：对 $\Omega\subset\mathbb{R}^n$ 上的任何两个点列 $\{X_n\}$ 与 $\{Y_n\}$，当 $\lim\limits_{n\to\infty}\|X_n-Y_n\|=0$ 时，有 $\lim\limits_{n\to\infty}(f(X_n)-f(Y_n))=0$.

4. 讨论下列积分在所给区间上的一致收敛性.

(1) $\int_1^{+\infty}x^s e^{-x}dx\,(a\leqslant s\leqslant b)$；

(2) $\int_{-\infty}^{+\infty}\frac{\cos yx}{1+x^2}dx\,(-\infty<y<+\infty)$；

(3) $\int_0^{+\infty}x^{2n}e^{-tx^2}dx\,(0<t_0\leqslant t<+\infty)$；

(4) $\int_0^{+\infty}e^{-tx}\sin x\,dx\,(0<t_0\leqslant t<+\infty)$；

(5) $\int_{-\infty}^{+\infty}\frac{x^2\cos tx}{1+x^4}dx\,(-\infty<t<+\infty)$；

(6) $\int_0^{+\infty}\frac{dx}{1+(x+t)^2}\,(0\leqslant t<+\infty)$；

(7) $\int_1^{+\infty}e^{-tx}\frac{\cos x}{\sqrt{x}}dx\,(0\leqslant t<+\infty)$；

(8) $\int_0^{+\infty}\sqrt{t}\,e^{-tx^2}dx\,(0\leqslant t<+\infty)$；

(9) $\int_1^{+\infty}x^{1-y}dx\,(0<y<+\infty)$；

(10) $\int_0^{+\infty}\frac{\sin x^2}{x^p}dx\,(0\leqslant p<+\infty)$.

5. 证明：积分 $\int_0^{+\infty}e^{-tx}\frac{\sin 3x}{x+t}dx\,(0\leqslant t<+\infty)$ 一致收敛.

6. 设 $f(x,t)$ 在 $[a,+\infty)\times[\alpha,\beta]$ 中连续，如果对于每个 $t\in[\alpha,\beta)$，$\int_a^{+\infty}f(x,$

$t)\mathrm{d}x$ 均收敛，但$\int_a^{+\infty} f(x,\beta)\mathrm{d}x$ 发散，证明：$\int_a^{+\infty} f(x,t)\mathrm{d}x$ 在$[\alpha,\beta)$ 上非一致收敛.

7. $\int_a^{+\infty} f(x,y)\mathrm{d}x$ 关于 $y \in I$ 上一致收敛，函数 $g(y)$ 在 I 上有界，证明：$\int_a^{+\infty} f(x,y)g(y)\mathrm{d}x$ 关于 $y \in I$ 上一致收敛.

8. 证明：积分$\int_0^{+\infty} \frac{\sin tx}{x}\mathrm{d}x$ 在包含 $t=0$ 的区间上不一致收敛.

2.2 由含参积分所定义函数的微积分性质

记

$$I(y)=\int_a^b f(x,y)\mathrm{d}x, \tag{2.2.1}$$

其中二元函数 $f(x,y)$定义域为 $D=[a,b]\times[c,d]$，且对于任意的 $y\in[c,d]$，$f(x,y)$关于变量 x 在$[a,b]$上可积. 在本小节我们将讨论 $I(y)$作为一元函数的微积分性质：$I(y)$的连续性、可微性以及可积性. 我们有下列结论：

定理 2.2.1 ……

设二元函数 $f(x,y)$在矩形域 D 上连续，则由(2.2.1)式定义的一元函数 $I(y)$在$[c,d]$上连续.

证明 只要证明 $I(y)$在$[c,d]$上任意一点 y_0 处连续. 不妨设 $y_0\in(c,d)$，若 $y_0=c$ 或 $y_0=d$，只要在下面的证明过程中的极限改成 $y\to c^+$ 或 $y\to d^-$，结论仍然成立.

显然

$$\begin{aligned}|I(y)-I(y_0)| &= \left|\int_a^b f(x,y)\mathrm{d}x-\int_a^b f(x,y_0)\mathrm{d}x\right| \\ &= \left|\int_a^b [f(x,y)-f(x,y_0)]\mathrm{d}x\right| \\ &\leqslant \int_a^b |f(x,y)-f(x,y_0)|\mathrm{d}x.\end{aligned}$$

由条件，二元函数 $f(x,y)$在有界闭集 D 上连续，利用定理 2.1.1，$f(x,y)$在 D 上一致连续，所以 $\forall\varepsilon>0$, $\exists\delta>0$, $\forall(x',y'),(x'',y'')\in D$, $\|(x',y')-(x'',y'')\|<\delta$,

$$|f(x',y')-f(x'',y'')|<\frac{\varepsilon}{b-a}.$$

当$|y-y_0|<\delta$时，$\|(x,y)-(x,y_0)\|=|y-y_0|<\delta$,

$$|f(x,y)-f(x,y_0)|<\frac{\varepsilon}{b-a},$$

$$|I(y)-I(y_0)|\leqslant\int_a^b|f(x,y)-f(x,y_0)|\,\mathrm{d}x<\varepsilon.$$

所以 $I(y)$是$[c,d]$上的连续函数.

函数 $I(y)$在$[c,d]$上连续,即

$$\lim_{y\to y_0}I(y)=I(y_0),\tag{2.2.2}$$

将 $I(y)$的定义(2.2.1)代入可得

$$\lim_{y\to y_0}I(y)=\lim_{y\to y_0}\int_a^b f(x,y)\mathrm{d}x,$$

$$I(y_0)=\int_a^b f(x,y_0)\mathrm{d}x=\int_a^b[\lim_{y\to y_0}f(x,y)]\mathrm{d}x,$$

(2.2.2)式就是

$$\lim_{y\to y_0}\left[\int_a^b f(x,y)\mathrm{d}x\right]=\int_a^b[\lim_{y\to y_0}f(x,y)]\mathrm{d}x.\tag{2.2.3}$$

作为一个二元函数,对变量 x 与变量 y 分别可以作二次微积分运算:积分运算和极限运算.(2.2.3)式表示当 $f(x,y)$为 D 上的连续函数时,这两种运算可以交换运算次序.这个性质有时也称为**积分号下可求极限**.

我们接着讨论函数 $I(y)$关于变量 y 的可微性,有下面的定理:

定理 2.2.2 ……

设二元函数 $f(x,y)$及$\frac{\partial f}{\partial y}(x,y)$在有界闭集 $D=[a,b]\times[c,d]$上连续,则由含参积分定义的函数

$$I(y)=\int_a^b f(x,y)\mathrm{d}x$$

关于自变量 y 在区间$[c,d]$上可微,且

$$\frac{\mathrm{d}}{\mathrm{d}y}I(y)=\int_a^b\left[\frac{\partial f}{\partial y}(x,y)\right]\mathrm{d}x.$$

证明 由本定理的条件和一元函数微分中值定理可知:$\exists\theta\in(0,1)$,使得

$$\frac{I(y+\Delta y)-I(y)}{\Delta y}=\frac{1}{\Delta y}\int_a^b[f(x,y+\Delta y)-f(x,y)]\mathrm{d}x$$
$$=\int_a^b\left[\frac{\partial f}{\partial y}(x,y+\theta\Delta y)\right]\mathrm{d}x,$$

因为$\frac{\partial f}{\partial y}(x,y)$在矩形域 D 上连续,由定理 2.2.1 可知

$$\lim_{\Delta y\to 0}\frac{I(y+\Delta y)-I(y)}{\Delta y}=\lim_{\Delta y\to 0}\int_a^b\left[\frac{\partial f}{\partial y}(x,y+\theta\Delta y)\right]\mathrm{d}x$$
$$=\int_a^b\lim_{\Delta y\to 0}\left[\frac{\partial f}{\partial y}(x,y+\theta\Delta y)\right]\mathrm{d}x$$

$$= \int_a^b \left[\frac{\partial f}{\partial y}(x,y) \right] dx.$$

即函数 $I(y)$关于自变量 y 在区间$[c,b]$上可微，其导数为

$$\frac{d}{dy} I(y) = \int_a^b \left[\frac{\partial f}{\partial y}(x,y) \right] dx. \tag{2.2.4}$$

将 $I(y)$的表达式(2.2.1)代入(2.2.4)式，

$$\frac{d}{dy}\left[\int_a^b f(x,y)\, dx \right] = \int_a^b \left[\frac{\partial f}{\partial y}(x,y) \right] dx. \tag{2.2.5}$$

这里我们同样可以看到对二元函数 $f(x,y)$的两个微积分运算：对 x 变量的积分与对 y 变量的导数的交换运算次序，只不过(2.2.5)式左端对 y 变量是导数，而右端对 y 变量是偏导数.

作为定理 2.2.2 的一个小小推广，我们考虑积分上、下限均变化的含参积分定义的函数

$$I(y) = \int_{\alpha(y)}^{\beta(y)} f(x,y)\, dx, \tag{2.2.6}$$

其中 $\alpha(y)$，$\beta(y)$是定义在区间$[c,d]$上的函数，满足

$$a \leqslant \alpha(y) \leqslant b, \quad a \leqslant \beta(y) \leqslant b, \quad y \in [c,d]. \tag{2.2.7}$$

对于这么定义的函数 $I(y)$，我们有

定理 2.2.3 ……………………………………………………………

设二元函数 $f(x,y)$及$\frac{\partial f}{\partial y}(x,y)$在有界闭集 $D=[a,b]\times[c,b]$上连续，$\alpha(y)$，$\beta(y)$为$[c,d]$上的可微函数，且满足不等式(2.2.7)，则 $I(y)$关于自变量 y 在$[c,d]$上可微，且

$$\frac{d}{dy} I(y) = \int_{\alpha(y)}^{\beta(y)} \left[\frac{\partial f}{\partial y}(x,y) \right] dx + f(\beta(y),y)\beta'(y) - f(\alpha(y),y)\alpha'(y). \tag{2.2.8}$$

证明　记 $u=\alpha(y)$，$v=\beta(y)$，则 $I(y)$可以表示为复合函数

$$I(y) = J(y,u,v),$$

其中

$$J(y,u,v) = \int_u^v f(x,y)\, dx.$$

由复合函数求导的链式法则可知

$$\begin{aligned} \frac{d}{dy} I(y) &= \frac{d}{dy}[J(y,u,v)] \\ &= \frac{\partial}{\partial y}[J(y,u,v)] + \frac{\partial}{\partial u}[J(y,u,v)]\frac{du}{dy} + \frac{\partial}{\partial v}[J(y,u,v)]\frac{dv}{dy}. \end{aligned}$$

由不等式(2.2.7)及定理 2.2.2 可知

$$\frac{\partial}{\partial y}[J(y,u,v)]=\frac{\partial}{\partial y}\int_u^v f(x,y)\mathrm{d}x=\int_u^v\left[\frac{\partial f}{\partial y}(x,y)\right]\mathrm{d}x,$$

$$\frac{\partial}{\partial u}[J(y,u,v)]=-f(u,y),$$

$$\frac{\partial}{\partial v}[J(y,u,v)]=f(v,y).$$

将 $u=\alpha(y)$，$v=\beta(y)$代入，即得(2.2.8)式.

最后我们讨论由(2.2.1)式定义的函数 $I(y)$的积分.

由定理 2.2.1 可知，如果 $f(x,y)$在矩形域 D 上连续，函数 $I(y)$在$[c,d]$上连续，$I(y)$在$[c,d]$上一定可积.

下面的定理讨论二元函数 $f(x,y)$关于变量 x 在$[a,b]$上的积分与关于变量 y 在$[c,d]$上的积分的交换次序问题.

定理 2.2.4

若 $f(x,y)$在 $D=[a,b]\times[c,d]$上连续，则

$$\int_c^d\mathrm{d}y\int_a^b f(x,y)\mathrm{d}x=\int_a^b\mathrm{d}x\int_c^d f(x,y)\mathrm{d}y. \tag{2.2.9}$$

证明 当 $z\in[a,b]$时，记

$$G(z)=\int_c^d F(y,z)\mathrm{d}y,$$

其中

$$F(y,z)=\int_a^z f(x,y)\mathrm{d}x,$$

以及

$$H(z)=\int_a^z\mathrm{d}x\int_c^d f(x,y)\mathrm{d}y.$$

$\forall(y,z),(y_0,z_0)\in[c,d]\times[a,b]$，

$$\begin{aligned}|F(y,z)-F(y_0,z_0)|&=\left|\int_a^z f(x,y)\mathrm{d}x-\int_a^{z_0}f(x,y_0)\mathrm{d}x\right|\\&\leqslant\left|\int_a^z f(x,y)\mathrm{d}x-\int_a^z f(x,y_0)\mathrm{d}x\right|\\&\quad+\left|\int_a^z f(x,y_0)\mathrm{d}x-\int_a^{z_0}f(x,y_0)\mathrm{d}x\right|.\end{aligned}$$

因为 $f(x,y)$在 $D=[a,b]\times[c,d]$上连续，不难证明 $F(y,z)$是$[c,d]\times[a,b]$上的连续函数. 当然，

$$\frac{\partial}{\partial z}F(y,z)=f(z,y)$$

也是$[c,d]\times[a,b]$的连续函数,由定理 2.2.2 可得

$$G'(z)=\frac{\mathrm{d}}{\mathrm{d}z}\left[\int_c^d \mathrm{d}y\int_a^z f(x,y)\mathrm{d}x\right]=\int_c^d \mathrm{d}y\left[\frac{\partial}{\partial z}\int_a^z f(x,y)\mathrm{d}x\right]=\int_c^d f(z,y)\mathrm{d}y.$$

另外,由定理 2.2.1,含参积分$\int_c^d f(x,y)\mathrm{d}y$关于$x$也是连续函数,故由变上限积分定义的函数$H(z)$可微,且

$$H'(z)=\int_c^d f(z,y)\mathrm{d}y,$$

即

$$G'(z)\equiv H'(z),\quad z\in[a,b].$$

由$G(a)=H(a)=0$可得

$$G(z)\equiv H(z),\quad z\in[a,b].$$

当$z=b$时,上述恒等式就是本定理要论的结论.

(2.2.9)式也称为**积分号下求积分公式**.

▶ **例 2.2.1**

计算$I(\theta)=\int_0^\pi \ln(1+\theta\cos x)\mathrm{d}x$,其中$|\theta|<1$.

解 由定理 2.2.2,$I(\theta)$在$\theta\in(-1,1)$可微,且

$$I'(\theta)=\int_0^\pi \frac{\cos x}{1+\theta\cos x}\mathrm{d}x=\int_0^\pi \frac{1}{\theta}\left(1-\frac{1}{1+\theta\cos x}\right)\mathrm{d}x.$$

作变量代换$t=\tan\frac{x}{2}$,不定积分

$$\begin{aligned}\int\frac{1}{1+\theta\cos x}\mathrm{d}x&=\int\frac{2}{(1+\theta)+(1-\theta)t^2}\mathrm{d}t\\&=\frac{2}{\sqrt{1-\theta^2}}\arctan\left[\sqrt{\frac{1-\theta}{1+\theta}}\tan\frac{x}{2}\right]+C.\end{aligned}$$

因此

$$I'(\theta)=\frac{\pi}{\theta}-\frac{2}{\theta\sqrt{1-\theta^2}}\cdot\frac{\pi}{2}=\pi\left(\frac{1}{\theta}-\frac{1}{\theta\sqrt{1-\theta^2}}\right).$$

积分可得

$$I(\theta)=\pi\ln(1+\sqrt{1-\theta^2})+C.$$

令$\theta=0$,$I(0)=0$,任意常数$C=-\pi\ln 2$,

$$I(\theta)=\pi\ln\frac{1+\sqrt{1-\theta^2}}{2}.$$

▶ **例 2.2.2**

计算$I=\int_0^1\frac{x^b-x^a}{\ln x}\mathrm{d}x\,(a>0,b>0)$.

解 解法一 因为

$$\int_c^b x^y \mathrm{d}y = \frac{x^y}{\ln x}\Bigg|_{y=a}^{y=b} = \frac{x^b - x^a}{\ln x},$$

$$I = \int_0^1 \frac{x^b - x^a}{\ln x}\mathrm{d}x = \int_0^1 \mathrm{d}x \int_a^b x^y \mathrm{d}y.$$

由定理 2.2.4

$$I = \int_a^b \mathrm{d}y \int_0^1 x^y \mathrm{d}x = \int_a^b \frac{1}{1+y}\mathrm{d}y = \ln\frac{1+b}{1+a}.$$

解法二 记 $I(y) = \int_0^1 \frac{x^y - x^a}{\ln x}\mathrm{d}x$,由定理 2.2.2 可得

$$I'(y) = \int_0^1 \left[\frac{\partial}{\partial y}\left(\frac{x^y - x^a}{\ln x}\right)\right]\mathrm{d}x = \int_0^1 x^y \mathrm{d}x = \frac{1}{1+y}.$$

积分

$$I(y) = \ln(1+y) + C,$$

$I(a)=0$ 可得 $c=-\ln(1+a)$,故

$$I(b) = \ln\frac{1+b}{1+a}.$$

▶ **例 2.2.3** ……

设 $I(y) = \int_y^{y^2} \frac{\sin(xy)}{x}\mathrm{d}x$, 求 $I'(y)$.

解

$$I'(y) = \int_y^{y^2} \left[\frac{\partial}{\partial y}\left(\frac{\sin(xy)}{x}\right)\right]\mathrm{d}x + \frac{\sin y^3}{y^2}\cdot 2y - \frac{\sin y^2}{y}\cdot 1$$

$$= \frac{3\sin y^3 - 2\sin y^2}{y}.$$

习题 2.2

1. 求下列极限:

(1) $\lim\limits_{a\to 0}\int_{-1}^1 \sqrt{x^2+a^2}\,\mathrm{d}x$; (2) $\lim\limits_{a\to 0}\int_0^3 x^2\cos ax\,\mathrm{d}x$.

2. 求下列函数的导函数.

(1) $F(x) = \int_x^{x^2} \mathrm{e}^{-xy^2}\mathrm{d}y$; (2) $F(y) = \int_{a+y}^{b+y} \frac{\sin yx}{x}\mathrm{d}x$;

(3) $F(t) = \int_0^t \frac{\ln(1+tx)}{x}\mathrm{d}x$; (4) $F(t) = \int_0^t f(x+t, x-t)\mathrm{d}x, f\in C'$.

3. 设 $f(x)$ 可微，且 $F(x)=\int_0^x (x+y)f(y)\mathrm{d}y$，求 $F''(x)$.

4. 证明：$u(x)=\frac{1}{2}(\varphi(x+at)+\varphi(x-at))+\frac{1}{2a}\int_{x-at}^{x+at}\psi(s)\mathrm{d}s$ 是弦振动方程 $\frac{\partial^2 u}{\partial t^2}=a^2\frac{\partial^2 u}{\partial x^2}$ 的解，其中 $\varphi\in C^2,\psi\in C^1$.

5. 计算下列积分.

(1) $\int_0^1 \frac{\arctan x}{x}\frac{1}{\sqrt{1-x^2}}\mathrm{d}x\left(提示：\frac{\arctan x}{x}=\int_0^1\frac{1}{1+x^2y^2}\mathrm{d}y\right)$；

(2) $\int_0^1 \frac{x^b-x^a}{\ln x}\sin\left(\ln\frac{1}{x}\right)\mathrm{d}x\quad(a,b>0)$.

2.3 广义含参积分

设二元函数 $f(x,y)$ 的定义域为带状域 $D=[a,+\infty)\times[c,d]$，如果 $\forall y\in[c,d]$，广义积分 $\int_a^{+\infty}f(x,y)\mathrm{d}x$ 都收敛，则实际上该广义积分定义了一个区间 $[c,d]$ 上的函数，记作

$$I(y)=\int_a^{+\infty}f(x,y)\mathrm{d}x,\quad y\in[c,d].\tag{2.3.1}$$

本节我们将讨论广义积分定义的函数 $I(y)$ 的连续性，可微性及积分.

定理 2.3.1 ……………………………………………………………………

若 $f(x,y)$ 在带状域 $D=[a,+\infty)\times[c,d]$ 上连续，且广义积分 $\int_a^{+\infty}f(x,y)\mathrm{d}x$ 关于 $y\in[c,d]$ 一致收敛，则由(2.3.1)式定义的函数 $I(y)$ 在 $[c,d]$ 上连续.

证明 只证明 $I(y)$ 在 (c,d) 内任意一点 y_0 处连续. $I(y)$ 在 c,d 点的连续性证明类似.

因为广义积分 $\int_a^{+\infty}f(x,y)\mathrm{d}x$ 关于 $y\in[c,d]$ 一致收敛，所以 $\forall\varepsilon>0,\exists A(\varepsilon)>0,\forall A>A(\varepsilon),\ \forall y\in[c,d]$，

$$\left|\int_A^{+\infty}f(x,y)\mathrm{d}x\right|<\frac{\varepsilon}{3}.$$

$$\begin{aligned}|I(y)-I(y_0)|&=\left|\int_a^{+\infty}f(x,y)\mathrm{d}x-\int_a^{+\infty}f(x,y_0)\mathrm{d}x\right|\\&\leqslant\left|\int_a^A[f(x,y)-f(x,y_0)]\mathrm{d}x\right|+\left|\int_A^{+\infty}f(x,y)\mathrm{d}x\right|\end{aligned}$$

$$+\left|\int_A^{+\infty} f(x,y_0)\mathrm{d}x\right|.$$

与定理 2.2.1 类似，$f(x,y)$为有界闭集$[a,A]\times[c,d]$上的连续函数，一致连续，故$\exists\delta>0,\forall y:|y-y_0|<\delta$，有

$$|f(x,y)-f(x,y_0)|<\frac{\varepsilon}{3(A-a)},$$

此时

$$|I(y)-I(y_0)|<\varepsilon,$$

即 $I(y)$为$[c,d]$上的连续函数.

与(2.2.3)式类似，广义含参积分表示的函数 $I(y)$连续，就是

$$\lim_{y\to y_0}\left[\int_a^{+\infty} f(x,y)\mathrm{d}x\right]=\int_a^{+\infty}[\lim_{y\to y_0} f(x,y)]\mathrm{d}x, \tag{2.3.2}$$

即二元函数 $f(x,y)$对变量 x 在$[a,+\infty)$上的广义积分运算和对变量 y 的极限运算在定理 2.3.1 的条件下可以交换运算次序.

定理 2.3.2

设 $f(x,y)$ 和$\frac{\partial f}{\partial y}(x,y)$ 在带状域 $D=[a,+\infty)\times[c,d]$ 上连续，广义积分$\int_a^{+\infty}\left[\frac{\partial f}{\partial y}(x,y)\right]\mathrm{d}x$ 关于$y\in[c,d]$一致收敛，则由(2.3.1)式定义的函数$I(y)$在$[c,d]$上可微，且

$$\frac{\mathrm{d}}{\mathrm{d}y}I(y)=\int_a^{+\infty}\left[\frac{\partial f}{\partial y}(x,y)\right]\mathrm{d}x. \tag{2.3.3}$$

证明 考虑

$$\frac{I(y+\Delta y)-I(y)}{\Delta y}=\frac{1}{\Delta y}\int_a^{+\infty}[f(x,y+\Delta y)-f(x,y)]\mathrm{d}x.$$

由微分中值定理可得上式的右端为

$$\int_a^{+\infty}\left[\frac{\partial f}{\partial y}(x,y+\theta\Delta y)\right]\mathrm{d}x,\quad \theta\in(0,1).$$

令 $\Delta y\to 0$，由条件：$\frac{\partial f}{\partial y}(x,y)$ 在 D 上连续，广义积分$\int_a^{+\infty}\left[\frac{\partial f}{\partial y}(x,y)\right]\mathrm{d}x$ 关于 $y\in[c,d]$ 一致收敛及定理 2.3.1 可知

$$\begin{aligned}I'(y)&=\lim_{\Delta y\to 0}\frac{I(y+\Delta y)-I(y)}{\Delta y}=\lim_{\Delta y\to 0}\int_a^{+\infty}\left[\frac{\partial f}{\partial y}(x,y+\theta\Delta y)\right]\mathrm{d}x\\&=\int_a^{+\infty}\lim_{\Delta y\to 0}\left[\frac{\partial f}{\partial y}(x,y+\theta\Delta y)\right]\mathrm{d}x=\int_a^{+\infty}\left[\frac{\partial f}{\partial y}(x,y)\right]\mathrm{d}x.\end{aligned}$$

(2.3.3)式也可改写为

$$\frac{\mathrm{d}}{\mathrm{d}y}\left[\int_a^{+\infty} f(x,y)\mathrm{d}x\right] = \int_a^{+\infty}\left[\frac{\partial f}{\partial y}(x,y)\right]\mathrm{d}x.$$

也就是说在一定的条件下,二元函数 $f(x,y)$ 对 x 的广义积分和对 y 的导数运算可以交换运算次序,这个性质也称为广义积分号下求导数.

定理 2.3.3 ……………………………………………………………

设 $f(x,y)$ 在带状域 $D=[a,+\infty)\times[c,d]$ 上连续,且含参广义积分 $\int_a^{+\infty} f(x,y)\mathrm{d}x$ 关于 $y\in[c,d]$ 一致收敛,则由(2.3.1)式定义的 $I(y)$ 在 $[c,d]$ 上可积,且

$$\int_c^d I(y)\mathrm{d}y = \int_a^{+\infty}\mathrm{d}x\int_c^d f(x,y)\mathrm{d}y. \tag{2.3.4}$$

证明 由定理 2.3.1,$I(y)$ 为区间 $[c,d]$ 上的连续函数,故 $I(y)$ 在 $[c,d]$ 上可积. 要证(2.3.4)式,只要证:$\forall\varepsilon>0,\exists M>a,\forall A>M$,

$$\left|\int_c^d I(y)\mathrm{d}y - \int_a^A\mathrm{d}x\int_c^d f(x,y)\mathrm{d}y\right| < \varepsilon.$$

因为广义积分 $\int_a^{+\infty} f(x,y)\mathrm{d}x$ 关于 $y\in[c,d]$ 一致收敛,所以 $\forall\varepsilon>0,\exists M>a,\forall A>M,\forall y\in[c,d]$,

$$\left|\int_A^{+\infty} f(x,y)\mathrm{d}x\right| < \frac{\varepsilon}{d-c},$$

取定常数 $A>M$,由定理 2.2.4,

$$\int_c^d\mathrm{d}y\int_a^A f(x,y)\mathrm{d}x = \int_a^A\mathrm{d}x\int_c^d f(x,y)\mathrm{d}y,$$

于是

$$\begin{aligned}
&\left|\int_c^d I(y)\mathrm{d}y - \int_a^A\mathrm{d}x\int_c^d f(x,y)\mathrm{d}y\right| \\
=& \left|\int_c^d\mathrm{d}y\int_A^{+\infty} f(x,y)\mathrm{d}x + \int_c^d\mathrm{d}y\int_a^A f(x,y)\mathrm{d}x - \int_a^A\mathrm{d}x\int_c^d f(x,y)\mathrm{d}y\right| \\
=& \left|\int_c^d\mathrm{d}y\int_A^{+\infty} f(x,y)\mathrm{d}x\right| < \int_c^d\frac{\varepsilon}{d-c}\mathrm{d}y = \varepsilon,
\end{aligned}$$

故 $$\int_c^d I(y)\mathrm{d}y = \int_a^{+\infty}\mathrm{d}x\int_c^d f(x,y)\mathrm{d}y.$$

(2.3.5)式是一个常义积分与一个广义积分交换次序的问题,如果两个都是无界区间上的广义积分,我们有以下定理:

定理 2.3.4 ……

设 $f(x,y)$ 在 $[a,+\infty)\times[c,+\infty)$ 上连续，且满足

(1) $\int_a^{+\infty} f(x,y)\mathrm{d}x$ 和 $\int_c^{+\infty} f(x,y)\mathrm{d}y$ 分别关于 $y\in[c,C]$ 和 $x\in[a,A]$ 一致收敛，其中 C 与 A 为任意大于 c 和 a 的正数；

(2) $\int_c^{+\infty}\mathrm{d}y\int_a^{+\infty}|f(x,y)|\mathrm{d}x$ 和 $\int_a^{+\infty}\mathrm{d}x\int_c^{+\infty}|f(x,y)|\mathrm{d}y$ 中至少有一个存在，

则 $I(y)=\int_a^{+\infty} f(x,y)\mathrm{d}x$ 在 $[c,+\infty)$ 上可积，且

$$\int_c^{+\infty}\mathrm{d}y\int_a^{+\infty} f(x,y)\mathrm{d}x=\int_a^{+\infty}\mathrm{d}x\int_c^{+\infty} f(x,y)\mathrm{d}y.$$

由于篇幅所限，定理 2.3.4 在本书就不作证明了，有兴趣的同学可以参阅《数学分析》教材.

例 2.3.1 ……

计算积分 $\int_a^{+\infty}\frac{\mathrm{e}^{-ax}-\mathrm{e}^{-bx}}{x}\mathrm{d}x$，其中 $b>a>0$.

解
$$\int_a^b \mathrm{e}^{-xy}\mathrm{d}y=\frac{\mathrm{e}^{-ax}-\mathrm{e}^{-bx}}{x},$$

故

$$\int_0^{+\infty}\frac{\mathrm{e}^{-ax}-\mathrm{e}^{-bx}}{x}\mathrm{d}x=\int_0^{+\infty}\mathrm{d}x\int_a^b \mathrm{e}^{-xy}\mathrm{d}y.$$

$\forall x\in[0,+\infty)$，$y\in[a,b]$，均有 $|\mathrm{e}^{-xy}|\leqslant \mathrm{e}^{-ax}$，其中 $a>0$，而 $\int_0^{+\infty}\mathrm{e}^{-ax}\mathrm{d}x$ 收敛，由定理 2.1.2 可知 $\int_0^{+\infty}\mathrm{e}^{-xy}\mathrm{d}x$ 关于 $y\in[a,b]$ 一致收敛，由定理 2.3.3，

$$\int_0^{+\infty}\frac{\mathrm{e}^{-ax}-\mathrm{e}^{-bx}}{x}\mathrm{d}x=\int_0^{+\infty}\mathrm{d}x\int_a^b \mathrm{e}^{-xy}\mathrm{d}y=\int_a^b\mathrm{d}y\int_0^{+\infty}\mathrm{e}^{-xy}\mathrm{d}x=\int_a^b\frac{1}{y}\mathrm{d}y=\ln\frac{b}{a}.$$

例 2.3.2 ……

计算 $I(y)=\int_0^{+\infty}\mathrm{e}^{-ax^2}\cos(xy)\mathrm{d}x$，其中 $a>0$.

解 记 $f(x,y)=\mathrm{e}^{-ax^2}\cos(xy)$，则

$$\frac{\partial f}{\partial y}(x,y)=-x\mathrm{e}^{-ax^2}\sin(xy).$$

$\forall(x,y)\in[0,+\infty)\times(-\infty,+\infty)$，$|-x\mathrm{e}^{-ax^2}\sin(xy)|\leqslant x\mathrm{e}^{-ax^2}$，而 $\int_0^{+\infty}x\mathrm{e}^{-ax^2}\mathrm{d}x$ 收敛，故由定理 2.1.2，$\int_0^{+\infty}\left[\frac{\partial f}{\partial y}(x,y)\right]\mathrm{d}x$ 关于 $y\in\mathbb{R}$ 一致收敛，由定理 2.3.1，

$$I'(y)=\int_0^{+\infty}\left[\frac{\partial f}{\partial y}(x,y)\right]\mathrm{d}x=-\int_0^{+\infty}x\mathrm{e}^{-ax^2}\sin(xy)\mathrm{d}x$$
$$=\frac{1}{2a}\mathrm{e}^{-ax^2}\sin(xy)\Big|_{x=0}^{x=+\infty}-\int_0^{+\infty}\frac{y}{2a}\mathrm{e}^{-ax^2}\cos(xy)\mathrm{d}x$$
$$=-\frac{y}{2a}I(y),$$

即

$$I'(y)=-\frac{y}{2a}I(y).$$

解得 $I(y)=C\mathrm{e}^{-\frac{y^2}{4a}}$，其中 C 为任意常数. 当 $y=0$ 时，

$$I(0)=\int_0^{+\infty}\mathrm{e}^{-ax^2}\mathrm{d}x=\int_0^{+\infty}\frac{1}{\sqrt{a}}\mathrm{e}^{-u^2}\mathrm{d}u=\frac{1}{2}\sqrt{\frac{\pi}{a}}$$

(这里用到 Poission 积分 $\int_0^{+\infty}\mathrm{e}^{-t^2}\mathrm{d}t=\frac{\sqrt{\pi}}{2}$ 的结论，这个结论我们将在本书第 3 章重积分中给出证明)，故

$$I(y)=\frac{1}{2}\sqrt{\frac{\pi}{a}}\mathrm{e}^{-\frac{y^2}{4a}},\quad a>0.$$

上述定理是对无界区间广义积分定义的函数的讨论，对于有界区间上无界函数广义积分所定义的函数，也有相似的结论，在此就不叙述了. 作为这些结论的应用，我们将 Gamma 函数作为最后一个例子结束本章.

▶ **例 2.3.3** ……………………………………………………………

$\Gamma(x)$ 在 $(0,+\infty)$ 内连续，且有任意阶导数.

证明 $\Gamma(x)=\int_0^{+\infty}t^{x-1}\mathrm{e}^{-t}\mathrm{d}t=\int_0^1 t^{x-1}\mathrm{e}^{-t}\mathrm{d}t+\int_1^{+\infty}t^{x-1}\mathrm{e}^{-t}\mathrm{d}t$，

其中 $\Gamma_1(x)=\int_0^1 t^{x-1}\mathrm{e}^{-t}\mathrm{d}t$ 是无界函数在有界区间上的广义积分，$\Gamma_2(x)=\int_1^{+\infty}t^{x-1}\mathrm{e}^{-t}\mathrm{d}t$ 是无界区间上的广义积分. 对于 $\Gamma_1(x)$ 而言，对于任意的 $b>a>0$，当 $x\in[a,b]$ 时，

$$0<t^{x-1}\mathrm{e}^{-t}\leqslant t^{a-1}\mathrm{e}^{-t},$$

其中 $t\in(0,1)$. 因为 $\int_0^1 t^{a-1}\mathrm{e}^{-t}\mathrm{d}t$ 收敛，与定理 2.1.2 类似，广义积分 $\int_0^1 t^{x-1}\mathrm{e}^{-t}\mathrm{d}t$ 关于 $x\in[a,b]$ 一致收敛，故 $\Gamma_1(x)$ 是 $[a,b]$ 上的连续函数.

对于 $\Gamma_2(x)$ 而言，当 $t\in(1,+\infty)$ 时，

$$t^{x-1}\mathrm{e}^{-t}\leqslant t^{b-1}\mathrm{e}^{-t},$$

而$\int_1^{+\infty} t^{b-1}\mathrm{e}^{-t}\mathrm{d}t$收敛，由定理2.1.2，$\int_1^{+\infty} t^{x-1}\mathrm{e}^{-t}\mathrm{d}t$关于$x\in[a,b]$一致收敛，故$\Gamma_2(x)$也是$[a,b]$上的连续函数，$\Gamma(x)=\Gamma_1(x)+\Gamma_2(x)$是$[a,b]$上的连续函数．由$a,b$的任意性，$P(x)$在$(0,+\infty)$连续．

同样，由积分号下求导数的定理2.3.2可得

$$\Gamma'(x)=\int_0^{+\infty} t^{x-1}\mathrm{e}^{-t}\ln t\mathrm{d}t,$$

$\Gamma'(x)$也是$(0,+\infty)$上的连续函数，可以再求导数．

习题2.3

1．计算下列积分．

(1) $\int_0^{+\infty}\frac{\mathrm{e}^{-ax^2}-\mathrm{e}^{-bx^2}}{x}\mathrm{d}x(a,b>0)$；　(2) $\int_0^{+\infty} x\mathrm{e}^{-ax^2}\sin yx\,\mathrm{d}x(a>0)$；

(3) $\int_0^{+\infty}\frac{\cos ax-\cos bx}{x^2}\mathrm{d}x(a,b>0)$ $\left(\text{提示：将}\cos ax-\cos bx\text{写成积分的形式，并且}\int_0^{+\infty}\frac{\sin x}{x}\mathrm{d}x=\frac{\pi}{2}\right)$．

2．利用对参变量的求导，求下列积分．

(1) $\int_0^{+\infty}\mathrm{e}^{-tx^2}x^{2n}\mathrm{d}x(t>0)$ $\left(\text{提示：利用}\int_0^{+\infty}\mathrm{e}^{-x^2}\mathrm{d}x=\frac{\sqrt{\pi}}{2}\right)$；

(2) $\int_0^{+\infty}\frac{\mathrm{d}x}{(y+x^2)^{n+1}}=\frac{\pi(2n-1)!!}{(2n)!!}y^{-\left(n+\frac{1}{2}\right)}\quad(y>0)$ $\left(\text{提示：利用}\int_0^{+\infty}\frac{\mathrm{d}x}{y+x^2}\text{的值}\right)$．

第2章总复习题

1．证明：$f(x,y)=\sin xy$在$\mathbb{R}^2$上不一致连续．

2．设向量值函数$\boldsymbol{f}:\mathbb{R}^n\to\mathbb{R}^m$一致连续，且$\{\boldsymbol{X}_k\}$为$\mathbb{R}^n$中的Cauchy列，证明：$\{\boldsymbol{f}(\boldsymbol{X}_k)\}$为$\mathbb{R}^m$中的Cauchy列．

3．证明：$f(x,y)$为有界闭集D上连续的函数，证明：$f(x,y)$在D上一致连续．

4．利用对参变量的微分，求下列积分．

(1) $\int_0^{\frac{\pi}{2}}\ln(a^2\sin^2 x+b^2\cos x^2)\mathrm{d}x$；(2) $\int_0^{\frac{\pi}{2}}\frac{\arctan(a\tan x)}{\tan x}\mathrm{d}x$．

5. 讨论下列积分在所给区间上的一致收敛性.

(1) $\int_1^{+\infty}\frac{y^2-x^2}{(x^2+y^2)^2}\mathrm{d}x(-\infty<y<+\infty)$;

(2) $\int_0^1\ln(xy)\mathrm{d}x\left(\frac{1}{2}<y<2\right)$;

(3) $\int_1^{+\infty}\frac{t}{x^3}\mathrm{e}^{-\frac{t}{2x^2}}\mathrm{d}x(t>0)$;

(4) $\int_1^{+\infty}\mathrm{e}^{-\frac{1}{y^2}\left(x-\frac{1}{y}\right)^2}\sin y\mathrm{d}x(0<y<1)$;

(5) $\int_1^{+\infty}\mathrm{e}^{-yx^2}\sin y\mathrm{d}x(0\leqslant y<+\infty)$;

(6) $\int_1^{+\infty}\mathrm{e}^{-yx^2}\sin y\mathrm{d}y(0\leqslant x<+\infty)$.

6. 计算下列积分的值.

(1) $\int_0^{+\infty}\frac{\arctan xy}{x(1+x^2)}\mathrm{d}y\quad(y\geqslant 0)$;(2) $\int_0^{+\infty}\frac{\cos x}{y^2+x^2}\mathrm{d}x$.

7. 证明:$\int_0^{+\infty}\frac{\sin x^2 y}{x}\mathrm{d}x$ 在 $y\in(0,+\infty)$ 不一致收敛,但连续.

第3章 重 积 分

在这一章,我们将学习 n 元函数在 n 维 Euclid 空间中有界集合上的积分——重积分.首先我们分别给出二重、三重积分的两个例子.

▶ **例 3.0.1** ……………………………………………………………………

设 $D\subset\mathbb{R}^2$ 为有界闭集,二元函数 $z=f(x,y),(x,y)\in D$ 为定义在集合 D 上的有界函数(不妨假设 $f(x,y)\geqslant 0,(x,y)\in D$).求以平面 $z=0$ 为底,曲面 $z=f(x,y)$ 为顶的曲顶柱体 $\{(x,y,z)\mid 0\leqslant z\leqslant f(x,y),(x,y)\in D\}$ 的体积(如图 3.0.1 所示).

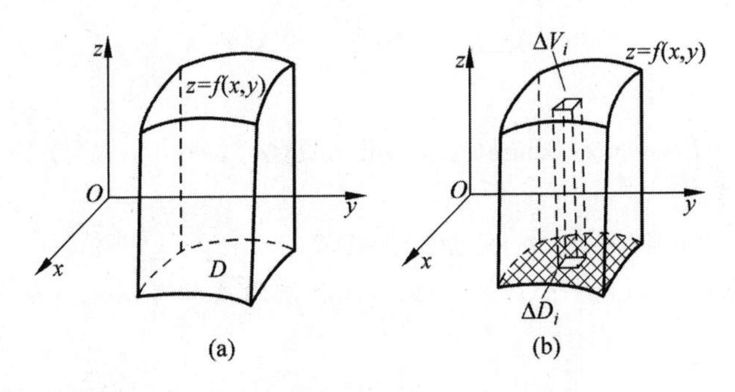

图 3.0.1

解 为了求曲顶柱体的体积,我们做下列几个过程:

(1) 分割 T:将 D 分成 n 个小区域 $\Delta D_i(i=1,2,\cdots,n)$,记 $\Delta\sigma_i(i=1,2,\cdots,n)$ 为小区域 ΔD_i 的面积,

$$\operatorname{diam}(\Delta D_i)=\max_{X',X''\in\Delta D_i}\|\boldsymbol{X}'-\boldsymbol{X}''\|$$

为小区域 ΔD_i 的直径,

$$|T|=\max\{\operatorname{diam}(\Delta D_1),\operatorname{diam}(\Delta D_2),\cdots,\operatorname{diam}(\Delta D_n)\}$$

称为分割的模;

(2) 取点:任取 $(\xi_i,\eta_i)\in\Delta D_i,i=1,2,\cdots,n$;

(3) 求 Riemann 和:小曲顶柱体 $\{(x,y,z)\mid 0\leqslant z\leqslant f(x,y),(x,y)\in\Delta D_i\}$

的体积可以近似表示为 $f(\xi_i,\eta_i)\Delta\sigma_i$，其和

$$\sum_{i=1}^{n} f(\xi_i,\eta_i)\Delta\sigma_i$$

称为 Riemann 和；

(4) 求极限：$\lim\limits_{|T|\to 0}\sum\limits_{i=1}^{n} f(\xi_i,\eta_i)\Delta\sigma_i$；

(5) 验证上述 Riemann 和的极限值与分割的任意性和取点的任意性无关．此时，该极限值就是曲顶柱体 $\{(x,y,z)\mid 0\leqslant z\leqslant f(x,y),(x,y)\in D\}$ 的体积，

$$V=\lim_{|T|\to 0}\sum_{i=1}^{n} f(\xi_i,\eta_i)\Delta\sigma_i.$$

▶ **例 3.0.2** ……………………………………………………………

设 $\Omega\subset\mathbb{R}^3$ 为有界闭集，某种物质分布在 Ω 上，假设这种质量的分布是不均匀的，记 $u=\rho(x,y,z)$，$(x,y,z)\in\Omega$ 为密度函数．求 Ω 内该物质的总质量．

解 为了求 Ω 内该物质的总质量，我们仍然做下列几个过程：

(1) 分割 T：将 Ω 分成 n 个小区域 $\Delta\Omega_i(i=1,2,\cdots,n)$，记 ΔV_i 为 $\Delta\Omega_i$ 的体积，

$$\operatorname{diam}(\Delta\Omega_i)=\max_{X',X''\in\Delta\Omega_i}\|\boldsymbol{X}'-\boldsymbol{X}''\|$$

为 $\Delta\Omega_i$ 的直径，

$$|T|=\max\{\operatorname{diam}(\Delta\Omega_1),\operatorname{diam}(\Delta\Omega_2),\cdots,\operatorname{diam}(\Delta\Omega_n)\}$$

称为分割的模；

(2) 取点：任取 $(\xi_i,\eta_i,\zeta_i)\in\Delta\Omega_i$，$i=1,2,\cdots,n$；

(3) 求 Riemann 和：小区域 $\Delta\Omega_i$ 内该物质的质量可以近似表示为 $\rho(\xi_i,\eta_i,\zeta_i)\Delta V_i$，其和

$$\sum_{i=1}^{n} f(\xi_i,\eta_i,\zeta_i)\Delta V_i$$

为 Ω 上该物质质量的近似值，称为 Riemann 和；

(4) 求极限：$\lim\limits_{|T|\to 0}\sum\limits_{i=1}^{n} f(\xi_i,\eta_i,\zeta_i)\Delta V_i$；

(5) 验证上述 Riemann 和的极限值与分割的任意性和取点的任意性无关．此时，该极限值就是 Ω 内该物质的质量

$$M=\lim_{|T|\to 0}\sum_{i=1}^{n} f(\xi_i,\eta_i,\zeta_i)\Delta V_i.$$

上述两个例子有一个共性：都经历了分割、取点、求 Riemann 和、求极限及验证极限值与分割、取点的任意性无关. 这使我们回想起上一册中的定积分问题，同样是这么几个过程.

例 3.01 和例 3.02 就是二重、三重积分的模型.

与一元函数的定积分不同，以二重积分为例，我们面临以下几个困难：

(1) $D\subset\mathbb{R}^2$ 为一个集合，这个平面集合的分割如何进行？

在定积分中，对区间$[a,b]$的分割只要加入几个分割点

$$a=x_0<x_1<x_2<\cdots<x_n=b$$

即可完成.

(2) 每一个小区域 ΔD_i 的面积如何计算？

在定积分中，每个小区间$[x_{i-1},x_i]$的长度就是 $\Delta x_i=x_i-x_{i-1}$.

(3) 如何验证 Riemann 和的极限与分割和取点的任意性无关？

在定积分中我们是通过 Darboux 上和与 Darboux 下和、上积分与下积分最后得到一元函数 $y=f(x)$在区间$[a,b]$上可积分充分必要条件

$$f\in R[a,b]\Leftrightarrow \lim_{|T|\to 0}\sum_{i=1}^{n}w_i(f)\Delta x_i=0\Leftrightarrow \overline{\int_a^b} f(x)\mathrm{d}x=\underline{\int_a^b} f(x)\mathrm{d}x.$$

二重积分(一般地，n 重积分)是否有类似的充分必要条件？

我们将在 3.1 节讨论一类特殊的二重积分——平面矩形域上的二重积分，给出在平面矩形域上可积函数的充分必要条件. 3.2 节我们将讨论一般平面有界区域上的可积函数. 3.3 节我们给出二重积分的计算方法——累次积分法. 3.4 节我们将研究三重积分：可积性及计算方法. 3.5 节我们将给出重积分的一些应用.

3.1 矩形域上的二重积分

平面上的有界闭矩形域

$$I=[a,b]\times[c,d]=\{(x,y)\mid a\leqslant x\leqslant b,c\leqslant y\leqslant d\},$$

对$[a,b]$区间的分割

$$T_x: a=x_0<x_1<\cdots<x_l=b,$$

同样，对$[c,d]$区间上的分割

$$T_y: c=y_0<y_1<\cdots<y_m=d,$$

直线 $x=x_i(i=1,2,\cdots,l-1)$与直线 $y=y_j(j=1,2,\cdots,m-1)$将矩形域 I 分成 $l\times m$ 个小矩形

$$\Delta I_{ij}=[x_{i-1},x_i]\times[y_{j-1},y_j],\quad i=1,2,\cdots,l,j=1,2,\cdots,m,$$

这样我们就完成了对矩形域 I 的分割

$$I=\bigcup_{i=1}^{l}\bigcup_{j=1}^{m}\Delta I_{ij},$$

记这个分割为 $T=T_x\times T_y$.

$$\operatorname{diam}(\Delta I_{ij})=\sqrt{(x_i-x_{i-1})^2+(y_j-y_{j-1})^2}$$

为小矩形域 ΔI_{ij} 的直径，

$$|T|=\max_{\substack{i\in\{1,2,\cdots,l\}\\ j\in\{1,2,\cdots,m\}}}\{\operatorname{diam}(\Delta I_{ij})\}$$

称为分割的模. $\sigma(I_{ij})$ 为小矩形的面积

$$\sigma(I_{ij})=(x_i-x_{i-1})(y_j-y_{j-1}).$$

在每一个小矩形域 ΔI_{ij} 中任取点 $(\xi_{ij},\eta_{ij})\in\Delta I_{ij}$，$i=1,2,\cdots,l$，$j=1,2,\cdots,m$. 作 Riemann 和

$$\sum_{i=1}^{l}\sum_{j=1}^{m}f(\xi_{ij},\eta_{ij})\sigma(I_{ij}). \tag{3.1.1}$$

定义 3.1.1 ……………………………………………………………

当 $|T|\to 0$ 时，若 Riemann 和(3.1.1)式的极限存在，且该极限值与分割的任意性、取点的任意性无关，则称函数 $f(x,y)$ 在矩形域 I 上**可积**，记作 $f\in R(I)$. Riemann 和的极限为 $f(x,y)$ 在矩形域 I 上的**二重积分**，记作

$$\lim_{|T|\to 0}\sum_{i=1}^{l}\sum_{j=1}^{m}f(\xi_{ij},\eta_{ij})\sigma(I_{ij})=\iint\limits_{I}f\,\mathrm{d}\sigma.$$

$\iint\limits_{I}f\,\mathrm{d}\sigma$ 有时也常记作 $\iint\limits_{I}f(x,y)\mathrm{d}x\mathrm{d}y$.

在本节的余下部分，我们主要讨论什么样的函数在 I 上可积. 讨论的过程与定积分类似，部分证明过程省略.

记

$$m_{ij}=\inf_{(x,y)\in\Delta I_{ij}}\{f(x,y)\},\quad M_{ij}=\sup_{(x,y)\in\Delta I_{ij}}\{f(x,y)\},$$

$i=1,2,\cdots,l$，$j=1,2,\cdots,m$，构造 **Darboux 下和与上和**

$$L(f,T)=\sum_{i=1}^{l}\sum_{j=1}^{m}m_{ij}\sigma(I_{ij}), \tag{3.1.2}$$

$$U(f,T)=\sum_{i=1}^{l}\sum_{j=1}^{m}M_{ij}\sigma(I_{ij}). \tag{3.1.3}$$

则显然，对于给定的函数 f，下和 $L(f,T)$、上和 $U(f,T)$ 只与分割 T 有关，而与取点无关.

分割对下和与上和的影响可以总结为下列定理：

定理 3.1.1 ……

(1) 设 T 是矩形域 I 的一个分割，T' 是 T 的加密分割，则

$$L(f,T)\leqslant L(f,T')\leqslant U(f,T')\leqslant U(f,T);$$

(2) 设 T_1、T_2 是矩形域 I 的任意两个分割，则

$$L(f,T_1)\leqslant U(f,T_2).$$

集合 $\{L(f,T)\mid T$ 为 I 的分割$\}$为非空有上界实数集合；$\{U(f,T)\mid T$ 为 I 的分割$\}$为非空有下界实数集合，故分别有上确界和下确界，记作

$$\underline{\iint_I} f\,\mathrm{d}\sigma=\sup_T L(f,T),$$

$$\overline{\iint_I} f\,\mathrm{d}\sigma=\inf_T U(f,T),$$

称为 f 在 I 上的**下积分**与**上积分**. 显然，对于任意一个分割 T，

$$L(f,T)\leqslant \underline{\iint_I} f\,\mathrm{d}\sigma\leqslant \overline{\iint_I} f\,\mathrm{d}\sigma\leqslant U(f,T).$$

与定积分类似，我们可以有

定理 3.1.2 ……

二元函数 $f(x,y)$ 在矩形域 $I=[a,b]\times[c,d]$上的有界函数，则下列命题等价：

(1) $f\in R(I)$；

(2) $\forall\varepsilon>0$，存在 I 的一个分割 T，使得 $U(f,T)-L(f,T)<\varepsilon$；

(3) $\underline{\iint_I} f\,\mathrm{d}\sigma=\overline{\iint_I} f\,\mathrm{d}\sigma$.

定理 3.1.2 的证明过程也与定积分类似，在此就不重复了. 下面我们讨论哪些函数在矩形域 I 上可积.

定理 3.1.3 ……

二元函数 $f(x,y)$在矩形域 I 上连续，则 f 在 I 上可积.

与一元函数一样，在有界闭集 I 上连续的函数一定一致连续，不难从定理 3.1.2 的(2)可知定理 3.1.3 成立.

如果 f 在矩形域 I 上有有限个间断点，并不会影响 f 在 I 上的可积性. I 上可积函数甚至允许无穷多个间断点. 为此，我们先定义$\mathbb{R}^2$ 上的二维零面积集.

定义 3.1.2 ……………………………………………………………………

设 $D\subset\mathbb{R}^2$，若 $\forall\varepsilon>0$，$\exists$ 有限个闭矩形 $\{I_i\}$，$i=1,2,\cdots,n$，使得

$$D\subset\bigcup_{i=1}^{n}I_i,$$

并且这些闭矩形的面积和

$$\sum_{i=1}^{n}\sigma(I_i)<\varepsilon,$$

则称 D 为二维**零面积集**.

显然，若 D 是由有限点构成的集合，D 一定是零面积集.

例 3.1.1 ……………………………………………………………………

设 $D=\{(x,y)\mid x=x(t),y=y(t),t\in[\alpha,\beta]\}$，其中 $x(t)$，$y(t)$ 中均为连续函数且其至少有一个函数是 $C^{(1)}$ 类函数，则 D 是零面积集.

证明 不妨假设 $y=y(t)$ 在 $[\alpha,\beta]$ 上连续可导，因为 $y'(t)$ 在有界闭区间 $[\alpha,\beta]$ 上连续，$y'(t)$ 在 $[\alpha,\beta]$ 上有界，即存在 $M\in\mathbb{R}$，使得

$$|y'(t)|\leqslant M,\quad t\in[\alpha,\beta]. \tag{3.1.4}$$

函数 $x=x(t)$ 为 $[\alpha,\beta]$ 上的连续函数，也是一致连续的，

$$\forall\varepsilon>0,\quad\exists\delta>0,\quad\forall t',t''\in[\alpha,\beta]:|t'-t''|<\delta,$$

$$|x(t')-x(t'')|<\frac{\varepsilon}{2M(\beta-\alpha)},$$

在 $[\alpha,\beta]$ 上作分割 T：

$$\alpha=t_0<t_1<\cdots<t_n=\beta,$$

使得 $|T|=\max\limits_{i}\{t_i-t_{i-1}\}<\delta$. 记

$$a_i=\min_{t\in[t_{i-1}-t_i]}\{x(t)\},\quad b_i=\max_{t\in[t_{i-1}-t_i]}\{x(t)\},$$

则有

$$0\leqslant b_i-a_i\leqslant\frac{\varepsilon}{2M(\beta-\alpha)},\quad i=1,2,\cdots,n,$$

再记

$$c_i=\min_{t\in[t_{i-1}-t_i]}\{y(t)\},\quad d_i=\max_{t\in[t_{i-1}-t_i]}\{y(t)\},$$

则由微分中值定理及(3.1.4)式，

$$0\leqslant d_i-c_i\leqslant M(t_i-t_{i-1}),$$

记

$$I_i=[a_i,b_i]\times[c_i,d_i],\quad i=1,2,\cdots,n,$$

则

$$D\subset\bigcup_{i=1}^{n}I_i,$$

且这些 $I_i(i=1,2,\cdots,n)$ 的面积和

$$\sum_{i=1}^{n}\sigma(I_i)=\sum_{i=1}^{n}(b_i-a_i)(d_i-c_i)\leqslant\frac{\varepsilon}{2(\beta-\alpha)}\sum_{i=1}^{n}(t_i-t_{i-1})=\frac{\varepsilon}{2}<\varepsilon,$$

而 ε 为任意的，所以 D 为零面积集.

由上述例题不难得到，若 $y=f(x)$ 为 $[a,b]$ 上的连续函数，则 f 的图像

$$D=\{(x,y)\mid y=f(x),x\in[a,b]\}$$

是零面积集.

下面我们不经证明给出可积函数的充分条件，对该定理证明感兴趣的同学可参阅《数学分析》教材.

定理 3.1.4 ……

若在矩形域 I 上有界的函数 $f(x,y)$ 在 I 上的间断点构成的集合是零面积集，则 f 在 I 上 Riemann 可积，记作 $f\in R(I)$.

▶ **例 3.1.2** ……

二元 Dirichlet 函数

$$D(x,y)=\begin{cases}1, & (x,y)\text{ 均为有理数};\\ 0, & (x,y)\text{ 为其余点}.\end{cases}$$

则 $D(x,y)$ 在 $\mathbb{R}^2$ 上点点不连续，在 $\mathbb{R}^2$ 上任一矩形域不可积. 从上积分、下积分可知

$$\underline{\iint_I}D(x,y)\mathrm{d}\sigma=0,\quad \overline{\iint_I}D(x,y)\mathrm{d}\sigma=\sigma(I)$$

两者不等.

与定积分一样，I 上的可积函数也有

定理 3.1.5 ……

若 $f,g\in R(I)$，则 $\lambda f,f\pm g\in R(I)$，其中 $\lambda\in\mathbb{R}$ 为常数，且

$$\iint_I\lambda f\,\mathrm{d}\sigma=\lambda\iint_I f\,\mathrm{d}\sigma,$$

$$\iint_I(f\pm g)\,\mathrm{d}\sigma=\iint_I f\,\mathrm{d}\sigma\pm\iint_I g\,\mathrm{d}\sigma.$$

定理 3.1.6 ……

设 $f,g\in R(I)$，$f(x,y)\geqslant g(x,y)$，$(x,y)\in I$，则

$$\iint_I f\,\mathrm{d}\sigma\geqslant\iint_I g\,\mathrm{d}\sigma.$$

定理 3.1.5、定理 3.1.6 的证明是显然的.

习题 3.1

1. 证明定理 3.1.2.

2. 证明定理 3.1.3.

3. 用定义计算：$\iint\limits_{[0,1]\times[0,1]} xy\,\mathrm{d}x\mathrm{d}y$，计算时把积分域用 $x=\frac{i}{n}$，$y=\frac{j}{n}$（$1\leqslant i,j\leqslant n$）分成 n^2 个小正方形，并选取被积函数在小正方形右上顶点的值.

4. 用定义证明：$\iint\limits_{[-a,a]\times[-a,a]}\sin(x+y)\,\mathrm{d}x\mathrm{d}y=0$.

5. 矩形域 $J\subset I=[a,b]\times[c,d]$，且 $f(x,y)\in R(I)$，证明：$f\in R(J)$.

6. 设一元函数 $f,g\in R[0,1]$，证明：$f(x)g(y)$ 在 $[0,1]\times[0,1]$ 上可积，且

$$\iint\limits_{[0,1]\times[0,1]} f(x)g(y)\,\mathrm{d}x\mathrm{d}y=\int_0^1 f(x)\,\mathrm{d}x\int_0^1 g(y)\,\mathrm{d}y,$$

并计算积分 $\iint\limits_{[0,1]\times[0,1]}\mathrm{e}^{-(x+y)}\,\mathrm{d}x\mathrm{d}y$.

7. 若 $f(x,y)$ 在 $I=[a,b]\times[c,d]$，证明：$|f(x,y)|$ 在 I 可积，且

$$\left|\iint_I f(x,y)\,\mathrm{d}x\mathrm{d}y\right|\leqslant\iint_I |f(x,y)|\,\mathrm{d}x\mathrm{d}y.$$

8. 证明定理 3.1.4.

9. 设点列 $\{\boldsymbol{X}_n\}$ 在 $\mathbb{R}^2$ 中收敛，证明：$\{\boldsymbol{X}_n\}$ 为零面积集.

10. 利用定理 3.1.4，证明：

(1) $f(x,y)=\sin\dfrac{1}{(1-x^2)^2+(1-y^2)^2}$ 在 $[-2,2]\times[-2,2]$ 上可积；

(2) $f(x,y)=\arctan\dfrac{1}{y-x^2}$ 在 $[0,1]\times[0,1]$ 上可积.

11. 证明定理 3.1.5.

12. 证明定理 3.1.6.

13. 设 $I=[a,b]\times[c,d]$，$f,g\in R(I)$，证明：$fg\in R(I)$；若 g 不取零值，$\dfrac{f}{g}\in R(I)$.

3.2 一般平面有界集合上的二重积分

设 $D\subset\mathbb{R}^2$ 为平面上的有界闭集，$f(x,y)$为 D 上的有界函数，$I\subset\mathbb{R}^2$ 为有界矩形域，足够大，使得

$$D\subset I.$$

记

$$f_D(x,y)=\begin{cases}f(x,y), & (x,y)\in D,\\ 0, & (x,y)\in I\setminus D.\end{cases}$$

定义 3.2.1 ……

若 $f_D(x,y)\in R(I)$，则称函数 f 在 D 上**可积**，记作 $f\in R(D)$，并且 f 在 D 上的积分为

$$\iint_D f\,\mathrm{d}\sigma=\iint_I f_D\,\mathrm{d}\sigma.$$

定理 3.2.1 ……

在 D 上的有界函数 f，如果 f 在 D 内的间断点为零面积集，D 的边界∂D 也是零面积集，则 f 在 D 上可积.

与定理 3.1.5、定理 3.1.6 类似，我们有

定理 3.2.2 ……

若 $f,g\in R(D)$，则 $\lambda f, f\pm g\in R(D)$，其中 $\lambda\in R$ 为常数，且

$$\iint_D \lambda f\,\mathrm{d}\sigma=\lambda\iint_D f\,\mathrm{d}\sigma,$$

$$\iint_D (f\pm g)\,\mathrm{d}\sigma=\iint_D f\,\mathrm{d}\sigma\pm\iint_D g\,\mathrm{d}\sigma.$$

定理 3.2.3 ……

若 $f,g\in R(D)$，$f(x,y)\geqslant g(x,y)$，$(x,y)\in D$，则

$$\iint_D f\,\mathrm{d}\sigma\geqslant\iint_D g\,\mathrm{d}\sigma.$$

定理 3.2.4(重积分关于积分区域的可加性) ……………………………

设 $D_1,D_2\subset\mathbb{R}^2$,均为有界闭集,$D_1\cap D_2$ 为零面积集,若 $f\in R(D_1)$,$f\in R(D_2)$,则 $f\in R(D_1\cup D_2)$,且

$$\iint_{D_1\cup D_2} f\mathrm{d}\sigma=\iint_{D_1} f\mathrm{d}\sigma+\iint_{D_2} f\mathrm{d}\sigma.$$

证明 设平面上的有界闭矩形域 $I\supset D_1\cup D_2$,则

$$f_{D_1\cup D_2}(x,y)=\begin{cases}f_{D_1}(x,y)+f_{D_2}(x,y), & (x,y)\in I\backslash(D_1\cap D_2),\\ f(x,y), & (x,y)\in D_1\cap D_2,\end{cases}$$

$$\iint_{D_1} f\mathrm{d}\sigma+\iint_{D_2} f\mathrm{d}\sigma=\iint_I f_{D_1}\mathrm{d}\sigma+\iint_I f_{D_2}\mathrm{d}\sigma$$

$$=\iint_I (f_{D_1}+f_{D_2})\mathrm{d}\sigma,$$

其中 $f_{D_1},f_{D_2}\in R(I)$,因此 $f_{D_1}+f_{D_2}\in R(I)$.记

$$F=(f_{D_1}+f_{D_2})-f_{D_1\cup D_2},$$

则由条件可知,除了零面积集 $D_1\cap D_2$ 之外,

$$F(x,y)=0,\quad (x,y)\in I\backslash D_1\cap D_2.$$

定义在矩形域 I 上的函数 $F(x,y)$ 在 I 上的间断点集合包含在 $D_1\cap D_2$ 内,故 $F(x,y)$ 在 I 上的间断点也为零面积集,由定理 3.1.4,$F\in R(I)$,

$$f_{D_1\cup D_2}=(f_{D_1}+f_{D_2})-F\in R(I).$$

对于矩形域 I 的任一分割 T:$I=\bigcup\limits_{i=1}^{l}\bigcup\limits_{j=1}^{m}\Delta I_{ij}$,因为 $D_1\cap D_2$ 为零面积集,在每个小矩形域 ΔI_{ij} 中,至少存在一点 $\{\xi_i,\eta_j\}\in\Delta I_{ij}\backslash(D_1\cap D_2)$,此时

$$F(\xi_i,\eta_j)=0,$$

$$\sum_{i=1}^{l}\sum_{j=1}^{m}F(\xi_{ij},\eta_{ij})\sigma(I_{ij})=0.$$

而 $F\in R(I)$,所以取 $|T|\to 0$,可得

$$\iint_I F\mathrm{d}\sigma=0,$$

$$\iint_I f_{D_1\cup D_2}\mathrm{d}\sigma=\iint_I (f_{D_1}+f_{D_2})\mathrm{d}\sigma-\iint_I F\mathrm{d}\sigma$$

$$=\iint_I (f_{D_1}+f_{D_1})\mathrm{d}\sigma=\iint_I f_{D_1}\mathrm{d}\sigma+\iint_I f_{D_2}\mathrm{d}\sigma,$$

$$\iint_{D_1\cup D_2} f\mathrm{d}\sigma=\iint_{D_1} f\mathrm{d}\sigma+\iint_{D_2} f\mathrm{d}\sigma.$$

我们也有二重积分的积分中值定理.

定理 3.2.5 ……………………………………………………………………

设 $D\subset\mathbb{R}^2$ 为连通的有界闭集,D 的边界 ∂D 为零面积集,$f(x,y)$,$g(x,y)$ 为 D 上的连续函数,且 g 在 D 上不变号,则 $\exists(\xi,\eta)\in D$,使得

$$\iint_D f(x,y)g(x,y)\,\mathrm{d}x\mathrm{d}y = f(\xi,\eta)\iint_D g(x,y)\,\mathrm{d}x\mathrm{d}y. \tag{3.2.1}$$

证明 显然,$f,g\in R(D)$. 连续函数 $f(x,y)$ 在有界闭集 D 上有最大值 M 和最小值 m. 不失一般性,假设不变号函数 $g(x,y)\geqslant 0$,$(x,y)\in D$,则

$$mg(x,y)\leqslant f(x,y)g(x,y)\leqslant Mg(x,y),(x,y)\in D,$$

$$m\iint_D g\,\mathrm{d}\sigma\leqslant\iint_D fg\,\mathrm{d}\sigma\leqslant M\iint_D g\,\mathrm{d}\sigma.$$

如果 $\iint_D g\,\mathrm{d}\sigma=0$,则任取 $(\xi,\eta)\in D$,(3.2.1) 式成立;如果 $\iint_D g\,\mathrm{d}\sigma>0$,则

$$m\leqslant\frac{\iint_D fg\,\mathrm{d}\sigma}{\iint_D g\,\mathrm{d}\sigma}\leqslant M.$$

由有界连通闭集 D 上连续函数 $f(x,y)$ 的介值定理可知,(3.2.1)式成立.

本节的最后我们给出 $\mathbb{R}^2$ 上有界闭集 D 的面积.

定义 3.2.2 ……………………………………………………………………

设 $D\subset\mathbb{R}^2$ 为有界闭集,若常数函数 $f=1$ 在 D 上可积,则称 D 是有面积的.

显然,零面积集的面积为零.

习题 3.2

1. 证明定理 3.2.1～定理 3.2.3.

2. 证明:$1.96<\iint\limits_{|x|+|y|\leqslant 10}\dfrac{\mathrm{d}x\mathrm{d}y}{100+\cos^2 x+\cos^2 y}<2$.

3. 比较下列各组积分值的大小.

(1) $\iint_D (x+y)^2\mathrm{d}x\mathrm{d}y$ 与 $\iint_D (x+y)^3\mathrm{d}x\mathrm{d}y$,其中 $D=\{(x,y)\mid(x-2)^2+(y-2)^2\leqslant 2\}$;

(2) $\iint_D \ln(x+y)\mathrm{d}x\mathrm{d}y$ 与 $\iint_D xy\,\mathrm{d}x\mathrm{d}y$,其中 D 由直线 $x=0,y=0,x+y=\dfrac{1}{2}$,$x+y=1$ 围成.

4. 设 $D\subset\mathbb{R}^2$ 为有界闭集，非负函数 $f(x,y)\in C(D)$，证明：若 $\iint\limits_D f(x,y)\mathrm{d}x\mathrm{d}y=0$，则 $f(x,y)=0,\forall(x,y)\in D$.

5. 函数 $f(x,y)$ 在 $(0,0)$ 的某个邻域内连续，计算极限 $\lim\limits_{r\to0^+}\dfrac{1}{r^2}\iint\limits_{x^2+y^2\leqslant r^2}f(x,y)\mathrm{d}x\mathrm{d}y$.

3.3 二重积分的计算方法——累次积分法

3.3.1 矩形域上二重积分的计算

由第2章的含参积分可知，如果 $f(x,y)$ 在矩形域 $I=[a,b]\times[c,d]$ 上连续，则有

$$\int_a^b\mathrm{d}x\int_c^d f(x,y)\mathrm{d}y=\int_c^d\mathrm{d}y\int_a^b f(x,y)\mathrm{d}x,\tag{3.3.1}$$

上式中的两个积分称为二次积分. 等式(3.3.1)又称为二次积分可交换积分次序. 在本小节，我们将讨论矩形域上的二重积分与二次积分的关系.

定理 3.3.1 ……

设 $f\in R(I)$，

(1) 若 $\forall x\in[a,b]$，函数 $f(x,y)$ 关于 y 在 $[c,d]$ 上可积，则有

$$\iint\limits_I f\,\mathrm{d}\sigma=\int_a^b\mathrm{d}x\int_c^d f(x,y)\mathrm{d}y;\tag{3.3.2}$$

(2) 若 $\forall y\in[c,d]$，函数 $f(x,y)$ 关于 x 在 $[a,b]$ 上可积，则

$$\iint\limits_I f\,\mathrm{d}\sigma=\int_c^d\mathrm{d}y\int_a^b f(x,y)\mathrm{d}x.\tag{3.3.3}$$

证明 我们仅证明(1)，(2)的证明过程类似.

因为 $\forall x\in[a,b]$，$f(x,y)$ 关于 y 在 $[c,d]$ 上可积，可记含参积分

$$F(x)=\int_c^d f(x,y)\mathrm{d}y,\quad x\in[a,b].\tag{3.3.4}$$

我们只要证明

$$\iint\limits_I f\,\mathrm{d}\sigma=\int_a^b F(x)\mathrm{d}x$$

即可.

因为 $f\in R(I)$，记 $A=\iint\limits_I f(x,y)\mathrm{d}x\mathrm{d}y$，由定义 3.1.1，$\forall\varepsilon>0$，$\exists\delta>0$，只要矩形域 I 的分割 $T=T_x\times T_y$ 满足 $|T|<\delta$，就有

$$A-\varepsilon<\sum_{i=1}^{l}\sum_{j=1}^{m}f(\xi_i,\eta_j)\Delta x_i\Delta y_i<A+\varepsilon,$$

其中 $\xi_i\in[x_{i-1},x_i]$，$\eta_j\in[y_{j-1},y_j]$. 又因为 $\forall x\in[a,b]$，$f(x,y)$ 关于变量 y 在 $[c,d]$ 上可积，且积分值为 $F(x)$，

$$\lim_{|T_y|\to 0}\sum_{j=1}^{m}f(\xi_i,\eta_j)\Delta y_j=\int_c^d f(\xi_i,y)\mathrm{d}y=F(\xi_i),$$

故

$$A-\varepsilon\leqslant\sum_{i}^{l}F(\xi_i)\Delta x_i\leqslant A+\varepsilon,$$

即

$$\lim_{|T_x|\to 0}\sum_{i=1}^{l}F(\xi_i)\Delta x_i=A,$$

所以 $F\in R[a,b]$，且

$$\iint_I f(x,y)\mathrm{d}x\mathrm{d}y=\int_a^b F(x)\mathrm{d}x=\int_a^b\mathrm{d}x\int_c^d f(x,y)\mathrm{d}y.$$

(3.3.2)式的右端称为二次积分，(3.3.2)式将矩形域上的二重积分的计算转换为二次积分的计算，这就是二重积分的**累次积分法**.

若 $f\in R(I)$，$\forall x\in[a,b]$，$f(x,y)$ 关于变量 y 在 $[c,d]$ 上可积，且 $\forall y\in[c,d]$，$f(x,y)$ 关于变量 x 在 $[a,b]$ 上可积，由定理 3.3.1，

$$\iint_I f(x,y)\mathrm{d}x\mathrm{d}y=\int_a^b\mathrm{d}x\int_c^d f(x,y)\mathrm{d}y=\int_c^d\mathrm{d}y\int_a^b f(x,y)\mathrm{d}x,$$

后一个等式实际上是二元函数 $f(x,y)$ 关于 x,y 积分的变换次序. 在这一章我们得到的可变换积分次序的条件比第 2 章中所给的 $f(x,y)$ 在 I 上连续的条件要弱一些.

▶ **例 3.3.1** ……………………………………………………………

计算二次积分 $\int_0^1\mathrm{d}x\int_x^1\mathrm{e}^{-y^2}\mathrm{d}y$.

解 不定积分 $\int\mathrm{e}^{-t^2}\mathrm{d}t$ 不是初等函数，因此按本题所给的次序，这个积分是算不出来的. 记

$$f(x,y)=\begin{cases}\mathrm{e}^{-y^2}, & x\in[0,1],y\in[x,1],\\ 0, & x\in[0,1],y\in[0,x].\end{cases}\tag{3.3.5}$$

显然，f 在矩形域 $I=[0,1]\times[0,1]$ 上的不连续点都在直线 $y=x$，$x\in[0,1]$ 上，这是一个零面积集，因此，$f\in R(I)$. $\forall x\in[0,1]$，$f(x,y)$ 关于变量 y 在 $[0,1]$ 上可积，且 $\forall y\in[0,1]$，函数 $f(x,y)$ 关于变量 x 在 $[0,1]$ 上可积，由定理 3.3.1，

$$\iint\limits_I f(x,y)\mathrm{d}x\mathrm{d}y=\int_0^1\mathrm{d}x\int_0^1 f(x,y)\mathrm{d}y=\int_0^1\mathrm{d}y\int_0^1 f(x,y)\mathrm{d}x.$$

由(3.3.5)式，$\int_0^1 f(x,y)\mathrm{d}y=\int_x^1 \mathrm{e}^{-y^2}\mathrm{d}y$，故

$$\begin{aligned}\int_0^1\mathrm{d}x\int_x^1\mathrm{e}^{-y^2}\mathrm{d}y&=\int_0^1\mathrm{d}x\int_0^1 f(x,y)\mathrm{d}y\\&=\int_0^1\mathrm{d}y\int_0^1 f(x,y)\mathrm{d}x=\int_0^1\mathrm{d}y\int_0^y\mathrm{e}^{-y^2}\mathrm{d}x\\&=\int_0^1 y\mathrm{e}^{-y^2}\mathrm{d}y=\frac{1}{2}(1-\mathrm{e}^{-1}).\end{aligned}$$

3.3.2 一般平面有界集上的二重积分计算——累次积分法

现在我们讨论$\mathbb{R}^2$上的有界集合D上的二重积分. 设$D\subset\mathbb{R}^2$表示为

$$D=\{(x,y)\mid y_1(x)\leqslant y\leqslant y_2(x),a\leqslant x\leqslant b\},$$

其中$y=y_1(x)$，$y=y_2(x)$均为$[a,b]$上的连续函数，则由例3.1.1可知，D的边界∂D为零面积集. 设在D上有界的函数$f(x,y)$在D上的间断点为零面积集，则$f\in R(D)$. 更进一步我们有

定理 3.3.2 ……

若$\forall x\in[a,b]$，定积分

$$\int_{y_1(x)}^{y_2(x)} f(x,y)\mathrm{d}y \tag{3.3.6}$$

存在，则

$$\iint\limits_D f(x,y)\mathrm{d}x\mathrm{d}y=\int_a^b\mathrm{d}x\int_{y_1(x)}^{y_2(x)} f(x,y)\mathrm{d}y. \tag{3.3.7}$$

证明 设$c,d\in\mathbb{R}$，使得

$$D\subset I=[a,b]\times[c,d],$$

构造

$$f_D(x,y)=\begin{cases}f(x,y), & (x,y)\in D,\\ 0, & (x,y)\in I\backslash D,\end{cases}$$

$f_D\in R(I)$，且

$$\iint\limits_I f_D\mathrm{d}\sigma=\iint\limits_D f\mathrm{d}\sigma.$$

由条件(3.3.6)存在可知，$\forall x\in[a,b]$，$f_D(x,y)$关于变量y在$[c,d]$上可积，且

$$\int_c^d f_D(x,y)\mathrm{d}y = \int_c^{y_1(x)} f_D(x,y)\mathrm{d}y + \int_{y_1(x)}^{y_2(x)} f_D(x,y)\mathrm{d}y + \int_{y_2(x)}^{d} f_D(x,y)\mathrm{d}y$$
$$= \int_{y_1(x)}^{y_2(x)} f(x,y)\mathrm{d}y.$$

由定理 3.3.1，

$$\iint_I f_D(x,y)\mathrm{d}x\mathrm{d}y = \int_a^b \mathrm{d}x \int_c^d f_D(x,y)\mathrm{d}y,$$

故

$$\iint_D f(x,y)\mathrm{d}x\mathrm{d}y = \int_a^b \mathrm{d}x \int_{y_1(x)}^{y_2(x)} f(x,y)\mathrm{d}y.$$

类似地，如果

$$D = \{(x,y) \mid x_1(y) \leqslant x \leqslant x_2(y), c \leqslant y \leqslant d\},$$

其中 $x_1(y)$ 与 $x_2(y)$ 均为$[c,d]$上的连续函数，且 f 在 D 上的间断点集为零面积集，则有

$$\iint_D f(x,y)\mathrm{d}x\mathrm{d}y = \int_c^d \mathrm{d}y \int_{x_1(y)}^{x_2(y)} f(x,y)\mathrm{d}x. \tag{3.3.8}$$

(3.3.7)式、(3.3.8)式的右端积为二次积分，即二元函数 $f(x,y)$先对某一变量作一次定积分，再对另一个变量作一次定积分. 这种二次定积分的计算在一元函数的定积分一章已学过.

从几何意义上，当 $f(x,y) \geqslant 0$ 时，$\iint\limits_D f(x,y)\mathrm{d}x\mathrm{d}y$ 表示区域 D 上的曲顶柱体的体积 V，而 $F(x) = \int_{y_1(x)}^{y_2(x)} f(x,y)\mathrm{d}y$ 则表示用平面($x=$ 常数) 截割曲顶柱体所得截面之面积(见图 3.3.1)，因此 $F(x)$ 在区间$[a,b]$上的定积分就是这个曲顶柱体的体积，即

$$\iint_D f(x,y)\mathrm{d}x\mathrm{d}y = \int_a^b F(x)\mathrm{d}x.$$

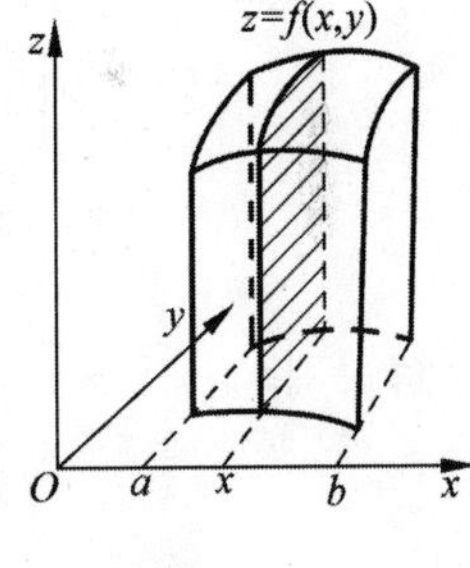

图 3.3.1

▶ **例 3.3.2** ……………………………………………………………

把$\iint\limits_D f(x,y)\mathrm{d}\sigma$ 化为累次积分，其中

$$D = \{(x,y) \mid x+y \leqslant 1, y-x \leqslant 1, y \geqslant 0\}.$$

解 积分区域 $D=\{(x,y) \mid x+y\leqslant 1, y-x\leqslant 1, y\geqslant 0\}=D_1 \cup D_2$，其中

$$D_1 = \{(x,y) \mid 0 \leqslant y \leqslant 1+x, -1 \leqslant x \leqslant 0\},$$
$$D_2 = \{(x,y) \mid 0 \leqslant y \leqslant 1-x, 0 \leqslant x \leqslant 1\}.$$

如图 3.3.2 所示，

$$\iint_D f(x,y)\mathrm{d}\sigma=\iint_{D_1} f(x,y)\mathrm{d}x\mathrm{d}y+\iint_{D_2} f(x,y)\mathrm{d}x\mathrm{d}y$$
$$=\int_{-1}^{0}\mathrm{d}x\int_0^{x+1} f(x,y)\mathrm{d}y+\int_0^1\mathrm{d}x\int_0^{1-x} f(x,y)\mathrm{d}y.$$

积分区域 D 也可写成

$$D=\{(x,y)\mid y-1\leqslant x\leqslant 1-y,0\leqslant y\leqslant 1\},$$

因此

$$\iint_D f(x,y)\mathrm{d}\sigma=\int_0^1\mathrm{d}y\int_{y-1}^{1-y} f(x,y)\mathrm{d}x.$$

▶ **例 3.3.3** ……………………………………………………

计算 $\iint_D |y-x^2|\mathrm{d}x\mathrm{d}y$ 的值,其中 $D=\{(x,y)\mid |x|\leqslant 1,0\leqslant y\leqslant 2\}$,如图 3.3.3 所示.

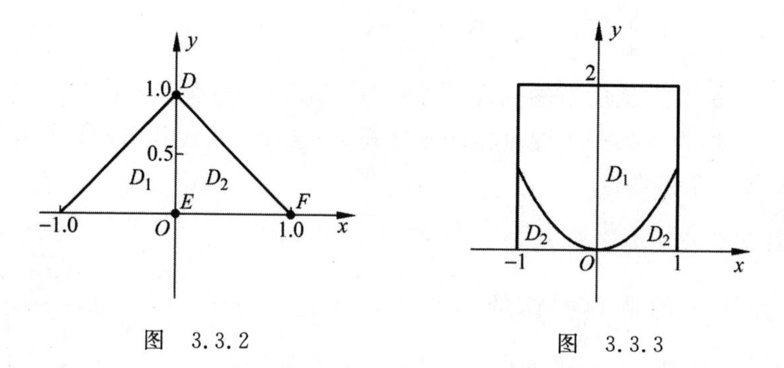

图 3.3.2　　　　图 3.3.3

解
$$\iint_D |y-x^2|\mathrm{d}x\mathrm{d}y=\iint_{D_1}|y-x^2|\mathrm{d}x\mathrm{d}y+\iint_{D_2}|y-x^2|\mathrm{d}x\mathrm{d}y$$
$$=\int_{-1}^1\mathrm{d}x\int_{x^2}^2(y-x^2)\mathrm{d}y+\int_{-1}^1\mathrm{d}x\int_0^{x^2}(x^2-y)\mathrm{d}y$$
$$=\int_{-1}^1\left(2-2x^2+\frac{x^4}{2}\right)\mathrm{d}x+\int_{-1}^1\left(\frac{x^4}{2}\right)\mathrm{d}x$$
$$=\int_{-1}^1(2-2x^2+x^4)\mathrm{d}x=\frac{46}{15}.$$

例 3.3.3 的二次积分次序也可以先对 x 变量积分,再对 y 变量积分,不过这样一来,积分区域就要变成 4 个,复杂很多.

▶ **例 3.3.4** ……………………………………………………

求由平面 $z=x+1$,$z=0$ 与圆柱 $x^2+y^2=4$ 围成的两个空间区域体积.

解 该空间的图形如图 3.3.4 所示,记

$$D_1 = \{(x,y) \mid x^2 + y^2 \leqslant 4, x \geqslant -1\},$$
$$D_2 = \{(x,y) \mid x^2 + y^2 \leqslant 4, x \leqslant -1\},$$

则平面 $z=x-y, z=0$ 与圆柱 $x^2+y^2=1$ 与围成的两个空间区域体积分别为

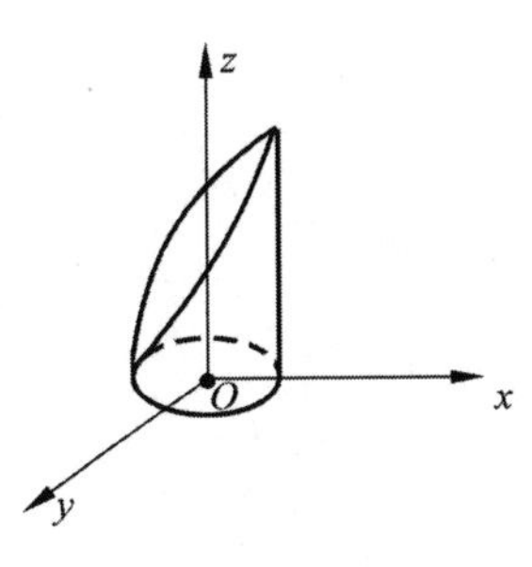

图 3.3.4

$$V_1 = \iint\limits_{D_1}(x+1)\mathrm{d}x\mathrm{d}y = \int_{-1}^{2}\mathrm{d}x\int_{-\sqrt{4-x^2}}^{\sqrt{4-x^2}}(x+1)\mathrm{d}y$$
$$= \int_{-1}^{2} 2(x+1)\sqrt{4-x^2}\,\mathrm{d}x = 3\sqrt{3} + \frac{8}{3}\pi,$$

$$V_2 = \iint\limits_{D_2}[-(x+1)]\mathrm{d}x\mathrm{d}y = -\int_{-2}^{-1}\mathrm{d}x\int_{-\sqrt{4-x^2}}^{\sqrt{4-x^2}}(x+1)\mathrm{d}y$$
$$= -\int_{-2}^{-1} 2(x+1)\sqrt{4-x^2}\,\mathrm{d}x = 3\sqrt{3} - \frac{4}{3}\pi.$$

例 3.3.5 ……

设 f 为连续函数,证明:$\int_0^a \mathrm{d}x\int_0^x f(y)\mathrm{d}y = \int_0^a (a-x)f(x)\mathrm{d}x \quad (a>0)$.

证明 原式左端的累次积分是 $f(y)$ 在域 $D=\{(x,y)\mid 0\leqslant y\leqslant x, 0\leqslant x\leqslant a\}$(见图 3.3.5)上的二重积分,改变积分次序,将 D 表示为:$D=\{(x,y)\mid y\leqslant x\leqslant a, 0\leqslant y\leqslant a\}$,则

$$\int_0^a \mathrm{d}x\int_0^x f(y)\mathrm{d}y = \int_0^a f(y)\mathrm{d}y\int_y^a \mathrm{d}x = \int_0^a (a-y)f(y)\mathrm{d}y = \int_0^a (a-x)f(x)\mathrm{d}x.$$

例 3.3.6 ……

设 $f(x,y)$ 为连续函数,改变二次积分

$$\int_0^{2\pi}\mathrm{d}x\int_0^{\sin x} f(x,y)\mathrm{d}y$$

的积分次序.

解 如图 3.3.6 所示,记

$$D_1 = \{(x,y) \mid 0 \leqslant y \leqslant \sin x, 0 \leqslant x \leqslant \pi\},$$
$$D_2 = \{(x,y) \mid \sin x \leqslant y \leqslant 0, \pi \leqslant x \leqslant 2\pi\},$$

因为 $f(x,y)$ 为连续函数,

$$\int_0^{2\pi}\mathrm{d}x\int_0^{\sin x} f(x,y)\mathrm{d}y = \int_0^{\pi}\mathrm{d}x\int_0^{\sin x} f(x,y)\mathrm{d}y + \int_{\pi}^{2\pi}\mathrm{d}x\int_0^{\sin x} f(x,y)\mathrm{d}y$$
$$= \iint\limits_{D_1} f(x,y)\mathrm{d}x\mathrm{d}y - \iint\limits_{D_2} f(x,y)\mathrm{d}x\mathrm{d}y$$

$$=\int_{0}^{1}\mathrm{d}y\int_{\arcsin y}^{\pi-\arcsin y}f(x,y)\mathrm{d}x-\int_{-1}^{0}\mathrm{d}y\int_{\pi-\arcsin y}^{2\pi+\arcsin y}f(x,y)\mathrm{d}x.$$

注意：将二重积分化为二次积分，积分下限要小于积分上限.

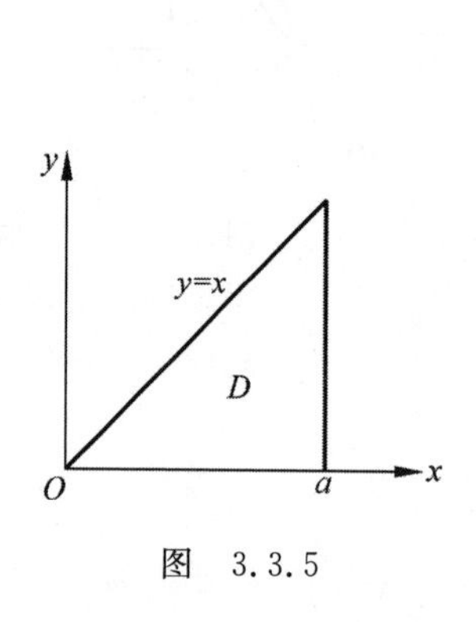

图 3.3.5

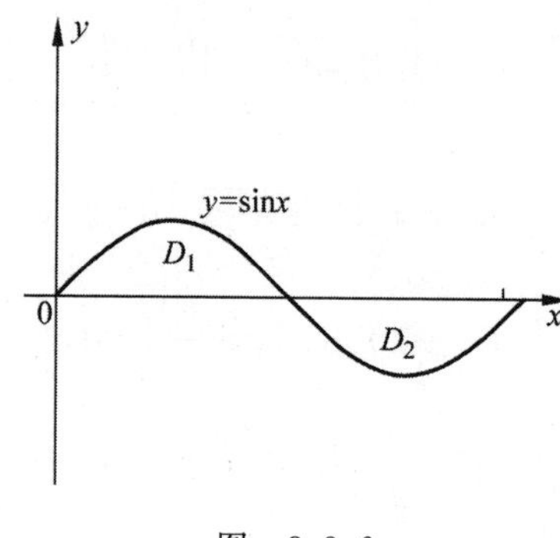

图 3.3.6

像定积分一样，对称区域上的对称函数（奇函数，偶函数）的二重积分，也有简单的性质：

(1) 当积分域 D 对称于 x 轴时，

如果函数 $f(x,y)$ 关于变量 y 为奇函数，即 $f(x,-y)=-f(x,y)$，则

$$\iint_{D}f(x,y)\mathrm{d}x\mathrm{d}y=0,$$

如果函数 $f(x,y)$ 关于变量 y 为偶函数，即 $f(x,-y)=f(x,y)$，则

$$\iint_{D}f(x,y)\mathrm{d}x\mathrm{d}y=2\iint_{D'}f(x,y)\mathrm{d}x\mathrm{d}y,$$

其中 D' 是 D 在 x 轴某一侧的部分.

(2) 当积分域 D 对称于 y 轴时，

如果函数 $f(x,y)$ 关于变量 x 为奇函数，即 $f(-x,y)=-f(x,y)$，则

$$\iint_{D}f(x,y)\mathrm{d}x\mathrm{d}y=0,$$

如果函数 $f(x,y)$ 关于变量 x 为偶函数，即 $f(-x,y)=f(x,y)$，则

$$\iint_{D}f(x,y)\mathrm{d}x\mathrm{d}y=2\iint_{D'}f(x,y)\mathrm{d}x\mathrm{d}y,$$

其中 D' 是 D 在 y 轴某一侧的部分.

(3) 当积分域 D 对称于原点时，如果 $f(-x,-y)=-f(x,y)$，则

$$\iint_{D}f(x,y)\mathrm{d}x\mathrm{d}y=0.$$

例如，二重积分 $\iint_{D}x\sin(y^{3})\mathrm{d}x\mathrm{d}y$，其中 $D\subset\mathbb{R}^{2}$ 为由曲线 $y^{2}=x$ 与 $x=1$ 围

成的有界区域，显然 $D \subset \mathbb{R}^2$ 关于 x 轴对称，函数 $x\sin(y^3)$ 关于变量 y 是奇函数，因此

$$\iint_D x\sin(y^3)\,\mathrm{d}x\mathrm{d}y = 0.$$

3.3.3 二重积分的变量代换法

与定积分一样，二重积分有时也要用变量代换法来求值. 一般而言定积分的变量代换会将一个被积函数变为另一个被积函数，而积分区间变化不大：将一个积分区间变成另一个积分区间. 定积分变量代换的主要目的是简化被积函数. 而二重积分的变量代换除了将一个被积函数变为另一个被积函数之外，还将一个积分区域变成另一个积分区域. 二重积分变量代换的主要目的是将积分区域变得简单.

定积分 $\int_a^b f(x)\mathrm{d}x$ 作变量代换 $x = \varphi(t)$，被积函数 $f(x)$ 变为复合函数 $f(\varphi(t))$，$\mathrm{d}x$ 变为 $\varphi'(t)\mathrm{d}t$，积分限 a,b 也要变化为对应的 t 的值.

对二重积分 $\iint_D f(x,y)\mathrm{d}x\mathrm{d}y$ 作变量代换

$$\begin{cases} x = x(u,v), \\ y = y(u,v), \end{cases} \tag{3.3.9}$$

$\dfrac{D(x,y)}{D(u,v)} \neq 0$，被积函数 $f(x,y)$ 要变为复合函数 $f(x(u,v),y(u,v))$，xy 平面上的积分域 D 变换为 uv 平面上相应的区域 D_{uv}.

作为二重积分的变量代换，我们要求(3.3.9)式是 $\mathbb{R}^2$ 的某个子集到 $\mathbb{R}^2$ 的一个连续可微的可逆向量值函数，即(3.3.9)式连续可微，且

$$\frac{D(x,y)}{D(u,v)} \neq 0, \tag{3.3.10}$$

记(3.3.9)式的逆向量值函数为

$$\begin{cases} u = u(x,y), \\ v = v(x,y). \end{cases} \tag{3.3.11}$$

它把 $O\text{-}xy$ 平面上的积分域 D 变换为 $O\text{-}uv$ 平面上的区域 D_{uv}，并使 D 中的点与 D_{uv} 中的点一一对应.

例如，将直角坐标 (x,y) 变换为极坐标，即令

$$\begin{cases} x = \rho\cos\varphi, \\ y = \rho\sin\varphi, \end{cases} \quad \rho \geqslant 0, 0 \leqslant \varphi < 2\pi, \tag{3.3.12}$$

则向量值函数(3.3.12)式是可微向量值函数，且 $\rho > 0$ 时也是可逆向量值函数，

因为它的 Jocobi 行列式

$$\frac{D(x,y)}{D(\rho,\varphi)}=\begin{vmatrix}\cos\varphi & -\rho\sin\varphi\\ \sin\varphi & \rho\cos\varphi\end{vmatrix}=\rho>0, \tag{3.3.13}$$

其逆向量值函数为

$$\begin{cases}\rho=\sqrt{x^2+y^2},\\ \varphi=\mathrm{Arctan}\,\dfrac{y}{x},\end{cases}$$

其中第二个式子的反正切所得的 φ 的值取决于点 $\boldsymbol{P}(x,y)$ 所在的象限，即 φ 等于 $\boldsymbol{OP}$ 与 x 轴正方向的夹角，$0\leqslant\pi<2\pi$（或 $-\pi<\varphi\leqslant\pi$）. 如图 3.3.7，上式把 O-xy 平面上的射线 $\boldsymbol{OP}$ $\left(与 x 轴正向夹角为\frac{\pi}{4}\right)$变换为 O-$\rho\varphi$ 平面上的直线 $\varphi=\frac{\pi}{4}$. 设 O-xy 平面上的区域 D 为

$$D=\{(x,y)\mid 1\leqslant x^2+y^2\leqslant 4, y\geqslant 0\},$$

则变换后 D 在 O-$\rho\varphi$ 平面的像就是

$$D_{\rho\varphi}=\{(\rho,\varphi)\mid 1\leqslant\rho\leqslant 2, 0\leqslant\varphi\leqslant\pi\},$$

如图 3.3.8 所示.

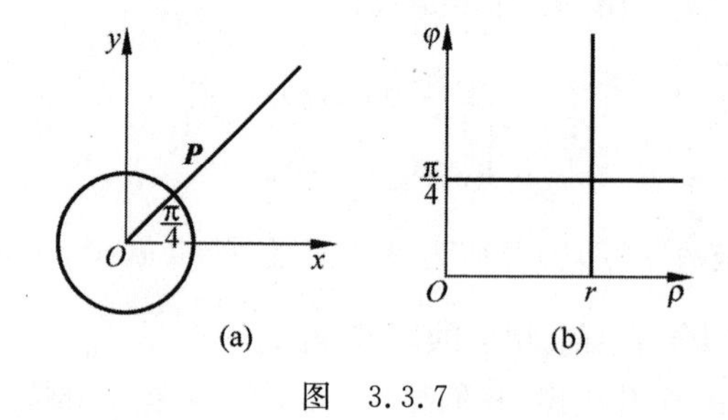

图 3.3.7

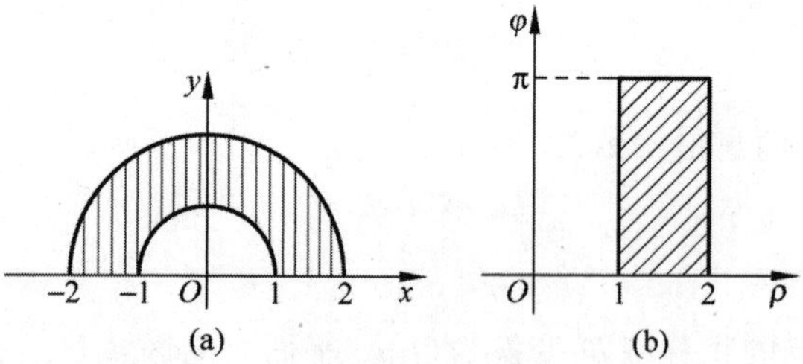

图 3.3.8

面积元素 $\mathrm{d}x\mathrm{d}y$ 也要作相应的变化，变为面积元素 $\mathrm{d}u\mathrm{d}v$. 下面我们讨论在变量代换(3.3.9)式下，面积元素 $\mathrm{d}x\mathrm{d}y$ 与 $\mathrm{d}u\mathrm{d}v$ 之间的关系.

在 uv 平面上用平行于坐标轴的直线：

$$u=u_i,\quad v=v_j,\quad i=1,2,\cdots,n; j=1,2,\cdots,m$$

将域 D_{uv} 分割为若干个小矩形，这时向量值函数将 $O\text{-}uv$ 平面上的直线 $u=u_i$ 与 $v=v_j$ 分别映射为 $O\text{-}xy$ 平面上的曲线 $u_i=u(x,y)$ 与 $v_j=v(x,y)(i=1,2,\cdots,n;j=1,2,\cdots,m)$，即 D_{uv} 上的直线网映射为域 D 上的曲线网，这个曲线网把域 D 分割成相应的若干个小区域. 现在我们在 D_{uv} 中取一个典型(放大了的)小区域 ΔD_{uv}(其面积 $\Delta\sigma^*$)它在 D 中对应的小区域为 ΔD(其面积为 $\Delta\sigma$)(如图 3.3.9 所示).

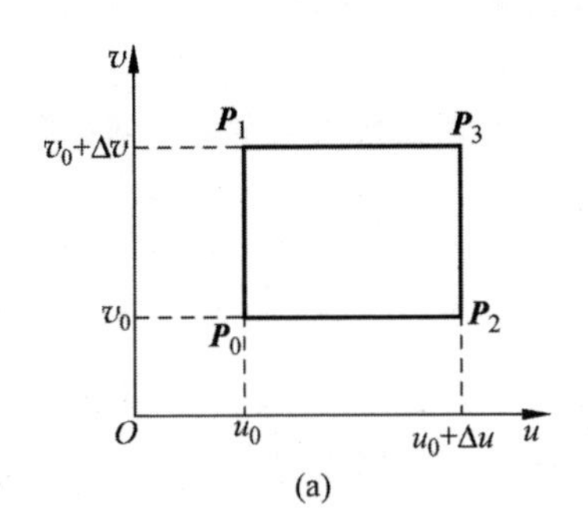

(a)

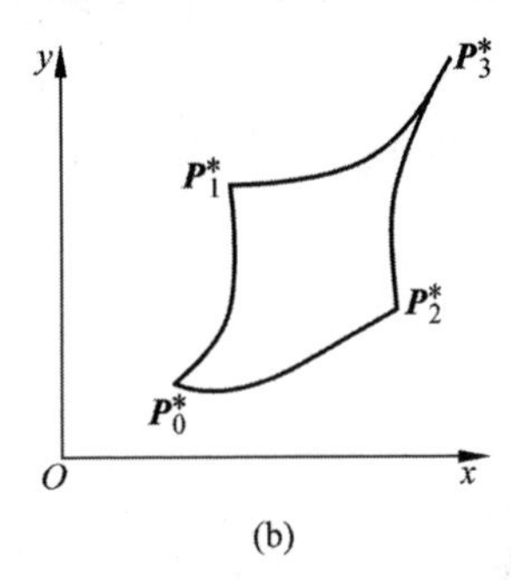

(b)

图 3.3.9

变换

$$\begin{cases} x = x(u,v), \\ y = y(u,v) \end{cases} \tag{3.3.14}$$

将 $O\text{-}uv$ 平面上的 $P_0(u_0,v_0)$, $P_1(u_0,v_0+\Delta v)$, $P_2(u_0+\Delta u,v_0)$, $P_3(u_0+\Delta u,v_0+\Delta v)$分别变为 $O\text{-}xy$ 平面上的 P_0^*, P_1^*, P_2^*, P_3^*.

$$\begin{aligned} P_0^*P_1^* &= (x(u_0,v_0+\Delta v),y(u_0,v_0+\Delta v))-(x(u_0,v_0),y(u_0,v_0)) \\ &= (x'_v,y'_v)_{(u_0,v_0)}\Delta v+(o(\Delta v),o(\Delta v)), \end{aligned}$$

$$\begin{aligned} P_0^*P_2^* &= (x(u_0+\Delta u,v_0),y(u_0+\Delta u,v_0))-(x(u_0,v_0),y(u_0,v_0)) \\ &= (x'_u,y'_u)_{(u_0,v_0)}\Delta u+(o(\Delta u),o(\Delta u)). \end{aligned}$$

由两个向量$P_0^*P_1^*$, $P_0^*P_2^*$ 构成的平行四边形面积为

$$\left| \begin{vmatrix} x'_u & x'_v \\ y'_u & y'_v \end{vmatrix}_{(u_0,v_0)} \right| \Delta u\Delta v+o(\Delta u\Delta v),$$

因此

$$\Delta\sigma = \left| \begin{vmatrix} x'_u & x'_v \\ y'_u & y'_v \end{vmatrix}_{(u_0,v_0)} \right| \Delta\sigma^*.$$

即二重积分作 (3.3.14) 式的变量代换后，面积元素 $\mathrm{d}x\mathrm{d}y$ 与 $\mathrm{d}u\mathrm{d}v$ 之间的关系为

$$\mathrm{d}x\mathrm{d}y = \left|\frac{D(x,y)}{D(u,v)}\right|\mathrm{d}u\mathrm{d}v. \tag{3.3.15}$$

于是，对二重积分作 (3.3.14) 式的变量代换后，就变成

$$\iint\limits_{D} f(x,y)\mathrm{d}x\mathrm{d}y = \iint\limits_{D_{uv}} f(x(u,v),y(u,v))\left|\frac{D(x,y)}{D(u,v)}\right|\mathrm{d}u\mathrm{d}v. \quad (3.3.16)$$

(3.3.16)式的严格证明需要更多的数学知识. 在本书我们就不证明了,如要进一步了解,请参阅《数学分析》教材.

3.3.4 二重积分在极坐标系下的累次积分法

对二重积分$\iint\limits_{D} f(x,y)\mathrm{d}x\mathrm{d}y$作变量代换将直角坐标化为极坐标,根据(3.3.16)式以及(3.3.13)式,便有

$$\mathrm{d}x\mathrm{d}y = \rho\mathrm{d}\rho\mathrm{d}\varphi, \quad (3.3.17)$$

从而

$$\iint\limits_{D} f(x,y)\mathrm{d}x\mathrm{d}y = \iint\limits_{D_{\rho\varphi}} f(\rho\cos\varphi,\rho\sin\varphi)\rho\mathrm{d}\rho\mathrm{d}\varphi. \quad (3.3.18)$$

例 3.3.7 ……………………………………………………………………

积分域 D_1,D_2,D_3 如图 3.3.10 所示,域 D_1,D_2,D_3 在极坐标系下分别可表示为

$$D_{1\rho\varphi} = \{(\rho,\varphi) \mid \rho_1(\varphi) \leqslant \rho \leqslant \rho_2(\varphi), \alpha \leqslant \varphi \leqslant \beta\},$$
$$D_{2\rho\varphi} = \{(\rho,\varphi) \mid 0 \leqslant \rho \leqslant \rho(\varphi), \alpha \leqslant \varphi \leqslant \beta\},$$
$$D_{1\rho\varphi} = \{(\rho,\varphi) \mid 0 \leqslant \rho \leqslant \rho(\varphi), 0 \leqslant \varphi \leqslant 2\pi\},$$

所以 $f(x,y)$ 在直角坐标系下的二重积分分别可以化为如下在极坐标系下的累次积分

$$\iint\limits_{D_1} f(x,y)\mathrm{d}x\mathrm{d}y = \iint\limits_{D_{1\rho\varphi}} f(\rho\cos\varphi,\rho\sin\varphi)\rho\mathrm{d}\rho\mathrm{d}\varphi$$
$$= \int_{\alpha}^{\beta}\mathrm{d}\varphi\int_{\rho_2(\varphi)}^{\rho_1(\varphi)} f(\rho\cos\varphi,\rho\sin\varphi)\rho\mathrm{d}\rho,$$

$$\iint\limits_{D_2} f(x,y)\mathrm{d}x\mathrm{d}y = \iint\limits_{D_{2\rho\varphi}} f(\rho\cos\varphi,\rho\sin\varphi)\rho\mathrm{d}\rho\mathrm{d}\varphi$$
$$= \int_{\alpha}^{\beta}\mathrm{d}\varphi\int_{0}^{\rho(\varphi)} f(\rho\cos\varphi,\rho\sin\varphi)\rho\mathrm{d}\rho, \quad (3.3.19)$$

$$\iint\limits_{D_3} f(x,y)\mathrm{d}x\mathrm{d}y = \iint\limits_{D_{3\rho\varphi}} f(\rho\cos\varphi,\rho\sin\varphi)\rho\mathrm{d}\rho\mathrm{d}\varphi$$
$$= \int_{0}^{2\pi}\mathrm{d}\varphi\int_{0}^{\rho(\varphi)} f(\rho\cos\varphi,\rho\sin\varphi)\rho\mathrm{d}\rho.$$

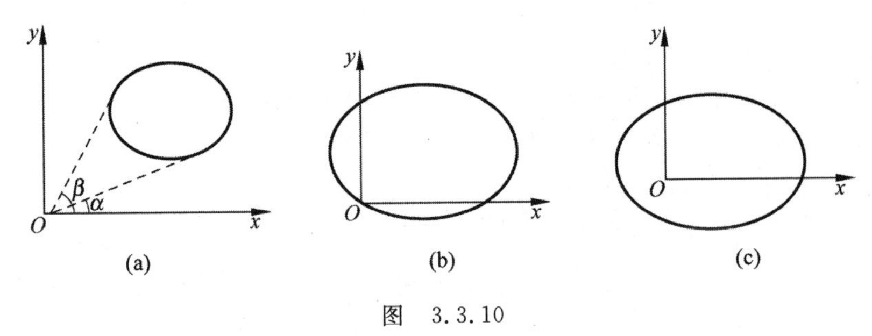

图 3.3.10

例 3.3.8

将$\iint\limits_D f(x,y)\mathrm{d}x\mathrm{d}y$化为极坐标系下的累次积分,其中 D 分别为 $D_1=\{(x,y)\mid 1\leqslant x^2+y^2\leqslant 4, y\geqslant 0\}$, $D_2=\{(x,y)\mid x^2+y^2\leqslant 2x\}$(如图 3.3.11).

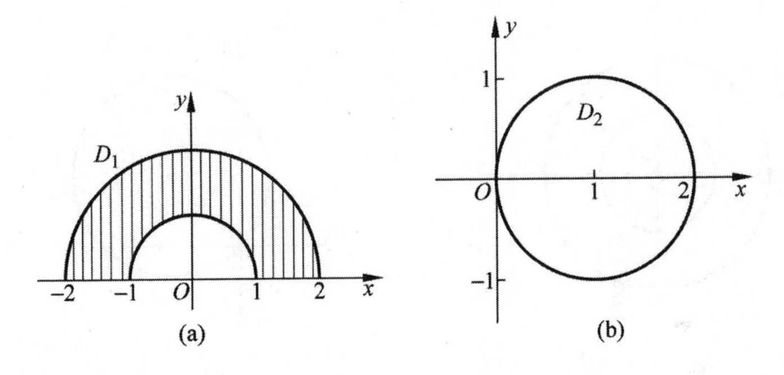

图 3.3.11

解

$$D_{1\rho\varphi}=\{(\rho,\varphi)\mid 1\leqslant\rho\leqslant 2, 0\leqslant\varphi\leqslant\pi\},$$

于是

$$\iint\limits_{D_1} f(x,y)\mathrm{d}x\mathrm{d}y=\int_0^{\pi}\mathrm{d}\varphi\int_1^2 f(\rho\cos\varphi,\rho\sin\varphi)\rho\mathrm{d}\rho,$$

$$D_{2\rho\varphi}=\left\{(\rho,\varphi)\,\middle|\, 0\leqslant\rho\leqslant 2\cos\varphi, -\frac{\pi}{2}\leqslant\varphi\leqslant\frac{\pi}{2}\right\},$$

$$\iint\limits_{D_2} f(x,y)\mathrm{d}x\mathrm{d}y=\int_{-\frac{\pi}{2}}^{\frac{\pi}{2}}\mathrm{d}\varphi\int_0^{2\cos\varphi} f(\rho\cos\varphi,\rho\sin\varphi)\rho\mathrm{d}\rho.$$

例 3.3.9

计算$\iint\limits_D \sin\sqrt{x^2+y^2}\,\mathrm{d}x\mathrm{d}y$,其中 D(如图 3.3.12) 为域

$$D=\{(x,y)\mid 1\leqslant x^2+y^2\leqslant 4\}.$$

解 域 D 在极坐标下表示为

$$D_{\rho\varphi}=\{(\rho,\varphi)\mid 1\leqslant\rho\leqslant 2,0\leqslant\varphi\leqslant 2\pi\},$$

因此在极坐标下,本题的积分限十分简单,而且被积函数的形式 $\sin\rho$ 也较简单:

$$\iint_D \sin\sqrt{x^2+y^2}\,\mathrm{d}x\mathrm{d}y=\int_0^{2\pi}\mathrm{d}\varphi\int_1^2\rho\sin\rho\mathrm{d}\rho$$

$$=2\pi\int_1^2\rho\sin\rho\mathrm{d}\rho=2\pi(-2\cos2+\cos1+\sin2-\sin1).$$

例 3.3.10 ……………………………………………………………………

计算$\iint_D\frac{x+y}{x^2+y^2}\mathrm{d}x\mathrm{d}y$,其中

$$D=\{(x,y)\mid x^2+y^2\leqslant x+y\}.$$

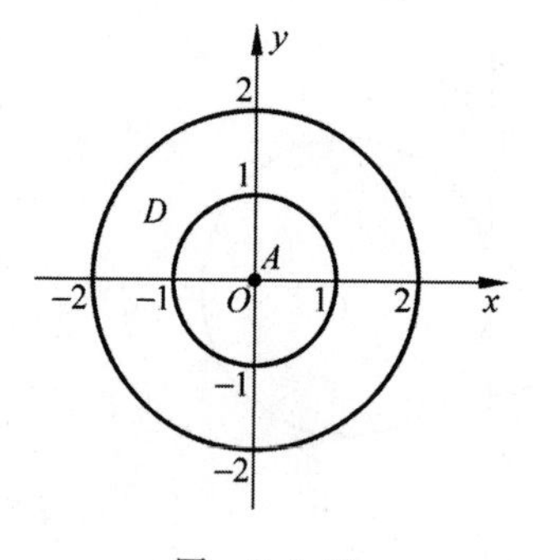

图 3.3.12

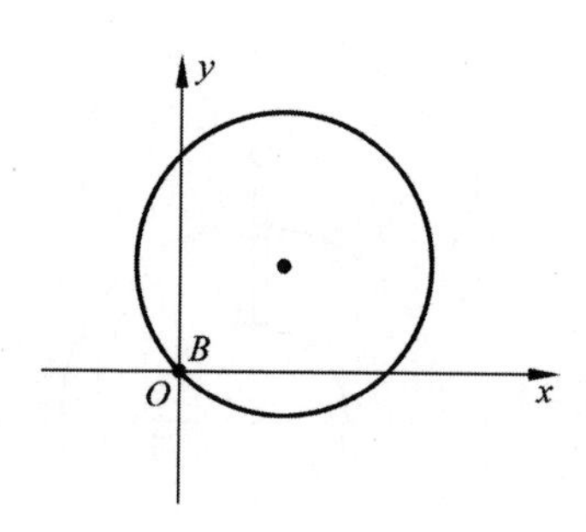

图 3.3.13

解 如图 3.3.13,D 是圆心在$\left(\frac{1}{2},\frac{1}{2}\right)$,半径为$\frac{\sqrt{2}}{2}$的圆域,此题用极坐标计算比较简单,域 D 在极坐标下可表示为

$$D_{\rho\varphi}=\left\{(\rho,\varphi)\,\middle|\,0\leqslant\rho\leqslant\sin\varphi+\cos\varphi,-\frac{\pi}{4}\leqslant\varphi\leqslant\frac{3\pi}{4}\right\},$$

于是

$$\iint_D\frac{x+y}{x^2+y^2}\mathrm{d}x\mathrm{d}y=\int_{-\frac{\pi}{4}}^{\frac{3\pi}{4}}\mathrm{d}\varphi\int_0^{\sin\varphi+\cos\varphi}\frac{\sin\varphi+\cos\varphi}{\rho}\rho\mathrm{d}\rho$$

$$=\int_{-\frac{\pi}{4}}^{\frac{3\pi}{4}}(\sin\varphi+\cos\varphi)^2\mathrm{d}\varphi=\int_{-\frac{\pi}{4}}^{\frac{3\pi}{4}}(1+2\sin\varphi\cos\varphi)\mathrm{d}\varphi=\pi.$$

例 3.3.11 ……………………………………………………………………

求闭曲线$(x^2+y^2)^3=x^4+y^4$ 所围成的区域(如图 3.3.14)的面积.

解 闭曲线$(x^2+y^2)^3=x^4+y^4$的极坐标方程为

$$\rho=\sqrt{\cos^4\varphi+\sin^4\varphi},\quad 0\leqslant\varphi\leqslant 2\pi,$$

故域D的面积为

$$S=\iint_D \mathrm{d}\sigma=\iint_{D_{\rho\varphi}}\rho\mathrm{d}\rho\mathrm{d}\varphi=\int_0^{2\pi}\mathrm{d}\varphi\int_0^{\sqrt{\cos^4\varphi+\sin^4\varphi}}\rho\mathrm{d}\rho$$

$$=\frac{1}{2}\int_0^{2\pi}(\cos^4\varphi+\sin^4\varphi)\mathrm{d}\varphi$$

$$=4\int_0^{\frac{\pi}{2}}\sin^4\varphi\mathrm{d}\varphi=\frac{3}{4}\pi.$$

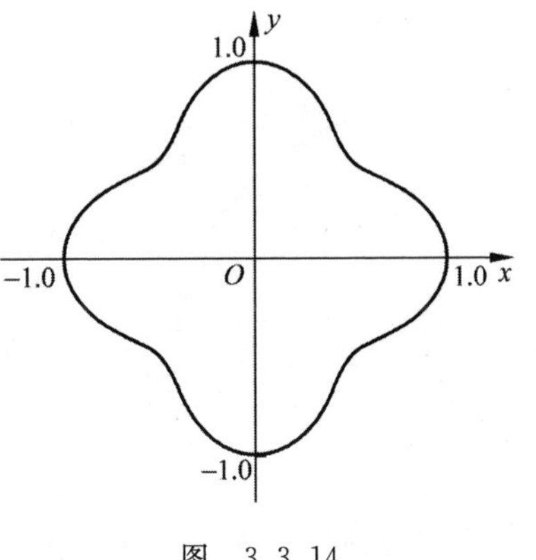

图 3.3.14

▶ **例 3.3.12** ……

证明：$\int_0^{+\infty}\mathrm{e}^{-x^2}\mathrm{d}x=\frac{\sqrt{\pi}}{2}.$

证明 这个积分就是 Poisson 积分，如图 3.3.15，

$$\iint_{D_1}\mathrm{e}^{-x^2-y^2}\mathrm{d}x\mathrm{d}y\leqslant\iint_D\mathrm{e}^{-x^2-y^2}\mathrm{d}x\mathrm{d}y\leqslant\iint_{D_2}\mathrm{e}^{-x^2-y^2}\mathrm{d}x\mathrm{d}y,$$

其中

$$D=\{(x,y)\mid 0\leqslant x\leqslant R,0\leqslant y\leqslant R\},$$
$$D_1=\{(x,y)\mid x^2+y^2\leqslant R^2,x\geqslant 0,y\geqslant 0\},$$
$$D_2=\{(x,y)\mid x^2+y^2\leqslant 2R^2,x\geqslant 0,y\geqslant 0\}.$$

用极坐标系，

$$\iint_{D_1}\mathrm{e}^{-x^2-y^2}\mathrm{d}x\mathrm{d}y=\int_0^{\frac{\pi}{2}}\mathrm{d}\varphi\int_0^R\mathrm{e}^{-\rho^2}\rho\mathrm{d}\rho=\frac{\pi}{4}(1-\mathrm{e}^{-R^2}),$$

$$\iint_{D_2}\mathrm{e}^{-x^2-y^2}\mathrm{d}x\mathrm{d}y=\int_0^{\frac{\pi}{2}}\mathrm{d}\varphi\int_0^{\sqrt{2}R}\mathrm{e}^{-\rho^2}\rho\mathrm{d}\rho=\frac{\pi}{4}(1-\mathrm{e}^{-2R^2}).$$

而$\iint_D\mathrm{e}^{-x^2-y^2}\mathrm{d}x\mathrm{d}y=\left(\int_0^R\mathrm{e}^{-x^2}\mathrm{d}x\right)^2$，

$$\frac{\pi}{4}(1-\mathrm{e}^{-R^2})\leqslant\left(\int_0^R\mathrm{e}^{-x^2}\mathrm{d}x\right)^2\leqslant\frac{\pi}{4}(1-\mathrm{e}^{-2R^2}).$$

令$R\to+\infty$，$\left(\int_0^{+\infty}\mathrm{e}^{-x^2}\mathrm{d}x\right)^2=\frac{\pi}{4}$，即

$$\int_0^{+\infty}\mathrm{e}^{-x^2}\mathrm{d}x=\frac{\sqrt{\pi}}{2}.$$

最后，我们再举两个二重积分变量代换的例子.

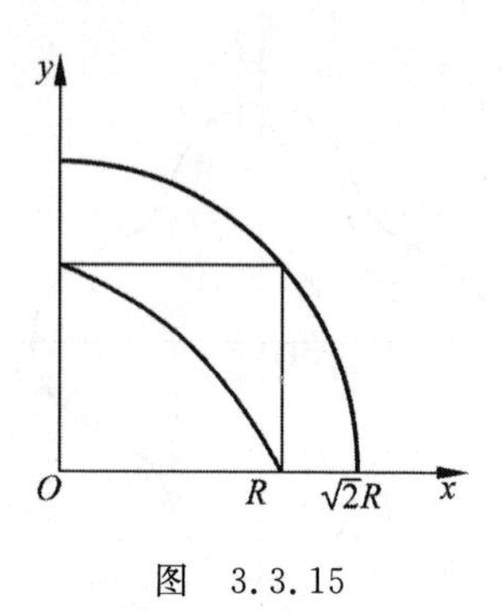

图 3.3.15

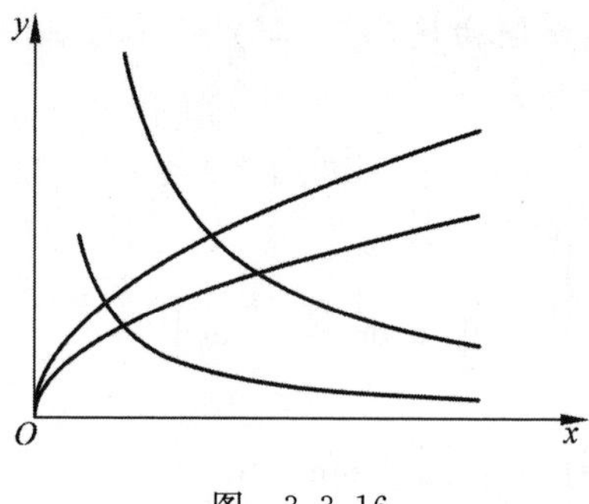

图 3.3.16

例 3.3.13 ……………………………………………………………

求由抛物线 $y^2=px, y^2=qx(q>p>0)$，与双曲线 $xy=a, xy=b\ (b>a>0)$ 所围成的平面区域 D(如图 3.3.16)的面积.

解 作变量代换

$$\begin{cases} u=\dfrac{y^2}{x}, & p\leqslant u\leqslant q, \\ v=xy, & a\leqslant v\leqslant b. \end{cases}$$

由于

$$\frac{D(u,v)}{D(x,y)}=\begin{vmatrix} -\dfrac{y^2}{x^2} & \dfrac{2y}{x} \\ y & x \end{vmatrix}=-\frac{3y^2}{x}\neq 0,\quad x\neq 0, y\neq 0.$$

因此这个向量值函数是可逆的，其逆向量值函数的 Jacobi 行列式为

$$\frac{D(x,y)}{D(u,v)}=\left(\frac{D(u,v)}{D(x,y)}\right)^{-1}=-\frac{x}{3y^2}=-\frac{1}{3u}\neq 0.$$

向量值函数把 $O\text{-}xy$ 平面上的区域 D 映射为 $O\text{-}uv$ 平面上的区域 D_{uv}(如图 3.3.17)，于是即得区域 D 的面积 S 为

$$S=\iint\limits_{D}\mathrm{d}\sigma=\iint\limits_{D_{uv}}\left|\frac{D(x,y)}{D(u,v)}\right|\mathrm{d}u\mathrm{d}v=\iint\limits_{D_{uv}}\frac{1}{3u}\mathrm{d}u\mathrm{d}v$$

$$=\int_a^b\mathrm{d}v\int_p^q\frac{1}{3u}\mathrm{d}u=\frac{1}{3}(b-a)\ln\frac{q}{p}.$$

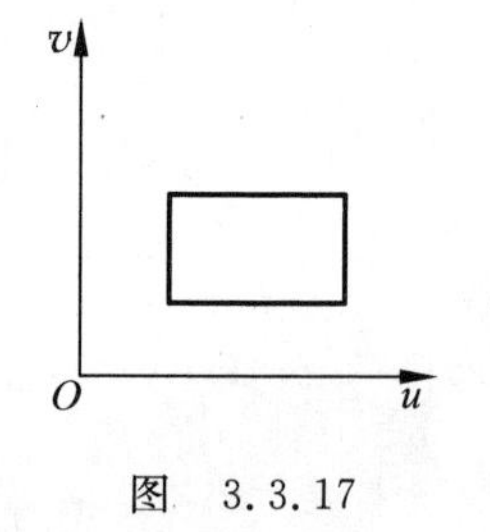

图 3.3.17

例 3.3.14 ……………………………………………………………

求椭球面 $\dfrac{x^2}{a^2}+\dfrac{y^2}{b^2}+\dfrac{z^2}{c^2}=1$ 围成的椭球体之体积.

解 上半椭球面方程为

$$z=c\sqrt{1-\frac{x^2}{a^2}-\frac{y^2}{b^2}},$$

椭球体之体积 V 为

$$V=8\iint_{D} c\sqrt{1-\frac{x^2}{a^2}-\frac{y^2}{b^2}}\,\mathrm{d}\sigma,$$

其中 $D=\left\{(x,y)\,\middle|\,\frac{x^2}{a^2}+\frac{y^2}{b^2}\leqslant 1,x\geqslant 0,y\geqslant 0\right\}$(如图 3.3.18 所示). 作广义极坐标变换

$$\begin{cases}x=a\rho\cos\varphi,\\ y=b\rho\sin\varphi,\end{cases}$$

则 $O\text{-}xy$ 平面上的域 D 变为 $O\text{-}\rho\varphi$ 平面上的

$$D_{\rho\varphi}=\left\{(\rho,\varphi)\,\middle|\,0\leqslant\rho\leqslant 1,0\leqslant\varphi\leqslant\frac{\pi}{2}\right\}$$

(见图 3.3.19). 这个向量值函数的 Jacobi 行列式

$$\frac{D(x,y)}{D(\rho,\varphi)}=\begin{vmatrix}a\cos\varphi & -a\rho\sin\varphi\\ b\sin\varphi & b\rho\cos\varphi\end{vmatrix}=ab\rho,$$

于是原来的二重积分经过上述变量代换后就变为

$$V=8\iint_{D_{\rho\varphi}} c\sqrt{1-\rho^2}(ab\rho)\,\mathrm{d}\rho\mathrm{d}\varphi=8\int_0^{\frac{\pi}{2}}\mathrm{d}\varphi\int_0^1 abc\rho\sqrt{1-\rho^2}\,\mathrm{d}\rho=\frac{4}{3}\pi abc.$$

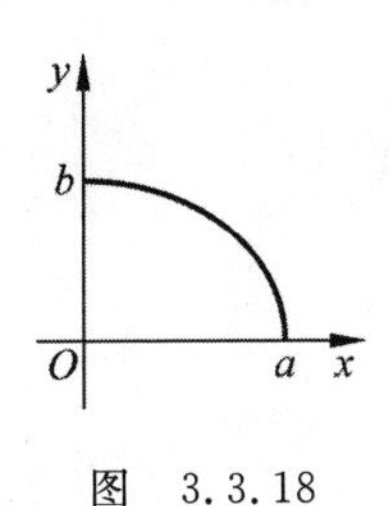

图 3.3.18

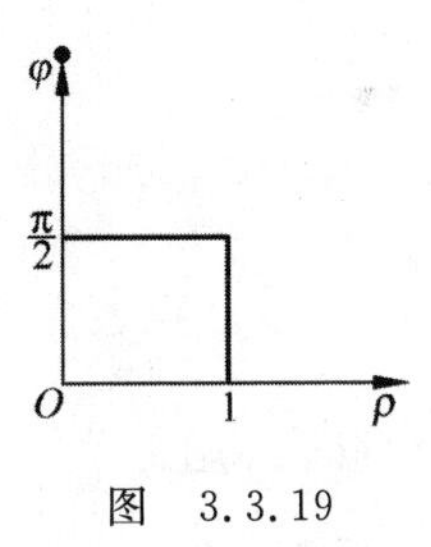

图 3.3.19

习题 3.3

1. 用二重积分的几何意义求下列二重积分的值.

(1) $\iint_D \sqrt{R^2-x^2-y^2}\,\mathrm{d}x\mathrm{d}y, D=\{(x,y)\mid x^2+y^2\leqslant R^2\}$;

(2) $\iint_D \sqrt{x^2+y^2}\,\mathrm{d}x\mathrm{d}y, D=\{(x,y)\mid x^2+y^2\leqslant R^2\}$;

(3) $\iint_D \mathrm{d}x\mathrm{d}y, D=\{(x,y)\mid |x|+|y|\leqslant 1\}$.

2. 计算下列二重积分.

(1) $\iint\limits_I \frac{x^2}{1+y^2}\mathrm{d}x\mathrm{d}y, I=[0,1]^2$;

(2) $\iint\limits_I x\cos(xy)\mathrm{d}x\mathrm{d}y, I=\left[0,\frac{\pi}{2}\right]\times[0,1]$;

(3) $\iint\limits_I \sin(x+y)\mathrm{d}x\mathrm{d}y, I=[0,\pi]^2$.

3. 设函数 $f(x,y)$ 在 $I=[a,b]\times[c,d]$ 上有连续的二阶偏导数,计算 $\iint\limits_I \frac{\partial^2 f}{\partial x\partial y}\mathrm{d}x\mathrm{d}y$.

4. 将二重积分 $\iint\limits_D f(x,y)\mathrm{d}x\mathrm{d}y$ 化为累次积分.

(1) $D=\{(x,y)\mid x+y\leqslant 1, y-x\leqslant 1, y\geqslant 0\}$;

(2) $D=\{(x,y)\mid y\geqslant x-2, x\geqslant y^2\}$;

(3) $D=\{(x,y)\mid \frac{2}{x}\leqslant y\leqslant 2x, 1\leqslant x\leqslant 2\}$.

5. 在直角坐标系中画出下列积分的积分区域,并交换积分次序.

(1) $\int_{-1}^{0}\mathrm{d}x\int_{0}^{1+x}f(x,y)\mathrm{d}y+\int_{0}^{1}\mathrm{d}x\int_{0}^{1-x}f(x,y)\mathrm{d}y$;

(2) $\int_{0}^{1}\mathrm{d}x\int_{2\sqrt{1-x}}^{\sqrt{4-x^2}}f(x,y)\mathrm{d}y+\int_{1}^{2}\mathrm{d}x\int_{0}^{\sqrt{4-x^2}}f(x,y)\mathrm{d}y$;

(3) $\int_{0}^{1}\mathrm{d}x\int_{0}^{\sqrt{2x-x^2}}f(x,y)\mathrm{d}y+\int_{1}^{2}\mathrm{d}x\int_{0}^{2-x}f(x,y)\mathrm{d}y$;

(4) $\int_{-1}^{1}\mathrm{d}x\int_{x^2-1}^{1-x^2}f(x,y)\mathrm{d}y$;

(5) $\int_{0}^{\pi}\mathrm{d}x\int_{0}^{\cos x}f(x,y)\mathrm{d}y$.

6. 计算下列二重积分.

(1) $\iint\limits_D xy^2\mathrm{d}x\mathrm{d}y, D=\{(x,y)\mid 4x\geqslant y^2, x\leqslant 1\}$;

(2) $\iint\limits_D \frac{1}{\sqrt{2a-x}}\mathrm{d}x\mathrm{d}y, D=\{(x,y)\mid (x-a)^2+(y-a)^2\leqslant 1, 0\leqslant x,y\leqslant a\}$;

(3) $\iint\limits_D |xy|\mathrm{d}x\mathrm{d}y, D=\{(x,y)\mid x^2+y^2\leqslant R^2\}$;

(4) $\iint\limits_D x\cos(xy)\mathrm{d}x\mathrm{d}y, D=\{(x,y)\mid x^2+y^2\leqslant R^2\}$;

(5) $\iint\limits_D (x^2+y^2)\mathrm{d}x\mathrm{d}y$, D 是以 $y=x, y=x+1, y=1, y=4$ 为边的平行四

边形区域；

(6) $\iint\limits_D e^{x+y}\mathrm{d}x\mathrm{d}y, D=\{(x,y)\mid |x|+|y|\leqslant 1\}$；

(7) $\iint\limits_D \cos(x+y)\mathrm{d}x\mathrm{d}y, D=\{(x,y)\mid x\geqslant 0, 0\leqslant y\leqslant \pi\}$；

(8) $\iint\limits_D |\cos(x+y)|\mathrm{d}x\mathrm{d}y, D=[0,\pi]^2$；

(9) $\iint\limits_D y^2\mathrm{d}x\mathrm{d}y$，$D$ 由$\begin{cases}x=a(t-\sin t),\\ y=a(1-\cos t),\end{cases}$ $0\leqslant t\leqslant 2\pi$ 以及 x 轴围成；

(10) $\iint\limits_D [x+y]\mathrm{d}x\mathrm{d}y, D=[0,1]^2$.

7. 设平面区域 D 关于 x 轴对称，区域 D 在 $y\geqslant 0$ 的部分记为 D_1，函数 $f(x,y)$ 在 D 上可积，证明：$\iint\limits_D f(x,y)\mathrm{d}x\mathrm{d}y=\begin{cases}2\iint\limits_{D_1} f(x,y)\mathrm{d}x\mathrm{d}y, & f(x,-y)=f(x,y),\\ 0, & f(x,-y)=-f(x,y).\end{cases}$ 当平面区域 D 关于 y 轴对称时，相应结论是什么？

8. 利用第 7 题结论，计算积分

$$\iint\limits_D x^2y^3\mathrm{d}x\mathrm{d}y,\quad \iint\limits_D \sqrt{R^2-x^2}\sin y\mathrm{d}x\mathrm{d}y,\quad D=\{(x,y)\mid x^2+y^2\leqslant R^2\}.$$

9. 分别求出由平面 $z=x-y$，$z=0$ 与圆柱面 $x^2+y^2=2x$ 所围成的两个空间几何体的体积.

10. 求由旋转抛物面 $z=x^2+y^2$，柱面 $y=x^2$ 及平面 $y=1$，$z=0$ 围成的空间几何体的体积.

11. 画出下列积分区域的图形，并将二重积分 $\iint\limits_D f(x,y)\mathrm{d}x\mathrm{d}y$ 化为极坐标下的累次积分.

(1) $D=\{(x,y)\mid x^2+y^2\leqslant 1, x^2+(y-1)^2\leqslant 1\}$；

(2) $D=\{(x,y)\mid x^2+(y-a)^2\leqslant a^2, (x-a)^2+y^2\leqslant a^2\}$.

12. 计算下列二重积分.

(1) $\iint\limits_D (x^2+y^2)\mathrm{d}x\mathrm{d}y, D=\{(x,y)\mid 2x\leqslant x^2+y^2\leqslant 4x\}$；

(2) $\iint\limits_D \sqrt{(x^2+y^2)^3}\mathrm{d}x\mathrm{d}y, D=\{(x,y)\mid x^2+y^2\leqslant \min\{1,2x\}\}$；

(3) $\iint\limits_D (x+y)\mathrm{d}x\mathrm{d}y$，$D$ 是由 $x^2+y^2=x+y$ 围成的平面区域；

(4) $\iint\limits_D (y-x)^2\mathrm{d}x\mathrm{d}y, D=\{(x,y)\mid 0\leqslant y\leqslant x+a, x^2+y^2\leqslant a^2\}, a>0$；

(5) $\iint\limits_D \arctan\dfrac{y}{x}\mathrm{d}x\mathrm{d}y, D=\{(x,y)\mid x^2+y^2\leqslant 1, x\leqslant 0, y\leqslant 0\}$；

(6) $\int_0^{\frac{1}{\sqrt{2}}}\mathrm{d}y\int_0^y \mathrm{e}^{-x^2-y^2}\mathrm{d}x+\int_{\frac{1}{\sqrt{2}}}^1\mathrm{d}y\int_0^{\sqrt{1-y^2}}\mathrm{e}^{-x^2-y^2}\mathrm{d}x$；

(7) $\iint\limits_D f(x,y)\mathrm{d}x\mathrm{d}y, f(x,y)=\begin{cases}1, & |x|+|y|\leqslant 1,\\ 2, & 1<|x|+|y|\leqslant 2,\end{cases} D=\{(x,y)\mid |x|+|y|\leqslant 2\}$.

13. 求下列曲线所围图形的面积.

(1) 双纽线$(x^2+y^2)^2=2a^2(x^2-y^2)$与圆 $x^2+y^2=a^2$ 所围图形(圆外部分)的面积$(a>0)$；

(2) 心脏线 $r=a(1+\cos\theta)$与圆 $x^2+y^2=\sqrt{3}ay$ 所围图形(心脏线内部)的面积$(a>0)$.

14. 通过适当的变量代换,计算下列二重积分.

(1) $\iint\limits_D x^2y^2\mathrm{d}x\mathrm{d}y$, D 是由 $xy=2, xy=4, y=x, y=3x$ 在第一象限所围成的平面区域；

(2) $\iint\limits_D (x^2+y^2)\mathrm{d}x\mathrm{d}y$, D 是由 $xy=1, xy=2, x^2-y^2=1, x^2-y^2=2$ 所围成的平面区域；

(3) $\iint\limits_D (x^2+y^2)\mathrm{d}x\mathrm{d}y, D=\{(x,y)\mid |x|+|y|\leqslant 1\}$；

(4) $\iint\limits_D (x-y^2)\mathrm{d}x\mathrm{d}y$, D 是由 $y=2, y^2-y-x=1, y^2+2y-x=2$ 所围成的平面区域；

15. 求下列图形围成区域的面积.

(1) $(a_1x+b_1y+c_1)^2+(a_2x+b_2y+c_2)^2=1$,其中 $a_1b_2\neq a_2b_1$；

(2) $\sqrt{x}+\sqrt{y}=\sqrt{a}$ 与 $x=0, y=0$.

16. 设函数 $f(t)$连续,证明：

(1) $\iint\limits_{|x|+|y|\leqslant 1} f(x+y)\mathrm{d}x\mathrm{d}y=\int_{-1}^1 f(t)\mathrm{d}t$；

(2) $\iint\limits_{|x|+|y|\leqslant 1} f(xy)\mathrm{d}x\mathrm{d}y=\ln 2\int_1^2 f(t)\mathrm{d}t$, D 是由 $xy=1, xy=2, y=x, y=4x$ 所围成第一象限的区域.

17. 设函数 $f(t)$ 连续，$f(t)>0$，求积分 $\iint\limits_{x^2+y^2\leqslant R^2}\dfrac{af(x)+bf(y)}{f(x)+f(y)}\mathrm{d}x\mathrm{d}y$.

18. 设函数 $f(t,s)$ 连续，求 $F(x)=\int_0^x\int_{t^2}^{x^2}f(t,s)\mathrm{d}s\mathrm{d}t$ 的导函数.

3.4 三重积分

例 3.0.2 是一个三重积分的例子，我们首先讨论三重积分的可积性.

3.4.1 三重积分的可积性理论

三重积分的可积性理论与 3.1 节、3.2 节所讨论的二重积分的可积性理论完全一样，因此我们只给出结论而略去证明.

我们称 $\mathbb{R}^3$ 中的有界闭集 I 为长方体，如果

$$I=\{(x,y,z)\mid a\leqslant x\leqslant A,b\leqslant y\leqslant B,c\leqslant z\leqslant C\},$$

有时也记成 $I=[a,A]\times[b,B]\times[c,C]$. 对于长方体 I，我们可以通过分割将其分成一系列的小长方体 ΔI_{ijk}，其体积为 $\sigma V_{ijk}=\Delta x\cdot\Delta y\cdot\Delta z$. 记分割的模为 $|T|$，任意取点 $(\xi_i,\eta_j,\zeta_k)\in\Delta I_{ijk}$，求 Riemann 和及其极限

$$\lim_{|T|\to 0}\sum_{i=1}^{l}\sum_{j=1}^{m}\sum_{k=1}^{n}f(\xi_i,\eta_j,\zeta_k)\sigma V_{ijk}.$$

如果能验证极限值与分割、取点的任意性无关，则称该极限值为函数 $f(x,y,z)$ 在长方体 I 上的**三重积分**.

$$\iiint\limits_{I}f(x,y,z)\mathrm{d}V=\lim_{|T|\to 0}\sum_{i=1}^{l}\sum_{j=1}^{m}\sum_{k=1}^{n}f(\xi_i,\eta_j,\zeta_k)\sigma V_{ijk}$$

定义 3.4.1 ……

$\Omega\subset\mathbb{R}^3$，如果 $\forall\varepsilon>0$，存在有限个长方体 $I_1,I_2,\cdots,I_N$，满足

$$\Omega\subset I_1\cup I_2\cup\cdots\cup I_N,$$

其体积之和 $\sum\limits_{i=1}^{N}\sigma(I_i)<\varepsilon$，则称 Ω 为一个零体积集.

可以通过 Darboux 上和、下和、上积分、下积分得到.

定理 3.4.1 ……

定义在长方体 $I=[a,A]\times[b,B]\times[c,C]$ 上的有界函数 $f(x,y,z)$，若在 I 上的间断点为一个零体积集，则 f 在 I 上可积，记作 $f\in R(I)$.

对于一般的有界闭集 $\Omega\subset\mathbb{R}^3$，取长方体 I 足够大，使得 $\Omega\subset I\subset\mathbb{R}^3$ 构造

$$f_\Omega(x,y,z)=\begin{cases}f(x,y,z), & (x,y,z)\in\Omega,\\ 0, & (x,y,z)\in I\backslash\Omega,\end{cases}$$

如果 $f_\Omega \in R(I)$,则称 $f\in R(\Omega)$.

定理 3.4.2 ……………………………………………………………

定义在有界闭集 $\Omega\subset\mathbb{R}^3$ 上的有界函数 f,如果 Ω 的边界 $\partial\Omega$ 为零体积集,且 f 在 Ω 上的间断点集合也是零体积集,则 $f\in R(\Omega)$.

三重积分也有与二重积分类似的性质:

(1) 线性性:设 $f,g\in R(\Omega)$,则 $\forall \lambda,\mu\in\mathbb{R}$,$\lambda f+\mu g\in R(\Omega)$,且

$$\iiint\limits_{\Omega}(\lambda f+\mu g)\,\mathrm{d}V=\lambda\iiint\limits_{\Omega}f\,\mathrm{d}V+\mu\iiint\limits_{\Omega}g\,\mathrm{d}V;$$

(2) 关于积分区域的可加性:设 $f\in R(\Omega_1)$,$f\in R(\Omega_2)$,$\Omega=\Omega_1\cup\Omega_2$,其中 $\Omega_1\cap\Omega_2$ 为零体积集,则 $f\in R(\Omega)$,且

$$\iiint\limits_{\Omega}f\,\mathrm{d}V=\iiint\limits_{\Omega_1}f\mathrm{d}V+\iiint\limits_{\Omega_2}f\mathrm{d}V;$$

(3) 保序性:$f,g\in R(\Omega)$,$f(x,y,z)\leqslant g(x,y,z)$,$(x,y,z)\in\Omega$,则

$$\iiint\limits_{\Omega}f\,\mathrm{d}V\leqslant\iiint\limits_{\Omega}g\,\mathrm{d}V;$$

(4) 中值定理:设 $f\in C(\Omega)$,$g\in R(\Omega)$,且在 Ω 上 g 不变号,则 $\exists(\xi,\eta,\zeta)\in\Omega$,使得

$$\iiint\limits_{\Omega}f(x,y,z)g(x,y,z)\mathrm{d}V=f(\xi,\eta,\zeta)\iiint\limits_{\Omega}g(x,y,z)\mathrm{d}V.$$

3.4.2 三重积分的计算——累次积分法

为简单起见,我们仅讨论连续函数的三重积分.

定理 3.4.3 ……………………………………………………………

有界闭集 $\Omega\subset\mathbb{R}^3$,$f\in C(\Omega)$.

(1) 如果 Ω 可以表示为

$$\Omega=\{(x,y,z)\mid z_1(x,y)\leqslant z\leqslant z_2(x,y),(x,y)\in D\subset\mathbb{R}^2\},$$

其中 $z_1(x,y)$,$z_2(x,y)$ 为 $D\subset\mathbb{R}^2$ 上的连续函数,D 的边界为零面积集,则

$$\iiint\limits_{\Omega}f(x,y,z)\mathrm{d}x\mathrm{d}y\mathrm{d}z=\iint\limits_{D}\mathrm{d}x\mathrm{d}y\int_{z_1(x,y)}^{z_2(x,y)}f(x,y,z)\mathrm{d}z;$$

(2) 如果 Ω 可表示为

$$\Omega=\{(x,y,z)\mid(x,y)\in D_z\subset\mathbb{R}^2,c\leqslant z\leqslant C\},$$

其中 $\forall z\subset[c,C]$，D_z 的边界 ∂D_z 为零面积集，则

$$\iiint_{\Omega} f(x,y,z)\mathrm{d}x\mathrm{d}y\mathrm{d}z=\int_c^C \mathrm{d}z\iint_{D_z} f(x,y,z)\mathrm{d}x\mathrm{d}y.$$

例 3.4.1

计算 $\iiint_{\Omega}\frac{1}{(1+x+y+z)^3}\mathrm{d}x\mathrm{d}y\mathrm{d}z$，其中 Ω(如图 3.4.1)为

$$\Omega=\{(x,y,z)\mid x+y+z\leqslant 1,x\geqslant 0,y\geqslant 0,z\geqslant 0\}.$$

解 如果我们依次对 z,y,x 作积分，Ω 可表示为

$$\Omega=\{(x,y,z)\mid 0\leqslant z\leqslant 1-x-y,0\leqslant y\leqslant 1-x,0\leqslant x\leqslant 1\},$$

于是

$$\begin{aligned}\iiint_{\Omega}\frac{1}{(1+x+y+z)^3}\mathrm{d}x\mathrm{d}y\mathrm{d}z&=\int_0^1\mathrm{d}x\int_0^{1-x}\mathrm{d}y\int_0^{1-x-y}\frac{1}{(1+x+y+z)^3}\mathrm{d}z\\&=\int_0^1\mathrm{d}x\int_0^{1-x}\left[-\frac{1}{2}\frac{1}{(1+x+y+z)^2}\right]_{z=0}^{z=1-x-y}\mathrm{d}y\\&=\frac{1}{2}\int_0^1\mathrm{d}x\int_0^{1-x}\left[\frac{1}{(1+x+y)^2}-\frac{1}{4}\right]\mathrm{d}y\\&=\frac{1}{2}\int_0^1\left\{\left[\frac{-1}{1+x+y}\right]\Bigg|_{y=0}^{y=1-x}-\frac{1-x}{4}\right\}\mathrm{d}x\\&=\frac{1}{2}\int_0^1\left(\frac{1}{1+x}-\frac{1}{2}-\frac{1-x}{4}\right)\mathrm{d}x=\frac{1}{2}\ln 2-\frac{5}{16}.\end{aligned}$$

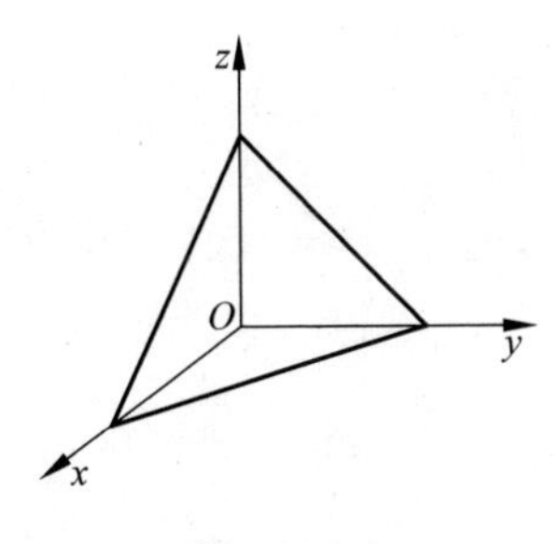

图 3.4.1

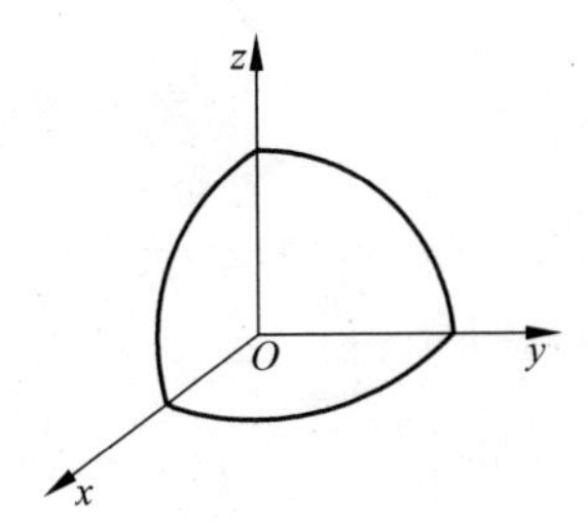

图 3.4.2

例 3.4.2

计算 $\iiint_{\Omega}xyz\,\mathrm{d}x\mathrm{d}y\mathrm{d}z$，其中 Ω(如图 3.4.2)为

$$\Omega=\{(x,y,z)\mid x^2+y^2+z^2\leqslant 1,x\geqslant 0,y\geqslant 0,z\geqslant 0\}.$$

解 如果我们依次对 z,y,x 作积分,Ω 可表示为

$$\Omega=\{(x,y,z)\mid 0\leqslant z\leqslant\sqrt{1-x^2-y^2},(x,y)\in D_{xy}\},$$

其中

$$D_{xy}=\{(x,y)\mid x^2+y^2\leqslant 1,x\geqslant 0,y\geqslant 0\}.$$

故

$$\begin{aligned}\iiint\limits_{\Omega}xyz\,\mathrm{d}x\mathrm{d}y\mathrm{d}z&=\iint\limits_{D_{xy}}\mathrm{d}x\mathrm{d}y\int_0^{\sqrt{1-x^2-y^2}}xyz\,\mathrm{d}z\\&=\int_0^1\mathrm{d}x\int_0^{\sqrt{1-x^2}}\mathrm{d}y\int_0^{\sqrt{1-x^2-y^2}}xyz\,\mathrm{d}z\\&=\int_0^1x\mathrm{d}x\int_0^{\sqrt{1-x^2}}y\mathrm{d}y\int_0^{\sqrt{1-x^2-y^2}}z\mathrm{d}z\\&=\int_0^1x\mathrm{d}x\int_0^{\sqrt{1-x^2}}\frac{1}{2}(1-x^2-y^2)y\mathrm{d}y\\&=\frac{1}{2}\int_0^1x\left[\frac{1}{2}(1-x^2)y^2-\frac{y^4}{4}\right]\Bigg|_{y=0}^{y=\sqrt{1-x^2}}\mathrm{d}y=\frac{1}{48}.\end{aligned}$$

Ω 也可表示为

$$\Omega=\{(x,y,z)\mid(x,y)\in D_z,0\leqslant z\leqslant 1\},$$

其中

$$D_z=\{(x,y)\mid x^2+y^2\leqslant 1-z^2,x\geqslant 0,y\geqslant 0\},$$

所以

$$\begin{aligned}\iiint\limits_{\Omega}xyz\,\mathrm{d}x\mathrm{d}y\mathrm{d}z&=\int_0^1\mathrm{d}z\iint\limits_{D_z}xyz\,\mathrm{d}x\mathrm{d}y\\&=\int_0^1z\mathrm{d}z\int_0^{\sqrt{1-z^2}}x\mathrm{d}x\int_0^{\sqrt{1-x^2-z^2}}y\mathrm{d}y=\frac{1}{48}.\end{aligned}$$

对于 $\Omega=\{(x,y,z)\mid x^2+y^2+z^2\leqslant 1,x\geqslant 0,y\geqslant 0,z\geqslant 0\}$ 区域,若 $f(x,y,z)$ 为连续函数,我们有

$$\int_0^1\mathrm{d}x\int_0^{\sqrt{1-x^2}}\mathrm{d}y\int_0^{\sqrt{1-x^2-y^2}}f(x,y,z)\mathrm{d}z=\int_0^1\mathrm{d}z\int_0^{\sqrt{1-z^2}}\mathrm{d}x\int_0^{\sqrt{1-x^2-z^2}}f(x,y,z)\mathrm{d}y,$$

这就是三次积分交换积分次序.

三重积分也有与二重积分类似的对称性质.例如:

(1) 空间区域 Ω 关于 O-xy 平面上下对称,函数 $f(x,y,z)$ 关于 z 为奇函数,即

$$f(x,y,-z)=-f(x,y,z),$$

则

$$\iiint_{\Omega} f(x,y,z)\mathrm{d}x\mathrm{d}y\mathrm{d}z = 0.$$

(2) 空间区域Ω关于$O\text{-}xy$平面上下对称，函数$f(x,y,z)$关于z为偶函数，即

$$f(x,y,-z) = f(x,y,z),$$

则

$$\iiint_{\Omega} f(x,y,z)\mathrm{d}x\mathrm{d}y\mathrm{d}z = 2\iiint_{\Omega_1} f(x,y,z)\mathrm{d}x\mathrm{d}y\mathrm{d}z,$$

其中Ω_1为Ω的上半部分(或下半部分).

例 3.4.3

计算$\iiint_{\Omega}(y+z)\mathrm{d}x\mathrm{d}y\mathrm{d}z$，其中

$$\Omega = \left\{(x,y,z)\,\middle|\,\frac{x^2}{a^2}+\frac{y^2}{b^2}+\frac{z^2}{c^2}\leqslant 1, z\geqslant 0\right\}.$$

解 由于Ω(上半椭球体)关于$O\text{-}xz$坐标平面对称，而函数$f(x,y,z)=y$关于变量z为奇函数，所以$\iiint_{\Omega} y\,\mathrm{d}x\mathrm{d}y\mathrm{d}z = 0$，于是

$$\iiint_{\Omega}(y+z)\mathrm{d}x\mathrm{d}y\mathrm{d}z = \iiint_{\Omega} z\,\mathrm{d}x\mathrm{d}y\mathrm{d}z = \iint_{D_{xy}}\mathrm{d}x\mathrm{d}y\int_0^{c\sqrt{1-\frac{x^2}{a^2}-\frac{y^2}{b^2}}} z\mathrm{d}z$$

$$= \iint_{D_{xy}} \frac{1}{2}c^2\left(1-\frac{x^2}{a^2}-\frac{y^2}{b^2}\right)\mathrm{d}x\mathrm{d}y,$$

其中D_{xy}是$O\text{-}xy$平面上由椭圆$\frac{x^2}{a^2}+\frac{y^2}{b^2}=1$所包围的平面区域(如图 3.4.3)，它的第一象限部分记作D_1，由于被积函数关于x轴和y轴都对称，故

$$\iiint_{\Omega}(y+z)\mathrm{d}x\mathrm{d}y\mathrm{d}z = 4\iint_{D_1}\frac{1}{2}c^2\left(1-\frac{x^2}{a^2}-\frac{y^2}{b^2}\right)\mathrm{d}x\mathrm{d}y.$$

对此二重积分作广义极坐标变换

$$x = a\rho\cos\varphi,\quad y = b\rho\sin\varphi,$$

$$\iiint_{\Omega}(y+z)\mathrm{d}x\mathrm{d}y\mathrm{d}z = 2c^2\int_0^{\frac{\pi}{2}}\mathrm{d}\varphi\int_0^1(1-\rho^2)ab\rho\mathrm{d}\rho$$

$$= 2abc^2\cdot\frac{\pi}{2}\left(\frac{\rho^2}{2}-\frac{\rho^4}{4}\right)\Bigg|_0^1$$

$$= \frac{\pi}{4}abc^2.$$

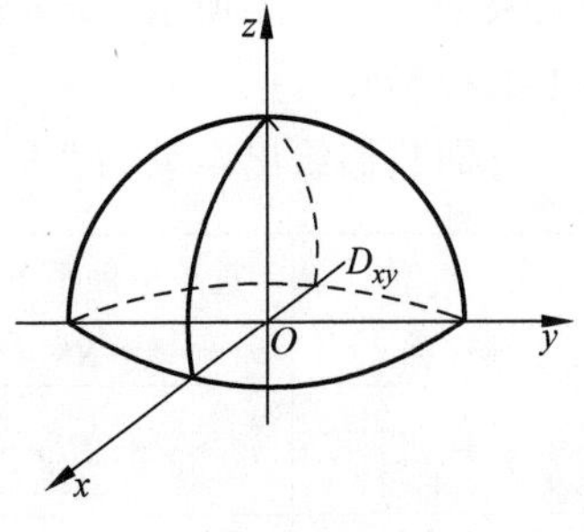

图 3.4.3

3.4.3 三重积分的变量代换法

对于三重积分$\iiint\limits_{\Omega} f(x,y,z)\mathrm{d}x\mathrm{d}y\mathrm{d}z$作变量代换：

$$\begin{cases} x = x(r,s,t), \\ y = y(r,s,t), \quad (r,s,t) \in \Omega^* \subset \mathbb{R}^3. \\ z = z(r,s,t), \end{cases} \tag{3.4.1}$$

和二维的情况一样，如果这个向量值函数(3.4.1)是可微的可逆向量值函数，那么它将O-xyz中的空间域Ω一一对应地映射为O-rst中的空间域Ω^*，体积元素$\mathrm{d}x\mathrm{d}y\mathrm{d}z$变为

$$\mathrm{d}x\mathrm{d}y\mathrm{d}z = \left|\frac{D(x,y,z)}{D(r,s,t)}\right| \mathrm{d}r\mathrm{d}s\mathrm{d}t, \tag{3.4.2}$$

于是

$$\iiint\limits_{\Omega} f(x,y,z)\mathrm{d}x\mathrm{d}y\mathrm{d}z = \iiint\limits_{\Omega^*} f(x(r,s,t),y(r,s,t),z(r,s,t)) \left|\frac{D(x,y,z)}{D(r,s,t)}\right| \mathrm{d}r\mathrm{d}s\mathrm{d}t.$$

上式的推导与二重积分变量代换完全一样.

三重积分的变量代换主要有将直角坐标变换为柱坐标和球坐标两种情形.下面我们分别介绍柱坐标和球坐标系的概念及柱、球坐标下的累次积分法.

3.4.4 三重积分在柱坐标系下的累次积分

柱坐标系可以说是由O-xy平面中的极坐标系与z坐标相结合而成的坐标系，空间点P的柱坐标(ρ,φ,z)与其直角(x,y,z)的关系为

$$\begin{cases} x = \rho\cos\varphi, \\ y = \rho\sin\varphi, \\ z = z, \end{cases} \tag{3.4.3}$$

其中：$0\leqslant\rho<+\infty, 0\leqslant\varphi<2\pi, -\infty<z<+\infty$.它们的关系如图3.4.4所示(其中点$P'$是点$P$在$xy$平面上的投影).

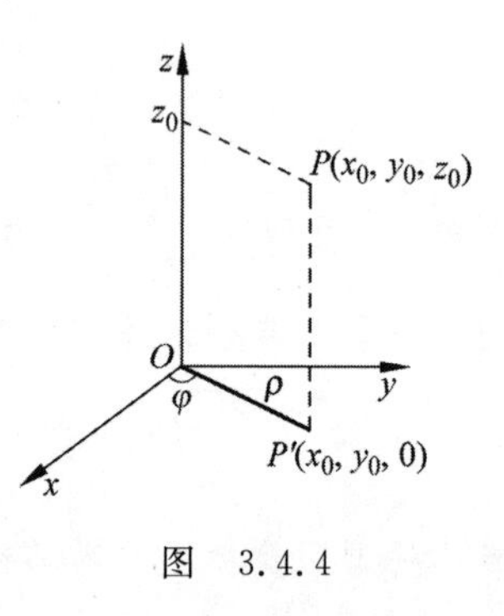

图 3.4.4

下面我们给出常见的曲面在柱坐标下的方程.

名　称	直角坐标系下方程	柱坐标下方程	变量范围
圆柱面	$x^2+y^2=R^2$	$\rho=R$	$0\leqslant\varphi\leqslant 2\pi, z\in\mathbb{R}$
圆柱面	$x^2+y^2=2Rx$	$\rho=2R\cos\varphi$	$-\frac{\pi}{2}\leqslant\varphi\leqslant\frac{\pi}{2}, z\in\mathbb{R}$
圆柱面	$x^2+y^2=2Ry$	$\rho=2R\sin\varphi$	$0\leqslant\varphi\leqslant\pi, z\in\mathbb{R}$

续表

名　称	直角坐标系下方程	柱坐标下方程	变量范围
球面	$x^2+y^2+z^2=R^2$	$\rho=\sqrt{R^2-z^2}$	$0\leqslant\varphi\leqslant 2\pi, -R\leqslant z\leqslant R$
圆锥面	$a^2z^2=x^2+y^2(a>0)$	$\rho=a\|z\|$	$0\leqslant\varphi\leqslant 2\pi, z\in\mathbb{R}$
平面	$z=a$	$z=a$	$0\leqslant\varphi\leqslant 2\pi, \rho\geqslant 0$

变换(3.4.3)式的Jacobi行列式的绝对值为

$$\left|\frac{D(x,y,z)}{D(\rho,\varphi,z)}\right|=\left|\begin{vmatrix}\cos\varphi & -\rho\sin\varphi & 0\\ \sin\varphi & \rho\cos\varphi & 0\\ 0 & 0 & 1\end{vmatrix}\right|=\rho,$$

因此,直角坐标系下的三重积分变换为柱坐标系下的三重积分,其变换式为

$$\iiint_{\Omega} f(x,y,z)\mathrm{d}x\mathrm{d}y\mathrm{d}z=\iiint_{\Omega^*} f(\rho\cos\varphi,\rho\sin\varphi,z)\rho\mathrm{d}\rho\mathrm{d}\varphi\mathrm{d}z. \tag{3.4.4}$$

例 3.4.4

把三重积分$\iiint_{\Omega} f(x,y,z)\mathrm{d}x\mathrm{d}y\mathrm{d}z$化为柱坐标系下的累次积分,其中$\Omega$(如图3.4.5)为

$$\Omega=\{(x,y,z)\mid(x-R)^2+y^2\leqslant R^2, 0\leqslant z\leqslant H\}.$$

解　域Ω为一圆柱体,它在柱坐标系下可表示为

$$\Omega^*=\left\{(\rho,\varphi,z)\,\middle|\,0\leqslant z\leqslant H, 0\leqslant\rho\leqslant 2R\cos\varphi, -\frac{\pi}{2}\leqslant\varphi\leqslant\frac{\pi}{2}\right\},$$

其中$\rho=2R\cos\varphi$是$O\text{-}xy$平面上的圆$(x-R)^2+y^2=R^2$的极坐标方程. 因此

$$\iiint_{\Omega} f(x,y,z)\mathrm{d}x\mathrm{d}y\mathrm{d}z=\int_{-\frac{\pi}{2}}^{\frac{\pi}{2}}\mathrm{d}\varphi\int_0^{2R\cos\varphi}\mathrm{d}\rho\int_0^H f(\rho\cos\varphi,\rho\sin\varphi,z)\rho\mathrm{d}z.$$

例 3.4.5

计算$\iiint_{\Omega}(x^2+y^2)\mathrm{d}x\mathrm{d}y\mathrm{d}z$,其中$\Omega$为平面曲线$\begin{cases}y^2=2z,\\ x=0\end{cases}$绕$z$轴旋转一周形成的旋转面与平面$z=8$围成的空间区域(如图3.4.6).

解　Ω在柱坐标系下的表示为$\Omega^*=\left\{(\rho,\varphi,z)\,|\,0\leqslant\varphi\leqslant 2\pi, 0\leqslant\rho\leqslant 4, \frac{\rho^2}{2}\leqslant z\leqslant 8\right\}$,

故

$$\begin{aligned}\iiint_{\Omega}(x^2+y^2)\mathrm{d}x\mathrm{d}y\mathrm{d}z&=\int_0^{2\pi}\mathrm{d}\varphi\int_0^4\mathrm{d}\rho\int_{\frac{\rho^2}{2}}^8\rho^2\cdot\rho\mathrm{d}z\\&=2\pi\int_0^4\rho^3\left(8-\frac{\rho^2}{2}\right)\mathrm{d}\rho=\frac{1024}{3}\pi.\end{aligned}$$

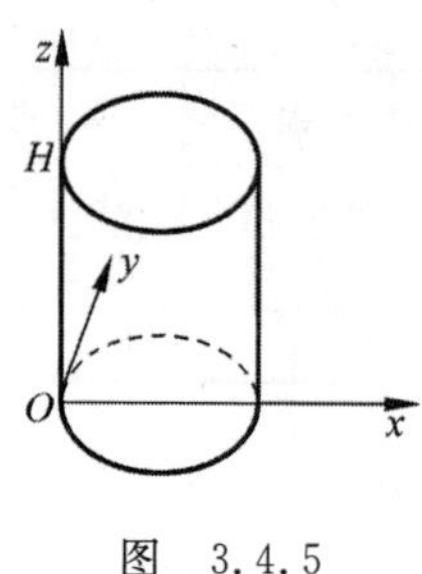

图 3.4.5

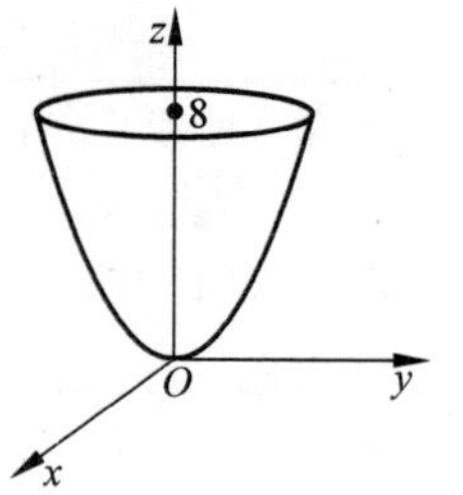

图 3.4.6

3.4.5 三重积分在球坐标系下的累次积分

空间点 P 的球坐标(r,φ,θ)与直角坐标(x,y,z)的关系为

$$\begin{cases} x = r\sin\theta\cos\varphi, \\ y = r\sin\theta\sin\varphi, \\ z = r\cos\theta, \end{cases} \tag{3.4.5}$$

其中 $r\geqslant 0, 0\leqslant\varphi\leqslant 2\pi, 0\leqslant\theta\leqslant\pi$. 它们的关系如图 3.4.7 所示(其中点 P'是点P 在 xy 平面上的投影,$r=\|OP\|$,φ 是OP'与 x 轴正方向的夹角,θ 是OP与 z 轴正方向的夹角).

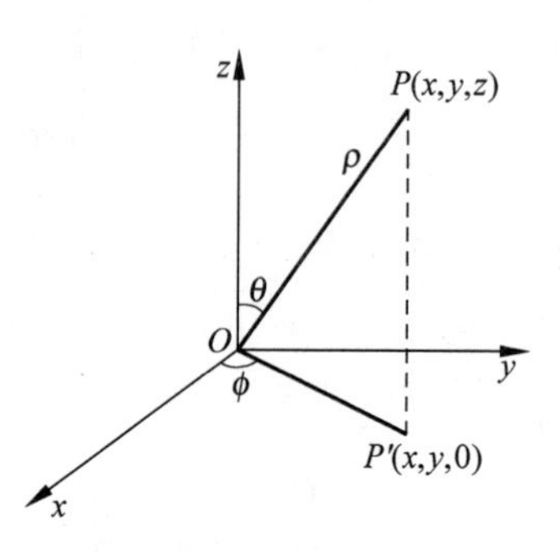

图 3.4.7

下面我们给出常见的曲面在柱坐标下的方程.

名　称	直角坐标系下方程	柱坐标下方程	变量范围
球面	$x^2+y^2+z^2=R^2$	$r=R$	$0\leqslant\varphi\leqslant 2\pi, 0\leqslant\theta\leqslant\pi$
球面	$x^2+y^2+z^2=2Rz$	$r=2R\cos\theta$	$0\leqslant\varphi\leqslant 2\pi, 0\leqslant\theta\leqslant\frac{\pi}{2}$
圆锥面	$a^2z^2=x^2+y^2(a>0)$	$\tan\theta=\pm a$	$0\leqslant\varphi\leqslant 2\pi, r\geqslant 0$
平面	$z=a$	$r=\dfrac{a}{\cos\theta}$	$0\leqslant\varphi\leqslant 2\pi, 0\leqslant\theta\leqslant\pi$

变换(3.4.4)式的 Jacobi 行列式的绝对值为

$$\left|\frac{D(x,y,z)}{D(r,\varphi,\theta)}\right| = \left\|\begin{matrix} \sin\theta\cos\varphi & -r\sin\theta\sin\varphi & r\cos\theta\cos\varphi \\ \sin\theta\sin\varphi & r\sin\theta\cos\varphi & r\cos\theta\sin\varphi \\ \cos\theta & 0 & -r\sin\theta \end{matrix}\right\| = r^2\sin\theta,$$

因此,直角坐标系下的三重积分变换为球坐标系下的三重积分,其变换式为

$$\iiint_{\Omega} f(x,y,z)\mathrm{d}x\mathrm{d}y\mathrm{d}z$$

$$= \iiint_{\Omega^*} f(r\sin\theta\cos\varphi, r\sin\theta\sin\varphi, r\cos\theta)r^2\sin\theta\mathrm{d}r\mathrm{d}\varphi\mathrm{d}\theta. \tag{3.4.6}$$

例 3.4.6

计算$\iiint\limits_{\Omega}(x^2+z^2)\mathrm{d}x\mathrm{d}y\mathrm{d}z$，其中$\Omega$是球面$x^2+y^2+(z-R)^2=R^2$包围的空间域.

解 将(3.4.5)式代入球面方程$x^2+y^2+(z-R)^2=R^2$得到在极坐标系下的方程

$$r=2R\cos\theta.$$

在球坐标系中，Ω可表示为

$$\Omega^*=\left\{(r,\varphi,\theta)\middle|0\leqslant r\leqslant 2R\cos\theta,0\leqslant\varphi\leqslant 2\pi,0\leqslant\theta\leqslant\frac{\pi}{2}\right\},$$

$$\begin{aligned}\iiint\limits_{\Omega}(x^2+z^2)\mathrm{d}v&=\int_0^{\frac{\pi}{2}}\mathrm{d}\theta\int_0^{2\pi}\mathrm{d}\varphi\int_0^{2R\cos\theta}r^2(\sin^2\theta\cos^2\varphi+\cos^2\theta)r^2\sin\theta\mathrm{d}r\\&=\int_0^{\frac{\pi}{2}}\mathrm{d}\theta\int_0^{2\pi}\frac{32}{5}R^5\cos^5\theta(\sin^3\theta\cos^2\varphi+\sin\theta\cos^2\theta)\mathrm{d}\varphi\\&=\frac{32}{5}\int_0^{\frac{\pi}{2}}R^5\cos^5\theta\left[\sin^3\theta\left(\frac{\varphi}{2}+\frac{1}{4}\sin2\varphi\right)+(\sin\theta\cos^2\theta)\varphi\right]\Bigg|_{\varphi=0}^{\varphi=2\pi}\mathrm{d}\theta\\&=\frac{32}{5}R^5\int_0^{\frac{\pi}{2}}\pi[\cos^5\theta(1-\cos^2\theta)+2\cos^7\theta](-\mathrm{d}\cos\theta)\\&=-\frac{32}{5}\pi R^5\left[\frac{1}{6}\cos^6\theta+\frac{1}{8}\cos^8\theta\right]\Bigg|_0^{\frac{\pi}{2}}=\frac{28}{15}\pi R^5.\end{aligned}$$

例 3.4.7

计算$\iiint\limits_{\Omega}z^2\mathrm{d}x\mathrm{d}y\mathrm{d}z$，其中$\Omega=\{(x,y,z)\mid x^2+y^2+z^2\leqslant R^2\}$.

解 解法一 此题Ω是球心在原点、半径为R的球体，它在球坐标系下可表示为

$$\Omega^*=\{(r,\varphi,\theta)\mid 0\leqslant r\leqslant R,0\leqslant\varphi\leqslant 2\pi,0\leqslant\theta\leqslant\pi\}.$$

于是

$$\begin{aligned}\iiint\limits_{\Omega}z^2\mathrm{d}x\mathrm{d}y\mathrm{d}z&=\iiint\limits_{\Omega^*}(r^2\cos^2\theta)r^2\sin\theta\mathrm{d}r\mathrm{d}\theta\mathrm{d}\varphi\\&=\int_0^{2\pi}\mathrm{d}\varphi\int_0^{\pi}\cos^2\theta\sin\theta\mathrm{d}\theta\int_0^R r^4\mathrm{d}r\\&=\frac{2}{5}\pi R^5\left(-\frac{1}{3}\cos^3\theta\right)\Bigg|_0^{\pi}=\frac{4}{15}\pi R^5.\end{aligned}$$

解法二　由对称性可知，$\iiint\limits_{\Omega} x^2 \mathrm{d}x\mathrm{d}y\mathrm{d}z = \iiint\limits_{\Omega} y^2 \mathrm{d}x\mathrm{d}y\mathrm{d}z = \iiint\limits_{\Omega} z^2 \mathrm{d}x\mathrm{d}y\mathrm{d}z$，故

$$\iiint\limits_{\Omega} z^2 \mathrm{d}x\mathrm{d}y\mathrm{d}z = \frac{1}{3}\iiint\limits_{\Omega}(x^2+y^2+z^2)\mathrm{d}x\mathrm{d}y\mathrm{d}z$$
$$= \frac{1}{3}\int_0^{2\pi}\mathrm{d}\varphi\int_0^{\pi}\mathrm{d}\theta\int_0^{R} r^4\sin\theta\mathrm{d}r = \frac{4}{15}\pi R^5.$$

如果此题被积函数 z^2 改为 z，则利用被积函数 $f(x,y,z)=z$ 关于变量 z 为奇函数，球域 Ω 关于 $O\text{-}xy$ 平面的对称，立即可得 $\iiint\limits_{\Omega} z\mathrm{d}x\mathrm{d}y\mathrm{d}z = 0$.

例 3.4.8

计算 $\iiint\limits_{\Omega} x^2 \mathrm{d}x\mathrm{d}y\mathrm{d}z$，其中

$$\Omega = \{(x,y,z) \mid \sqrt{x^2+y^2} \leqslant z \leqslant \sqrt{R^2-x^2-y^2}\}.$$

解　域 Ω（如图 3.4.8 所示）的边界是球坐标系的坐标面，它在球坐标系下可表示为

$$\Omega^* = \left\{(r,\varphi,\theta) \,\middle|\, 0 \leqslant r \leqslant R, 0 \leqslant \varphi \leqslant 2\pi, 0 \leqslant \theta \leqslant \frac{\pi}{4}\right\},$$

于是

$$\iiint\limits_{\Omega} x^2 \mathrm{d}x\mathrm{d}y\mathrm{d}z = \int_0^{2\pi}\mathrm{d}\varphi\int_0^{\frac{\pi}{4}}\mathrm{d}\theta\int_0^{R} r^2\sin^2\theta\cos^2\varphi(r^2\sin\theta)\mathrm{d}r$$
$$= \frac{1}{5}R^5\int_0^{2\pi}\cos^2\varphi\mathrm{d}\varphi\int_0^{\frac{\pi}{4}} -(1-\cos^2\theta)\mathrm{d}(\cos\theta)$$
$$= \frac{1}{5}R^5\left(4\cdot\frac{1}{2}\,\frac{\pi}{2}\right)\left(\frac{1}{3}\cos^3\theta-\cos\theta\right)\Bigg|_0^{\frac{\pi}{4}}$$
$$= \frac{\pi}{5}R^5\left(\frac{2}{3}-\frac{5\sqrt{2}}{12}\right).$$

例 3.4.9

求心脏线 $r=a(1+\cos\theta)$（其中 $0\leqslant\theta\leqslant\pi$）与极轴（图 3.4.9 中的 z 轴）所围成的图形绕极轴旋转所得的旋转体 Ω 的体积（$a>0$）.

解　这里心脏线方程中的 r 与 θ 也是球坐标系中的两个坐标，且方程

$$r = a(1+\cos\theta)$$

也是旋转体 Ω 的边界曲面（旋转面）的方程. 因此，空间域 Ω 在极坐标系下可表示为

$$\Omega^* = \{(r,\varphi,\theta) \mid 0 \leqslant r \leqslant a(1+\cos\theta), 0 \leqslant \theta \leqslant \pi, 0 \leqslant \varphi \leqslant 2\pi\},$$

所以旋转体 Ω 的体积 V 为

$$V=\iiint\limits_{\Omega} 1\cdot \mathrm{d}x\mathrm{d}y\mathrm{d}z=\iiint\limits_{\Omega^*} r^2\sin\theta\mathrm{d}r\mathrm{d}\varphi\mathrm{d}\theta$$

$$=\int_0^{2\pi}\mathrm{d}\varphi\int_0^{\pi}\sin\theta\mathrm{d}\theta\int_0^{a(1+\cos\theta)} r^2\mathrm{d}r$$

$$=2\pi\int_0^{\pi}-\frac{1}{3}a^3(1+\cos\theta)^3\mathrm{d}(\cos\theta)$$

$$=-\frac{\pi a^3}{6}(1+\cos\theta)^4\Big|_0^{\pi}=\frac{8}{3}\pi a^3.$$

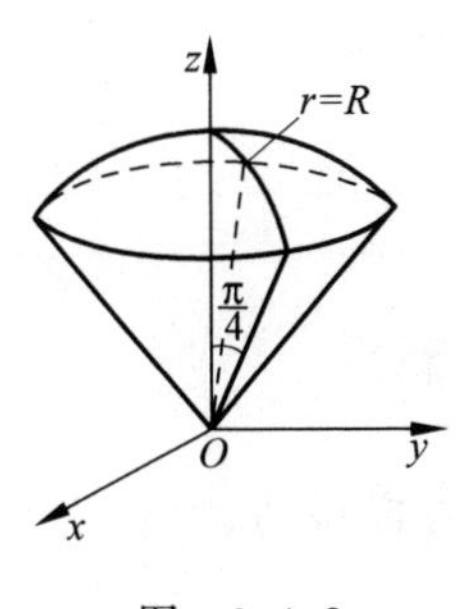

图 3.4.8

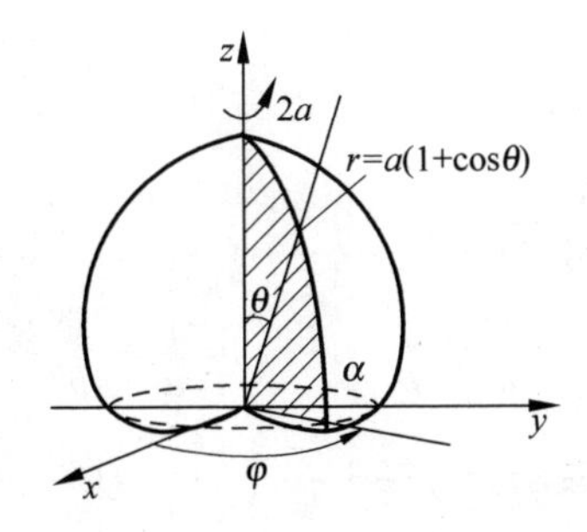

图 3.4.9

从前面的例子可见，计算三重积分是采用直角坐标系下的累次积分，还是采用柱坐标系或求坐标系下的累次积分，要综合考虑积分域和被积函数的特点. 一般来讲，积分域 Ω 的边界面中有柱面或圆锥面时，常采用柱坐标系，有球面或圆锥面时采用球坐标系.

下面再举三个用变量代换法简化三重积分计算的例子.

▶ **例 3.4.10** ………………………………………………………………………

求三重积分 $\iiint\limits_{\Omega}\left(\frac{x^2}{a^2}+\frac{y^2}{b^2}+\frac{z^2}{c^2}\right)\mathrm{d}x\mathrm{d}y\mathrm{d}z$，其中

$$\Omega=\left\{(x,y,z)\,\middle|\,\frac{x^2}{a^2}+\frac{y^2}{b^2}+\frac{z^2}{c^2}\leqslant 1\right\}.$$

解 作变换

$$\begin{cases} x=ar\sin\theta\cos\varphi,\\ y=br\sin\theta\sin\varphi,\\ z=cr\cos\theta,\end{cases}\tag{3.4.7}$$

则 Ω 的边界面 $\partial\Omega$ 的方程为 $r=1$，直角坐标系下的空间区域 Ω 变为 $O\text{-}r\varphi\theta$ 坐标系下的区域

$$\Omega^* = \{(r,\varphi,\theta) \mid 0 \leqslant r \leqslant 1, 0 \leqslant \theta \leqslant \pi, 0 \leqslant \varphi \leqslant 2\pi\},$$

$$\begin{aligned} \mathrm{d}x\mathrm{d}y\mathrm{d}z &= \left| \frac{D(x,y,z)}{D(r,\varphi,\theta)} \right| \mathrm{d}r\mathrm{d}\varphi\mathrm{d}\theta \\ &= \left\| \begin{matrix} a\sin\theta\cos\varphi & -ar\sin\theta\sin\varphi & ar\cos\theta\cos\varphi \\ b\sin\theta\sin\varphi & br\sin\theta\cos\varphi & br\cos\theta\sin\varphi \\ c\cos\theta & 0 & -cr\sin\theta \end{matrix} \right\| \mathrm{d}r\mathrm{d}\varphi\mathrm{d}\theta \\ &= abcr^2\sin\theta\mathrm{d}r\mathrm{d}\varphi\mathrm{d}\theta. \end{aligned}$$

Ω 的体积

$$\begin{aligned} \iiint\limits_{\Omega} \left(\frac{x^2}{a^2}+\frac{y^2}{b^2}+\frac{z^2}{c^2}\right)\mathrm{d}x\mathrm{d}y\mathrm{d}z &= \iiint\limits_{\Omega^*} r^2 \cdot abcr^2\sin\theta\mathrm{d}r\mathrm{d}\varphi\mathrm{d}\theta \\ &= \int_0^{2\pi}\mathrm{d}\varphi\int_0^{\pi}\mathrm{d}\theta\int_0^1 abcr^4\sin\theta\mathrm{d}r = \frac{4}{5}\pi abc. \end{aligned}$$

▶ **例 3.4.11** ……………………………………………………………

求曲面 $\left(\frac{x^2}{a^2}+\frac{y^2}{b^2}+\frac{z^2}{c^2}\right)^2=\frac{x^2}{a^2}+\frac{y^2}{b^2}$ 所围立体的体积.

解 设曲面 $\left(\frac{x^2}{a^2}+\frac{y^2}{b^2}+\frac{z^2}{c^2}\right)^2=\frac{x^2}{a^2}+\frac{y^2}{b^2}$ 所围空间区域为 Ω，在变换(3.4.7)下，曲面方程化为 $r=\sin\theta$，直角坐标系下的空间区域 Ω 变为 $O\text{-}r\varphi\theta$ 坐标系下的区域

$$\Omega^* = \{(r,\varphi,\theta) \mid 0 \leqslant r \leqslant \sin\theta, 0 \leqslant \theta \leqslant \pi, 0 \leqslant \varphi \leqslant 2\pi\}.$$

Ω 的体积

$$\begin{aligned} V = \iiint\limits_{\Omega}\mathrm{d}x\mathrm{d}y\mathrm{d}z &= \iiint\limits_{\Omega^*} abcr^2\sin\theta\mathrm{d}r\mathrm{d}\varphi\mathrm{d}\theta \\ &= \int_0^{2\pi}\mathrm{d}\varphi\int_0^{\pi}\mathrm{d}\theta\int_0^{\sin\theta} abcr^2\sin\theta\mathrm{d}r = \frac{\pi^2}{4}abc. \end{aligned}$$

▶ **例 3.4.12** ……………………………………………………………

计算 $\iiint\limits_{\Omega}(x+y+z)\cos(x+y+z)^2\mathrm{d}x\mathrm{d}y\mathrm{d}z$，其中

$$\Omega = \{(x,y,z) \mid 0 \leqslant x-y \leqslant 1, 0 \leqslant x-z \leqslant 1, 0 \leqslant x+y+z \leqslant 1\}.$$

解 作变量代换

$$x-y=u,\quad x-z=v,\quad x+y+z=w,$$

于是 Ω 变换为 $\Omega^*=\{(u,v,w)\mid 0\leqslant u\leqslant 1, 0\leqslant v\leqslant 1, 0\leqslant w\leqslant 1\}$. 解上式得

$$x=\frac{1}{3}(u+v+w),\quad y=\frac{1}{3}(-2u+v+w),\quad z=\frac{1}{3}(u-2v+w)$$

由此求得映射的 Jacobi 行列式为

$$\frac{D(x,y,z)}{D(u,v,w)}=\begin{vmatrix}\frac{1}{3} & \frac{1}{3} & \frac{1}{3}\\ -\frac{2}{3} & \frac{1}{3} & \frac{1}{3}\\ \frac{1}{3} & -\frac{2}{3} & \frac{1}{3}\end{vmatrix}=\frac{1}{3}\neq 0.$$

于是

$$\begin{aligned}\iiint\limits_{\Omega}(x+y+z)\cos(x+y+z)^2\,\mathrm{d}x\mathrm{d}y\mathrm{d}z&=\iiint\limits_{\Omega^*}w\cos w^2\cdot\frac{1}{3}\mathrm{d}u\mathrm{d}v\mathrm{d}w\\&=\frac{1}{3}\int_0^1\mathrm{d}u\int_0^1\mathrm{d}v\int_0^1 w\cos w^2\,\mathrm{d}w\\&=\frac{1}{3}\cdot 1\cdot 1\cdot\left(\frac{1}{2}\sin w^2\right)\Big|_0^1=\frac{1}{6}\sin 1.\end{aligned}$$

最后,我们举一个 n 重积分的例子.

例 3.4.13

求$\mathbb{R}^n$ 中单位$\Omega_n=\left\{(x_1,x_2,\cdots,x_n)\,\Big|\,\sum_{i=1}^{n}x_i^2\leqslant 1\right\}$的体积 V_n.

解 所求体积

$$V_n=\int\!\!\cdots\!\!\int\limits_{\Omega_n}\mathrm{d}v=\int_{-1}^{1}\mathrm{d}x_n\int\!\!\cdots\!\!\int\limits_{\Omega_{n-1}}\mathrm{d}x_1\cdots\mathrm{d}x_{n-1}$$

其中 $\Omega_{n-1}=\{(x_1,\cdots,x_{n-1})\,|\,x_1^2+\cdots+x_{n-1}^2\leqslant 1-x_n^2\}$. 对上式的 $n-1$ 重积分作变量代换

$$x_1=\sqrt{1-x_n^2}u_1,\quad x_2=\sqrt{1-x_n^2}u_2,\quad\cdots,\quad x_{n-1}=\sqrt{1-x_n^2}u_{n-1},$$

这样,Ω_{n-1} 变换为 $\Omega_{n-1}^*=\{(u_1,\cdots,u_{n-1})\,|\,u_1^2+\cdots+u_{n-1}^2\leqslant 1\}$,且

$$\frac{D(x_1,x_2,\cdots,x_{n-1})}{D(u_1,u_2,\cdots,u_{n-1})}=\left(\sqrt{1-x_n^2}\right)^{n-1},$$

于是

$$\int\!\!\cdots\!\!\int\limits_{\Omega_{n-1}}\mathrm{d}x_1\cdots\mathrm{d}x_{n-1}=\int\!\!\cdots\!\!\int\limits_{\Omega_{n-1}^*}\left(\sqrt{1-x_n^2}\right)^{n-1}\mathrm{d}u_1\cdots\mathrm{d}u_{n-1},$$

从而得

$$V_n=\int_{-1}^{1}\left(\sqrt{1-x_n^2}\right)^{n-1}\mathrm{d}x_n\int\!\!\cdots\!\!\int\limits_{\Omega_{n-1}^*}\mathrm{d}u_1\cdots\mathrm{d}u_{n-1}.$$

把此式中 $n-1$ 重积分(即$\mathbb{R}^{n-1}$空间中的单位球体的体积)记作 V_{n-1} 并记 $t=x_n$,则

$$V_n=2V_{n-1}\int_0^1\left(\sqrt{1-t^2}\right)^{n-1}\mathrm{d}t\quad(令\ t^2=x)$$

$$= V_{n-1}\int_0^1 (1-x)^{\frac{n-1}{2}} x^{-\frac{1}{2}} \mathrm{d}x = V_{n-1} B\left(\frac{1}{2}, \frac{n+1}{2}\right).$$

故

$$V_n = \frac{\Gamma\left(\frac{1}{2}\right)\Gamma\left(\frac{n+1}{2}\right)}{\Gamma\left(\frac{n+2}{2}\right)} V_{n-1} = \frac{\Gamma\left(\frac{n+1}{2}\right)}{\Gamma\left(\frac{n+2}{2}\right)} \sqrt{\pi} V_{n-1}.$$

利用这个递推公式，当 n 为奇数和偶数时，将分别递推到 V_1 和 V_2，而 $\Omega_1 = \{x_1 \mid x_1^2 \leqslant 1\}$，即区间 $[-1,1]$ 的长度，所以 $V_1 = 2$；$\Omega_2 = \{(x_1, x_2) \mid x_1^2 + x_2^2 \leqslant 1\}$，即单位圆的面积，所以 $V_2 = \pi$. 递推时还要利用 Γ 函数的递推公式：

$$\Gamma(s) = (s-1)\Gamma(s-1)\ (s > 1),$$

这样最后得到

$$V_{2m} = \frac{\pi^m}{m!},\quad V_{2m-1} = \frac{2^m \pi^{m-1}}{(2m-1)!!},\quad m = 1, 2, \cdots.$$

特别

$$V_1 = 2(\mathbb{R}^1 \text{ 中区间}[-1,1] \text{ 的长度}),$$

$$V_2 = \pi(\mathbb{R}^2 \text{ 中单位圆的面积}),$$

$$V_3 = \frac{2^2\pi}{3!!} = \frac{4}{3}\pi(\mathbb{R}^3 \text{ 中单位球的体积}).$$

习题 3.4

1. 证明三重积分的保序性：$f, g \in R(\Omega)$，$f(x,y,z) \leqslant g(x,y,z)$，$(x,y,z) \in \Omega$，则

$$\iiint_\Omega f(x,y,z)\mathrm{d}x\mathrm{d}y\mathrm{d}z \leqslant \iiint_\Omega g(x,y,z)\mathrm{d}x\mathrm{d}y\mathrm{d}z.$$

2. 证明三重积分的积分中值定理：设 $f \in C(\Omega)$，$g \in R(\Omega)$，且在 Ω 上 g 不变号，则 $\exists(\xi,\eta,\zeta) \in \Omega$，使得 $\iiint_\Omega f(x,y,z)g(x,y,z)\mathrm{d}x\mathrm{d}y\mathrm{d}z = f(\xi,\eta,\zeta)\iiint_\Omega g(x,y,z)\mathrm{d}x\mathrm{d}y\mathrm{d}z$.

3. 利用三重积分的几何意义，求下列三重积分的值.

(1) $\iiint_\Omega 1\mathrm{d}x\mathrm{d}y\mathrm{d}z$，$\Omega = \{(x,y,z) \mid \sqrt{x^2+y^2} \leqslant z \leqslant H\}$；

(2) $\iiint_\Omega 1\mathrm{d}x\mathrm{d}y\mathrm{d}z$，$\Omega = \{(x,y,z) \mid 0 \leqslant z \leqslant 1-x-y, 0 \leqslant y \leqslant 1-x, 0 \leqslant x \leqslant 1\}$.

4. 将三重积分$\iiint\limits_{\Omega} f(x,y,z)\mathrm{d}x\mathrm{d}y\mathrm{d}z$化为直角坐标下的累次积分.

(1) $\Omega=\{(x,y,z)\mid \sqrt{x^2+y^2}\leqslant z\leqslant 1\}$;

(2) $\Omega=\{(x,y,z)\mid 0\leqslant z\leqslant x^2+y^2, x+y\leqslant 1, x\geqslant 0, y\geqslant 0\}$.

5. 计算下列三重积分的值.

(1) $\iiint\limits_{\Omega} xy^2z^3\mathrm{d}x\mathrm{d}y\mathrm{d}z$，$\Omega$是由马鞍面$z=xy$与平面$y=x$，$x=1$，$z=0$所围成的空间区域；

(2) $\iiint\limits_{\Omega}\dfrac{\ln(z-x-y)}{(x-\mathrm{e})(x+y-\mathrm{e})}\mathrm{d}x\mathrm{d}y\mathrm{d}z$，$\Omega=\{(x,y,z)\mid \mathrm{e}\leqslant z\leqslant x+y+\mathrm{e}, x+y\leqslant \mathrm{e}-1, x\geqslant 0, y\geqslant 0\}$;

(3) $\iiint\limits_{\Omega} x\cos(y+z)\mathrm{d}x\mathrm{d}y\mathrm{d}z$，$\Omega$是由曲面$x=\sqrt{y}$与平面$x=0$，$z=0$，$y+z=\dfrac{\pi}{2}$围成的区域；

(4) $\iiint\limits_{\Omega}(x+|y|+|z|)\mathrm{d}x\mathrm{d}y\mathrm{d}z$，$\Omega=\{(x,y,z)\mid |x|+|y|+|z|\leqslant 1\}$;

(5) $\iiint\limits_{\Omega}\dfrac{\sin z}{z}\mathrm{d}x\mathrm{d}y\mathrm{d}z$，$\Omega=\{(x,y,z)\mid \sqrt{x^2+y^2}\leqslant z\leqslant 4\}$;

(6) $\iiint\limits_{\Omega}[x+y+z]\mathrm{d}x\mathrm{d}y\mathrm{d}z$，$\Omega$是由$x+y+z=2$，$x=0$，$y=0$，$z=0$围成的区域.

6. 计算累次积分$I=\int_0^1\mathrm{d}x\int_0^x\mathrm{d}y\int_0^y\dfrac{\cos z}{(1-z)^2}\mathrm{d}z$的值.

7. 计算下列三重积分的值.

(1) $\iiint\limits_{\Omega}\sqrt{x^2+y^2}\mathrm{d}x\mathrm{d}y\mathrm{d}z$，$\Omega=\{(x,y,z)\mid \sqrt{x^2+y^2}\leqslant z\leqslant 1\}$;

(2) $\iiint\limits_{\Omega}(x^2+y^2+z^2)\mathrm{d}x\mathrm{d}y\mathrm{d}z$，$\Omega=\{(x,y,z)\mid y^2+z^2\leqslant x^2\leqslant R^2-y^2-z^2, x\geqslant 0\}$;

(3) $\iiint\limits_{\Omega}\dfrac{z}{x^2+y^2}\mathrm{d}x\mathrm{d}y\mathrm{d}z$，$\Omega=\{(x,y,z)\mid 0\leqslant z\leqslant x^2+y^2, x+y\leqslant 1, x, y\geqslant 0\}$;

(4) $\iiint\limits_{\Omega} x\mathrm{e}^{\frac{x^2+y^2+z^2}{a^2}}\mathrm{d}x\mathrm{d}y\mathrm{d}z$，$\Omega=\{(x,y,z)\mid x^2+y^2+z^2\leqslant a^2, x,y,z\geqslant 0\}$;

(5) $\iiint\limits_{\Omega} xyz\mathrm{d}x\mathrm{d}y\mathrm{d}z$，$\Omega=\{(x,y,z)\mid x^2+y^2+z^2\leqslant 4, x^2+y^2+(z-2)^2\leqslant$

$4, x \geqslant 0, y \geqslant 0\}$；

(6) $\iiint\limits_{\Omega}(x^2+y^2+z^2)\mathrm{d}x\mathrm{d}y\mathrm{d}z, \Omega=\{(x,y,z) \mid x^2+y^2+z^2 \leqslant z\}$.

8. 作适当的变量代换，计算下列三重积分.

(1) $\iiint\limits_{\Omega}\sqrt{1-\frac{x^2}{a^2}-\frac{y^2}{b^2}-\frac{z^2}{c^2}}\mathrm{d}x\mathrm{d}y\mathrm{d}z, \Omega=\left\{(x,y,z) \left| \frac{x^2}{a^2}+\frac{y^2}{b^2}+\frac{z^2}{c^2} \leqslant 1\right.\right\}$；

(2) $\iiint\limits_{\Omega}x^2\mathrm{d}x\mathrm{d}y\mathrm{d}z$，$\Omega$ 由曲面 $z=y^2, z=4y^2$ 以及平面 $z=x, z=2x, z=0$，$z=3$ 围成.

9. 求下列空间曲面所包围的空间几何体的体积.

(1) $z=6-x^2-y^2, z=\sqrt{x^2+y^2}$；

(2) $x^2+y^2+z^2=2az, x^2+y^2 \leqslant z^2 (a>0)$；

(3) $x^2+y^2=a^2, x^2+z^2=a^2, x,y,z \geqslant 0 (a>0)$；

(4) $x^2+z^2=a^2, |x|+|y|=|a| (a>0)$；

(5) $(x^2+y^2+z^2)^2=a^3 z (a>0)$；

(6) $a_{i1}x+a_{i2}y+a_{i3}z=\pm h_i, i=1,2,3$，其中 $\mathbf{A}=(a_{ij})_{3\times 3}$ 可逆，$h_i \neq 0$；

(7) $(a_{11}x+a_{12}y+a_{13}z)^2+(a_{21}x+a_{22}y+a_{23}z)^2+(a_{31}x+a_{32}y+a_{33}z)^2=r^2$，其中 $\mathbf{A}=(a_{ij})_{3\times 3}$ 可逆.

10. 设 $f(t)$ 在 $(-\infty,+\infty)$ 连续，$f(t)=3\iiint\limits_{x^2+y^2+z^2\leqslant t^2} f(\sqrt{x^2+y^2+z^2})\mathrm{d}x\mathrm{d}y\mathrm{d}z+|t^3|$，求 $f(t)$.

11. 函数 $f(x,y,z)$ 连续，计算极限 $\lim\limits_{r\to 0^+}\frac{1}{r^3}\iiint\limits_{x^2+y^2+z^2\leqslant r^2} f(x,y,z)\mathrm{d}x\mathrm{d}y\mathrm{d}z$.

3.5 重积分的应用

我们在3.1节的例子中已经说过诸如曲顶柱体的体积、空间体的体积、物体(平板或空间体)的质量都可用二、三重积分来计算. 下面再列举几个重积分的物理和几何应用问题：求变密度物体的质心问题；转动惯量问题；引力问题；光滑曲面的面积问题等.

3.5.1 曲面的面积问题

设空间曲面的参数方程为

$$x=x(u,v),\quad y=y(u,v),\quad z=z(u,v), \tag{3.5.1}$$

其中 $(u,v)\subset D\subset\mathbb{R}^2$，(3.5.1)确定 $D(\subset\mathbb{R}^2)\to\mathbb{R}^3$ 的一个向量值函数 $\boldsymbol{r}$，即

$$\boldsymbol{r}(u,v)=(x,y,z)=(x(u,v),y(u,v),z(u,v)), \tag{3.5.2}$$

当$\dfrac{\partial(x,y,z)}{\partial(u,v)}$的秩为 2 时，$O\text{-}uv$ 坐标系中的平面域 D 中的点 $P(u,v)$ 与 $O\text{-}xyz$ 坐标系中曲面上相应的点 $M(x,y,z)$ 一一对应.

又因为 $O\text{-}uv$ 平面中的两条直线 $v=v_0$，$u=u_0$ 分别对应到 $O\text{-}xyz$ 中位于曲面上的两条空间曲线：

$$\begin{cases}x=x(u,v_0),\\ y=y(u,v_0),\\ z=z(u,v_0),\end{cases}\quad \begin{cases}x=x(u_0,v),\\ y=y(u_0,v),\\ z=z(u_0,v),\end{cases}$$

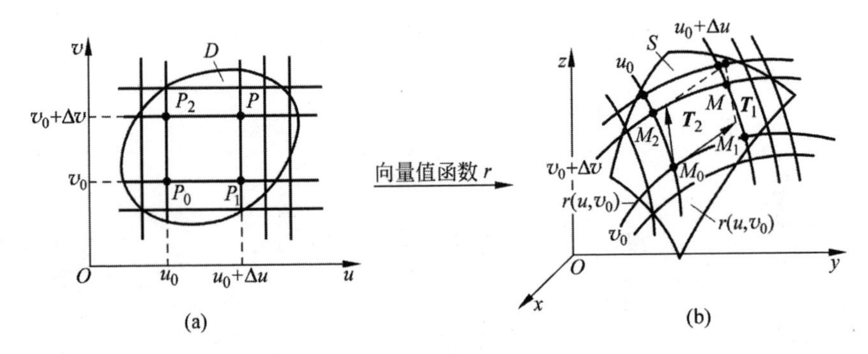

图 3.5.1

我们分别称它们为曲面上的 u-曲线和 v-曲线. 图 3.5.1 所示的 D 域中的小矩形 $P_0P_1PP_2$ 与曲面 S 上的小曲面 $M_0M_1MM_2$ 相对应. 当向量值函数 $\boldsymbol{r}(u,v)$ 是 $C^{(1)}$ 类(即 $\boldsymbol{r}$ 是连续可微的向量值函数)时，小曲面 $M_0M_1MM_2$ 的面积 ΔS 可用向量$\overrightarrow{M_0M_1}$和$\overrightarrow{M_0M_2}$所张成的平行四边形的面积来近似替代，其中

$$\overrightarrow{M_0M_1}=\boldsymbol{r}_u(u_0,v_0)\Delta u+\boldsymbol{o}(\Delta u)=\left(\frac{\partial x}{\partial u},\frac{\partial y}{\partial u},\frac{\partial z}{\partial u}\right)_{(u_0,v_0)}\Delta u+\boldsymbol{o}(\Delta u),$$

$$\overrightarrow{M_0M_2}=\boldsymbol{r}_v(u_0,v_0)\Delta v+\boldsymbol{o}(\Delta v)=\left(\frac{\partial x}{\partial v},\frac{\partial y}{\partial v},\frac{\partial z}{\partial v}\right)_{(u_0,v_0)}\Delta v+\boldsymbol{o}(\Delta v),$$

其中 $\boldsymbol{o}(\Delta u)$，$\boldsymbol{o}(\Delta v)$ 为向量值函数，其每个分量函数都是相应的高阶无穷小. 由

$$\|\boldsymbol{r}_u\times\boldsymbol{r}_v\|^2=(\boldsymbol{r}_u\cdot\boldsymbol{r}_u)(\boldsymbol{r}_v\cdot\boldsymbol{r}_v)-(\boldsymbol{r}_u\cdot\boldsymbol{r}_v)^2=EG-F^2,$$

可得

$$\Delta S=\|\overrightarrow{M_0\boldsymbol{T}_1}\times\overrightarrow{M_0\boldsymbol{T}_2}\|=\sqrt{EG-F^2}\,\Delta u\Delta v+o((\Delta u)^2+(\Delta v)^2).\tag{3.5.3}$$

忽略高阶无穷小，曲面的面积元素 $\Delta S=\sqrt{EG-F^2}\,\Delta u\Delta v$，而曲面 S 的面积(也记作 S)为

$$S=\iint_D\sqrt{EG-F^2}\,\mathrm{d}u\mathrm{d}v,\tag{3.5.4}$$

其中

$$
\begin{aligned}
E &= \boldsymbol{r}_u \cdot \boldsymbol{r}_u = \left(\frac{\partial x}{\partial u}\right)^2 + \left(\frac{\partial y}{\partial u}\right)^2 + \left(\frac{\partial z}{\partial u}\right)^2, \\
G &= \boldsymbol{r}_v \cdot \boldsymbol{r}_v = \left(\frac{\partial x}{\partial v}\right)^2 + \left(\frac{\partial y}{\partial v}\right)^2 + \left(\frac{\partial z}{\partial v}\right)^2, \qquad (3.5.5)\\
F &= \boldsymbol{r}_u \cdot \boldsymbol{r}_v = \frac{\partial x}{\partial u}\frac{\partial x}{\partial v} + \frac{\partial y}{\partial u}\frac{\partial y}{\partial v} + \frac{\partial z}{\partial u}\frac{\partial z}{\partial v}.
\end{aligned}
$$

当曲面 S 的方程为 $z=f(x,y)$ 时，它可以表示为以 x,y 为参数的参数方程：

$$\boldsymbol{r}(x,y) = (x,y,f(x,y)), \quad (x,y) \in D_{xy},$$

此时

$$E = 1 + \left(\frac{\partial z}{\partial x}\right)^2, \quad G = 1 + \left(\frac{\partial z}{\partial y}\right)^2, \quad F = \frac{\partial z}{\partial x}\frac{\partial z}{\partial y}.$$

于是

$$EG - F^2 = 1 + \left(\frac{\partial z}{\partial x}\right)^2 + \left(\frac{\partial z}{\partial y}\right)^2,$$

即

$$S = \iint_{D_{xy}} \sqrt{1 + \left(\frac{\partial z}{\partial x}\right)^2 + \left(\frac{\partial z}{\partial y}\right)^2}\, \mathrm{d}x\mathrm{d}y. \qquad (3.5.6)$$

当曲面 S 的方程为 $x=\varphi(y,z),(y,z)\in D_{yz}$，或 $y=g(x,z),(x,z)\in D_{xz}$ 时，其面积分别为

$$S = \iint_{D_{yz}} \sqrt{1 + \left(\frac{\partial x}{\partial y}\right)^2 + \left(\frac{\partial x}{\partial z}\right)^2}\, \mathrm{d}y\mathrm{d}z, \qquad (3.5.7)$$

$$S = \iint_{D_{xz}} \sqrt{1 + \left(\frac{\partial y}{\partial x}\right)^2 + \left(\frac{\partial y}{\partial z}\right)^2}\, \mathrm{d}y\mathrm{d}z. \qquad (3.5.8)$$

▶ **例 3.5.1** ……………………………………………………………………

求曲面 $z=\sqrt{x^2-y^2}$ 在柱面 $(x^2+y^2)^2=a^2(x^2-y^2)$ 内部分的面积.

解 该曲面在 O-xy 平面上的投影区域为 $D_{xy}=\{(x,y)\mid(x^2+y^2)^2\leqslant a^2(x^2-y^2)\}$，在平面极坐标系下，$D_{xy}$ 变为

$$D_{\rho\varphi} = \left\{(\rho,\varphi)\,\middle|\, 0\leqslant\rho\leqslant a\sqrt{\cos 2\varphi}, -\frac{\pi}{4}\leqslant\varphi\leqslant\frac{\pi}{4}, \text{或}\, \frac{3\pi}{4}\leqslant\varphi\leqslant\frac{5\pi}{4}\right\},$$

$$\sqrt{1 + \left(\frac{\partial z}{\partial x}\right)^2 + \left(\frac{\partial z}{\partial y}\right)^2} = \sqrt{\frac{2x^2}{x^2-y^2}}.$$

由对称性可知，所求曲面面积为

$$S = \iint_{D_{xy}} \sqrt{\frac{2x^2}{x^2-y^2}}\,\mathrm{d}x\mathrm{d}y = \sqrt{2}\iint_{D_{\rho\varphi}} \frac{|\rho\cos\varphi|}{\rho\sqrt{\cos^2\varphi-\sin^2\varphi}}\rho\,\mathrm{d}\rho\mathrm{d}\varphi$$

$$= 2\sqrt{2}\int_{-\frac{\pi}{4}}^{\frac{\pi}{4}} d\varphi \int_0^{a\sqrt{\cos 2\varphi}} \frac{\cos\varphi}{\sqrt{\cos^2\varphi - \sin^2\varphi}} \rho d\rho$$

$$= 4\sqrt{2}\int_0^{\frac{\pi}{4}} d\varphi \int_0^{a\sqrt{\cos 2\varphi}} \frac{\cos\varphi}{\sqrt{\cos 2\varphi}} \rho d\rho$$

$$= 2\sqrt{2}a^2 \int_0^{\frac{\pi}{4}} \cos\varphi \sqrt{\cos 2\varphi} d\varphi$$

$$= 2\sqrt{2}a^2 \int_0^{\frac{\pi}{4}} \sqrt{1 - 2\sin^2\varphi} d(\sin\varphi) = \frac{\pi}{2}a^2.$$

例 3.5.2

求半径为 R 的球面面积.

解 上半球面的方程为 $z = \sqrt{R^2 - x^2 - y^2}$,

$$z'_x = \frac{-x}{\sqrt{R^2 - x^2 - y^2}}, \quad z'_y = \frac{-y}{\sqrt{R^2 - x^2 - y^2}},$$

故球面面积

$$S = 2\iint_{x^2+y^2 \leqslant R^2} \sqrt{1 + (z'_x)^2 + (z'_y)^2} dx dy$$

$$= 2\iint_{x^2+y^2 \leqslant R^2} \frac{R}{\sqrt{R^2 - x^2 - y^2}} dx dy$$

$$= 2\int_0^{2\pi} d\varphi \int_0^R \frac{R}{\sqrt{R^2 - \rho^2}} \rho d\rho$$

$$= 4\pi R \sqrt{R^2 - \rho^2} \Big|_R^0 = 4\pi R^2.$$

另一种求法:球面的参数方程为

$$\begin{cases} x = R\sin\theta\cos\varphi, \\ y = R\sin\theta\sin\varphi, \quad 0 \leqslant \varphi < 2\pi, 0 \leqslant \theta \leqslant \pi. \\ z = R\cos\theta, \end{cases}$$

按(3.3.6)式计算,易得 $EG - F^2 = R^4 \sin^2\theta$,故球面的面积元素

$$dS = \sqrt{EG - F^2} d\theta d\varphi = R^2 \sin\theta d\theta d\varphi,$$

于是球面面积

$$S = \int_0^{2\pi} d\varphi \int_0^{\pi} R^2 \sin\theta d\theta = 2\pi R^2 (-\cos\theta) \Big|_0^{\pi} = 4\pi R^2.$$

3.5.2 物体的质心问题

设一块平板(其边界线围成的平面域记作 D)的质量分布不均匀,其面密度

为 $\mu(x,y)$，如何求它的质心呢？根据质心的定义，质心坐标$(\bar{x},\bar{y})$为

$$\bar{x}=\frac{M_y}{M},\quad \bar{y}=\frac{M_x}{M},\tag{3.5.9}$$

其中 M 是平板的质量，M_x，M_y 分别为平板关于 x 轴、y 轴的静力矩.

设 $P(x,y)$为区域 D 中任意一点，D 的小子域 ΔD 包含 P（如图 3.5.2），其面积为 $\mathrm{d}\sigma$，它的质量以及对 x，y 轴的静力矩分别为

$$\Delta M\approx\mu(x,y)\mathrm{d}\sigma;\quad \Delta M_x\approx y\mu(x,y)\mathrm{d}\sigma;\quad \Delta M_y\approx x\mu(x,y)\mathrm{d}\sigma$$

于是

$$M=\iint_D\mu(x,y)\mathrm{d}\sigma;\quad M_x=\iint_D y\mu(x,y)\mathrm{d}\sigma;\quad M_y=\iint_D x\mu(x,y)\mathrm{d}\sigma,$$

将它们代入(3.5.9)式，即得所求的质心坐标.

对于空间体，求质心的方法与平板的情况是类似的，只是把对坐标轴的静力矩改为对坐标平面的静力矩.

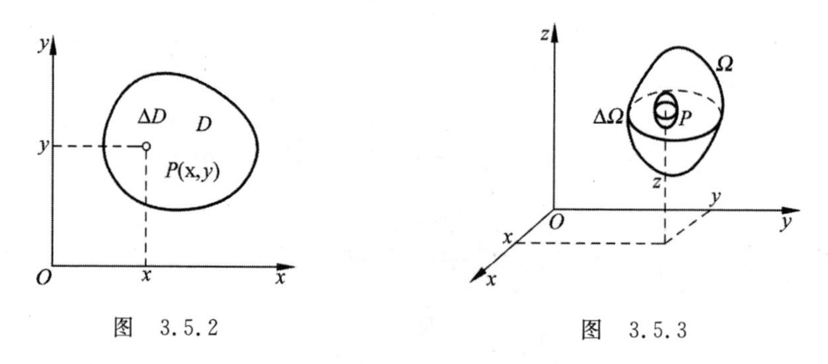

图 3.5.2　　图 3.5.3

设空间物体 Ω（如图 3.5.3）的点密度为 $\rho(x,y,z)$，包含点 $P(x,y,z)$的小子域 $\Delta\Omega$（体积为 $\mathrm{d}V$）的质量及对坐标平面的静力矩分别为

$$\Delta M\approx\rho(x,y,z)\mathrm{d}V,\quad \Delta M_{xy}\approx z\rho(x,y,z)\mathrm{d}V,$$

$$\Delta M_{yz}\approx x\rho(x,y,z)\mathrm{d}V,\quad \Delta M_{zx}\approx y\rho(x,y,z)\mathrm{d}V,$$

于是空间物体 Ω 的质心坐标$\bar{x}$，$\bar{y}$，$\bar{z}$为

$$\bar{x}=\frac{M_{yz}}{M},\quad \bar{y}=\frac{M_{zx}}{M},\quad \bar{z}=\frac{M_{xy}}{M},$$

其中

$$M=\iiint_\Omega\rho(x,y,z)\mathrm{d}V,\quad M_{xy}=\iiint_\Omega z\rho(x,y,z)\mathrm{d}V,$$

$$M_{yz}=\iiint_\Omega x\rho(x,y,z)\mathrm{d}V,\quad M_{zx}=\iiint_\Omega y\rho(x,y,z)\mathrm{d}V.$$

▶ **例 3.5.3** ……………………………………………………………

求由曲线 $y=x^2$，$x+y=2$ 围成的平面均匀薄板的质心.

解 不妨假设平面均匀薄板的质量面密度 $\rho=1$，质心坐标为 $(\bar{x},\bar{y})$，则

$$\bar{x}=\frac{\int_{-2}^{1}\mathrm{d}x\int_{x^2}^{2-x}x\mathrm{d}y}{\int_{-2}^{1}\mathrm{d}x\int_{x^2}^{2-x}\mathrm{d}y}=-\frac{1}{2},$$

$$\bar{y}=\frac{\int_{-2}^{1}\mathrm{d}x\int_{x^2}^{2-x}y\mathrm{d}y}{\int_{-2}^{1}\mathrm{d}x\int_{x^2}^{2-x}\mathrm{d}y}=\frac{8}{5}.$$

例 3.5.4 ……………………………………………………………………

令曲面 S 在球坐标下方程为 $r=a(1+\cos\theta)$，Ω 是 S 围成的有界区域，求 Ω 在直角坐标系下的形心坐标.

解 在球坐标下

$$\Omega=\{(r,\varphi,\theta)\mid 0\leqslant r\leqslant a(1+\cos\theta),0\leqslant\theta\leqslant\pi,0\leqslant\varphi\leqslant 2\pi\}.$$

Ω 的体积

$$V=\iiint_{\Omega}\mathrm{d}V=\int_0^{2\pi}\mathrm{d}\varphi\int_0^{\pi}\sin\theta\mathrm{d}\theta\int_0^{a(1+\cos\theta)}r^2\mathrm{d}r=\frac{8}{3}\pi a^3.$$

Ω 关于 $z=0$ 平面的静力矩为

$$V_{xy}=\iiint_{\Omega}z\mathrm{d}V=\int_0^{2\pi}\mathrm{d}\varphi\int_0^{\pi}\cos\theta\sin\theta\mathrm{d}\theta\int_0^{a(1+\cos\theta)}r^3\mathrm{d}r=\frac{32}{15}\pi a^4.$$

Ω 的形心坐标为

$$\bar{x}=\bar{y}=0,\quad \bar{z}=\frac{4}{5}a.$$

例 3.5.5 ……………………………………………………………………

设空间物体 $\Omega=\{(x,y,z)\mid\sqrt{x^2+y^2}\leqslant z\leqslant H\}$ 的质量点密度为

$$\rho(x,y,z)=1+x^2+y^2,$$

试求其质心.

解 空间物体 Ω 与密度函数都关于 z 轴对称，所以质心坐标为 $(0,0,\bar{z})$. 在柱坐标系下，

$$\begin{aligned}M_{xy}&=\iiint_{\Omega}(1+x^2+y^2)z\mathrm{d}x\mathrm{d}y\mathrm{d}z\\&=\int_0^{2\pi}\mathrm{d}\varphi\int_0^{H}(1+\rho^2)\rho\mathrm{d}\rho\int_{\rho}^{H}z\mathrm{d}z=\pi\left(\frac{H^4}{4}+\frac{H^6}{12}\right).\end{aligned}$$

又

$$M=\iiint\limits_{\Omega}(1+x^2+y^2)\mathrm{d}x\mathrm{d}y\mathrm{d}z$$

$$=\int_0^{2\pi}\mathrm{d}\varphi\int_0^H(1+\rho^2)\rho\mathrm{d}\rho\int_\rho^H\mathrm{d}z=\pi\left(\frac{H^3}{3}+\frac{H^5}{10}\right),$$

故

$$\bar{z}=\frac{M_{xy}}{M}=\frac{5}{2}\cdot\frac{H^2+3}{3H^2+10}H.$$

3.5.3 转动惯量问题

位于点 $\boldsymbol{P}(x,y,z)$处的质量为 m 的质点,绕 x 轴、y 轴与 z 轴转动的转动惯量分别为

$$J_x=m(y^2+z^2);\quad J_y=m(z^2+x^2);\quad J_z=m(x^2+y^2).$$

设空间物体 $\Omega(\Omega\subset\mathbb{R}^3)$在点 $\boldsymbol{P}(x,y,z)$质量密度为 $\rho(x,y,z)$,Ω 中包含点 $\boldsymbol{P}(x,y,z)$的微小子体 $\Delta\Omega$(可以看成质点)绕 x 轴、y 轴与 z 轴的转动惯量分别为

$$\Delta J_x\approx(y^2+z^2)\rho(x,y,z)\mathrm{d}x\mathrm{d}y\mathrm{d}z,$$

$$\Delta J_y\approx(z^2+x^2)\rho(x,y,z)\mathrm{d}x\mathrm{d}y\mathrm{d}z,$$

$$\Delta J_z\approx(x^2+y^2)\rho(x,y,z)\mathrm{d}x\mathrm{d}y\mathrm{d}z,$$

其中 $\mathrm{d}x\mathrm{d}y\mathrm{d}z$ 为 $\Delta\Omega$ 的体积.因为物体绕轴的转动惯量对区域是可加的,即整体的转动惯量等于其部分体的转动惯量之和,所以该空间体绕 x 轴,y 轴与 z 轴的转动惯量分别分

$$J_x=\iiint\limits_{\Omega}(y^2+z^2)\rho(x,y,z)\mathrm{d}x\mathrm{d}y\mathrm{d}z,\tag{3.5.10}$$

$$J_y=\iiint\limits_{\Omega}(z^2+x^2)\rho(x,y,z)\mathrm{d}x\mathrm{d}y\mathrm{d}z,\tag{3.5.11}$$

$$J_z=\iiint\limits_{\Omega}(x^2+y^2)\rho(x,y,z)\mathrm{d}x\mathrm{d}y\mathrm{d}z.\tag{3.5.12}$$

例 3.5.6

求例 3.5.5 中空间物体 Ω 绕 z 轴的转动惯量.

解 在柱坐标系下

$$J_z=\iiint\limits_{\Omega}(x^2+y^2)\rho(x,y,z)\mathrm{d}x\mathrm{d}y\mathrm{d}z$$

$$=\int_0^{2\pi}\mathrm{d}\varphi\int_0^H\rho^2(1+\rho^2)\rho\mathrm{d}\rho\int_\rho^H\mathrm{d}z=\pi\left(\frac{H^5}{10}+\frac{H^7}{21}\right).$$

3.5.4 引力问题

设有一空间物体 $\Omega(\Omega\subset\mathbb{R}^3)$，其点密度为 $\rho(x,y,z)$. 在点 $P_0(x_0,y_0,z_0)$ 处有一质量为 m 的质点($P_0\notin\Omega$)，如何求 Ω 对质点 P_0 的万有引力？

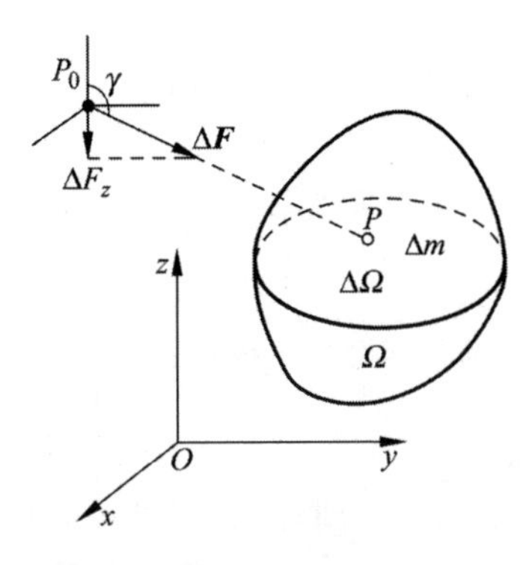

图 3.5.4

空间物体 Ω 的微小子体 $\Delta\Omega$(体积为 $\mathrm{d}V$)对质点 P_0 的引力 $\Delta\boldsymbol{F}$ 在 z 轴方向分力的大小 ΔF_z(如图 3.5.3)为

$$\Delta F_z\approx(\cos\gamma)\frac{km\rho(x,y,z)}{\|P_0P\|^2}\mathrm{d}V$$

$$=-Gm\frac{(z-z_0)\rho(x,y,z)}{[(x-x_0)^2+(y-y_0)^2+(z-z_0)^2]^{\frac{3}{2}}}\mathrm{d}V.$$

所以空间物体 Ω 对质点 $\boldsymbol{P}_0$ 的引力 $\boldsymbol{F}$ 在 z 轴方向的分力大小为

$$F_z=-\iiint_\Omega Gm\frac{(z-z_0)\rho(x,y,z)}{[(x-x_0)^2+(y-y_0)^2+(z-z_0)^2]^{\frac{3}{2}}}\mathrm{d}V.\quad(3.5.13)$$

同理，$\boldsymbol{F}$ 在 x 轴和 y 轴方向的分力大小 F_x 和 F_y 为

$$F_x=-\iiint_\Omega Gm\frac{(x-x_0)\rho(x,y,z)}{[(x-x_0)^2+(y-y_0)^2+(z-z_0)^2]^{\frac{3}{2}}}\mathrm{d}V,\quad(3.5.14)$$

$$F_y=-\iiint_\Omega Gm\frac{(y-y_0)\rho(x,y,z)}{[(x-x_0)^2+(y-y_0)^2+(z-z_0)^2]^{\frac{3}{2}}}\mathrm{d}V.\quad(3.5.15)$$

习题 3.5

1. 求下列曲面的面积.

(1) 柱面 $x^2+z^2=a^2$ 在柱面 $x^2+y^2=a^2$ 内的部分；

(2) 锥面 $z=\sqrt{x^2+y^2}$ 在柱面 $z^2=2x$ 内的部分；

(3) 由曲面 $x^2+y^2=az$ 与 $z=2a-\sqrt{x^2+y^2}$ 所包围的空间几何体的表

面积.

2. 求下列曲面所包围的均匀物体的质心.

(1) $\frac{x^2}{a^2}+\frac{y^2}{b^2}+\frac{z^2}{c^2}=1,x\geqslant 0,y\geqslant 0,z\geqslant 0$;

(2) $x^2+y^2=2z,x+y=z$;

(3) $z=4-x^2(x\geqslant 0),x=0,y=0,z=0,y=6$.

3. 求解下列问题.

(1) 物体在 $\boldsymbol{P}(x,y,z)$ 的点密度为 $\rho=x+y+z,\Omega=\{(x,y,z)\mid 0\leqslant x,y,z\leqslant 1\}$,求物体的质心;

(2) 物体在 $\boldsymbol{P}(x,y,z)$ 的点密度为 $\rho=\frac{1}{\sqrt{x^2+y^2+z^2}},\Omega=\{(x,y,z)\mid x^2+y^2+z^2\leqslant 2az\}$,求物体的质心;

(3) 一个内径为 4,外径为 8 的圆环,其任意一点的质量面密度与该点到圆环中心的距离成反比(比例系数为 k),已知圆环内圆周上各点面密度为 1,求圆环质量.

4. 求下列曲面所包围的均匀物体关于 z 轴的转动惯量.

(1) $z=x^2+y^2,x+y=\pm 1,x-y=\pm 1,z=0$;

(2) $x^2+y^2+z^2=2,x^2+y^2=z^2,z\geqslant 0$.

5. 总质量为 M 的非均匀球体 $x^2+y^2+z^2\leqslant R^2$,在点 $P(x,y,z)$ 的点密度与该点到球心的距离成正比(比例系数为 k),求其对直径的转动惯量.

6. 非均匀薄板 $x^2+y^2\leqslant R^2$,其质量密度为 $\rho=1+x^2+y^2$,求(1)第一象限部分的质心;(2)求薄板关于 x 轴的转动惯量.

7. 在半径为 a 的圆柱形($x^2+y^2=a^2$)容器中,水深为 h 时,求其在 $x\geqslant 0$ 部分的侧壁上所受的水压力.

8. 半径为 a 的球体沉入比重为 δ 的液体中的深度为 h(球心到液面的距离 $h\geqslant a$),求在球面的上部和下部所受的液体的压力.

9. 半径为 R,质量为 M 的均匀球体 $x^2+y^2+z^2\leqslant R^2$ 对点 $P(0,0,a)(a>R)$ 处质量为 m 的质点的引力.

第 3 章总复习题

1. 设 f 在 $I=[a,b]\times[c,d]$ 上可积, $f>0$,证明: $\iint\limits_I f(x,y)\mathrm{d}x\mathrm{d}y>0$.

2*. 定义 3.1.2 中,将"∃有限个闭矩形"改为"∃可数个闭矩形",就得到了零测集的定义.证明: $f(x,y)$ 为矩形域 I 上的有界函数,则 $f\in R(I)$ 的充要条件是 f 在 I 上全体不连续点所成的集合是零测集.

3．设 $f(x,y)$ 在 $I=[a,b]\times[c,d]$ 上有定义，若 $\forall y\in[c,d]$，$f(x,y)$ 关于 x 单增，$\forall x\in[a,b]$，$f(x,y)$ 关于 y 单减，证明：$f\in R(I)$.

4．设函数 $f(x,y)=\begin{cases}3y^2, x\in Q,\\ 1, x\notin Q,\end{cases}$ $I=[0,1]\times[0,1]$，证明：

(1) $\iint\limits_I f(x,y)\mathrm{d}x\mathrm{d}y$ 不存在；

(2) $\int_0^1\left(\int_0^1 f(x,y)\mathrm{d}y\right)\mathrm{d}x=1$；$\int_0^1\left(\int_0^1 f(x,y)\mathrm{d}x\right)\mathrm{d}y$ 不存在.

5．计算二重积分

(1) $\iint\limits_D |y-x^2|\mathrm{d}x\mathrm{d}y, D=\{(x,y)\mid -1\leqslant x\leqslant 1, 0\leqslant y\leqslant 2\}$；

(2) $\iint\limits_D\left|\dfrac{x+y}{\sqrt{2}}-x^2-y^2\right|\mathrm{d}x\mathrm{d}y, D=\{(x,y)\mid x^2+y^2\leqslant 1\}$.

6．求极限 $\lim\limits_{t\to 0}\iint\limits_D\ln(x^2+y^2)\mathrm{d}x\mathrm{d}y, D=\{(x,y)\mid t^2\leqslant x^2+y^2\leqslant 1\}$.

7．计算下列广义二重积分.

(1) $\iint\limits_D \mathrm{e}^{-x^2-y^2}\mathrm{d}x\mathrm{d}y, D=\{(x,y)\mid x\geqslant 0, y\geqslant 0\}$；

(2) $\iint\limits_D \mathrm{e}^{-x^2-y^2}\sin(x^2+y^2)\mathrm{d}x\mathrm{d}y, D=\mathbb{R}^2$；

(3) $\iint\limits_D \mathrm{e}^{2xy-2x^2-y^2}\mathrm{d}x\mathrm{d}y, D=\mathbb{R}^2$.

8．设常数 a,b 不全为零，证明：$\iint\limits_{x^2+y^2\leqslant 1} f(ax+by+c)\mathrm{d}x\mathrm{d}y=2\int_{-1}^1\sqrt{1-t^2}f(t\sqrt{a^2+b^2}+c)\mathrm{d}t$.

9．证明：$\iint\limits_{[0,1]^2}(xy)^{xy}\mathrm{d}x\mathrm{d}y=\int_0^1 t^t\ln\dfrac{1}{t}\mathrm{d}t$.

10．设 $D=\{(x,y)\mid x^2+y^2\leqslant 1\}$，函数 $f(x,y)$ 在 D 上有二阶连续偏导数，在 D 的边界 ∂D 上 $f(x,y)=0$. 证明：$\iint\limits_D f(x,y)\left(\dfrac{\partial^2 f}{\partial x^2}+\dfrac{\partial^2 f}{\partial y^2}\right)\mathrm{d}x\mathrm{d}y\leqslant 0$.

11．若函数 $f(x,y,z)$ 在 Ω 内连续，且 $\forall\Omega_1\subset\Omega$，有 $\iiint\limits_{\Omega_1} f(x,y,z)\mathrm{d}x\mathrm{d}y\mathrm{d}z=0$，证明：$f(x,y,z)=0,(x,y,z)\in\Omega$.

12．计算累次积分：$I=\int_0^1\mathrm{d}x\int_0^{1-x}\mathrm{d}z\int_0^{1-z-x}(1-y)\mathrm{e}^{-(1-y-z)^2}\mathrm{d}z$.

13. 设 $f(t)$在$(-\infty,+\infty)$上连续,证明:

(1) $\int_0^1 \mathrm{d}x\int_x^1 f(x)f(y)\mathrm{d}y=\frac{1}{2}\left(\int_0^1 f(x)\mathrm{d}x\right)^2$;

(2) $\int_0^a \mathrm{d}x\int_0^x \mathrm{d}y\int_0^y f(x)f(y)f(z)\mathrm{d}z=\frac{1}{6}\left(\int_0^a f(x)\mathrm{d}x\right)^3$.

14. 设 $H(x)=\sum\limits_{i,j=1}^{3}a_{ij}x_ix_j$,其中 $\boldsymbol{A}=(a_{ij})_{3\times 3}$ 正定,求积分 $I=\iiint\limits_{H(x)\leqslant 1}\mathrm{e}^{\sqrt{H(x)}}\mathrm{d}x_1\mathrm{d}x_2\mathrm{d}x_3$ 的值.

15. 求解下列问题.

(1) 求空间曲面 $x^2+y^2+z^2=1,x^2+y^2+z^2=4,x^2+y^2=z^2,z\geqslant 0$ 围成区域的体积;

(2) 求空间曲面 $x=0,x=1,x^2+1=\frac{y^2}{a^2}+\frac{z^2}{b^2}$围成区域的质心;

(3) 证明:曲面 $z=x^2+y^2+a(a>0)$上任意一点的切平面与曲面 $z=x^2+y^2$ 所围成空间区域的体积是一个常数.

16. 计算下列 n 重积分.

(1) $\int\cdots\int\limits_{[0,1]^n}(x_1^2+x_2^2+\cdots+x_n^2)\mathrm{d}x_1\mathrm{d}x_2\cdots\mathrm{d}x_n$;

(2) $\int\cdots\int\limits_{[0,1]^n}(x_1+x_2+\cdots+x_n)^2\mathrm{d}x_1\mathrm{d}x_2\cdots\mathrm{d}x_n$.

17. 求$\mathbb{R}^n$ 中下列集合的体积.

(1) $V=\left\{(x_1,x_2,\cdots,x_n)\,\middle|\,\frac{x_1}{a_1}+\frac{x_2}{a_2}+\cdots+\frac{x_n}{a_n}\leqslant 1,x_1,x_2,\cdots,x_n\geqslant 0\right\}(a_i>0)$;

(2) $V=\{(x_1,x_2,\cdots,x_n)\mid |x_1|+|x_2|+\cdots+|x_n|\leqslant a\}(a>0)$.

第4章　曲线积分与曲面积分

在本章，我们将引进曲线积分与曲面积分. 与我们学过的所有积分一样，曲线、曲面积分也是由分割、取点、求 Riemann 和、求极限以及证明该极限值与分割和取点的任意性无关. 根据被积函数的不同，曲线积分和曲面积分分别有第一类、第二类两种. 在讨论曲线、曲面积分之前，我们先讨论这些积分的积分区域——曲线与曲面.

4.1　曲线与曲面

4.1.1　$\mathbb{R}^2$ 或 $\mathbb{R}^3$ 中的 $C^{(1)}$ 类光滑的正则曲线

定义 4.1.1 ……………………………………………………

设 L 为 $\mathbb{R}^2$ 或 $\mathbb{R}^3$ 中的曲线，A,B 是 L 的两个端点（若 L 为闭曲线，A,B 为 L 上的同一点）. 对曲线 L 作分割 T，即沿 L 从 A 点到 B 点依次加入分点（如图 4.1.1）

$$A=P_0,P_1,P_2,\cdots,P_n=B.$$

用线段连接相邻的两个分点，构成 n 个折线段 $\overline{P_{i-1}P_i}$，$i=1,2,\cdots,n$. 记

$$|T|=\max_{1\leqslant i\leqslant n}\{\|P_{i-1}P_i\|\}$$

为分割 T 的模，若

$$\lim_{|T|\to 0}\sum_{i=1}^{n}\|P_{i-1}P_i\|=s$$

存在，且 s 值与分割 T 的分法无关，则称 L 为**可求长曲线**，s 为曲线 L 的**弧长**.

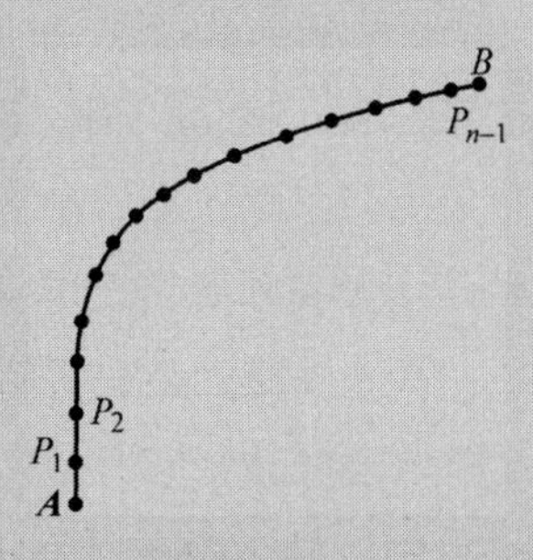

图　4.1.1

定义 4.1.2 ……………………………………………………

$\mathbb{R}^3$ 中的曲线 L 由参数方程

$$\begin{cases} x = x(t), \\ y = y(t), \quad t \in [\alpha, \beta] \\ z = z(t), \end{cases}$$

给出,其中三个函数 $x(t), y(t), z(t) \in C^{(1)}[\alpha, \beta]$,若 $[x'(t)]^2 + [y'(t)]^2 + [z'(t)]^2 \neq 0$,则称 L 为 $\mathbb{R}^3$ 中的 $C^{(1)}$ **类光滑的正则曲线**.

同理可以定义 $\mathbb{R}^2$ 中的 $C^{(1)}$ 类光滑的正则曲线. 可以证明: $\mathbb{R}^2$ 或 $\mathbb{R}^3$ 中的 $C^{(1)}$ 类光滑的正则曲线是**可求长曲线**,其**弧长**为

$$s = \int_{\alpha}^{\beta} \sqrt{[x'(t)]^2 + [y'(t)]^2 + [z'(t)]^2}\,\mathrm{d}t, \quad L \subset \mathbb{R}^3,$$

$$s = \int_{\alpha}^{\beta} \sqrt{[x'(t)]^2 + [y'(t)]^2}\,\mathrm{d}t, \quad L \subset \mathbb{R}^2.$$

定义 4.1.3 ……

$\mathbb{R}^2$ 或 $\mathbb{R}^3$ 中的曲线 L 由有限段 $L_i(i=1,2,\cdots,n)$ 组成,若每一小段 $L_i(i=1,2,\cdots,n)$ 均为 $C^{(1)}$ 类光滑的正则曲线,则称 L 为**逐段 $C^{(1)}$ 类光滑的正则曲线**.

逐段 $C^{(1)}$ 类光滑的正则曲线的弧长为各小段 $C^{(1)}$ 类光滑的正则曲线弧长之和.

在本章第一、第二类曲线积分中所出现的曲线均为逐段 $C^{(1)}$ 类光滑的正则曲线.

4.1.2 $\mathbb{R}^3$ 中的 $C^{(1)}$ 类光滑的正则曲面

为了简单起见,我们仅讨论 $\mathbb{R}^3$ 中参数方程表示下的曲面.

定义 4.1.4 ……

设曲面 $S \subset \mathbb{R}^3$ 的参数表示为

$$\begin{cases} x = x(u,v), \\ y = y(u,v), \quad (u,v) \subset D \subset \mathbb{R}^2, \\ z = z(u,v), \end{cases}$$

其中 $x(u,v), y(u,v), z(u,v) \in C^{(1)}(D)$,且 $\left(\frac{\partial x}{\partial u}, \frac{\partial y}{\partial u}, \frac{\partial z}{\partial u}\right) \times \left(\frac{\partial x}{\partial v}, \frac{\partial y}{\partial v}, \frac{\partial z}{\partial v}\right) \neq \mathbf{0}$,则称 S 为 $C^{(1)}$ **类光滑的正则曲面**.

由 3.5 节可知,$C^{(1)}$ 类光滑的正则曲面的面积为

$$S = \iint_D \sqrt{A^2 + B^2 + C^2}\,\mathrm{d}u\mathrm{d}v,$$

其中

$$A=\begin{vmatrix}\dfrac{\partial y}{\partial u},\dfrac{\partial y}{\partial v}\\ \dfrac{\partial z}{\partial u},\dfrac{\partial z}{\partial v}\end{vmatrix},\quad B=\begin{vmatrix}\dfrac{\partial z}{\partial u},\dfrac{\partial z}{\partial v}\\ \dfrac{\partial x}{\partial u},\dfrac{\partial x}{\partial v}\end{vmatrix},\quad C=\begin{vmatrix}\dfrac{\partial x}{\partial u},\dfrac{\partial x}{\partial v}\\ \dfrac{\partial y}{\partial u},\dfrac{\partial y}{\partial v}\end{vmatrix}. \tag{4.1.1}$$

即

$$\left(\frac{\partial x}{\partial u},\frac{\partial y}{\partial u},\frac{\partial z}{\partial u}\right)\times\left(\frac{\partial x}{\partial v},\frac{\partial y}{\partial v},\frac{\partial z}{\partial v}\right)=(A,B,C).$$

定义 4.1.5 ……

$\mathbb{R}^3$ 中的曲面 S 由有限片曲面 $S_i(i=1,2,\cdots,n)$ 组成，若每一片曲面 $S_i(i=1,2,\cdots,n)$ 均为 $C^{(1)}$ 类光滑的正则曲面，则称 S 为**逐片 $C^{(1)}$ 类光滑的正则曲面**.

逐片 $C^{(1)}$ 类光滑的正则曲面的面积为各小片 $C^{(1)}$ 类光滑的正则曲面积之和.

在本章第一、第二类曲面积分中所出现的曲面均为逐片 $C^{(1)}$ 类光滑的正则曲面.

4.1.3 曲线与曲面的定向

在第二类曲线、曲面积分中，所涉及的曲线、曲面均要可定向的. 所以我们讨论曲线和曲面的定向问题.

为简单起见，我们仅讨论逐段 $C^{(1)}$ 类光滑的正则曲线和逐片 $C^{(1)}$ 类光滑的正则曲面的定向问题.

设 $L\subset\mathbb{R}^3$(或$\mathbb{R}^2$)是一条 $C^{(1)}$ 类光滑的正则曲线，则参数 t 改变的方向确定了**曲线 L 的方向**. 若令参数 t 增加的方向为 L 的方向，则参数 t 减小的方向为 L 的反方向；反之亦然.

例 4.1.1 ……

$\mathbb{R}^3$ 中的曲线

$$L:\begin{cases}x=\cos t,\\ y=\sin t, \quad t\in[0,2\pi],\\ z=t,\end{cases}$$

规定 t 增加的方向正方向，其图像如图 4.1.2.

设 $L\subset\mathbb{R}^3$(或$\mathbb{R}^2$)是一条逐段 $C^{(1)}$ 光滑的正则曲线，组成 L 的各小段 $C^{(1)}$ 光滑的正则曲线的定向称为是**协调的**，指的是相邻两小段曲线在连接处，一段的终止点为另一段的起始点(见图 4.1.3).

设 $S\subset\mathbb{R}^3$ 是一个 $C^{(1)}$ 类光滑的正则曲面，其参数形式方程为

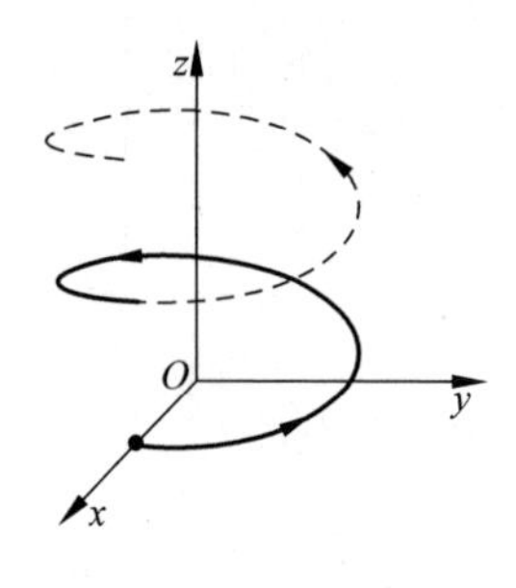

图 4.1.2

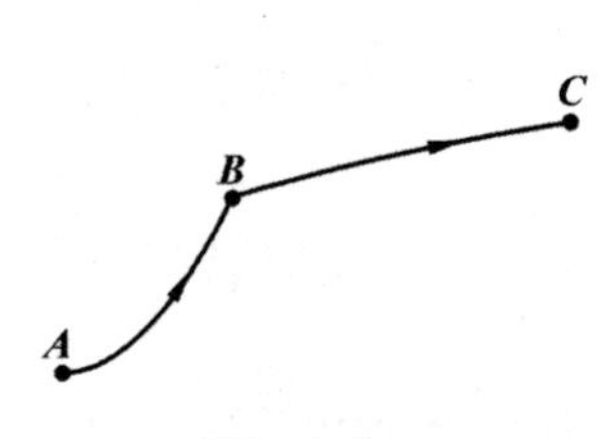

图 4.1.3

$$S:\begin{cases}x=x(u,v),\\ y=y(u,v), \quad (u,v)\in D\subset \mathbb{R}^2,\\ z=z(u,v),\end{cases}$$

则在其上每一点均有法向量

$$\boldsymbol{n}=\pm(A,B,C),$$

其中 A,B,C 由(4.1.1)式表示,$\boldsymbol{n}$ 是非零向量.

$$\boldsymbol{n}^{\circ}=\pm\frac{(A,B,C)}{\sqrt{A^2+B^2+C^2}} \tag{4.1.2}$$

为各点处的单位法向量.若在某一点$(x_0,y_0,z_0)\in S$ 确定了(4.1.2)式中某个符号(例如正号)为 S 在(x_0,y_0,z_0)点的**正法向量**,则另一个符号(例如负号)为 S 在(x_0,y_0,z_0)点的**负法向量**.

$C^{(1)}$类光滑的正则曲面 S 若在一点(x_0,y_0,z_0)确定了正法向量,则其上任一点(x,y,z)的正法向量的确定是通过在 S 上找一条光滑曲线连接(x_0,y_0,z_0)与(x,y,z)两点,使在(x_0,y_0,z_0)点的正单位法向量沿曲线连续地变化到(x,y,z)点所得到的法向量(见图 4.1.4).

$C^{(1)}$类光滑的正则曲面正法向量指向的一侧称为 S 的**正侧**,记作 S^+;另一侧记作 S 的**负侧**,记作 S^-.能分成正侧、负侧的曲面称为是**双侧曲面**,或**可定向曲面**.

$\mathbb{R}^3$ 中并非每个曲面都是可定向的,例如 Mobius 带(如图 4.1.5)是不可定向的.

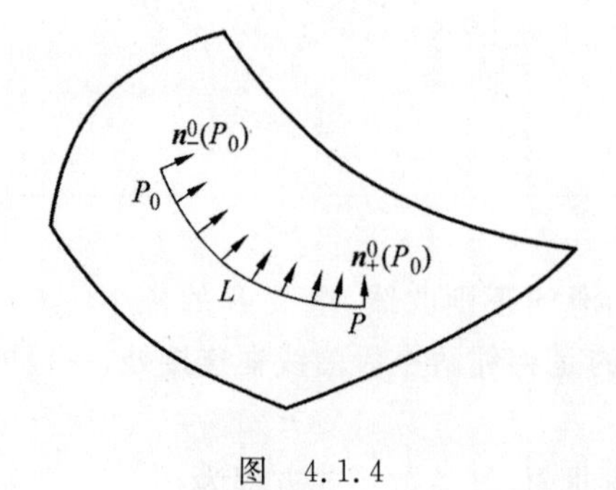

图 4.1.4

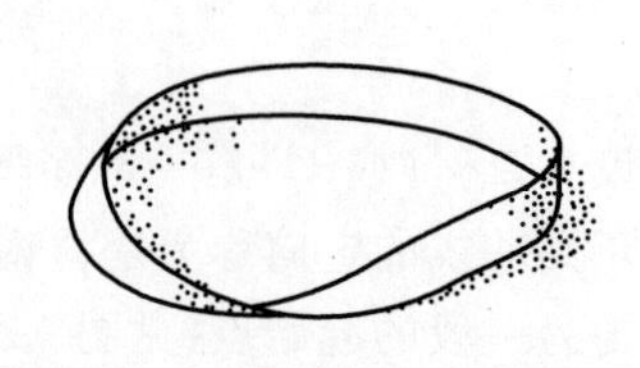

图 4.1.5

设 $S\subset\mathbb{R}^3$ 是逐片 $C^{(1)}$ 类光滑的正则曲面，则每一小片都是可定向的.每一小片 S_i 的定向可以诱导出其边界 ∂S_i 的定向：右手螺旋法则，如图 4.1.6.

应该指出的是，根据右手螺旋法则，S_i 的方向和其边界 ∂S_i 的诱导方向彼此确定.

相邻两片小曲面 S_i 和 S_j 若有公共的一段边界，S_i 和 S_j 的定向称为是**协调的**，如果 S_i 和 S_j 的定向在公共边界的诱导方向相反(见图 4.1.7).

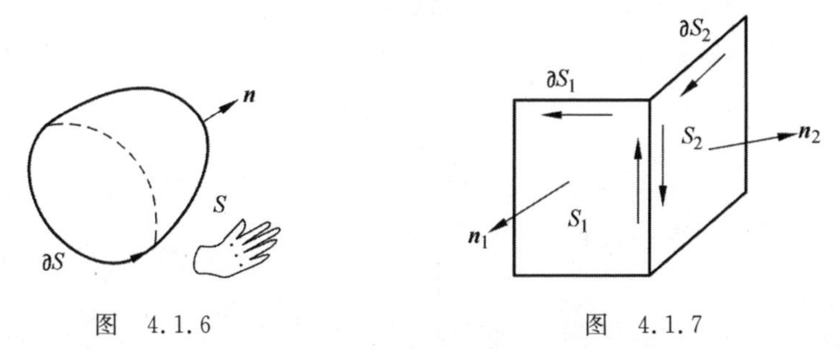

图 4.1.6　　　　图 4.1.7

$S\subset\mathbb{R}^3$ 是逐片 $C^{(1)}$ 类光滑的正则曲面，称 S 是**可定向的**，若 S 的任意两片有公共边段的 $C^{(1)}$ 类光滑的正则曲面的定向都是协调的.此时每一小片曲面的正侧即为 S 曲面的正侧，记作 S^+.

习题 4.1

1. 将矩形的对边粘合，得到了一个圆柱侧面，将圆柱侧面弯曲后将上下底面粘合，得到了轮胎面，也称环面(如图 1)，若按照图 2 中的方式粘合，就得到了著名的克莱因瓶.请判断环面和克莱因瓶是否为可定向曲面.

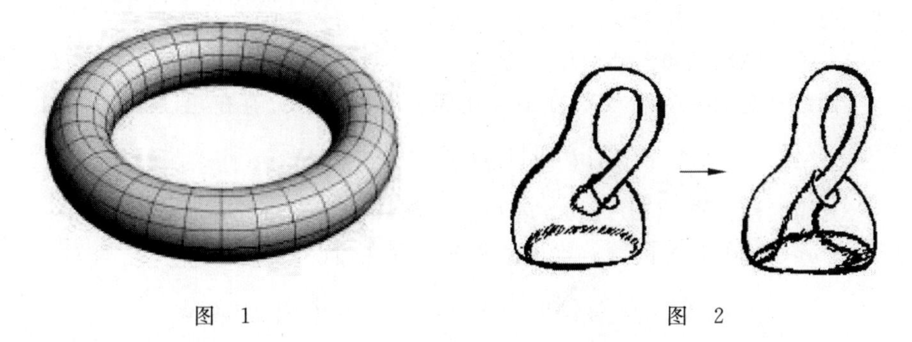

图 1　　　　图 2

4.2 第一类曲线积分

定义 4.2.1 ……

设 $\Omega\subset\mathbb{R}^3$ 或 $\mathbb{R}^2$ 为一区域，$f:\Omega\to\mathbb{R}$，逐段 $C^{(1)}$ 类光滑的正则曲线 $L\subset\Omega$，A，B 是 L 的两个端点(若 L 为闭曲线，A，B 为 L 上的同一点).

对曲线 L 作为分割 T，即沿 L 从 A 点到 B 点依次加入分点

$$A = P_0, P_1, \cdots, P_n = B.$$

记 Δl_i 为小弧段 $\widehat{P_{i-1}P_i}$ 的弧长，$|T| = \max\limits_{1\leqslant i\leqslant n}\{\Delta l_i\}$、在 $P_{i-1}P_i$ 弧段上任取一点$\boldsymbol{\xi}_i$，$i=1,2,\cdots,n$，作 Riemann 和

$$\sum_{i=1}^{n} f(\boldsymbol{\xi}_i)\Delta l_i,$$

如果 Riemann 和的极限

$$\lim_{|T|\to 0}\sum_{i=1}^{n} f(\boldsymbol{\xi}_i)\Delta l_i$$

存在，且极限值与分割 T 的任意性和取点$\boldsymbol{\xi}_i$ 的任意性无关，则称该极限为函数 $f(\boldsymbol{X})$在 L 曲线上的**第一类曲线积分**，记作

$$\int_L f(\boldsymbol{X})\mathrm{d}l.$$

如果 $f(\boldsymbol{X})$ 是线状物体 L 的质量密度函数(线状物体的质量密度函数指的是单位弧长上的质量)，则第一类曲线积分$\int_L f(\boldsymbol{X})\mathrm{d}l$ 就是线状物体的质量. 如果 $f(\boldsymbol{X}) \equiv 1$，则$\int_L f(\boldsymbol{X})\mathrm{d}l$ 就是 L 的弧长.

第一类曲线积分的定义和我们曾经学过的几类积分的定义完全类似，由分割、取点、求 Riemann 和、求极限以及证明极限值与分割、取点的任意性无关几个过程组成. 只是对于第一类由线积分，分割的对象是$\mathbb{R}^3$ 或$\mathbb{R}^2$ 中的曲线. 与学过的积分一样，第一类曲线积分也有下列性质：

(1) 关于区域的可加性：设 L 是由 L_1, L_2 两条曲线组成，$f(\boldsymbol{X})$在 L_1, L_2 的第一类曲线积分存在，则 $f(\boldsymbol{X})$在 L 上的第一类曲线积分存在，且

$$\int_L f(\boldsymbol{X})\mathrm{d}l = \int_{L_1} f(\boldsymbol{X})\mathrm{d}l + \int_{L_2} f(\boldsymbol{X})\mathrm{d}l.$$

(2) 线性性：若 $f(\boldsymbol{X}), g(\boldsymbol{X})$在 L 上的第一类曲线积分存在，则 $\forall \lambda, \mu \in \mathbb{R}$，$\lambda f(\boldsymbol{X}) + \mu g(\boldsymbol{X})$在 L 上的第一类曲线积分也存在，且

$$\int_L (\lambda f(\boldsymbol{X}) + \mu g(\boldsymbol{X}))\mathrm{d}l = \lambda\int_L f(\boldsymbol{X})\mathrm{d}l + \mu\int_L g(\boldsymbol{X})\mathrm{d}l.$$

(3) 保序性：若 $f(\boldsymbol{X}), g(\boldsymbol{X})$在 L 上的第一类曲线积分存在，且 $f(\boldsymbol{X}) \leqslant g(\boldsymbol{X}), \boldsymbol{X} \in L$，则

$$\int_L f(\boldsymbol{X})\mathrm{d}l \leqslant \int_L g(\boldsymbol{X})\mathrm{d}l.$$

下面的定理告诉我们如何计算第一类曲线积分. 为简单起见，我们就不作证明了.

定理 4.2.1

设$\mathbb{R}^3$中$C^{(1)}$类光滑的正则曲线L

$$L:\begin{cases}x=x(t),\\y=y(t),\quad t\in[\alpha,\beta],\\z=z(t),\end{cases}$$

三元函数$f(x,y,z)$为L上的连续函数，则

$$\int_L f(x,y,z)\mathrm{d}l=\int_\alpha^\beta f(x(t),y(t),z(t))\sqrt{[x'(t)]^2+[y'(t)]^2+[z'(t)]^2}\,\mathrm{d}t.$$

同理，若L为$\mathbb{R}^2$上的$C^{(1)}$类光滑的正则曲线，

$$\int_L f(x,y)\mathrm{d}l=\int_\alpha^\beta f(x(t),y(t))\sqrt{[x'(t)]^2+[y'(t)]^2}\,\mathrm{d}t.$$

若$\mathbb{R}^2$中的曲线L的方程为$y=y(x),x\in[a,b]$，则第一类曲线积分可以表示为

$$\int_L f(x,y)\mathrm{d}l=\int_a^b f(x,y(x))\sqrt{1+[y'(x)]^2}\,\mathrm{d}x.$$

例 4.2.1

计算$\int_L y\mathrm{d}l$，其中L是以原点为中心，R为半径在右上1/4，即

$$L:x^2+y^2=R^2\quad(x\geqslant 0,y\geqslant 0).$$

解 **解法一** L的参数方程为

$$\begin{cases}x=R\cos\varphi,\\y=R\sin\varphi,\end{cases}\quad \varphi\in\left[0,\frac{\pi}{2}\right],$$

因此

$$\int_L y\mathrm{d}l=\int_0^{\frac{\pi}{2}}R\sin\varphi\sqrt{(-R\sin\varphi)^2+(R\cos\varphi)^2}\,\mathrm{d}\varphi$$
$$=\int_0^{\frac{\pi}{2}}R^2\sin\varphi\mathrm{d}\varphi=R^2.$$

解法二 L的方程也可表示为

$$y=\sqrt{R^2-x^2},\quad x\in[0,R],$$

$$\int_l y\mathrm{d}l=\int_0^R\sqrt{R^2-x^2}\cdot\sqrt{1+\left(\frac{-x}{\sqrt{R^2-x^2}}\right)^2}\,\mathrm{d}x=R^2.$$

例 4.2.2

求$\int_L(x^2+y^2+z^2)\mathrm{d}l$，其中$L\subset\mathbb{R}^3$为球面$x^2+y^2+z^2=R^2$与平面$x+y+$

$z=0$ 的交线.

解　可以用曲线 L 的参数表示式

$$\begin{cases} x=R\left(\dfrac{1}{\sqrt{6}}\cos\varphi+\dfrac{1}{\sqrt{2}}\sin\varphi\right), \\ y=R\left(-\dfrac{2}{\sqrt{6}}\cos\varphi\right), \qquad \varphi\in[0,2\pi] \\ z=R\left(\dfrac{1}{\sqrt{6}}\cos\varphi-\dfrac{1}{\sqrt{2}}\sin\varphi\right), \end{cases} \tag{4.2.1}$$

来计算本题,但这个参数表达式的得到是一个很复杂的过程.我们有更简单的方式计算本题.

在 L 上,$x^2+y^2+z^2=R^2$,因此

$$\int_L (x^2+y^2+z^2)\mathrm{d}l=\int_L R^2\mathrm{d}l=R^2\int_L \mathrm{d}l.$$

显然,$\int_L \mathrm{d}l$ 就是曲线 L 的弧长,即球面 $x^2+y^2+z^2=R^2$ 上大圆的周长,为 $2\pi R$,故

$$\int_L (x^2+y^2+z^2)\mathrm{d}l=2\pi R^3.$$

第一类曲线积分也有奇函数、偶函数的积分性质,不用进行详细计算就可知在 L: $x^2+y^2=R^2(x\geqslant 0)$上的第一类曲线积分

$$\int_L y\,\mathrm{d}l=0.$$

若 $L\subset\mathbb{R}^2$,$f(x,y)\geqslant 0$,$(x,y)\in L$,则第一类曲线积分$\int_L f(x,y)\mathrm{d}l$ 表示柱面的面积(如图 4.2.1).

▶　**例 4.2.3** ……………………………………………………………………

求柱面 $x^2+y^2=2ax(a>0)$ 被 $z=0$ 及 $z=\sqrt{x^2+y^2}$ 所截柱面的面积(如图 4.2.2).

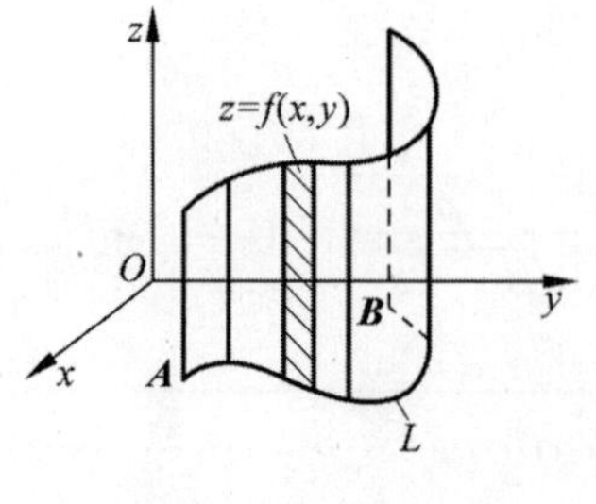

图　4.2.1

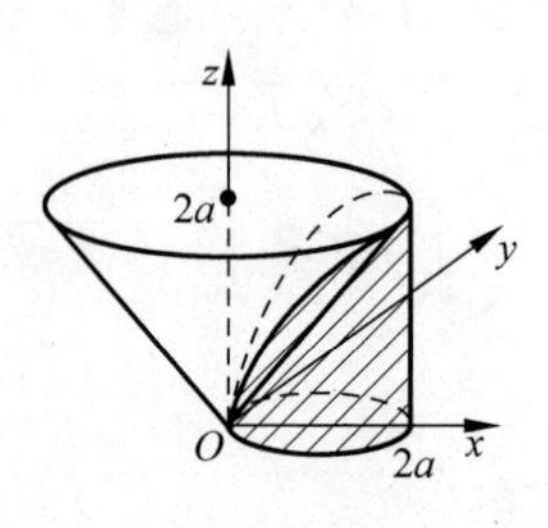

图　4.2.2

解 所截柱面的面积

$$S=\int_L f(x,y)\mathrm{d}l,$$

其中 $L:x^2+y^2=2ax$，$f(x,y)=\sqrt{x^2+y^2}$. L 的参数方程为

$$\begin{cases}x=a+a\cos\varphi,\\ y=a\sin\varphi,\end{cases}\quad \varphi\in[0,2\pi],$$

故

$$S=\int_0^{2\pi}\sqrt{(a+a\cos\varphi)^2+(a\sin\varphi)^2}\cdot\sqrt{(a\sin\varphi)^2+(a\cos\varphi)^2}\,\mathrm{d}\varphi$$

$$=\sqrt{2}a^2\int_0^{2\pi}\sqrt{1+\cos\varphi}\,\mathrm{d}\varphi=8a^2.$$

第一类曲线积分也有物理应用.

例 4.2.4

计算螺线 $x=r\cos\omega t$, $y=r\sin\omega t$, $z=vt$(其中 r,ω,v 为常数)对应于参数 $t=0$ 到 $t=2\pi$ 一段弧绕 z 轴旋转的转动惯量(假定螺线质量均匀分布，质量线密度 $\rho=1$).

解

$$J_z=\int_{AB}(x^2+y^2)\mathrm{d}l,$$

其中

$$\mathrm{d}l=\sqrt{(\mathrm{d}x)^2+(\mathrm{d}y)^2+(\mathrm{d}z)^2}=\sqrt{r^2\omega^2+v^2}\,\mathrm{d}t,$$

$$J_z=\int_0^{2\pi}r^2\sqrt{r^2\omega^2+v^2}\,\mathrm{d}t=2\pi r^2\sqrt{r^2\omega^2+v^2}.$$

例 4.2.5

已知半圆圈 $L:x^2+y^2=r^2(y\geqslant 0)$ 的质量分布不均匀，其质量线密度 $\rho(x,y)=x^2+y$，试求其质心 $(\bar{x},\bar{y})$.

解 将 L 方程表示为参数方程 $x=r\cos\theta$, $y=r\sin\theta(0\leqslant\theta\leqslant\pi)$，$L$ 的质量 M 为

$$M=\int_L(x^2+y)\mathrm{d}l$$

$$=\int_0^{\pi}(r^2\cos^2\theta+r\sin\theta)r\mathrm{d}\theta$$

$$=r^2\left[r\cdot 2\cdot\frac{1}{2}\cdot\frac{\pi}{2}+2\right]=\frac{r^2}{2}(\pi r+4).$$

由质量线密度及半圆 L 关于 y 轴的对称性可知，$\bar{x}=0$，再由半圆 L 关于 x 轴的

静力矩：

$$\begin{aligned}M_x &= \int_L y\rho(x,y)\,\mathrm{d}l \\ &= \int_L y(x^2+y)\,\mathrm{d}l \\ &= \int_0^{\pi} r^3(r\cos^2\theta\sin\theta+\sin\theta)\,\mathrm{d}\theta \\ &= r^3\left[-\frac{r}{3}\cos^3\theta\Big|_0^{\pi}+2\cdot\frac{1}{2}\cdot\frac{\pi}{2}\right]=\frac{r^3}{6}(3\pi+4r),\end{aligned}$$

即得

$$\bar{y}=\frac{M_x}{M}=\frac{r}{3}\frac{3\pi+4r}{\pi r+4}.$$

习题 4.2

1. 计算下列曲线积分.

(1) $\int_L (x+y)\,\mathrm{d}l$,其中 L 为 $O(0,0)$,$A(1,0)$,$B(0,1)$ 为顶点的三角形的三条边；

(2) $\int_L \sqrt{x^2+y^2}\,\mathrm{d}l$,其中 L 为圆周 $x^2+y^2=2x$；

(3) $\int_L y^2\,\mathrm{d}l$,其中 L 为摆线 $\begin{cases}x=a(t-\sin t),\\ y=a(1-\cos t),\end{cases}$ $0\leqslant t\leqslant 2\pi$；

(4) $\int_L (x^{\frac{4}{3}}+y^{\frac{4}{3}})\,\mathrm{d}l$,其中 L 为星形线 $\begin{cases}x=a\cos^3 t,\\ y=a\sin^3 t,\end{cases}$ $0\leqslant t\leqslant 2\pi$.

2. 计算下列曲线积分.

(1) $\int_L x\sqrt{(x^2-y^2)}\,\mathrm{d}l$,其中 L 为双纽线右半支 $r^2=a^2\cos 2\theta\left(-\frac{\pi}{4}\leqslant\theta\leqslant\frac{\pi}{4},a>0\right)$；

(2) $\int_L (x^2+y^2+z^2)\,\mathrm{d}l$,其中 L 为螺线 $x=2\cos t,y=2\sin t,z=3t(0\leqslant t\leqslant 2\pi)$；

(3) $\int_L xyz\,\mathrm{d}l$,其中 L 的参数方程为 $x=t,y=\frac{2}{3}\sqrt{2}t^{\frac{3}{2}},z=\frac{1}{2}t^2(0\leqslant t\leqslant 1)$；

(4) $\int_L x\,\mathrm{d}l$,其中 L 为球面 $x^2+y^2+z^2=4$ 在第一象限部分的边界.

3. 求下列空间曲线的弧长.

(1) $x=3t, y=3t^2, z=2t^3$,从 $O(0,0,0)$ 到 $A(3,3,2)$;

(2) $x=\mathrm{e}^{-t}\cos t, y=\mathrm{e}^{-t}\sin t, z=\mathrm{e}^{-t}(0\leqslant t<+\infty)$.

4. 曲线 $y=\ln x$ 的线密度 $\rho(x,y)=x^2$,试求曲线在 $x=\sqrt{3}$ 与 $x=\sqrt{15}$ 之间的质量.

5. 求圆柱面 $x^2+y^2=a^2$ 介于曲面 $z=a+\dfrac{x^2}{a}$ 与 $z=0$ 之间的面积($a>0$).

6. 求摆线 $\begin{cases}x=a(t-\sin t),\\ y=a(1-\cos t),\end{cases}$ $0\leqslant t\leqslant\pi$ 的质心.

7. 求螺线 $x=a\cos t, y=a\sin t, z=\dfrac{b}{2\pi}t(0\leqslant t\leqslant 2\pi)$ 绕 x 轴旋转的转动惯量(线密度为 1).

8. 圆周 $L: x^2+y^2=-2y$ 上每点的质量线密度等于 $\sqrt{x^2+y^2}$,求曲线 L 的质量与曲线 L 对 x 轴的静力矩.

4.3 第一类曲面积分

在本节中所出现的曲面均为逐片 $C^{(1)}$ 类光滑的正则曲面.

定义 4.3.1 ……

设 $S\subset\mathbb{R}^3$ 为逐片 $C^{(1)}$ 类光滑的正则曲面,f 是定义在 S 上的三元函数. 对曲面 S 作分割 T:将 S 任意地分成 n 小块 $\Delta S_i(i=1,2,\cdots,n)$,其面积也记成 ΔS_i. 记 $d_i=\max\limits_{\boldsymbol{\xi},\boldsymbol{\eta}\in\Delta S_i}\|\boldsymbol{\xi}-\boldsymbol{\eta}\|$ 为 ΔS_i 直径,$|T|=\max\limits_{i\in\{1,2,\cdots,n\}} d_i$ 为分割 T 的模. 在每块 ΔS_i 任取一点 $\boldsymbol{\xi}_i\in\Delta S_i, i=1,2,\cdots,n$,作 Riemann 和 $\sum\limits_{i=1}^{n}f(\boldsymbol{\xi}_i)\Delta S_i$. 当 $|T|\to 0^+$ 时,Riemann 和极限存在,且极限值与分割的任意性及取点的任意性无关,则称该极限值为函数 f 在 S 曲面上的**第一类曲面积分**,记作

$$\iint\limits_S f(x,y,z)\mathrm{d}S=\lim_{|T|\to 0}\sum_{i=1}^{n}f(\boldsymbol{\xi}_i)\Delta S_i.$$

第一类曲面积分也有与第一类曲线积分类似的性质:关于积分曲面的可加性、线性性、保序性和中值定理. 当 S 曲面平关于坐标平面对称时,若 f 为奇函数,则 $\iint\limits_S f(x,y,z)\mathrm{d}S=0$.

若 $f\equiv 1$,则第一类曲面积分就是曲面 S 的面积.

如果 S 为 $C^{(1)}$ 类光滑的正则曲面,其参数方达式为

$$S:\begin{cases}x=x(u,v),\\ y=y(u,v), \quad (u,v)\in D\subset\mathbb{R}^2,\\ z=z(u,v),\end{cases}$$

其中 $x(u,v),y(u,v),z(u,v)\in C^{(1)}(D)$，且 $A^2+B^2+C^2\neq 0$，A,B,C 均为 (u,v) 的函数，由(4.1.1)式给出，则

$$\iint_S f(x,y,z)\,\mathrm{d}S=\iint_D f(x(u,v),y(u,v),z(u,v))\sqrt{A^2+B^2+C^2}\,\mathrm{d}u\mathrm{d}v.$$

如果曲面 S 的表达式为

$$S:z=z(x,y), \quad (x,y)\in D\subset\mathbb{R}^2,$$

其中 $z(x,y)\in C^{(1)}(D)$，则 $f(x,y,z)$ 在 S 上的第一类曲面积分为

$$\iint_S f(x,y,z)\,\mathrm{d}S=\iint_D f(x,y,z(x,y))\sqrt{1+\left(\frac{\partial z}{\partial x}\right)^2+\left(\frac{\partial z}{\partial y}\right)^2}\,\mathrm{d}x\mathrm{d}y.$$

例 4.3.1

计算 $\iint_S z\,\mathrm{d}S$，其中 S 为旋转抛物面 $z=x^2+y^2$ 在 $z\leqslant\frac{1}{4}$ 的部分(如图 4.3.1)。

解 曲面 S 在 xy 平面上的投影区域 D_{xy} 为

$$D_{xy}=\left\{(x,y)\mid x^2+y^2\leqslant\frac{1}{4}\right\}.$$

曲面 S 的面积元素

$$\mathrm{d}S=\sqrt{1+\left(\frac{\partial z}{\partial x}\right)^2+\left(\frac{\partial z}{\partial y}\right)^2}\,\mathrm{d}x\mathrm{d}y=\sqrt{1+4x^2+4y^2}\,\mathrm{d}x\mathrm{d}y,$$

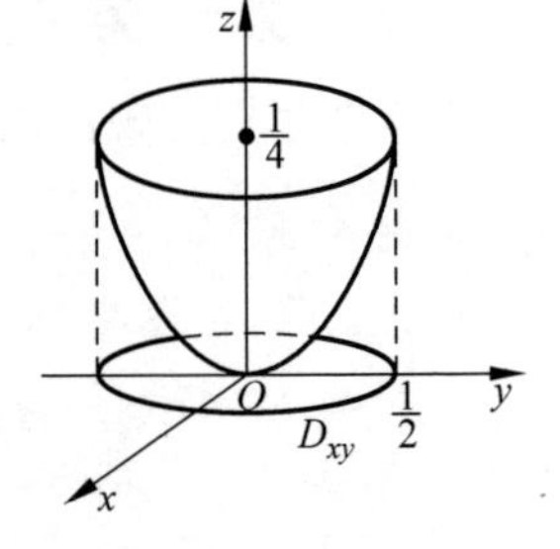

图 4.3.1

于是

$$\iint_S z\,\mathrm{d}S=\iint_{D_{xy}}(x^2+y^2)\sqrt{1+4x^2+4y^2}\,\mathrm{d}x\mathrm{d}y=\int_0^{2\pi}\mathrm{d}\varphi\int_0^{\frac{1}{2}}\rho^2\sqrt{1+4\rho^2}\,\rho\mathrm{d}\rho=\frac{1+\sqrt{2}}{60}\pi.$$

这个曲面积分的物理意义是：当 S 的质量面密度 $\sigma(x,y,z)=1$ 时，它就是曲面 S 对 xy 平面的静力矩 M_{xy}，此时，曲面的质量为

$$M=\iint_S 1\cdot\mathrm{d}S=\iint_{D_{xy}}\sqrt{1+4x^2+4y^2}\,\mathrm{d}x\mathrm{d}y=\int_0^{2\pi}\mathrm{d}\varphi\int_0^{\frac{1}{2}}\sqrt{1+4\rho^2}\,\rho\mathrm{d}\rho=\frac{2\sqrt{2}-1}{6}\pi.$$

而曲面的质心坐标为 $(0,0,\bar{z})$，其中

$$\bar{z}=\frac{M_{xy}}{M}=\frac{1+\sqrt{2}}{10(2\sqrt{2}-1)}\approx 0.132.$$

例 4.3.2

求质量密度 $\sigma=1$ 的上半球面 $x^2+y^2+z^2=a^2(z\geqslant 0)$ 绕 z 轴旋转的转动惯量 J_z.

解　解法一　$J_z=\iint\limits_S(x^2+y^2)\mathrm{d}S$. 曲面 S 的方程为

$$z=\sqrt{a^2-x^2-y^2},$$

$(x,y)\in D_{xy}=\{(x,y)\mid x^2+y^2\leqslant a^2\}(a>0)$.

$$\frac{\partial z}{\partial x}=\frac{-x}{\sqrt{a^2-x^2-y^2}},\quad \frac{\partial z}{\partial y}=\frac{-y}{\sqrt{a^2-x^2-y^2}},$$

$$J_z=\iint\limits_{D_{xy}}\frac{a(x^2+y^2)}{\sqrt{a^2-x^2-y^2}}\mathrm{d}x\mathrm{d}y=a\int_0^{2\pi}\mathrm{d}\varphi\int_0^a\frac{\rho^3}{\sqrt{a^2-\rho^2}}\mathrm{d}\rho=\frac{4}{3}\pi a^4.$$

解法二　上半球面的参数方程为

$$\begin{cases}x=a\sin\theta\cos\varphi,\\ y=a\sin\theta\sin\varphi,\\ z=a\cos\theta,\end{cases}$$

$(\varphi,\theta)\in D_{\varphi\theta}$，其中 $D_{\varphi\theta}=\left\{(\varphi,\theta)\,\middle|\,0\leqslant\varphi<2\pi,0\leqslant\theta\leqslant\frac{\pi}{2}\right\}$，此时球面的面积元素

$$\begin{aligned}\mathrm{d}S&=\sqrt{EG-F^2}\,\mathrm{d}\varphi\mathrm{d}\theta\\&=a^2\sin\theta\mathrm{d}\varphi\mathrm{d}\theta,\end{aligned}$$

其中

$$E=\left(\frac{\partial x}{\partial\varphi}\right)^2+\left(\frac{\partial y}{\partial\varphi}\right)^2+\left(\frac{\partial z}{\partial\varphi}\right)^2=a^2\sin^2\theta,$$

$$G=\left(\frac{\partial x}{\partial\theta}\right)^2+\left(\frac{\partial y}{\partial\theta}\right)^2+\left(\frac{\partial z}{\partial\theta}\right)^2=a^2,$$

$$F=\frac{\partial x}{\partial\varphi}\frac{\partial x}{\partial\theta}+\frac{\partial y}{\partial\varphi}\frac{\partial y}{\partial\theta}+\frac{\partial z}{\partial\varphi}\frac{\partial z}{\partial\theta}=0,$$

于是

$$\begin{aligned}J_z&=\iint\limits_S(x^2+y^2)\mathrm{d}S\\&=\iint\limits_{D_{\varphi\theta}}(a^2\sin^2\theta)a^2\sin\theta\mathrm{d}\varphi\mathrm{d}\theta\\&=a^4\int_0^{2\pi}\mathrm{d}\varphi\int_0^{\frac{\pi}{2}}\sin\theta^3\,\mathrm{d}\theta=\frac{4}{3}\pi a^4.\end{aligned}$$

在这个计算过程中可以看出，球面的面积元素 $\mathrm{d}S$（如图 4.3.2 所示）与球坐标系下体积元素 $\mathrm{d}v=r^2\sin\theta\mathrm{d}r\mathrm{d}\varphi\mathrm{d}\theta$ 相比，后者是前者的 $\mathrm{d}r$ 倍，即 $\mathrm{d}v=(\mathrm{d}S)(\mathrm{d}r)$，这从几何上是容易理解的.

例 4.3.3

设锥面 $z=\sqrt{x^2+y^2}$，圆柱面 $x^2+y^2=2ay(a>0)$，如图 4.3.3. 求锥面被柱面所截部分的面积.

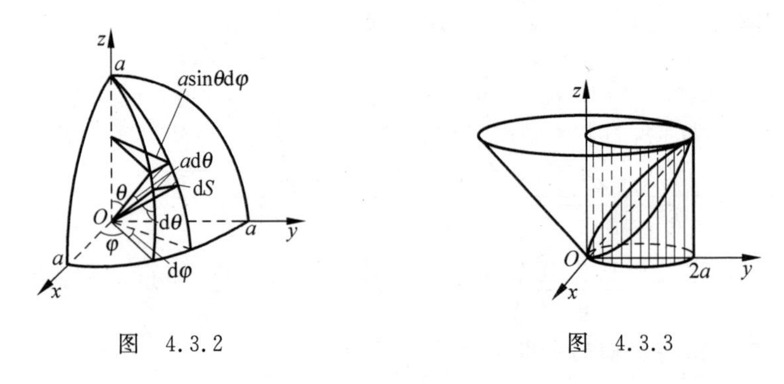

图　4.3.2　　　　图　4.3.3

解　锥面与柱面相交的示意图如图 4.3.3 所示. 锥面的面积元素：

$$\mathrm{d}S=\sqrt{1+\left(\frac{\partial z}{\partial x}\right)^2+\left(\frac{\partial z}{\partial y}\right)^2}\,\mathrm{d}x\mathrm{d}y$$

$$=\sqrt{2}\,\mathrm{d}x\mathrm{d}y$$

锥面被柱面所截部分记作 S（其面积也记为 S），它在 xy 平面上的投影区域是圆域 $D_{xy}=\{(x,y)\mid x^2+(y-a)^2\leqslant a^2\}$，所以

$$S=\iint_S 1\mathrm{d}S=\iint_{D_{xy}}\sqrt{2}\,\mathrm{d}x\mathrm{d}y=\sqrt{2}\,\pi a^2.$$

习题 4.3

1. 计算下列第一类曲面积分.

(1) $\iint_S (x+y+z)\mathrm{d}S$，其中 S 是上半球面 $x^2+y^2+z^2=a^2(z\geqslant 0)$；

(2) $\iint_S \left(2x+\frac{4}{3}y+z\right)\mathrm{d}S$，其中 S 是平面 $\frac{x}{2}+\frac{y}{3}+\frac{z}{4}=1$ 在第一象限的部分；

(3) $\iint_S \frac{\mathrm{d}S}{(1+x+y)^2}$，其中 S 是四面体 $x+y+z\leqslant 1, x\geqslant 0, y\geqslant 0, z\geqslant 0$ 的

边界面；

(4) $\iint\limits_S (xy+yz+zx)\mathrm{d}S$，其中 S 是圆锥面 $z=\sqrt{x^2+y^2}$ 被圆柱面 $x^2+y^2=2ax$ 所截部分；

(5) $\iint\limits_S x\mathrm{d}S$，其中 S 是螺旋面 $x=u\cos v, y=u\sin v, z=av$ 在

$$D_{uv}=\{(u,v)\mid 0\leqslant u\leqslant r, 0\leqslant v\leqslant 2\pi\}$$

的部分.

2. 计算圆柱面 $x^2+y^2=ax$ 被球面 $x^2+y^2+z^2=a^2$ 所截部分的面积($a>0$).

3. 求抛物面 $2z=x^2+y^2$ 在 $z\in[0,1]$部分的质量，其中质量面密度为 $\sigma=z$.

4. 已知半径为 a 的球面上每一点的质量面密度 σ 等于该点到某一直径的距离，求此球面的质量.

5. 求质量面密度为 σ_0 的均匀锥面 $\frac{z^2}{b^2}=\frac{x^2}{a^2}+\frac{y^2}{a^2}(0\leqslant z\leqslant b)$ 关于直线 $\frac{x}{1}=\frac{y}{0}=\frac{z-b}{0}$ 的转动惯量.

6. 求球面 $x^2+y^2+z^2=a^2$ 在第一象限部分的质心以及上半球面的质心.

7. 求锥面 $z=\sqrt{x^2+y^2}$ 被圆柱面 $x^2+y^2=2ax(a>0)$ 所截部分的质心坐标.

8. 求锥面 $z=\sqrt{x^2+y^2}$ 在柱面 $z^2=2x$ 内的面积.

9. 求双曲抛物面 $z=xy$ 被圆柱面 $x^2+y^2=a^2$ 所截部分的面积.

10. 设 $L(x,y,z)$ 为 $O(0,0,0)$ 到椭球面 $S:\frac{x^2}{a^2}+\frac{y^2}{b^2}+\frac{z^2}{c^2}=1$ 上过点 $P(x,y,z)$ 的切平面的距离，求 $\iint\limits_S L(x,y,z)\mathrm{d}S$.

11. 证明：(Poisson 公式) $\iint\limits_S f(ax+by+cz)\mathrm{d}S=2\pi\int_{-1}^{1} f(\sqrt{a^2+b^2+c^2}\,t)\mathrm{d}t$，其中 $S=\{(x,y,z)\mid x^2+y^2+z^2=1\}$，$f$ 是连续函数.

4.4 第二类曲线积分

在本节中所出现的曲线均为逐段 $C^{(1)}$ 类光滑的正则定向曲线，记作 L^+.

设 $\Omega\subset\mathbb{R}^3$(或$\mathbb{R}^2$)为一区域，$\boldsymbol{F}(\boldsymbol{X})$为定义在 Ω 上的一个向量值函数，不失一般性，设 $\boldsymbol{F}$ 为定义在 Ω 上的一个力场，$L\subset\Omega$ 为一条有向曲线，A,B 分别为其起始点和终止点. 在力场 $\boldsymbol{F}$ 的作用下，一个质点沿 L 曲线从 A 到 B 运动，力场 $\boldsymbol{F}$ 所做的功可以用下列过程计算：

(1) 分割：对有向曲线作有向分割，即沿 L 从 A 到 B 点依次加入分点

$$A=P_0,P_1,P_2,\cdots,P_n=B,$$

记

$$|T|=\max_{i\in\{1,2,\cdots,n\}}\{\|\overrightarrow{P_{i-1}P_i}\|\}$$

为分割 T 的模；

(2) 取点：在每个小弧段 $\overset{\frown}{P_{i-1}P_i}$ 上任取一点 $\boldsymbol{\xi}_i$；

(3) 求 Riemann 和：在每个小弧段上力场 $\boldsymbol{F}$ 做的功可以近似地表示为 $\boldsymbol{F}(\boldsymbol{\xi}_i)\cdot\overrightarrow{P_{i-1}P_i}$，其 n 段上的和

$$\sum_{i=1}^{n}\boldsymbol{F}(\boldsymbol{\xi}_i)\cdot\overrightarrow{P_{i-1}P_i}$$

就是 Riemann 和；

(4) 求极限

$$\lim_{|T|\to 0^+}\sum_{i=1}^{n}\boldsymbol{F}(\boldsymbol{\xi}_i)\cdot\overrightarrow{P_{i-1}P_i};$$

(5) 验证该极限值与分割和取点的任意性无关. 这个极限值就是质点沿 L 从 A 到 B 力场 $\boldsymbol{F}$ 所做的功.

对于一般的向量值函数 $\boldsymbol{F}$，我们定义其沿有向曲线 L 从 A 到 B 的第二类曲线积分如下：

定义 4.4.1 ……

设 $L\subset\Omega\subset\mathbb{R}^3$ 为逐段 $C^{(1)}$ 光滑的正则曲线，

$$\boldsymbol{F}(x,y,z)=(X(x,y,z),Y(x,y,z),Z(x,y,z))$$

为定义在 $\Omega\subset\mathbb{R}^3$ 上的向量值函数. 作分割、取点、求 Riemann 和以及 Riemann 和当 $|T|\to 0^+$ 时的极限. 若该极限值与分割的任意性和取点的任意性无关，则称该极限值为 $\boldsymbol{F}$ 沿 L 的 A 到 B 的**第二类曲线积分**，记作

$$\int_{L(A)}^{(B)}\boldsymbol{F}(x,y,z)\cdot\mathrm{d}\boldsymbol{l}=\lim_{|T|\to 0^+}\sum_{i=1}^{n}\boldsymbol{F}(\boldsymbol{\xi}_i)\cdot\overrightarrow{P_{i-1}P_i},$$

记 $\mathrm{d}\boldsymbol{l}=(\mathrm{d}x,\mathrm{d}y,\mathrm{d}z)$，则第二类曲线积分也记成：

$$\int_{L(A)}^{(B)}\boldsymbol{F}(x,y,z)\cdot\mathrm{d}\boldsymbol{l}=\int_{L(A)}^{(B)}X(x,y,z)\mathrm{d}x+Y(x,y,z)\mathrm{d}y+Z(x,y,z)\mathrm{d}z.$$

若 $\boldsymbol{F}(x,y)=(\boldsymbol{X}(x,y),\boldsymbol{Y}(x,y))$ 为定义在 $D\subset\mathbb{R}^2$ 上的 $\mathbb{R}^2\to\mathbb{R}^2$ 的向量值函数，$L\subset D$ 为一条平面有向曲线，则 $\boldsymbol{F}$ 沿 L 从 A 到 B 的第二类曲线积分也记作

$$\int_{L(A)}^{(B)}\boldsymbol{F}\cdot\mathrm{d}\boldsymbol{l}=\int_{L(A)}^{(B)}X(x,y)\mathrm{d}x+Y(x,y)\mathrm{d}y.$$

与第一类曲线积分不同，第二类曲线积分的积分值与有向曲线的方向有关. 由定义 4.4.1 不难证明：

$$\int_{L(A)}^{(B)}\boldsymbol{F}\cdot\mathrm{d}\boldsymbol{l}=-\int_{L(B)}^{(A)}\boldsymbol{F}\cdot\mathrm{d}\boldsymbol{l},$$

这一点从物理的做功问题最好解释.

第二类曲线积分也有线性性和关于积分曲线的可加性性质：

$$\int_{L(A)}^{(B)}(\boldsymbol{F}\pm\boldsymbol{G})\cdot\mathrm{d}\boldsymbol{l}=\int_{L(A)}^{(B)}\boldsymbol{F}\cdot\mathrm{d}\boldsymbol{l}\pm\int_{L(A)}^{(B)}\boldsymbol{G}\cdot\mathrm{d}\boldsymbol{l},$$

$$\int_{L(A)}^{(B)}\boldsymbol{F}\cdot\mathrm{d}\boldsymbol{l}=\int_{L(A)}^{(C)}\boldsymbol{F}\cdot\mathrm{d}\boldsymbol{l}+\int_{L(C)}^{(B)}\boldsymbol{F}\cdot\mathrm{d}\boldsymbol{l},$$

其中 A,B,C 是曲线 L 上的三点（C 点可以在 A,B 点之间，也可以在曲线 L 上 A,B 点之外的延长线上. 考虑一下第一、第二类曲线积分关于积分曲线可加性质的不同）.

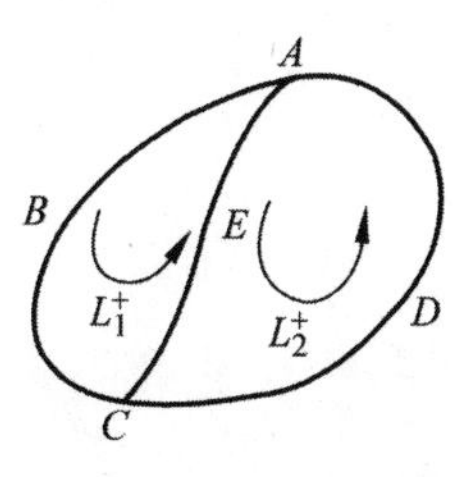

图 4.4.1

若 L^+ 为闭曲线 $ABCDA$，L_1^+ 为闭曲线 $ABCA$，L_2^+ 为闭曲线 $ACDA$，如图 4.4.1 所示，我们有

$$\int_{\overset{\frown}{CEA}}\boldsymbol{F}\cdot\mathrm{d}\boldsymbol{l}=-\int_{\overset{\frown}{AEC}}\boldsymbol{F}\cdot\mathrm{d}\boldsymbol{l},$$

因此

$$\oint_{L^+}\boldsymbol{F}\cdot\mathrm{d}\boldsymbol{l}=\oint_{L_1^+}\boldsymbol{F}\cdot\mathrm{d}\boldsymbol{l}+\oint_{L_2^+}\boldsymbol{F}\cdot\mathrm{d}\boldsymbol{l}.$$

如果 $\boldsymbol{F}$ 为 $\Omega\subset\mathbb{R}^3\to\mathbb{R}^3$ 的连续函数，L 的参数表示为

$$L:\begin{cases}x=x(t),\\ y=y(t),\\ z=z(t),\end{cases}$$

其中 $x(t),y(t),z(t)$ 为 $C^{(1)}$ 类函数，起始点 A 对应的参数为 $t=\alpha$，终止点 B 对应的参数为 $t=\beta$，则

$$\int_{L(A)}^{(B)}\boldsymbol{F}\cdot\mathrm{d}\boldsymbol{l}=\int_\alpha^\beta[X(x(t),y(t),z(t))x'(t)+Y(x(t),y(t),z(t))y'(t)\\+\boldsymbol{Z}(x(t),y(t),z(t))z'(t)]\mathrm{d}t.$$

同样，$\mathbb{R}^2$ 上的第二类曲线积分可以表示成

$$\int_{L(A)}^{(B)}\boldsymbol{F}\cdot\mathrm{d}\boldsymbol{l}=\int_\alpha^\beta[X(x(t),y(t))x'(t)+Y(x(t),y(t))y'(t)]\mathrm{d}t.$$

▶ **例 4.4.1** ……………………………………………………………

求 $\int_{L^+}x\mathrm{d}y-y\mathrm{d}x$，其中 L^+：$x^2+y^2=R^2(y\geqslant0)$ 从 $A(-R,0)$ 到 $B(R,0)$.

解 **解法一** L 的参数方程为

$$\begin{cases}x=R\cos t,\\ y=R\sin t,\end{cases}$$

A 点对应的参数为 $t=\pi$，B 点对应的参数为 $t=0$，故

$$\int_{L^+}x\mathrm{d}y-y\mathrm{d}x=\int_\pi^0[(R\cos t)^2+(R\sin t)^2]\mathrm{d}t=-\pi R^2.$$

解法二 L 的显函数方程为

$$y = \sqrt{R^2 - x^2},$$

其中起始点对应 $x=-R$，终止点对应 $x=R$. 故

$$\int_{L^+} x\mathrm{d}y - y\mathrm{d}x = \int_{-R}^{R} \left[x(\sqrt{R^2 - x^2})' - (\sqrt{R^2 - x^2})\right]\mathrm{d}x = -\pi R^2.$$

例 4.4.2

设 L^+ 是 $x^2+y^2+z^2=R^2$ 与 $x+y+z=0$ 的交线，从 z 轴的正向看，其方向为逆时针方向，求第二类曲线积分 $\int_{L^+} z\mathrm{d}x + x\mathrm{d}y + y\mathrm{d}z$.

解 由(4.2.1)式可知，L 的参数方程为

$$\begin{cases} x = R\left(\dfrac{1}{\sqrt{6}}\cos\varphi + \dfrac{1}{\sqrt{2}}\sin\varphi\right), \\ y = R\left(-\dfrac{2}{\sqrt{6}}\cos\varphi\right), \\ z = R\left(\dfrac{1}{\sqrt{6}}\cos\varphi - \dfrac{1}{\sqrt{2}}\sin\varphi\right), \end{cases}$$

与 L^+ 方向对应，参数 φ 的值从 0 到 2π. 故

$$\int_{L^+} y\mathrm{d}z = \frac{2}{\sqrt{6}}R^2\int_0^{2\pi}\left(\frac{1}{\sqrt{6}}\sin\varphi + \frac{1}{\sqrt{2}}\cos\varphi\right)\cos\varphi\mathrm{d}\varphi = \frac{\sqrt{3}}{3}\pi R^2.$$

同样可以得到

$$\int_{L^+} x\mathrm{d}y = \int_{L^+} z\mathrm{d}x = \frac{\sqrt{3}}{3}\pi R^2.$$

即

$$\int_{L^+} z\mathrm{d}x + x\mathrm{d}y + y\mathrm{d}z = \sqrt{3}\pi R^2.$$

例 4.4.3

在原点处置电荷为 q 的正电荷(如图 4.4.2)，单位正电荷

(1) 沿 $\dfrac{x-1}{1} = \dfrac{y-1}{-1} = \dfrac{z-1}{0}$ 由点 $A(2,0,1)$ 运动至点 $B(1,1,1)$；

(2) 沿 xy 平面上的圆弧 $x^2+y^2=a^2$ 由 $P(a,0,0)$ 运动至点 $Q(0,a,0)$ 时，求电场力对单位正电荷所做之功.

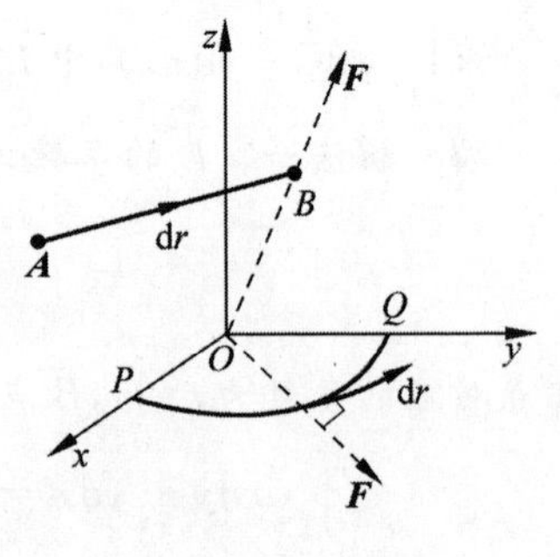

图 4.4.2

解 在原点处的正电荷 q 性成电场对点 $M(x,y,z)$ 处的单位正电荷的作用力为

$$\boldsymbol{F}(x,y,z)=\frac{kqx}{(x^2+y^2+z^2)^{\frac{3}{2}}}\boldsymbol{i}+\frac{kqy}{(x^2+y^2+z^2)^{\frac{3}{2}}}\boldsymbol{j}+\frac{kqz}{(x^2+y^2+z^2)^{\frac{3}{2}}}\boldsymbol{k}.$$

(1) 直线 L_1 的参数方程为

$$x=1+t,\quad y=1-t,\quad z=1.$$

点 A 和 B 的参数为 $t_A=1, t_B=0$,其在直线上,$\mathrm{d}z=0$,于是电场力对电荷

$$\begin{aligned}W&=\int_{L_1(\boldsymbol{A})}^{(\boldsymbol{B})}\boldsymbol{F}\cdot\mathrm{d}\boldsymbol{l}\\&=\int_{L_1(\boldsymbol{A})}^{(\boldsymbol{B})}\frac{kqx\,\mathrm{d}x}{(x^2+y^2+z^2)^{\frac{3}{2}}}+\frac{kqy\,\mathrm{d}y}{(x^2+y^2+z^2)^{\frac{3}{2}}}+\frac{kqz\,\mathrm{d}z}{(x^2+y^2+z^2)^{\frac{3}{2}}}\\&=\int_1^0 kq\,\frac{(1+t)+(1-t)(-1)}{(3+2t^2)^{\frac{3}{2}}}\mathrm{d}t\\&=kq\cdot\frac{1}{2}\cdot(-2)\frac{1}{\sqrt{3+2t^2}}\bigg|_1^0\\&=kq\left(\frac{1}{\sqrt{5}}-\frac{1}{\sqrt{3}}\right),\end{aligned}$$

其中 k 为电场力的系数.

(2) 由图 4.4.2 可见,当单位正电荷沿圆弧 PQ 由点运动到 Q 时,在每一子弧段上,$\boldsymbol{F}\perp\mathrm{d}\boldsymbol{l}$,因而 $\mathrm{d}\omega=\boldsymbol{F}\cdot\mathrm{d}\boldsymbol{l}=0$,故总功

$$W=\int_{L_2(\boldsymbol{P})}^{(\boldsymbol{Q})}\boldsymbol{F}\cdot\mathrm{d}\boldsymbol{l}=0.$$

习题 4.4

1. 计算下列第二类曲线积分.

(1) $\displaystyle\int_{L^+}\frac{x^2\mathrm{d}y-y^2\mathrm{d}x}{x^{\frac{5}{3}}+y^{\frac{5}{3}}}$,其中 L^+ 是星形线在第一象限中的弧段 $\begin{cases}x=a\cos^3 t,\\ y=a\sin^3 t,\end{cases}0\leqslant t\leqslant\dfrac{\pi}{2}$,正向为 $(0,a)$ 到 $(a,0)$;

(2) $\displaystyle\int_{\overline{AB}}x\,\mathrm{d}x+y\,\mathrm{d}y+z\,\mathrm{d}z$,其中路径是从点 $A(1,1,1)$ 到 $B(2,3,4)$ 的直线段;

(3) $\displaystyle\int_{L^+}\frac{-y\mathrm{d}x+x\mathrm{d}y}{x^2+y^2}+b\mathrm{d}z$,其中 L^+ 是螺旋线 $x=a\cos t, y=a\sin t, z=bt$ 上由参数 $t=0$ 到 $t=2\pi$ 的一段有向弧段.

2. 计算下列第二类曲线积分.

(1) $\int_{L^+}(x^2-y^2)\mathrm{d}x$,其中 L^+ 是抛物线 $y=x^2$ 从点(0,0)到点(2,4)的弧段;

(2) $\oint_{L^+}\dfrac{(x+y)\mathrm{d}x+(y-x)\mathrm{d}y}{x^2+y^2}$,其中 L^+ 是 $x^2+y^2=a^2$,逆时针为正向;

(3) $\oint_{L^+}\dfrac{\mathrm{d}x+\mathrm{d}y}{|x|+|y|}$,其中 L^+ 是以(1,0),(0,1),(−1,0),(0,−1)为顶点的正方形,逆时针为正向;

(4) $\int_{L^+}(y^2-z^2)\mathrm{d}x+(z^2-x^2)\mathrm{d}y+(x^2-y^2)\mathrm{d}z$,其中 L^+ 是球面 $x^2+y^2+z^2=1$ 在第一象限的部分与三个坐标平面的交线,其正向为从点(1,0,0)出发,经过点(0,1,0),到点(0,0,1),再回到(1,0,0);

(5) $\int_{L^+}xyz\mathrm{d}z$,其中 L 为 $\begin{cases}x^2+y^2+z^2=1,\\ z=y,\end{cases}$ 从 z 轴正向看去是逆时针方向.

3. 计算 $\int_{L^+}\boldsymbol{F}\cdot\mathrm{d}\boldsymbol{r}$.

(1) $\boldsymbol{F}=-y\boldsymbol{i}+x\boldsymbol{j}$,$L$ 是由 $x=y$,$x=1$,$y=0$ 围成的三角形的边界,逆时针为正向;

(2) $\boldsymbol{F}=\dfrac{y\boldsymbol{i}-x\boldsymbol{j}}{x^2+y^2}$,$L$ 是圆周 $x^2+y^2=a^2(a>0)$,逆时针为正向;

(3) $\boldsymbol{F}=F\boldsymbol{i}$,$L$ 是由 $\dfrac{x^2}{a^2}+\dfrac{y^2}{b^2}=1$ 在第一象限由点$(0,b)$到点$(a,0)$的弧段;

(4) $\boldsymbol{F}$ 为由原点处质量为 m 的质点所形成的空间引力场(对单位质量质点的引力),L 是由点(1,1,1)到点(x_0,y_0,z_0)的直线段.(x_0,y_0,z_0 不同时为零.)

4. 今有一平面力场 $\boldsymbol{F}$,大小等于点(x,y)到坐标原点的距离,方向指向坐标原点.

(1) 计算单位质量的质点 P 沿椭圆 $\dfrac{x^2}{a^2}+\dfrac{y^2}{b^2}=1$ 在第一象限中的弧段从点$(a,0)$移动到点$(0,b)$时,力 $\boldsymbol{F}$ 所做的功;

(2) 计算质点 P 沿上述椭圆逆时针绕一圈时,力 $\boldsymbol{F}$ 所做的功.

5. 解答下列各题.

(1) 设一力场的力的大小与作用点到 z 轴的距离成反比,方向垂直 z 轴且指向 z 轴,一质点沿圆周 $\begin{cases}x^2+z^2=1,\\ y=1,\end{cases}$ 由点(1,1,0)经四分之一的圆弧到达点(0,1,1)时,求该力场所做的功;

(2) 一力场中,力的大小与力的作用点到 xy 平面的距离成反比,方向指向原点,一质点沿直线$\frac{x}{a}=\frac{y}{b}=\frac{z}{c}(c\neq 0)$从点$(a,b,c)$运动到$(2a,2b,2c)$时,求该力场所做的功.

4.5 第二类曲面积分

4.5.1 第二类曲面积分的定义和性质

在本节中所出现的曲面均为逐片 $C^{(1)}$ 类光滑的可定向正则曲面,记作 S^+.

设 $\Omega\subset\mathbb{R}^3$ 为一区域,$S\subset\Omega$ 为逐片 $C^{(1)}$ 类光滑的可定向正则曲面,

$$\boldsymbol{V}(x,y,z)=(X(x,y,z),Y(x,y,z),Z(x,y,z))$$

为定义在 Ω 上的一个流场(流体在 Ω 中任一点(x,y,z)的流速为$\boldsymbol{V}(x,y,z)$). 则单位时间内经 S 曲面由负侧到正则的流量的计算过程如下:

(1) 分割:将 S 任意分成 n 小块 $\Delta S_i(i=1,2,\cdots,n)$,其面积也记成 ΔS_i. 记 $d_i=\max\limits_{\boldsymbol{\xi},\boldsymbol{\eta}\in\Delta S_i}\|\boldsymbol{\xi}-\boldsymbol{\eta}\|$ 为 ΔS_i 的直径,$|T|=\max\limits_{i\in\{1,2,\cdots,n\}}\{d_i\}$为分割的模;

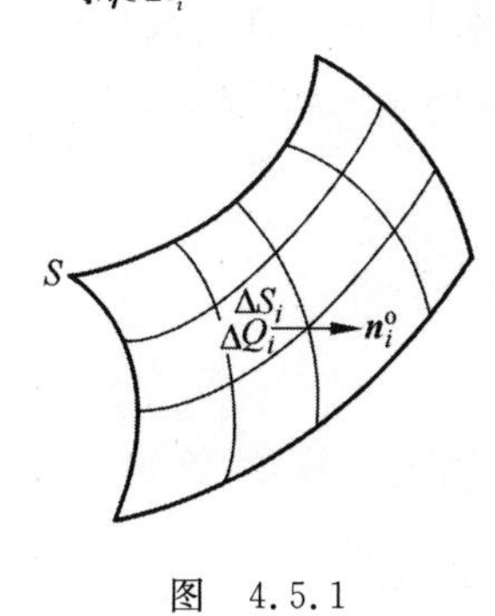

图 4.5.1

(2) 取点:在每一小块 ΔS_i 上任取一点$\boldsymbol{\xi}_i\in\Delta S_i$, $i=1,2,\cdots,n$;

(3) 求 Riemann 和:每一小块 ΔS_i 用$\boldsymbol{\xi}_i$ 点的单位正法向量$\boldsymbol{n}^\circ(\boldsymbol{\xi}_i)$代表 ΔS_i 的单位法向量,则单位时间内经 ΔS_i 由负侧流向正侧的流量为 ΔQ_i

$$\Delta Q_i\approx\boldsymbol{V}(\boldsymbol{\xi}_i)\cdot\boldsymbol{n}^\circ(\boldsymbol{\xi}_i)\Delta S_i$$

(如图 4.5.1 所示). 单位时间内径由 S 负侧流向正侧的流量为 Q

$$Q\approx\sum_{i=1}^{n}\boldsymbol{V}(\boldsymbol{\xi}_i)\cdot\boldsymbol{n}^\circ(\boldsymbol{\xi}_i)\Delta S_i.$$

(4) 求极限: $\lim\limits_{|T|\to 0^+}\sum\limits_{i=1}^{n}\boldsymbol{V}(\boldsymbol{\xi}_i)\cdot\boldsymbol{n}^\circ(\boldsymbol{\xi}_i)\Delta S_i=Q.$

对于一般的 $\Omega\subset\mathbb{R}^3\to\mathbb{R}^3$ 的向量值函数

$$\boldsymbol{V}(x,y,z)=(X(x,y,z),Y(x,y,z),Z(x,y,z)),\quad (x,y,z)\in\Omega.$$

我们可以定义其在 Ω 中的 $C^{(1)}$ 类光滑的有向正则曲面 S^+ 上的第二类曲面积分如下:

定义 4.5.1 ……………………………………………………………

设 $S\subset\Omega\subset\mathbb{R}^3$ 为逐片 $C^{(1)}$ 光滑的有向正则曲面,S^+ 为其正侧,

$$\boldsymbol{V}(x,y,z)=(X(x,y,z),Y(x,y,z),Z(x,y,z))$$

为定义在$\Omega\subset\mathbb{R}^3$上的向量值函数. 作分割、取点、求 Riemann 和以及 Riemann 和当$|T|\to 0^+$时的极限. 若该极限值与分割的任意性和取点的任意性无关，则称该极限值为 $\boldsymbol{V}$ 函数在 $\boldsymbol{S}^+$ 的**第二类曲面积分**，记作

$$\iint\limits_{S^+}\boldsymbol{V}(x,y,z)\cdot \mathrm{d}\boldsymbol{S}=\lim_{|T|\to 0^+}\sum_{i=1}^{n}\boldsymbol{V}(\boldsymbol{\xi}_i)\cdot \boldsymbol{n}^\circ(\boldsymbol{\xi}_i)\Delta S_i.$$

记 $\mathrm{d}\boldsymbol{S}=\boldsymbol{n}^\circ\mathrm{d}S$，则第二类由面积分也记作 $\iint\limits_{S^+}\boldsymbol{V}\cdot\mathrm{d}\boldsymbol{S}$.

在定义 4.5.1 中，若记 $\boldsymbol{n}^\circ=(\cos\alpha,\cos\beta,\cos\gamma)$，则

$$\mathrm{d}\boldsymbol{S}=(\mathrm{d}S)\boldsymbol{n}^\circ=(\cos\alpha,\cos\beta,\cos\gamma)\mathrm{d}S,\tag{4.5.1}$$

其中 $\mathrm{d}S$ 为有向面积元 $\mathrm{d}\boldsymbol{S}$ 的大小，$(\cos\alpha,\cos\beta,\cos\gamma)$为 $\mathrm{d}\boldsymbol{S}$ 的方向，故

$$\iint\limits_{S^+}\boldsymbol{V}\cdot\mathrm{d}\boldsymbol{S}=\iint\limits_{S}(X(x,y,z)\cos\alpha+Y(x,y,z)\cos\beta+Z(x,y,z)\cos\gamma)\mathrm{d}S.\tag{4.5.2}$$

(4.5.2)式的右侧为第一类曲面积分，左侧第二类曲面积分，其曲面方向反映在$(\cos\alpha,\cos\beta,\cos\gamma)$的正负号选取上. (4.5.2)式中的 $\cos\alpha\mathrm{d}S$，$\cos\beta\mathrm{d}S$，$\cos\gamma\mathrm{d}S$ 分别为 $\mathrm{d}\boldsymbol{S}$ 在 yz，zx，xy 坐标平面上的投影，记作

$$\mathrm{d}y\wedge\mathrm{d}z=\cos\alpha\mathrm{d}S,$$
$$\mathrm{d}z\wedge\mathrm{d}x=\cos\beta\mathrm{d}S,$$
$$\mathrm{d}x\wedge\mathrm{d}y=\cos\gamma\mathrm{d}S.$$

$\cos\alpha$，$\cos\beta$，$\cos\gamma$ 可以是正，也可以是负，因此这种投影称为有向投影，例如

$$\mathrm{d}x\wedge\mathrm{d}y=\cos\gamma\mathrm{d}S=\begin{cases}\mathrm{d}x\mathrm{d}y, & 0\leqslant\gamma\leqslant\dfrac{\pi}{2},\\ -\mathrm{d}x\mathrm{d}y, & \dfrac{\pi}{2}<\gamma\leqslant\pi,\end{cases}\tag{4.5.3}$$

其中 $\mathrm{d}x\mathrm{d}y$ 为 $\mathrm{d}\boldsymbol{S}$ 在 xy 平面上的投影(见图 4.5.2，图 4.5.3).

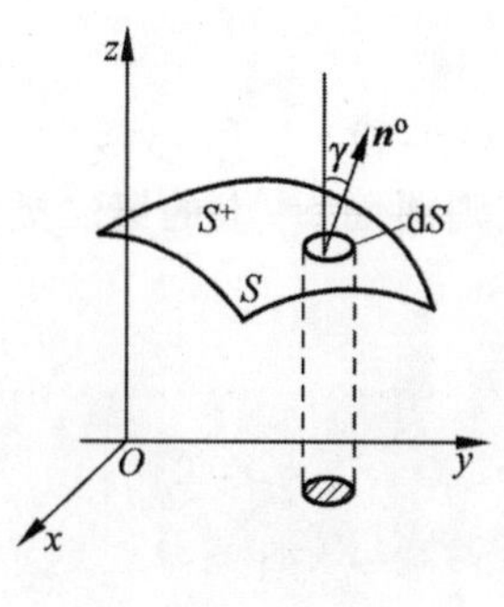

图　4.5.2

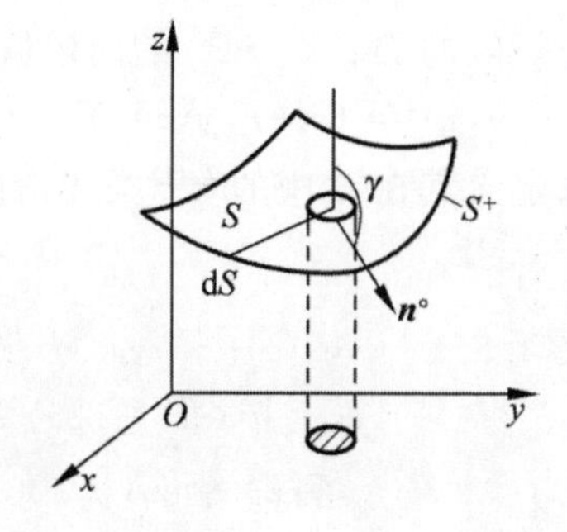

图　4.5.3

当曲面 S 的方程为 $z=f(x,y)$，曲面 S 在 xy 平面上的投影域为 D_{xy} 时，第二类面积分

$$\iint\limits_{S^+} Z(x,y,z)\mathrm{d}x \wedge \mathrm{d}y = \iint\limits_{S} Z(x,y,z)\cos\gamma \mathrm{d}S$$

可以化为二元复合函数 $Z(x,y,f(x,y))$ 在 D_{xy} 上的二重积分：

(1) 当 S^+ 上各点的法向量 $\boldsymbol{n}^{\circ}$ 与 z 轴正向的夹角 $\gamma\in\left[0,\frac{\pi}{2}\right]$ 时，

$$\iint\limits_{S^+} Z(x,y,z)\mathrm{d}x \wedge \mathrm{d}y = \iint\limits_{D_{xy}} Z(x,y,f(x,y))\mathrm{d}x\mathrm{d}y;$$

(2) 当 S^+ 上各点法向量 $\boldsymbol{n}^{\circ}$ 与 z 轴正向的夹角 $\gamma\in\left(\frac{\pi}{2},\pi\right)$ 时，

$$\iint\limits_{S^+} Z(x,y,z)\mathrm{d}x \wedge \mathrm{d}x = \iint\limits_{D_{xy}} Z(x,y,f(x,y))(-\mathrm{d}x\mathrm{d}y).$$

同理，若曲面 S 的方程为 $x=g(y,z)$，曲 面 S 在 yz 平面上的投影域为 D_{yz}，则

(1) 当 S^+ 上各点的法向量 $\boldsymbol{n}^{\circ}$ 与 x 轴正向的夹角 $a\in\left[0,\frac{\pi}{2}\right]$ 时，

$$\iint\limits_{S^+} X(x,y,z)\mathrm{d}y \wedge \mathrm{d}z = \iint\limits_{D_{yz}} X(g(y,z),y,z)\mathrm{d}y\mathrm{d}z;$$

(2) 当 S^+ 上各点的法向量 $\boldsymbol{n}^{\circ}$ 与 x 轴正向的夹角 $a\in\left(\frac{\pi}{2},\pi\right)$ 时，

$$\iint\limits_{S^+} X(x,y,z)\mathrm{d}y \wedge \mathrm{d}z = \iint\limits_{D_{yz}} X(g(y,z),y,z)(-\mathrm{d}y\mathrm{d}z).$$

同样，读者也不难把 $\iint\limits_{S^+} Y(x,y,z)\mathrm{d}z \wedge \mathrm{d}x$ 化为二重积分来计算.

根据定义 4.5.1，前述的流场 $\boldsymbol{V}(x,y,z)=(X(x,y,z),Y(x,y,z),Z(x,y,z))$ 由曲面 S 的负侧流向 S 的正侧的流量 Q 可表述为下面的第二类曲面积分

$$\begin{aligned} Q &= \iint\limits_{S^+} \boldsymbol{V}\cdot \mathrm{d}\boldsymbol{S} \\ &= \iint\limits_{S^+} X(x,y,z)\mathrm{d}y \wedge \mathrm{d}z + Y(x,y,z)\mathrm{d}z \wedge \mathrm{d}x + Z(x,y,z)\mathrm{d}x \wedge \mathrm{d}y. \end{aligned}$$

在定义 4.5.1 中，如果可定向曲面 S 是一个封闭曲面(通常规定 S 的外侧为正侧)，则向量函数 $\boldsymbol{V}(x,y,z)$ 关于封闭面 S 的正侧积分常记作 $\oiint\limits_{S^+} \boldsymbol{V}\cdot \mathrm{d}\boldsymbol{S}$.

作为特殊情况，如果 $\boldsymbol{V}(x,y,z)=(0,0,Z(x,y,z))$，则

$$\iint\limits_{S^+} \boldsymbol{V}\cdot \mathrm{d}\boldsymbol{S} = \iint\limits_{S^+} Z(x,y,z)\mathrm{d}x \wedge \mathrm{d}y, \tag{4.5.4}$$

并称后者为函数 $Z(x,y,z)$ 沿曲面 S^+ 的第二类曲面积分，或称为函数 $Z(x,y,z)$ 对坐标 x,y 的曲面积分. 有的书中也把(4.5.2)式中的 $dx\wedge dy$ 写作 $dxdy$，此时要特别注意，将(4.5.2)式化为二重积分计算时，仍要根据 S^+ 的法向量 $\boldsymbol{n}^\circ$ 与 z 轴正向的夹角 γ 为锐角或钝角，分别将 $dxdy$ 表示 $dxdy$ 或 $(-dxdy)$.

第二类曲面积分有与重积分相类似的性质，这里只叙述与积分域(曲面 S)有关的性质.

(1) 曲面 S 的有向性：对于曲面 S 的正侧 S^+ 与负侧 S^- 有

$$\iint_{S^-}\boldsymbol{V}\cdot d\boldsymbol{S}=-\iint_{S^+}\boldsymbol{V}\cdot d\boldsymbol{S};\tag{4.5.5}$$

(2) 对曲面 $\boldsymbol{S}$ 的可加性：若 $\boldsymbol{S}$ 由 $\boldsymbol{S}_1$ 与 $\boldsymbol{S}_2$ 并接而成，且 $\boldsymbol{S},\boldsymbol{S}_1,\boldsymbol{S}_2$ 的正侧一致，则

$$\iint_{S^+}\boldsymbol{V}\cdot d\boldsymbol{S}=\iint_{S_1^+}\boldsymbol{V}\cdot d\boldsymbol{S}+\iint_{S_2^+}\boldsymbol{V}\cdot d\boldsymbol{S}.\tag{4.5.6}$$

4.5.2 第二类曲面积分的计算

曲面 S 的方程用直角坐标表示时，第二类曲面积分可按(4.5.2)式中所述将它化为二重积分来计算积分来计算.

▶ **例 4.5.1** ……………………………………………………………

计算 $\oiint_{S^+}y^2z\,dx\wedge dy$，其中闭曲面 $\boldsymbol{S}^+$ 为旋转抛物面 $z=x^2+y^2$ 与平面 $z=1$ 所围空间体表面的外侧.

解 记 S_1^+ 为曲面 $z=x^2+y^2(0\leqslant z\leqslant 1)$ 的外侧，S_2^+ 为平面 $z=1(x^2+y^2\leqslant 1)$ 的上侧. S_2^+ 上的各点法向量 $\boldsymbol{n}^\circ$ 与 z 轴夹角为 0；S_1^+ 与 S_2^+ 在 xy 平面上的投影域均为 $D_{xy}=\{(x,y)\mid x^2+y^2\leqslant 1\}$，如图 4.5.4 所示，于是

$$\begin{aligned}\iint_{S_1^+}y^2z\,dx\wedge dy&=\iint_{D_{xy}}y^2(x^2+y^2)(-dxdy)\quad(\text{在极坐标系下计算})\\&=-\int_0^{2\pi}d\varphi\int_0^1(\rho^2\sin^2\varphi)\rho^2\cdot\rho d\rho\\&=-\frac{1}{6}\int_0^{2\pi}\sin^2\varphi d\varphi=-\frac{\pi}{6},\end{aligned}$$

$$\begin{aligned}\iint_{S_2^+}y^2z\,dx\wedge dy&=\iint_{D_{xy}}y^2\cdot 1\cdot(dxdy)\quad(\text{在极坐标系计算})\\&=\int_0^{2\pi}d\varphi\int_0^1(\rho^2\sin^2\varphi)\cdot\rho d\rho\\&=\frac{\pi}{4}\int_0^{2\pi}\sin^2\varphi d\varphi=\frac{\pi}{4}.\end{aligned}$$

故

$$\iint\limits_{S^+} y^2 z\mathrm{d}x \wedge \mathrm{d}y = \iint\limits_{S_1^+} y^2 z\mathrm{d}x \wedge \mathrm{d}y + \iint\limits_{S_2^+} y^2 z\mathrm{d}x \wedge \mathrm{d}y = \frac{\pi}{12}.$$

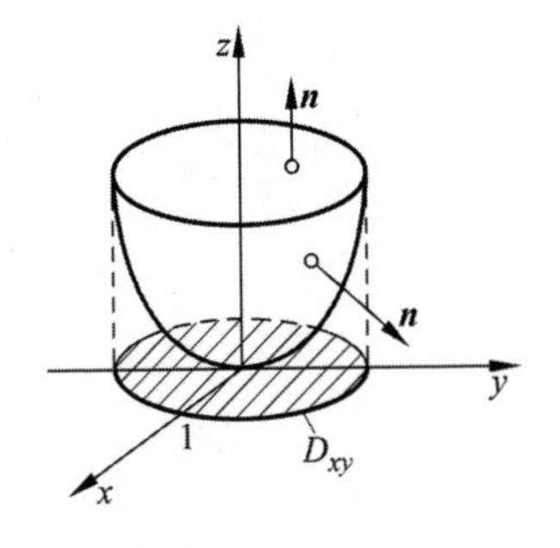

图 4.5.4

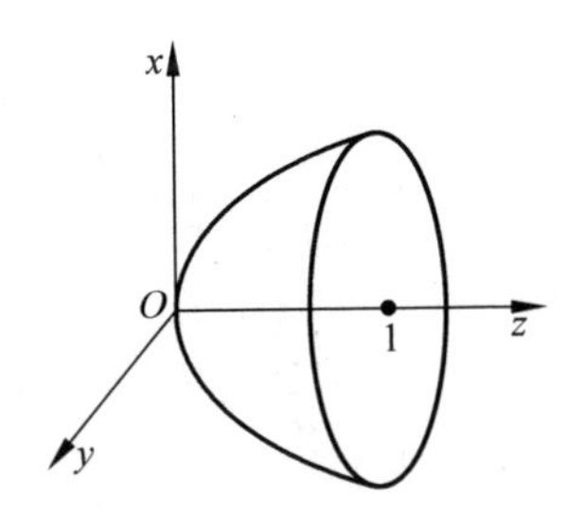

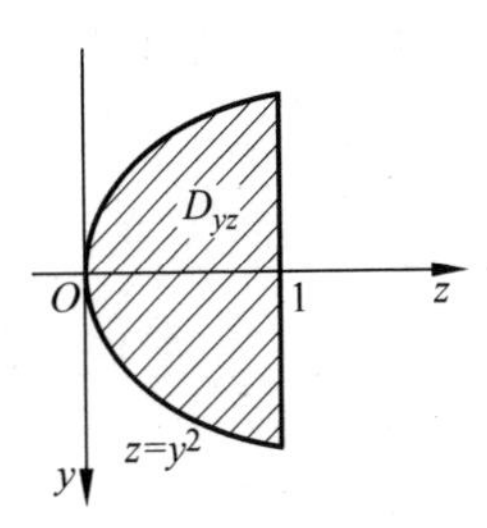

图 4.5.5

▶ **例 4.5.2**

计算$\oiint\limits_{S^+} x\mathrm{d}y \wedge \mathrm{d}z$,其中 S^+ 同例 4.5.1.

解 把曲面投影到 yz 平面上,此时曲面 S_1^+ 分为两部分,$S_{1上}^+$ 为曲面 $x=\sqrt{z-y^2}\,(y^2\leqslant z\leqslant 1)$的上侧,其各点法向量 $\boldsymbol{n}^\circ$与 x 轴正向夹角 $\alpha\leqslant\frac{\pi}{2}$;$S_{1下}^+$ 为曲面 $x=-\sqrt{z-y^2}\,(y^2\leqslant z\leqslant 1)$的下侧,其各点处的法向量 $\boldsymbol{n}^\circ$与 x 轴正向夹角 $\alpha\geqslant\frac{\pi}{2}$(见图 4.5.5). 在 yz 平面的投影域 $D_{yz}=\{(y,z)\mid y^2\leqslant z\leqslant 1\}$,于是

$$\begin{aligned}
\iint\limits_{S_1^+} x\mathrm{d}y \wedge \mathrm{d}z &= \iint\limits_{S_{1上}^+} x\mathrm{d}y \wedge \mathrm{d}z + \iint\limits_{S_{1下}^+} x\mathrm{d}y \wedge \mathrm{d}z \\
&= \iint\limits_{D_{yz}} \sqrt{z-y^2}\,\mathrm{d}y\mathrm{d}z + \iint\limits_{D_{yz}} -\sqrt{z-y^2}\,(-\mathrm{d}y\mathrm{d}z) \\
&= 2\iint\limits_{D_{yz}} \sqrt{z-y^2}\,\mathrm{d}y\mathrm{d}z = 2\int_{-1}^{1}\mathrm{d}y\int_{y^2}^{1}\sqrt{z-y^2}\,\mathrm{d}z \\
&= \frac{4}{3}\int_{-1}^{1}(1-y^2)^{\frac{3}{2}}\mathrm{d}y = \frac{4}{3}\int_{-\frac{\pi}{2}}^{\frac{\pi}{2}}\cos^4 t\mathrm{d}t = \frac{\pi}{2}.
\end{aligned}$$

平面 S_2^+(即 $z=1$)垂直于 yz 平面,其有向面元 $\mathrm{d}\boldsymbol{S}$ 在 yz 平面上的投影 $\mathrm{d}y\wedge\mathrm{d}z=0$,因此

$$\iint\limits_{S_2^+} x\mathrm{d}y \wedge \mathrm{d}z = 0.$$

即

$$\iint_{S^+} x\mathrm{d}y \wedge \mathrm{d}z = \iint_{S_1^+} x\mathrm{d}y \wedge \mathrm{d}z + \iint_{S_2^+} x\mathrm{d}y \wedge \mathrm{d}z = \frac{\pi}{2}.$$

若曲面 S 用参数方程表示：

$$\boldsymbol{r}(u,v) = (x(u,v), y(u,v), z(u,v)), \quad (u,v) \in D_{uv},$$

则当 $\boldsymbol{r}_u \times \boldsymbol{r}_v \neq \boldsymbol{0}$ 时

$$\begin{aligned} \boldsymbol{n}^\circ &= \pm \frac{\boldsymbol{r}_u \times \boldsymbol{r}_v}{\|\boldsymbol{r}_u \times \boldsymbol{r}_v\|} \\ &= \pm \frac{(A,B,C)}{\sqrt{A^2+B^2+C^2}} \\ &= \pm (\cos\alpha, \cos\beta, \cos\gamma), \end{aligned} \tag{4.5.7}$$

其中

$$\boldsymbol{r}_u = \left(\frac{\partial x}{\partial u}, \frac{\partial y}{\partial u}, \frac{\partial z}{\partial u}\right),$$

$$\boldsymbol{r}_v = \left(\frac{\partial x}{\partial v}, \frac{\partial y}{\partial v}, \frac{\partial z}{\partial v}\right),$$

$$A = \frac{D(y,z)}{D(u,v)}, \quad B = \frac{D(z,x)}{D(u,v)}, \quad C = \frac{D(x,y)}{D(u,v)}.$$

又因为 $\sqrt{A^2+B^2+C^2} = \sqrt{EG-F^2}$，面积微元

$$\mathrm{d}S = \sqrt{A^2+B^2+C^2}\,\mathrm{d}u\mathrm{d}v,$$

于是

$$\begin{aligned} \mathrm{d}y \wedge \mathrm{d}z &= \cos\alpha \mathrm{d}S = \pm A\mathrm{d}u\mathrm{d}v, \\ \mathrm{d}z \wedge \mathrm{d}x &= \cos\beta \mathrm{d}S = \pm B\mathrm{d}u\mathrm{d}v, \\ \mathrm{d}x \wedge \mathrm{d}y &= \cos\gamma \mathrm{d}S = \pm C\mathrm{d}u\mathrm{d}v. \end{aligned}$$

从而

$$\iint_{S^+} X\mathrm{d}y \wedge \mathrm{d}z + Y\mathrm{d}z \wedge \mathrm{d}x + Z\mathrm{d}x \wedge \mathrm{d}y = \pm \iint_{D_{uv}} (XA+YB+ZC)\mathrm{d}u\mathrm{d}v, \tag{4.5.8}$$

其中右端 $X=X(x(u,v),y(u,v),z(u,v))$，$Y,Z$ 的含义与 X 类似；右端$\pm$号的确定要根据 S^+ 的法向量 $\boldsymbol{n}^\circ$ 的三个方向角 α,β,γ 是小于还是大于 $\frac{\pi}{2}$ 而定，前者取正号，后者取负号. 实际上，由曲面的定向法则可知，一点的正负号决定整个曲面的正负号.

▶ **例 4.5.3** ……………………………………………………………………

计算 $\oiint_{S^+} x\mathrm{d}y \wedge \mathrm{d}z + y\mathrm{d}z \wedge \mathrm{d}x + z\mathrm{d}x \wedge \mathrm{d}y$，其中 S^+ 为 $\frac{x^2}{a^2}+\frac{y^2}{b^2}+\frac{z^2}{c^2}=1$ 的

外侧.

解 椭球面 S 的参数方程 $r(\varphi,\theta)=(x,y,z)$ 为

$$\begin{cases} x = a\sin\theta\cos\varphi, \\ y = b\sin\theta\sin\varphi, \quad (\varphi,\theta) \in D_{\varphi\theta}, \\ z = c\cos\theta, \end{cases}$$

其中 $D_{\varphi\theta}=\{(\varphi,\theta)\mid 0\leqslant\varphi\leqslant 2\pi, 0\leqslant\theta\leqslant\pi\}$,

$$A = \frac{D(y,z)}{D(\varphi,\theta)} = -bc\sin^2\theta\cos\varphi,$$

$$B = \frac{D(z,x)}{D(\varphi,\theta)} = -ac\sin^2\theta\sin\varphi,$$

$$C = \frac{D(x,y)}{D(\varphi,\theta)} = -ab\sin\theta\cos\theta.$$

如果按(4.5.8)式来进行计算,右端应取负号,因为在 $(a,0,0)$ 点,$\varphi=0,\theta=\frac{\pi}{2}$,外法向量为 $\boldsymbol{n}^\circ=(1,0,0)$,而 $(A,B,C)=(-bc,0,0)$,取负号,$-(A,B,C)=(bc,0,0)$ 与 $\boldsymbol{n}^\circ$ 同向.

$$\begin{aligned} \text{原积分} &= -\iint_{D_{\varphi\theta}} (xA + yB + zC)\,\mathrm{d}\varphi\mathrm{d}\theta \\ &= abc\iint_{D_{\varphi\theta}} (\sin^3\theta\cos^2\varphi + \sin^3\theta\sin^2\varphi + \sin\theta\cos^2\theta)\,\mathrm{d}\varphi\mathrm{d}\theta \\ &= abc\iint_{D_{\varphi\theta}} \sin\theta\,\mathrm{d}\varphi\mathrm{d}\theta \\ &= adc\int_0^{2\pi}\mathrm{d}\varphi\int_0^{\pi}\sin\theta\,\mathrm{d}\theta = 4\pi abc. \end{aligned}$$

此题也可按 S 的直角坐标方程来解(留给读者作为练习).

在这个例子中,如果 S^+ 改为球面 $x^2+y^2+z^2=a^2$ 的外侧,记

$$\boldsymbol{V}(x,y,z) = x\boldsymbol{i} + y\boldsymbol{j} + z\boldsymbol{k},$$

则

$$\iint_{S^+} \boldsymbol{V}\cdot\mathrm{d}\boldsymbol{S} = 4\pi a^3.$$

这个结果不必作如上较繁的计算,因为球面外侧任一点的法向量 $\boldsymbol{n}^\circ$ 与 $\boldsymbol{V}$ 同向,所以

$$\boldsymbol{V}\cdot\mathrm{d}\boldsymbol{S} = \|\boldsymbol{V}\|\,\|\mathrm{d}\boldsymbol{S}\| = \sqrt{x^2+y^2+z^2}\,\|\mathrm{d}\boldsymbol{S}\|,$$

从而

$$\iint_{S^+} \boldsymbol{V} \cdot \mathrm{d}\boldsymbol{S} = \iint_{S^+} \sqrt{x^2+y^2+z^2} \, \| \mathrm{d}\boldsymbol{S} \| = \iint_{S} a \, \mathrm{d}S = 4\pi a^3.$$

▶ **例 4.5.4** ……………………………………………………………………

已知流速场 $\boldsymbol{V}(x,y,z)=(x^2,y^2,z^2)$，$(x,y,z)\in\Omega\subset\mathbb{R}^3$，封闭曲面 S 为平面 $x+y+z=1$ 与三个坐标平面所围成的四面体的表面，试求流速场由曲面 S 的内部流向其外部的流量 Q.

解 封闭曲面 S 由四个平面 $S_1(x=0)$，$S_2(y=0)$，$S_3(z=0)$，$S_4(x+y+z=1)$ 组成，根据题意，S^+ 是 S 得外侧，所求的流量 Q 为

$$\begin{aligned} Q &= \oiint_{S^+} \boldsymbol{V} \cdot \mathrm{d}\boldsymbol{S} \\ &= \left(\iint_{S_1^+} + \iint_{S_2^+} + \iint_{S_3^+} + \iint_{S_4^+} \right) \boldsymbol{V} \cdot \mathrm{d}\boldsymbol{S}. \end{aligned}$$

在 S_1^+ 上，$x=0$，各点的单位正法向量均为 $\boldsymbol{n}^\circ=(-1,0,0)$，于是

$$\mathrm{d}y \wedge \mathrm{d}z = -\mathrm{d}y\mathrm{d}z,$$

$$\mathrm{d}z \wedge \mathrm{d}x = 0, \quad \mathrm{d}x \wedge \mathrm{d}y = 0,$$

故

$$\begin{aligned} \iint_{S_1^+} \boldsymbol{V} \cdot \mathrm{d}\boldsymbol{S} &= \iint_{S_1^+} x^2 \mathrm{d}y \wedge \mathrm{d}z + y^2 \mathrm{d}z \wedge \mathrm{d}x + z^2 \mathrm{d}x \wedge \mathrm{d}y \\ &= \iint_{S_1} 0(-\mathrm{d}y\mathrm{d}z) + 0 + 0 = 0. \end{aligned}$$

同理也得

$$\iint_{S_2^+} \boldsymbol{V} \cdot \mathrm{d}\boldsymbol{S} = \iint_{S_3^+} \boldsymbol{V} \cdot \mathrm{d}\boldsymbol{S} = 0.$$

在直角坐标系中计算 $\iint_{S_4^+} \boldsymbol{V} \cdot \mathrm{d}\boldsymbol{S}$ 一般要化为三个二重积分，但根据它们的被积分函数与积分域的轮换对称性，可得

$$\begin{aligned} \iint_{S_4^+} \boldsymbol{V} \cdot \mathrm{d}\boldsymbol{S} &= \iint_{S_4^+} x^2 \mathrm{d}y \wedge \mathrm{d}z + y^2 \mathrm{d}z \wedge \mathrm{d}x + z^2 \mathrm{d}x \wedge \mathrm{d}y \\ &= 3\iint_{S_4^+} z^2 \mathrm{d}x \wedge \mathrm{d}y = 3\iint_{D_{xy}} (1-x-y)^2 \mathrm{d}x\mathrm{d}y \\ &= 3\int_0^1 \mathrm{d}x \int_0^{1-x} (1-x-y)^2 \mathrm{d}y = \frac{1}{4}, \end{aligned}$$

其中 D_{xy} 是 $z=0$ 平面上的区域 $\{(x,y) \mid 0\leqslant y\leqslant 1-x, 0\leqslant x\leqslant 1\}$.

另外一种做法是将 S_4 的方程表示为以 x,y 为参数的参数方程

$$r(x,y,z)=(x,y,z(x,y)),$$

其中 $z(x,y)=1-x-y$,然后再按(4.5.2)式计算,其中

$$A=\frac{D(y,z)}{D(x,y)}=1,\quad B=\frac{D(z,x)}{D(x,y)}=1,\quad C=\frac{D(x,y)}{D(x,y)}=1,$$

注意到 S_4^+ 上各点法向量 $\boldsymbol{n}^\circ$的方向 α,β,γ 为相等的锐角,便有

$$\begin{aligned}\iint_{S_4^+}\boldsymbol{V}\cdot\mathrm{d}\boldsymbol{S}&=\iint_{S_4^+}x^2\mathrm{d}y\wedge\mathrm{d}z+y^2\mathrm{d}z\wedge\mathrm{d}x+z^2\mathrm{d}x\wedge\mathrm{d}y\\&=\iint_{D_{xy}}[x^2+y^2+(1-x-y)^2]\mathrm{d}x\mathrm{d}y\\&=\int_0^1\mathrm{d}x\int_0^{1-x}[2x^2+2y^2-2x-2y+2xy+1]\mathrm{d}y=\frac{1}{4},\end{aligned}$$

同样得到 $Q=\oiint_{S^+}\boldsymbol{V}\cdot\mathrm{d}\boldsymbol{S}=\frac{1}{4}.$

习题 4.5

1. 计算下列第二类曲面积分,其中 S^+ 是球面 $x^2+y^2+(z-R)^2=R^2$ 的外侧.

(1) $\oiint_{S^+}\mathrm{d}x\wedge\mathrm{d}y$; (2) $\oiint_{S^+}z\mathrm{d}x\wedge\mathrm{d}y$; (3) $\oiint_{S^+}z^2\mathrm{d}x\wedge\mathrm{d}y$.

2. 计算下列第二类曲面积分,其中 S^+ 是平面 $x+y+z=1,x=0,y=0,z=0$ 所围四面体表面的外侧.

(1) $\oiint_{S^+}z\mathrm{d}x\wedge\mathrm{d}y$; (2) $\oiint_{S^+}x^2\mathrm{d}y\wedge\mathrm{d}z$; (3) $\oiint_{S^+}y^2\mathrm{d}z\wedge\mathrm{d}x$.

3. 计算下列曲面积分.

(1) $\iint_{S^+}x\mathrm{d}y\wedge\mathrm{d}z+y\mathrm{d}z\wedge\mathrm{d}x+z\mathrm{d}x\wedge\mathrm{d}y$,其中 S^+ 为平面 $x=0,y=0,z=0,x=1,y=1,z=1$ 所围立方体表面的外侧;

(2) $\iint_{S^+}x^2\mathrm{d}y\wedge\mathrm{d}z+y^2\mathrm{d}z\wedge\mathrm{d}x+z^2\mathrm{d}x\wedge\mathrm{d}y$,其中 S^+ 是柱面 $x^2+y^2=1$ 被平面 $z=0,z=3$ 所截部分的外侧;

(3) $\iint_{S^+}(y-z)\mathrm{d}y\wedge\mathrm{d}z+(z-x)\mathrm{d}z\wedge\mathrm{d}x+(x-y)\mathrm{d}x\wedge\mathrm{d}y$,其中 S^+ 是平面 $z=h(h>0)$ 及锥面 $z=\sqrt{x^2+y^2}$ 所围立体表面的外侧;

(4) $\iint\limits_{S^+} y^2 z\mathrm{d}x \wedge \mathrm{d}y + z^2 x\mathrm{d}y \wedge \mathrm{d}z + x^2 y\mathrm{d}z \wedge \mathrm{d}x$,其中 S^+ 是旋转抛物面 $z = x^2 + y^2$,柱面 $x^2 + y^2 = 1$ 和坐标平面在第一象限中所围成立体的表面外侧;

(5) $\iint\limits_{S^+} z^2 \mathrm{d}x \wedge \mathrm{d}y$,其中 S^+ 是 $z = \sqrt{R^2 - x^2 - y^2}$ 被柱面 $x^2 + y^2 = Rx$ 所截部分的上侧.

4. 计算 $\iint\limits_{S^+} \boldsymbol{A} \cdot \mathrm{d}\boldsymbol{S}$,其中 $\boldsymbol{A} = \dfrac{x\boldsymbol{i} + y\boldsymbol{j} + z\boldsymbol{k}}{\sqrt{x^2 + y^2 + z^2}}$,$S^+$ 是上半球面 $z = \sqrt{R^2 - x^2 - y^2}$ 的下侧.

5. 求流速场 $\boldsymbol{V} = xy\boldsymbol{i} + yz\boldsymbol{j} + zx\boldsymbol{k}$ 由里往外穿过球面 $x^2 + y^2 + z^2 = 1$ 在第一象限部分的流量.

6. 求向量场 $\boldsymbol{r} = x\boldsymbol{i} + y\boldsymbol{j} + z\boldsymbol{k}$ 的通量.

(1) 穿过锥体 $\sqrt{x^2 + y^2} \leqslant z \leqslant h$ 的侧表面(由里向外);

(2) 穿过该锥体的底面(由里向外);

(3) 穿过改锥体的全表面(由里向外).

7. $\iint\limits_{S^+} (x^2 + y^2)\mathrm{d}x \wedge \mathrm{d}y + y^2 \mathrm{d}y \wedge \mathrm{d}z + z^2 \mathrm{d}z \wedge \mathrm{d}x$,其中 S 是螺旋面 $x = u\cos v, y = u\sin v, z = av$ 在

$$D_{uv} = \{(u, v) \mid 0 \leqslant u \leqslant 1, 0 \leqslant v \leqslant 2\pi\}$$

的部分,上侧为正.

4.6　平面向量场、Green 公式

平面向量场指的是某个二维向量值物理量,例如平面上的力、速度、电场强度等在平面上分布,从数学上讲,就是一个 $D \subset \mathbb{R}^2 \to \mathbb{R}^2$ 的向量值函数

$$\begin{cases} X = X(x, y), \\ Y = Y(x, y), \end{cases} \quad (x, y) \subset D \subset \mathbb{R}^2.$$

4.6.1　Green 公式

$D \subset \mathbb{R}^2$ 称为**单连通**的,指的是 D 中的任一闭曲线的内部都在 D 内.设 $D \subset \mathbb{R}^2$ 为有界单连通域,边界 ∂D 的正方向为逆时针方向,一个平面向量场(假设为一平面流场)$\boldsymbol{V}(x, y) = (X(x, y), Y(x, y))$($\boldsymbol{V}(x, y)$ 表示流场在 (x, y) 点的速度)其分量函数为闭区域 $\overline{D}$ 上的连续可微函数.$P(x, y)$ 为 D 内一点,以 P 点为中心作小矩形,边长分别 $\Delta x, \Delta y$(如图 4.6.1),单位时间通过左边界的流出量为

$$\boldsymbol{V}\left(x - \frac{\Delta x}{2}, y\right) \cdot (-\boldsymbol{i})\Delta y = -X\left(x - \frac{\Delta x}{2}, y\right)\Delta y,$$

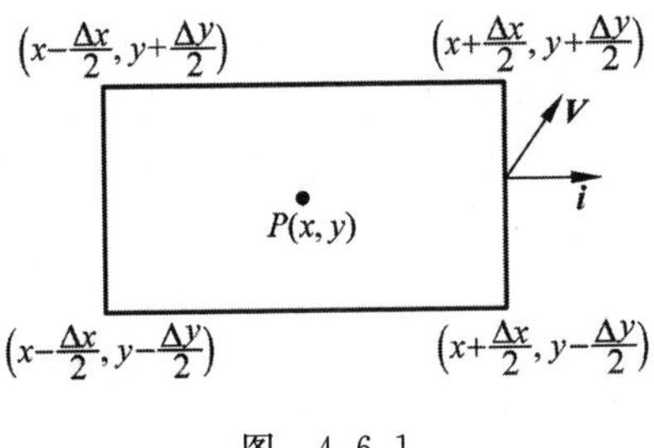

图 4.6.1

从右边界的流出量为

$$\boldsymbol{V}\left(x+\frac{\Delta x}{2}, y\right) \cdot \boldsymbol{i} \Delta y=X\left(x+\frac{\Delta x}{2}, y\right) \Delta y,$$

从下边界的流出量为

$$\boldsymbol{V}\left(x, y-\frac{\Delta y}{2}\right) \cdot(-\boldsymbol{j}) \Delta x=-Y\left(x, y-\frac{\Delta y}{2}\right) \Delta x,$$

从上边界的流出量为

$$\boldsymbol{V}\left(x, y+\frac{\Delta y}{2}\right) \cdot \boldsymbol{j} \Delta x=Y\left(x, y+\frac{\Delta y}{2}\right) \Delta x,$$

于是单位时间内从小矩形四周边界的流出量为它们的和：

$$\left[X\left(x+\frac{\Delta x}{2}, y\right)-X\left(x-\frac{\Delta x}{2}, y\right)\right] \Delta y+\left[Y\left(x, y+\frac{\Delta y}{2}\right)-Y\left(x, y-\frac{\Delta x}{2}\right)\right] \Delta x$$

$$\approx\left(\frac{\partial X}{\partial x}+\frac{\partial Y}{\partial y}\right) \Delta x \Delta y.$$

这个结果可以推广到一般的小邻域边界的流出量约为

$$\left(\frac{\partial X}{\partial x}+\frac{\partial Y}{\partial y}\right) \mathrm{d} \sigma. \tag{4.6.1}$$

我们再来考虑单位时间内从 D 区域的边界∂D 流出的流量，假设∂D 为逐段光滑曲线，$\boldsymbol{n}^{\circ}$为单位外法方向，则从小弧段 $\mathrm{d}l$ 流出的流量为 $\boldsymbol{V}\cdot\boldsymbol{n}^{\circ}\mathrm{d}l$（图 4.6.2），从 ∂D 流出的流量为

$$Q=\int_{\partial D} \boldsymbol{V} \cdot \boldsymbol{n}^{\circ} \mathrm{d} l. \tag{4.6.2}$$

另一方面，将 D 分成 n 个小区域 D_i（$i=1,2,\cdots,n$）（图 4.6.3），由(4.6.1)式可知，由每个小区域 ΔD_i（面积记作 $\mathrm{d}\sigma_i$）流出的流量为

$$\left(\frac{\partial X}{\partial x}+\frac{\partial Y}{\partial y}\right) \mathrm{d} \sigma_{i}. \tag{4.6.3}$$

而相邻两个小区域，从一个公共界流出的流量必为另一个小区域由此边界的流入量，正负抵消. 所以所有这些小区域边界流出流量的和

$$\sum_{i=1}^{n}\left(\frac{\partial X}{\partial x}+\frac{\partial Y}{\partial y}\right) \mathrm{d} \sigma_{i}$$

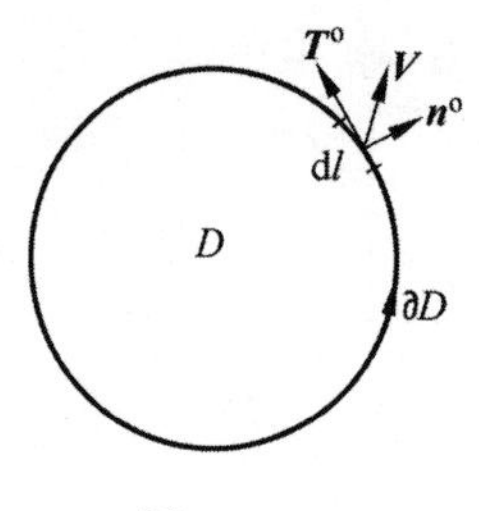

图 4.6.2

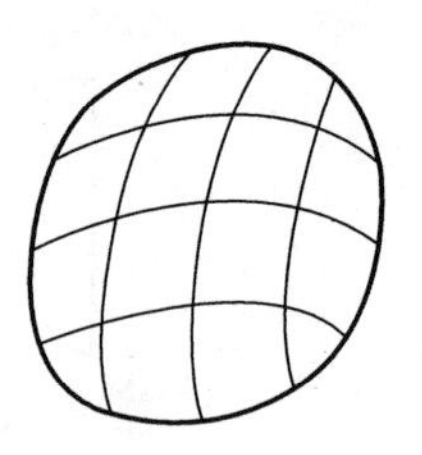

图 4.6.3

就是 D 区域边界的流出量，

$$Q \approx \sum_{i=1}^{n} \left(\frac{\partial X}{\partial x} + \frac{\partial Y}{\partial y} \right) \mathrm{d}\sigma_i$$

让小区域的分割越来越细，其极限情况就是

$$Q = \iint_D \left(\frac{\partial X}{\partial x} + \frac{\partial Y}{\partial y} \right) \mathrm{d}\sigma = \oint_{\partial D} \boldsymbol{V} \cdot \boldsymbol{n}^\circ \mathrm{d}l.$$

总结成定理，即为

定理 4.6.1（Green 公式）……

平面向量场

$$\boldsymbol{V}(x,y) = (X(x,y), Y(x,y)),$$

若 $X(x,y), Y(x,y)$ 在有界单连通闭区域 D 上是连续可微的，则

$$\iint_D \left(\frac{\partial X}{\partial x} + \frac{\partial Y}{\partial y} \right) \mathrm{d}x\mathrm{d}y = \oint_{\partial D} \boldsymbol{V} \cdot \boldsymbol{n}^\circ \mathrm{d}l, \tag{4.6.4}$$

其中 D 的边界 ∂D 为逐段光滑的闭曲线，其正方向为逆时针方向，$\boldsymbol{n}^\circ$ 为 ∂D 的单位外法向量.

∂D 的正方向为逆时针方向，设 $\boldsymbol{T}^\circ$ 为单位切向量（与 ∂D 同向，如图 4.6.2 所示），则

$$\boldsymbol{T}^\circ // (\mathrm{d}x, \mathrm{d}y).$$

单位化可知

$$\boldsymbol{T}^\circ = \frac{(\mathrm{d}x, \mathrm{d}y)}{\sqrt{\mathrm{d}x^2 + \mathrm{d}y^2}} = \frac{(\mathrm{d}x, \mathrm{d}y)}{\mathrm{d}l}.$$

$\boldsymbol{T}^\circ$ 顺时针旋转 $\frac{\pi}{2}$ 就是 $\boldsymbol{n}^\circ$，故

$$\boldsymbol{n}^\circ = \frac{(\mathrm{d}y, -\mathrm{d}x)}{\mathrm{d}l},$$

(4.6.4)式可以改写为

$$\iint\limits_D \left(\frac{\partial X}{\partial x}+\frac{\partial Y}{\partial y}\right)\mathrm{d}x\mathrm{d}y=\oint_{\partial D} X\mathrm{d}y-Y\mathrm{d}x. \tag{4.6.5}$$

将上式的 Y 改写成 $-X$，X 写成 Y，可得

$$\iint\limits_D \left(\frac{\partial Y}{\partial x}-\frac{\partial X}{\partial y}\right)\mathrm{d}x\mathrm{d}y=\oint_{\partial D} X\mathrm{d}x+Y\mathrm{d}y, \tag{4.6.6}$$

或

$$\iint\limits_D \left(\frac{\partial Y}{\partial x}-\frac{\partial X}{\partial y}\right)\mathrm{d}x\mathrm{d}y=\oint_{\partial D} \boldsymbol{V}\cdot\mathrm{d}\boldsymbol{l}. \tag{4.6.7}$$

(4.6.4)式～(4.6.7)式通称为 Green 公式，在平面向量场中，它们的等价的.

我们称 $\frac{\partial X}{\partial x}+\frac{\partial Y}{\partial y}$ 与 $\frac{\partial Y}{\partial x}-\frac{\partial X}{\partial y}$ 为平面向量场 $\boldsymbol{V}(x,y)=(X(x,y)Y(x,y))$ 在 (x,y) 点的**散度**和**旋度**，记作

$$\mathrm{div}\boldsymbol{V}=\frac{\partial X}{\partial x}+\frac{\partial Y}{\partial y},$$

$$\mathrm{rot}\boldsymbol{V}=\frac{\partial Y}{\partial x}-\frac{\partial X}{\partial y}.$$

(4.6.5)式与(4.6.7)式可以等价地写成

$$\iint\limits_D \mathrm{div}\boldsymbol{V}\mathrm{d}x\mathrm{d}y=\oint_{\partial D} X\mathrm{d}y-Y\mathrm{d}x, \tag{4.6.8}$$

$$\iint\limits_D \mathrm{rot}\boldsymbol{V}\mathrm{d}x\mathrm{d}y=\oint_{\partial D} X\mathrm{d}x+Y\mathrm{d}y. \tag{4.6.9}$$

它们分别称为格林公式的散度形式与旋度形式.

由 Green 公式可知，平面区域 D 的面积

$$S=\frac{1}{2}\oint_{\partial D} x\mathrm{d}y-y\mathrm{d}x.$$

Green 公式可以推广到复连通域，**平面上复连通域边界正方向**的确定方法为：沿着边界正方向走，区域在左边.

定理 4.6.2 ……

设 D 是 $\mathbb{R}^2$ 的一个有界复连通闭域，其边界 ∂D 取正向(见图 4.6.4)，函数 $X(x,y)$，$Y(x,y)$ 的一阶偏导数在 D 上连续，则

$$\iint\limits_D \left(\frac{\partial Y}{\partial x}-\frac{\partial X}{\partial y}\right)\mathrm{d}x\mathrm{d}y=\oint_{\partial D} X\mathrm{d}x+Y\mathrm{d}y,$$

$$\iint\limits_D \left(\frac{\partial X}{\partial x}+\frac{\partial Y}{\partial y}\right)\mathrm{d}x\mathrm{d}y=\oint_{\partial D} X\mathrm{d}y-Y\mathrm{d}x.$$

证明 设∂D由两条闭路路L与l组成(如图 4.6.4),作为D的边界,L^+的正方向逆时针方向,l^+的正方向为顺时针方向.在外边界L与内边界l上分别选取A点与B点,并作辅助线$\overline{AB}$,这样由闭曲线L^*:$ABCEBAFGA$所围的闭域D^*是单连通的,于是在D^*上 Green 公式成立,而在D^*上的二重积分与在D上的二重积分是相等,因此便有

$$\iint_D\left(\frac{\partial Y}{\partial x}-\frac{\partial X}{\partial y}\right)\mathrm{d}x\mathrm{d}y=\left(\int_{(A)}^{(B)}+\oint_{l^+}+\int_{(B)}^{(A)}+\oint_{L^+}\right)(X\mathrm{d}x+Y\mathrm{d}y)$$

$$=\left(\oint_{L^+}+\oint_{l^+}\right)X\mathrm{d}x+Y\mathrm{d}y$$

$$=\oint_{\partial D}X\mathrm{d}x+Y\mathrm{d}y.$$

上式成立是因为$\int_{(B)}^{(A)}X\mathrm{d}y+Y\mathrm{d}y=-\int_{(A)}^{(B)}X\mathrm{d}x+Y\mathrm{d}y$,故定理成立.

对于一般的复连通域(如图 4.6.5),在添加若干条辅助线之后,可以证明 Green 公式仍然成立.

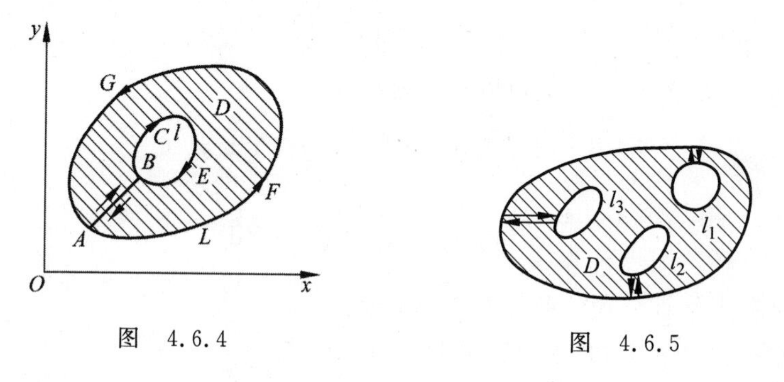

图 4.6.4 图 4.6.5

Green 公式可以用来计算积分.

▶ **例 4.6.1** ……………………………………………………………………

计算

$$\int_{L_1}(1+y\mathrm{e}^x)\mathrm{d}x+(x+\mathrm{e}^x)\mathrm{d}y,$$

其中L_1是沿椭圆$\frac{x^2}{a^2}+\frac{y^2}{b^2}=1$的上半周由点$A(a,0)$到$B(-a,0)$.

解 此题可将椭圆用参数方程表示,然后求解,但计算量大.也可利用格林公式,先计算沿闭路L:$AEBOA$(如图 4.6.6 所示)的曲线积分,再算出沿直线L_2:$\overline{BOA}$的线积分,即可的所求积分.

$$\oint_{L^+}(1+y\mathrm{e}^x)\mathrm{d}x+(x+\mathrm{e}^x)\mathrm{d}y=\iint_D(1+\mathrm{e}^x-\mathrm{e}^x)\mathrm{d}x\mathrm{d}y$$

$$=\iint_D 1\cdot \mathrm{d}x\mathrm{d}y=\frac{\pi}{2}ab(\text{半个椭圆的面积}).$$

$$\int_{\overline{BOA}}(1+y\mathrm{e}^x)\mathrm{d}x+(x-\mathrm{e}^x)\mathrm{d}y=\int_{-a}^{a}1\cdot\mathrm{d}x+0=2a.$$

再利用$\oint_{L^+}=\int_{L_1}+\int_{\overline{BOA}}$,即得

$$\int_{L_1}(1+y\mathrm{e}^x)\mathrm{d}x+(x+\mathrm{e}^x)\mathrm{d}y=\frac{\pi}{2}ab-2a.$$

例 4.6.2

计算$\iint_D \sin x^2\mathrm{d}x\mathrm{d}y$,其中域 D 如图 4.6.7.

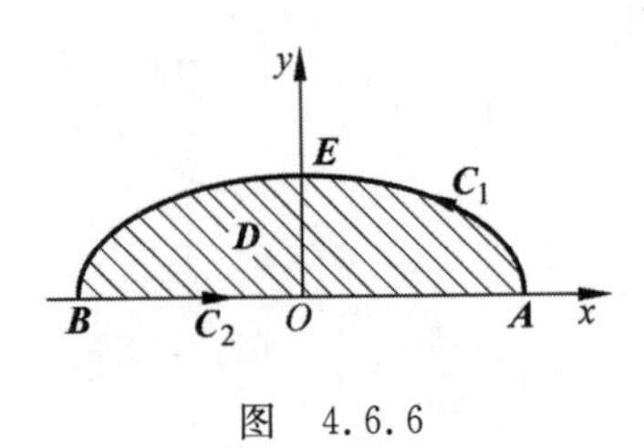

图 4.6.6

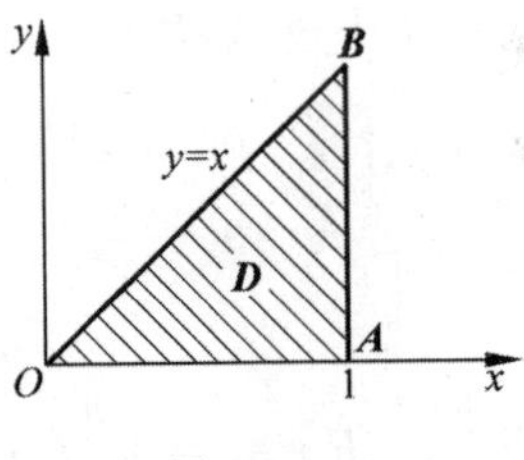

图 4.6.7

解 此题按二重积分计算,可先对 y 积分,然后对 x 积分;也可按格林公式,将其化为 D 边界∂D:$OABO$ 的第二类曲线积分计算,只要取 $X(x,y)=-y\sin x^2$,$Y(x,y)=0$,就有$\frac{\partial Y}{\partial x}-\frac{\partial X}{\partial y}=\sin x^2$. 于是

$$\begin{aligned}\iint_D \sin x^2\mathrm{d}x\mathrm{d}y&=\oint_{\partial D}-y\sin x^2\mathrm{d}x\\&=\int_{\overline{OA+AB+BO}}-y\sin x^2\mathrm{d}x\\&=0+0+\int_1^0-x\sin x^2\mathrm{d}x\\&=\frac{1}{2}(1-\cos 1).\end{aligned}$$

4.6.2 平面第二类曲线积分与路径无关的条件,原函数

决定平面第二类曲线积分

$$\int_{L(A)}^{(B)}\boldsymbol{F}\cdot\mathrm{d}\boldsymbol{l}=\int_{L(A)}^{(B)}X(x,y)\mathrm{d}x+Y(x,y)\mathrm{d}y \tag{4.6.10}$$

值的因素有三个：被积函数$\boldsymbol{F}(x,y)$、起始与终止点A和B以及积分路径L.如果平面第二类曲线积分只与前两个因素有关，而与积分路径L的几何形状无关，则称该**曲线积分与路径无关**，此时，积分可简记作$\int_{(A)}^{(B)}\boldsymbol{F}\cdot \mathrm{d}\boldsymbol{l}$.

定理 4.6.3 ……

设向量值函数$\boldsymbol{F}(x,y)=(X(x,y),Y(x,y))$在开域$D\subset\mathbb{R}^2$内是$C^{(1)}$类的，$A,B$是$D$内两点，$L$是$D$内连接$A,B$的逐段光滑曲线，则平面第二类曲线积分(4.6.10)式在D域上与路径无关的充要条件是：$\boldsymbol{F}(x,y)$在域D内沿任何过点A,B点的闭曲线的第二类曲线积分为零.

证明 设AEB与AGB是D中任意两条由A到B的路径，记作L_1,L_2(如图4.6.8所示)，$AEBGA$是D中过A,B点的一条闭曲线，故

$$\int_{L_1(A)}^{(B)}\boldsymbol{F}\cdot \mathrm{d}\boldsymbol{l}-\int_{L_2(A)}^{(B)}\boldsymbol{F}\cdot \mathrm{d}\boldsymbol{l}=\left(\int_{L_1(A)}^{(B)}+\int_{L_2(B)}^{(A)}\right)\boldsymbol{F}\cdot \mathrm{d}\boldsymbol{l}$$

$$=\oint_{\overset{\frown}{AEBGA}}\boldsymbol{F}\cdot \mathrm{d}\boldsymbol{l},$$

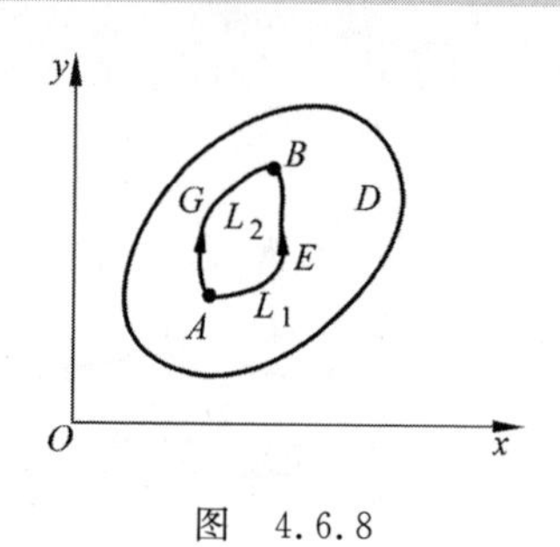

图 4.6.8

因此$\int_{L_1(A)}^{(B)}\boldsymbol{F}\cdot \mathrm{d}\boldsymbol{l}=\int_{L_2(A)}^{(B)}\boldsymbol{F}\cdot \mathrm{d}\boldsymbol{l}$的充要条件是

$$\oint_{\overset{\frown}{AEBGA}}\boldsymbol{F}\cdot \mathrm{d}\boldsymbol{l}=0.$$

由 Green 公式我们可以进一步得到以下结论：

定理 4.6.4 ……

设$\boldsymbol{F}(x,y)=(X(x,y),Y(x,y))$在$\mathbb{R}^2$的单连通开域$D$上是$C^{(1)}$类的，则下列命等价：

(1) $\dfrac{\partial X}{\partial y}=\dfrac{\partial Y}{\partial x},\forall(x,y)\in D$;

(2) $\int_{L(A)}^{(B)}\boldsymbol{F}\cdot \mathrm{d}\boldsymbol{l}=\int_{L(A)}^{(B)}X\mathrm{d}x+Y\mathrm{d}y$在域$D$内与路径$L$无关，其中$A,B$为$D$内任意两点；

(3) 存在某个函数$u(x,y)$使$\mathrm{d}u=X\mathrm{d}x+Y\mathrm{d}y$.

证明 (1)⇒(2)：由 Green 公式，对于D内任意过A,B的闭路径L，

$$\oint_{L^+}X\mathrm{d}x+Y\mathrm{d}y=\iint_{D^+}\left(\frac{\partial Y}{\partial x}-\frac{\partial X}{\partial y}\right)\mathrm{d}x\mathrm{d}y=0,$$

其中D^*是L包围的平面域，于是从定理4.6.3可得到(2).

(2)⇒(3)：在D中任取点$A(x_0,y_0)$，而$\forall B(x,y)\in D$第二类曲线积分

$$\int_{(A)}^{(B)} X\mathrm{d}x + Y\mathrm{d}y$$

与由 A 到 B 的路径 L 无关，只与点 B 的坐标 (x,y) 有关，因此它是 (x,y) 的函数，记作 $u(x,y)$.

以下证 $\mathrm{d}u = X\mathrm{d}x + Y\mathrm{d}y$，即

$$\frac{\partial u}{\partial x} = X(x,y), \quad \frac{\partial u}{\partial y} = Y(x,y).$$

记由 x 的微小增量 Δx 引起的 u 函数的增量为 $\Delta_x u$，则

$$\begin{aligned}\Delta_x u &= u(x+\Delta x, y) - u(x,y) \\ &= \left(\int_{(x_0,y_0)}^{(x+\Delta x,y)} - \int_{(x_0,y_0)}^{(x,y)}\right)(X\mathrm{d}x + Y\mathrm{d}y) \\ &= \int_{(x,y)}^{(x+\Delta x,y)} (X\mathrm{d}x + Y\mathrm{d}y).\end{aligned}$$

由(2)，这个积分与路径无关，因此可以在积分中取由点 (x,y) 到 $(x+\Delta x,y)$ 水平路径，沿此路径，y 不变，$\mathrm{d}y=0$，由积分中值定理，$\exists\,\theta\in(0,1)$，使得

$$\Delta_x u = \int_{(x,y)}^{(x+\Delta x,y)} X(x,y)\mathrm{d}x = X(x+\theta\Delta x, y)\Delta x,$$

从而

$$\begin{aligned}\frac{\partial u}{\partial x} &= \lim_{\Delta x\to 0}\frac{\Delta_x u}{\Delta x} \\ &= \lim_{\Delta x\to 0} X(x+\theta\Delta x, y) \\ &= X(x,y).\end{aligned}$$

同理可证 $\frac{\partial u}{\partial y} = Y(x,y)$，故(3)成立.

(3)⇒(1)：由(3)，$\mathrm{d}u = X\mathrm{d}x + Y\mathrm{d}y$，即 $\frac{\partial u}{\partial x} = X$，$\frac{\partial u}{\partial y} = Y$，可得

$$\frac{\partial X}{\partial y} = \frac{\partial^2 u}{\partial y\partial x},$$
$$\frac{\partial Y}{\partial x} = \frac{\partial^2 u}{\partial x\partial y}.$$

由假设 $\frac{\partial X}{\partial y}$，$\frac{\partial Y}{\partial x}$ 是连续函数，即 u''_{xy}，u''_{yx} 是连续函数，故

$$u''_{xy} = u''_{yx},$$

即

$$\frac{\partial X}{\partial y} = \frac{\partial Y}{\partial x},$$

(1)成立.

定理 4.6.4 可以推广到复连通域：

定理 4.6.5 ……

设 $D \subset R^2$ 是有一个"洞"(记作 D^*)的复连通域(如图 4.6.9),

$$\boldsymbol{F}(x,y)=(X(x,y),Y(x,y))$$

在 D 上是 $C^{(1)}$ 类的,则 $\forall A,B \in D$,

$$\int_{L(\boldsymbol{A})}^{(\boldsymbol{B})} \boldsymbol{F} \cdot \mathrm{d}\boldsymbol{l}=\int_{L(\boldsymbol{A})}^{(\boldsymbol{B})} X(x,y)\mathrm{d}x+Y(x,y)\mathrm{d}y$$

与路径无关的充要条件是:$\forall (x,y) \in D, \dfrac{\partial Y}{\partial x}=\dfrac{\partial X}{\partial y}$,且沿包围 D^* 的闭路 L^*(如图 4.6.9,$L^* \subset D$)的曲线积分

$$\oint_{L^*} \boldsymbol{F} \cdot \mathrm{d}\boldsymbol{l}=0.$$

例 4.6.3 ……

计算

$$\int_{L(\boldsymbol{O})}^{(\boldsymbol{B})} (\mathrm{e}^y+\sin x)\mathrm{d}x+(x\mathrm{e}^y-\cos y)\mathrm{d}y,$$

其中 L 是沿圆弧

$$(x-\pi)^2+y^2=\pi^2$$

由原点 $\boldsymbol{O}(0,0)$ 到点 $\boldsymbol{B}(\pi,\pi)$(如图 4.6.10).

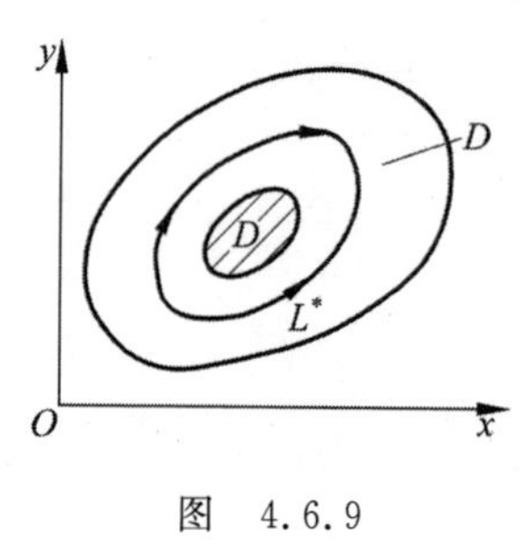

图 4.6.9

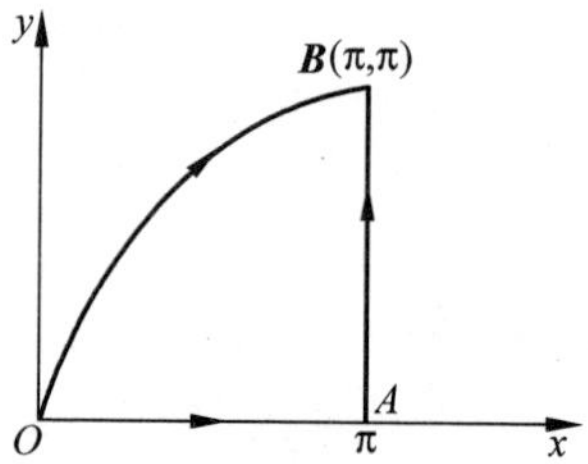

图 4.6.10

解 此题按路径 L 计算很困难,但向量值函数 $\boldsymbol{F}(x,y)=(X(x,y),Y(x,y))$ 的两个分量

$$X=\mathrm{e}^y+\sin x, \quad Y=x\mathrm{e}^y-\cos y$$

满足

$$\frac{\partial Y}{\partial x}=\mathrm{e}^y=\frac{\partial X}{\partial y}.$$

又 $X(x,y),Y(x,y)$ 及其一阶导数在 xy 全平面上连续,所以这个曲线积分与路径无关,此时,可以沿折线路径 $\overline{OA}$ 与 $\overline{AB}$ 来计算这个积分

$$\text{原式}=\left(\int_{\overline{OA}}+\int_{\overline{AB}}\right)[(\mathrm{e}^y+\sin x)\mathrm{d}x+(x\mathrm{e}^y-\cos y)\mathrm{d}y]$$

$$= \int_0^{\pi}(1+\sin x)\mathrm{d}x + \int_0^{\pi}(\pi \mathrm{e}^y - \cos y)\mathrm{d}y$$
$$= 2 + \pi \mathrm{e}^{\pi}.$$

▶ **例 4.6.4** ……………………………………………………………………

曲线积分$\int_{L(A)}^{(B)} \dfrac{x\mathrm{d}x + y\mathrm{d}y}{\sqrt{x^2+y^2-1}}$在复连通域 $D=\mathbb{R}^2 \backslash D^*$ 上是否与路径无关？如果是，求点 $A(2,0)$ 到点 $B(0,3)$ 的积分值，其中

$$D^* = \{(x,y) \mid x^2+y^2 \leqslant 1\}.$$

解 区域 D 如图 4.6.11 所示，记 $X=\dfrac{x}{\sqrt{x^2+y^2-1}}$，$Y=\dfrac{y}{\sqrt{x^2+y^2-1}}$，则它们在 D 上是 $C^{(1)}$ 类的，且

$$\frac{\partial Y}{\partial x} = \frac{-xy}{(x^2+y^2-1)^{\frac{3}{2}}} = \frac{\partial X}{\partial y},$$

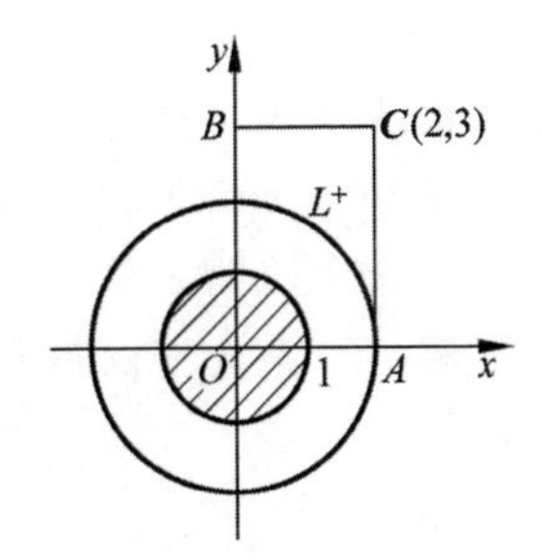

图 4.6.11

又对于包围 D^* 的闭路径 L^*：包围 $x^2+y^2=4$（即 $x=2\cos t, y=2\sin t, 0\leqslant t\leqslant 2\pi$）的逆时针方向，有

$$\int_{L^+} X\mathrm{d}x + Y\mathrm{d}y = \int_0^{2\pi} \frac{-4\cos t\sin t + 4\sin t\cos t}{\sqrt{3}}\mathrm{d}t = 0,$$

所以这个曲线积分与路径无关.

计算从点 $A(2,0)$ 到 $B(0,3)$ 的积分，取折线 $\overline{ACB}$，其中 $\boldsymbol{C}(2,3)$（如图 4.6.11），于是

$$\begin{aligned}\int_{(A)}^{(B)} X\mathrm{d}x + Y\mathrm{d}y &= \left(\int_{(A)}^{(\boldsymbol{C})} + \int_{(\boldsymbol{C})}^{(B)}\right)(X\mathrm{d}x + Y\mathrm{d}y) \\ &= \int_0^3 \frac{y\mathrm{d}y}{\sqrt{3+y^2}} + \int_2^0 \frac{x\mathrm{d}y}{\sqrt{x^2+8}} \\ &= \sqrt{8} - \sqrt{3}.\end{aligned}$$

设 $X(x,y), Y(x,y)$ 是 $D\subset\mathbb{R}^2$ 的 $C^{(1)}$ 类函数，如果存在 $u(x,y)\in C^{(1)}(D)$，使得

$$\mathrm{d}u(x,y) = X(x,y)\mathrm{d}x + Y(x,y)\mathrm{d}y, \quad (x,y)\in D, \tag{4.6.11}$$

则称 $u(x,y)$ 是微分式 $X(x,y)\mathrm{d}x+Y(x,y)\mathrm{d}y$ 的一个**原函数**.

由定理 4.6.4，微分式 $X(x,y)\mathrm{d}x+Y(x,y)\mathrm{d}y$ 在单连通域 D 上存在原函数的充分必要条件是

$$\frac{\partial Y}{\partial x} = \frac{\partial X}{\partial y}, \quad (x,y)\in D.$$

与一元函数的原函数一样，微分式 $X(x,y)\mathrm{d}x+Y(x,y)\mathrm{d}y$ 的原函数也是一个函数族$\{u(x,y)+C\}$，其中 C 是常数. 不难证明：对于具有原函数的微分式的第二类曲线积分，也有与一元函数微积分基本公式(Newton-Leibniz 公式)类似的公式：

定理 4.6.6 ……

若 $u(x,y)$ 是 $X(x,y)\mathrm{d}x+Y(x,y)\mathrm{d}y$ 在单连通域 D 上的一个原函数，则第二类曲线积分

$$\int_{A_1(x_1,y_1)}^{A_2(x_2,y_2)} X\mathrm{d}x+Y\mathrm{d}y=u(x,y)\Big|_{(x_1,y_1)}^{(x_2,y_2)}=u(x_2,y_2)-u(x_1,y_1).$$

例 4.6.5 ……

求$(\mathrm{e}^y+\sin x)\mathrm{d}x+(x\mathrm{e}^y-\cos y)\mathrm{d}y$ 的原函数，并用 Newton-Leibniz 公式求例 4.6.3 中的积分值.

解　原函数可以用曲线积分

$$u(x,y)=\int_{(x_0,y_0)}^{(x,y)}(\mathrm{e}^y+\sin x)\mathrm{d}x+(x\mathrm{e}^y-\cos y)\mathrm{d}y+C$$

求得，其中(x_0,y_0)为定点，也可用微分求. 设 $u(x,y)$是原函数，则 $\mathrm{d}u=X\mathrm{d}x+Y\mathrm{d}y$，

$$\frac{\partial u}{\partial x}=\mathrm{e}^y+\sin x,$$

$$u=x\mathrm{e}^y-\cos x+C(y),$$

其中 $C(y)$为只与 y 有关的一元函数.

$$\frac{\partial u}{\partial y}=x\mathrm{e}^y+C'(y)=x\mathrm{e}^y-\cos y,$$

$$C'(y)=-\cos y,$$

$$C'(y)=-\sin y+C.$$

这里的 C 为任意常数，故

$$u(x,y)=x\mathrm{e}^y-\cos x-\sin y+C.$$

由 Newton-Leibniz 公式可得

$$\int_{(0,0)}^{(\pi,\pi)}(\mathrm{e}^x+\sin x)\mathrm{d}x+(x\mathrm{e}^y-\cos y)\mathrm{d}y$$

$$=[x\mathrm{e}^y-\cos x-\sin y]\Big|_{(0,0)}^{(\pi,\pi)}=\pi\mathrm{e}^\pi+2.$$

与例 4.6.3 的结果相同.

原函数法也可用于某些一阶常微分方程. 导数形式的一阶常微分方程$\frac{\mathrm{d}y}{\mathrm{d}x}=f(x,y)$可以写成微分形式的方程

$$f(x,y)\mathrm{d}x-\mathrm{d}y=0,$$

更一般的形式为

$$M(x,y)\mathrm{d}x+N(x,y)\mathrm{d}y=0. \tag{4.6.12}$$

上式左边为一微分式,由定理 6.4.4 可知,当 $M(x,y)$,$N(x,y)$满足

$$\frac{\partial M(x,y)}{\partial y}=\frac{\partial N(x,y)}{\partial x} \tag{4.6.13}$$

时,存在函数 $u(x,y)$,使

$$\mathrm{d}u=M(x,y)\mathrm{d}x+N(x,y)\mathrm{d}y,$$

因此方程(4.6.12)的解为 $u(x,y)=C$,其中 C 为常数. 当 $M(x,y)$,$N(x,y)$满足(4.6.13)式时,方程(4.6.12)称为**全微分方程**.

▶ **例 4.6.6** ……………………………………………………………………

求解$\left(\ln y-\dfrac{y}{x}\right)\mathrm{d}x+\left(\dfrac{x}{y}-\ln x\right)\mathrm{d}y=0$.

解 显然,这个方程满足条件(4.6.13),是全微分方程,我们可以用例 4.6.5 的方法求原函数,也能用第二类曲线积分求原函数. 下面的方法称为凑原函数法,重新组合这个方程

$$\ln y\mathrm{d}x+\frac{x}{y}\mathrm{d}y-\frac{y}{x}\mathrm{d}x-\ln x\mathrm{d}y=0,$$

$$\ln y\mathrm{d}x+x\mathrm{d}(\ln y)-y\mathrm{d}(\ln x)-\ln x\mathrm{d}y=0,$$

$$\mathrm{d}(x\ln y)-\mathrm{d}(y\ln x)=0.$$

其解为 $x\ln y-y\ln x=C$.

设 $\mu(x,y)\neq 0$,则方程(4.6.12)与方程

$$\mu(x,y)M(x,y)\mathrm{d}x+\mu(x,y)N(x,y)\mathrm{d}y=0 \tag{4.6.14}$$

的解相同,如果 $M(x,y)$,$N(x,y)$不满足关系式(4.6.13),找 $\mu(x,y)$,使

$$\frac{\partial}{\partial y}[\mu(x,y)M(x,y)]=\frac{\partial}{\partial x}[\mu(x,y)N(x,y)], \tag{4.6.15}$$

方程(4.6.14)是全微分方程,同样可以用原函数求解,这个解也是方程(4.6.12)的解,这样的二元函数 $\mu(x,y)$称为方程(4.6.12)的**积分因子**. 关系式(4.6.15)本身就是一个关于未知函数 $\mu(x,y)$的微分方程(此时自变量个数为 2,这样的微分方程称为偏微分方程),求解方程(4.6.15)比求解方程(4.6.12)要难得多,因此我们一般是通过观察来获得积分因子.

▶ **例 4.6.7** ……………………………………………………………………

求方程的解

$$(x+y)\mathrm{d}x+(y-x)\mathrm{d}y=0.$$

解

$$\frac{\partial M}{\partial y}=1,\quad \frac{\partial N}{\partial x}=-1,$$

故这个方程不是全微分方程,重新组合这个方程

$$x\mathrm{d}x+y\mathrm{d}y+y\mathrm{d}x-x\mathrm{d}y=0.$$

令 $\mu(x,y)=\dfrac{1}{x^2+y^2}$,

$$\frac{x\mathrm{d}x+y\mathrm{d}y}{x^2+y^2}+\frac{y\mathrm{d}x-x\mathrm{d}y}{x^2+y^2}=0,$$

$$\mathrm{d}\left[\frac{1}{2}\ln(x^2+y^2)\right]+\mathrm{d}\left[\arctan\frac{x}{y}\right]=0.$$

解为

$$\frac{1}{2}\ln(x^2+y^2)+\arctan\frac{x}{y}=C.$$

习题 4.6

1. 利用 Green 公式计算下列曲线积分.

(1) $\oint_{L^+}(x+y)^2\mathrm{d}x-(x^2+y^2)\mathrm{d}y$,其中 L 是以 $(0,0)$,$(1,0)$,$(0,1)$ 为顶点的三角形的边界,逆时针为正;

(2) $\oint_{L^+}(x+y)\mathrm{d}x+(x-y)\mathrm{d}y$,其中 L 的方程为 $|x|+|y|=1$,顺时针为正向;

(3) $\oint_{L^+}(x^2+y)\mathrm{d}x-(x-y^2)\mathrm{d}y$,其中 L 是椭圆 $\dfrac{x^2}{a^2}+\dfrac{y^2}{b^2}=1$ 的正向边界;

(4) $\oint_{L^+}\mathrm{e}^x[(1-\cos y)\mathrm{d}x-(y-\sin y)\mathrm{d}y]$,其中 L 是区域 $\{(x,y)\mid 0\leqslant x\leqslant \pi,0\leqslant y\leqslant \sin x\}$ 的正向边界.

2. 计算 $\displaystyle\int_{L^+}\frac{(x+y)\mathrm{d}x+(y-x)\mathrm{d}y}{x^2+y^2}$,其中 L^+ 为

(1) 区域 $D=\{(x,y)\mid a^2\leqslant x^2+y^2\leqslant b^2\}$ 的正向边界 $(b>a>0)$;

(2) 圆周 $D=\{(x,y)\mid x^2+y^2=a^2\}$ 的逆时针方向 $(a>0)$;

(3) 正方形 $D=\{(x,y)\mid |x|+|y|\leqslant 1\}$ 的逆时针方向;

(4) 区域 $D=\{(x,y)\mid \dfrac{x^2}{a^2}+\dfrac{y^2}{b^2}\leqslant 1\}$ 的正向边界;

(5) 曲线 $y=\pi\cos x$ 上从点 $A(-\pi,\pi)$ 到点 $B(\pi,-\pi)$ 的一段弧.

3. 计算下列曲线积分.

(1) $\int_{L^+}(1+x\mathrm{e}^{2y})\mathrm{d}x+(x^2\mathrm{e}^{2y}-y^2)\mathrm{d}y$,其中 L 是从点 $(0,0)$ 经上半圆周 $(x-2)^2+y^2=4$ 到点 $(4,0)$ 的弧段;

(2) $\int_{L^+}(2xy+3x\sin x)\mathrm{d}x+(x^2-ye^y)\mathrm{d}y$，其中 L 是从点(0,0) 经过摆线 $\begin{cases}x=a(t-\sin t),\\ y=a(1-\cos t)\end{cases}$ 到点$(\pi a,2a)$ 的弧段；

(3) $\int_{L^+}\left(\ln\dfrac{y}{x}-1\right)\mathrm{d}x+\dfrac{x}{y}\mathrm{d}y$，其中 L 是从点(1,1) 出发到点(3,3e) 的任何一条不与坐标轴相交的简单曲线.

4. 计算下列区域的面积.

(1) 星形线$\begin{cases}x=a\cos^3 t,\\ y=a\sin^3 t,\end{cases}$ $0\leqslant t\leqslant 2\pi$ 所围区域$(a>0)$；

(2) 双纽线$(x^2+y^2)^2=a^2(x^2-y^2)(a>0)$；

(3) 笛卡儿叶形线 $x^3+y^3=3axy(a>0)$.

5. 已知 $f(u)$连续可微，L 为任意一条分段光滑闭曲线，证明：

(1) $\oint_{L^+}f(xy)(y\mathrm{d}x+x\mathrm{d}y)=0$；　　(2) $\oint_{L^+}f(x^2+y^2)(x\mathrm{d}x+y\mathrm{d}y)=0$.

6. 设 D 是平面区域，∂D 为逐段光滑曲线，$(\bar{x},\bar{y})$为 D 的形心，$\sigma(D)$是 D 的面积，证明：

(1) $\oint_{\partial D}x^2\mathrm{d}y=2\sigma(D)\,\bar{x}$；　　(2) $\oint_{\partial D}xy\mathrm{d}y=2\sigma(D)\,\bar{y}$.

7. 设 D 是平面区域，∂D 为逐段光滑曲线，$f\in C^2(D)$，证明：$\oint_{\partial D}\dfrac{\partial f}{\partial \boldsymbol{n}}\mathrm{d}l=\iint\limits_D\left(\dfrac{\partial^2 f}{\partial x^2}+\dfrac{\partial^2 f}{\partial y^2}\right)\mathrm{d}x\mathrm{d}y$.

8. 设 D 是平面区域，∂D 为逐段光滑曲线，$\boldsymbol{n}$ 为 D 的单位外法向，$u,v\in C^2(D)$，证明：

(1) $\oint_{\partial D}\dfrac{\partial u}{\partial \boldsymbol{n}}\mathrm{d}l=\iint\limits_D\Delta u\mathrm{d}x\mathrm{d}y$；

(2) $\oint_{\partial D}v\dfrac{\partial u}{\partial \boldsymbol{n}}\mathrm{d}l=\iint\limits_D v\Delta u\mathrm{d}x\mathrm{d}y-\iint\limits_D\nabla u\cdot\nabla v\mathrm{d}x\mathrm{d}y$；

(3) $\oint_{\partial D}\begin{vmatrix}\dfrac{\partial u}{\partial \boldsymbol{n}} & \dfrac{\partial v}{\partial \boldsymbol{n}}\\ u & v\end{vmatrix}\mathrm{d}l=\iint\limits_D\begin{vmatrix}\Delta u & \Delta v\\ u & v\end{vmatrix}\mathrm{d}x\mathrm{d}y$.

其中 $\Delta=\dfrac{\partial^2}{\partial x^2}+\dfrac{\partial^2}{\partial y^2}$，$\nabla=\dfrac{\partial}{\partial x}\boldsymbol{i}+\dfrac{\partial}{\partial y}\boldsymbol{j}$.

9. 设 L 为逐段光滑曲线，$\boldsymbol{n}$ 为 L 所围区域的单位外法向，$\langle\boldsymbol{n},\boldsymbol{i}\rangle$，$\langle\boldsymbol{n},\boldsymbol{j}\rangle$ 分别表示 $\boldsymbol{n}$ 与 x 轴、y 轴正向的夹角，计算：$\oint_L(x\cos\langle\boldsymbol{n},\boldsymbol{i}\rangle+y\cos\langle\boldsymbol{n},\boldsymbol{j}\rangle)\,\mathrm{d}l$.

10. 求解下列常微分方程.

(1) $(x^2-y)\mathrm{d}x-(x+\sin^2 y)\mathrm{d}y=0$;

(2) $\mathrm{e}^y\mathrm{d}x+(x\mathrm{e}^y-2y)\mathrm{d}y=0$;

(3) $\dfrac{x\mathrm{d}x+y\mathrm{d}y}{\sqrt{x^2+y^2}}=\dfrac{y\mathrm{d}x-x\mathrm{d}y}{x^2}$;

(4) $\left(\cos x+\dfrac{1}{y}\right)\mathrm{d}x+\left(\dfrac{1}{y}-\dfrac{x}{y^2}\right)\mathrm{d}y=0$.

11. 解下列方程.

(1) $(y\cos x-x\sin x)\mathrm{d}x+(y\sin x+x\cos x)\mathrm{d}y=0$;

(2) $(x+y)\mathrm{d}x+(y-x)\mathrm{d}y=0$;

(3) $(3x^3+y)\mathrm{d}x+(2x^2y-x)\mathrm{d}y=0$;

(4) $(x+y)(\mathrm{d}x-\mathrm{d}y)=\mathrm{d}x+\mathrm{d}y$;

(5) $(x^2-\sin^2 y)\mathrm{d}x+x\sin 2y\mathrm{d}y=0$.

4.7 空间向量场、Gauss 公式和 Stokes 公式

空间向量场就是一个向量值物理量(例如流速、力)在空间区域 $\Omega\subset\mathbb{R}^3$ 中分布,在数学上,就是定义在 $\Omega\subset\mathbb{R}^3$ 一个向量值函数 $\boldsymbol{V}(x,y,z)=(X(x,y,z),Y(x,y,z),Z(x,y,z))$.

4.7.1 Gauss 公式

设 $\Omega\subset\mathbb{R}^3$ 为有界闭区域,其边界面 $\partial\Omega^+$ 的正侧为其外侧,$\boldsymbol{V}(x,y,z)$ 在 Ω 上连续可微,$P(x,y,z)$ 是 Ω 得一个内点,以 P 点为中心作下长方体,边长分别为 $\Delta x,\Delta y,\Delta z$(如图 4.7.1),则单位时间内从长方体上侧流出的流量约为

$$\boldsymbol{V}\left(x,y,z+\frac{\Delta z}{2}\right)\cdot\boldsymbol{k}\Delta x\Delta y,$$

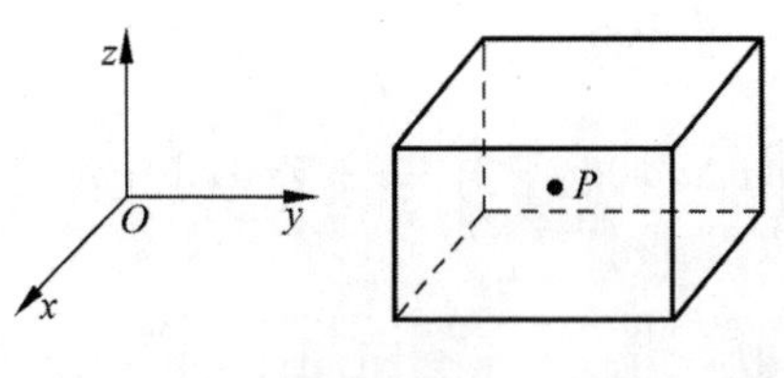

图 4.7.1

同样可以计算从下侧、左侧、右侧单位时间流出的流量. 与平面流场类似,单位时间出从长方体流出的流量为

$$\left[\boldsymbol{V}\left(x,y,z+\frac{\Delta z}{2}\right)-\boldsymbol{V}\left(x,y,z-\frac{\Delta z}{2}\right)\right]\cdot\boldsymbol{k}\Delta x\Delta y$$

$$+\left[\boldsymbol{V}\left(x,y+\frac{\Delta y}{2},z\right)-\boldsymbol{V}\left(x,y-\frac{\Delta y}{2},z\right)\right]\cdot \boldsymbol{j}\Delta z\Delta x$$

$$+\left[\boldsymbol{V}\left(x+\frac{\Delta x}{2},y,z\right)-\boldsymbol{V}\left(x-\frac{\Delta x}{2},y,z\right)\right]\cdot \boldsymbol{i}\Delta y\Delta z$$

$$\approx\left(\frac{\partial X}{\partial x}+\frac{\partial Y}{\partial y}+\frac{\partial Z}{\partial z}\right)\Delta v. \tag{4.7.1}$$

其中 $\Delta v=\Delta x\Delta y\Delta z$ 为长方体的体积，当 P 点的小邻域不是长方体时，单位时间由小邻域边界流出的流量同样可用(4.7.1)式表示.

将 Ω 分成 n 个小区域 $\Delta\Omega_i(i=1,2,\cdots,n)$，每个小区域的单位时间流出量均由(4.7.1)式表示，有公共边界面的相邻小区域在这个公共边界面上流量的代数和为零，故单位时间内由 Ω 的边界 $\partial\Omega$ 的流出流量为

$$Q=\iint\limits_{\partial\Omega^+}\boldsymbol{V}\cdot \mathrm{d}\boldsymbol{S}$$

$$\approx\sum_{i=1}^{n}\left(\frac{\partial X}{\partial x}+\frac{\partial Y}{\partial y}+\frac{\partial Z}{\partial z}\right)\Delta v_i.$$

当 Δv_i 的直径 d_i 的最大值 $d=\max\{d_1,d_2,\cdots,d_n\}$ 趋于零时，上式右侧为三重积分，因此

$$\iint\limits_{\partial\Omega^+}\boldsymbol{V}\cdot \mathrm{d}\boldsymbol{S}=\iiint\limits_{\Omega}\left(\frac{\partial X}{\partial x}+\frac{\partial Y}{\partial y}+\frac{\partial Z}{\partial z}\right)\mathrm{d}x\mathrm{d}y\mathrm{d}z,$$

这就是 **Gauss 公式**.

定理 4.7.1 ……………………………………………………

$\Omega\subset\mathbb{R}^3$ 是有界闭区域，其边界面 $\partial\Omega^+$ 的外侧为正，$\boldsymbol{V}(x,y,z)\in C^{(1)}(\Omega)$，则

$$\iint\limits_{\partial\Omega^+}\boldsymbol{V}\cdot \mathrm{d}\boldsymbol{S}=\iiint\limits_{\Omega}\left(\frac{\partial X}{\partial x}+\frac{\partial Y}{\partial y}+\frac{\partial Z}{\partial z}\right)\mathrm{d}x\mathrm{d}y\mathrm{d}z. \tag{4.7.2}$$

(4.7.2)式右端的被积函数称为 $\boldsymbol{V}(x,y,z)$ 在 (x,y,z) 点的**散度**，记作

$$\mathrm{div}\boldsymbol{V}=\frac{\partial X}{\partial x}+\frac{\partial Y}{\partial y}+\frac{\partial Z}{\partial z}. \tag{4.7.3}$$

与平面向量场类似，空间向量场在某点的散度刻画了流场在这一点“源”与“汇”的情况.

Gauss 公式可以看成是格林公式的散度形式在三维空间的推广，它的直接应用就是可以计算第二类曲面积分.

▶ **例 4.7.1** ……………………………………………………

计算积分

$$\iint\limits_{S^+}x\mathrm{d}y\wedge \mathrm{d}z+y\mathrm{d}z\wedge \mathrm{d}x+z\mathrm{d}x\wedge \mathrm{d}y,$$

其中 S 为 $\{(x,y,z)\mid x+y+z=1,x\geqslant 0,y\geqslant 0,z\geqslant 0\}$，其正侧的法向量为 $\left(\frac{1}{\sqrt{3}},\frac{1}{\sqrt{3}},\frac{1}{\sqrt{3}}\right)$.

解 通过 S^+ 朝三个坐标平面上的有向投影，我们可以计算该第二类曲曲面积分. 下面我们用 Guass 公式来计算该第二类曲曲面积分. 加上三个三角形 S_x，S_y，S_z 后，它们组成闭曲 $\partial\Omega$，其中 $\Omega=\{(x,y,z)\mid x\geqslant 0,y\geqslant 0,z\geqslant 0,x+y+z\leqslant 1\}$（见图 4.7.2）.

显然，在三个坐标平面 S_x，S_y，S_z 上，第二类曲面积分积分均为零，由 Gauss 公式，

$$\begin{aligned}&\iint_{S^+} x\mathrm{d}y\wedge\mathrm{d}z+y\mathrm{d}z\wedge\mathrm{d}x+z\mathrm{d}x\wedge\mathrm{d}y\\&=\iiint_{\Omega}3\mathrm{d}x\mathrm{d}y\mathrm{d}z-\left(\iint_{S_x^+}+\iint_{S_y^+}+\iint_{S_z^+}\right)(x\mathrm{d}y\wedge\mathrm{d}z+y\mathrm{d}z\wedge\mathrm{d}x+z\mathrm{d}x\wedge\mathrm{d}y)\\&=3V=\frac{1}{2}.\end{aligned}$$

例 4.7.2

计算 $\iint_{S^+}(x^2-z)\mathrm{d}x\wedge\mathrm{d}y+(z^2-y)\mathrm{d}z\wedge\mathrm{d}x$，其中 S^+ 为旋转抛物面 $z=1-x^2-y^2$，$z\in[0,1]$ 部分的外侧（如图 4.7.3）.

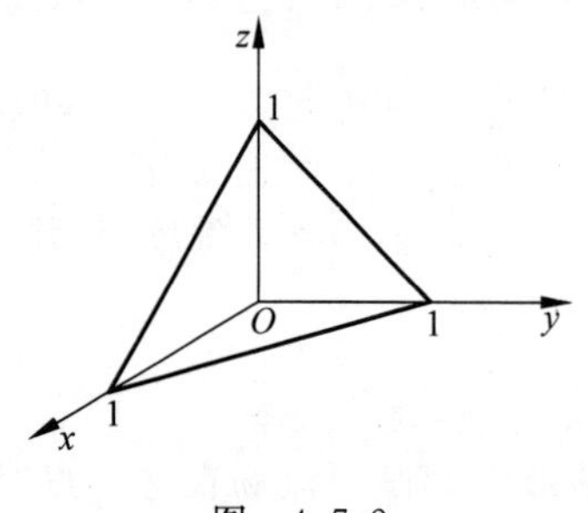

图 4.7.2

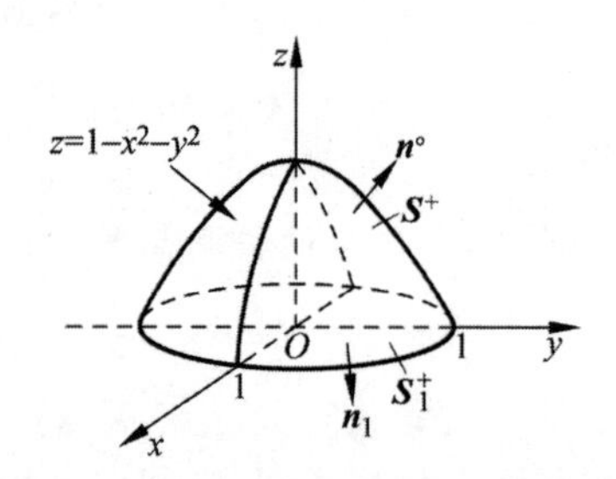

图 4.7.3

解 此题如直接按第二类曲面积分的定义计算则比较麻烦. 如果把旋转面截 xy 坐标面的圆内部记作 $S_1(z=0,x^2+y^2\leqslant 1)$，则 S 与 S_1 形成封闭曲面，它所包围的空间体为 Ω，这样就可利用 Gauss 公式计算这个曲面积分. 注意此时

$$X(x,y,z)=0,\quad Y(x,y,z)=z^2-y,\quad Z(x,y,z)=x^2-z,$$

$$\frac{\partial X}{\partial x}+\frac{\partial Y}{\partial y}+\frac{\partial Z}{\partial z}=-2.$$

于是

$$\left(\iint_{S^+}+\iint_{S_1^+}\right)(x^2-z)\mathrm{d}x\wedge\mathrm{d}y+(z^2-y)\mathrm{d}z\wedge\mathrm{d}x=\iiint_{\Omega}(-2)\mathrm{d}x\mathrm{d}y\mathrm{d}z,$$

其中 S_1^+ 是平面 $S_1(z=0,x^2+y^2\leqslant 1)$ 的下侧.

$$\begin{aligned}\iiint_{\Omega}(-2)\mathrm{d}x\mathrm{d}y\mathrm{d}z&=-2\int_0^{2\pi}\mathrm{d}\varphi\int_0^1\rho\mathrm{d}\rho\int_0^{1-\rho^2}\mathrm{d}z\\&=-4\pi\int_0^1\rho(1-\rho^2)\mathrm{d}\rho=-\pi,\end{aligned}$$

$$\begin{aligned}\iint_{S_1^+}(x^2-z)\mathrm{d}x\wedge\mathrm{d}y+(z^2-y)\mathrm{d}z\wedge\mathrm{d}x&=\iint_{x^2+y^2\leqslant 1}(x^2-0)(-\mathrm{d}x\mathrm{d}y)\\&=-\int_0^{2\pi}\mathrm{d}\varphi\int_0^1(\rho^2\cos^2\varphi)\rho\mathrm{d}\rho\\&=-\frac{1}{4}\int_0^{2\pi}\cos^2\varphi\mathrm{d}\varphi=-\frac{\pi}{4},\end{aligned}$$

所以

$$\begin{aligned}&\iint_{S^+}(x^2-z)\mathrm{d}x\wedge\mathrm{d}y+(z^2-y)\mathrm{d}z\wedge\mathrm{d}x\\&=\iiint_{\Omega}(-2)\mathrm{d}x\mathrm{d}y\mathrm{d}z-\iint_{S_1^+}(x^2-z)\mathrm{d}x\wedge\mathrm{d}y+(z^2-y)\mathrm{d}z\wedge\mathrm{d}x\\&=-\pi+\frac{\pi}{4}=-\frac{3}{4}\pi.\end{aligned}$$

4.7.2 Stokes公式、空间第二类曲线积分与路径无关的条件

设向量值函数 $\boldsymbol{V}(x,y,z)=(X(x,y,z),Y(x,y,z),Z(x,y,z))$ 连续可微，则其**旋度**定义为

$$\begin{aligned}\mathrm{rot}\boldsymbol{V}&=(Z_y-Y_z)\boldsymbol{i}+(X_z-Z_x)\boldsymbol{j}+(Y_x-X_y)\boldsymbol{k}\\&=\begin{vmatrix}\boldsymbol{i}&\boldsymbol{j}&\boldsymbol{k}\\\frac{\partial}{\partial x}&\frac{\partial}{\partial y}&\frac{\partial}{\partial z}\\X&Y&Z\end{vmatrix}.\end{aligned}\tag{4.7.4}$$

最后一个式子是一种形式写法，可以帮助记住旋度的表达式，平面向量场的旋度就是(4.7.4)式的最后一个分量.

定理 4.7.2(Stokes 公式) ……………………………………

设有界曲面 S 分块光滑可定向，其边界 ∂S 为分段光滑的闭曲线，S^+ 与 ∂S^+ 的方向满足右手螺旋法则，$\boldsymbol{V}(x,y,z)$ 在 S 及 ∂S 上是 $C^{(1)}$ 类的向量值函数，则

$$\oint_{\partial S^+}\boldsymbol{V}\cdot \mathrm{d}\boldsymbol{l}=\iint_{S^+}\mathrm{rot}\boldsymbol{V}\cdot \mathrm{d}\boldsymbol{S}, \tag{4.7.5}$$

或写成数量形式

$$\begin{aligned}&\oint_{\partial S^+}X\mathrm{d}x+Y\mathrm{d}y+Z\mathrm{d}z\\&=\iint_S[(Z_y-Y_z)\cos\alpha+(X_z-Z_x)\cos\beta+(Y_x-X_y)\cos\gamma]\mathrm{d}S\\&=\iint_{S^+}(Z_y-Y_z)\mathrm{d}y\wedge\mathrm{d}z+(X_z-Z_x)\mathrm{d}z\wedge\mathrm{d}x+(Y_x-X_y)\mathrm{d}x\wedge\mathrm{d}y,\end{aligned}$$

其中 $\boldsymbol{n}^\circ=(\cos\alpha,\cos\beta,\cos\gamma)$ 为 S^+ 的单位法向量.

证明 设曲面 S 的方程为 $z=z(x,y)$，平行于 z 轴的直线与曲线 S 只交一个点，S 在 xy 平面上的投影域为 D_{xy}，边界线 ∂S^+ 的投影线为 L^+，曲面的单位法向量 $\boldsymbol{n}^\circ=(\cos\alpha,\cos\beta,\cos\gamma)$，其中 γ 为锐角(如图 4.7.4).

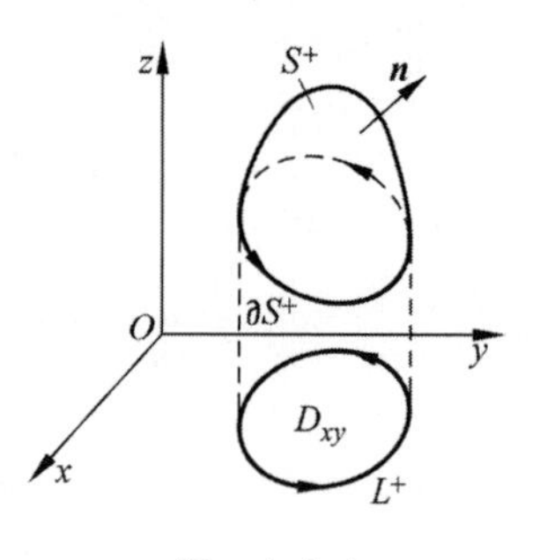

图 4.7.4

利用 Green 公式，先证明

$$\begin{aligned}&\oint_{\partial S^+}X(x,y,z)\mathrm{d}x\\&=\iint_{S^+}\left(\frac{\partial X}{\partial z}\mathrm{d}z\wedge\mathrm{d}x-\frac{\partial X}{\partial y}\mathrm{d}x\wedge\mathrm{d}y\right).\qquad (*)\end{aligned}$$

为此，先将左端的空间曲线积分化成 xy 平面上沿 L^+ 的平面曲线积分，再用 Green 公式将其化为二重积分，即

$$\begin{aligned}\oint_{\partial S^+}X(x,y,z)\mathrm{d}x&=\oint_{L^+}X(x,y,z(x,y))\mathrm{d}x\\&=\iint_{D_{xy}}\left[0-\frac{\partial}{\partial y}X(x,y,z(x,y))\right]\mathrm{d}\sigma_{xy}\\&=-\iint_{D_{xy}}\left(\frac{\partial X}{\partial y}+\frac{\partial X}{\partial z}\frac{\partial z}{\partial y}\right)\mathrm{d}\sigma_{xy}.\end{aligned}$$

由于 γ 为锐角，所以

$$\mathrm{d}\sigma_{xy}=(\mathrm{d}S)\cos\gamma=\mathrm{d}x\wedge\mathrm{d}y,$$

又 $(\mathrm{d}S)\cos\beta=\mathrm{d}z\wedge\mathrm{d}x$，所以

$$\mathrm{d}z \wedge \mathrm{d}x = \frac{\cos\beta}{\cos\gamma}\mathrm{d}x \wedge \mathrm{d}y,$$

又曲面 $z=z(x,y)$ 的法向量为 $\boldsymbol{n}=\left(\frac{\partial z}{\partial x},\frac{\partial z}{\partial y},-1\right)$,因此,由 $\boldsymbol{n}^{\circ}//\boldsymbol{n}$ 得

$$\frac{\cos\alpha}{\frac{\partial z}{\partial x}} = \frac{\cos\beta}{\frac{\partial z}{\partial y}} = \frac{\cos\gamma}{-1}.$$

故 $\frac{\partial z}{\partial y}=-\frac{\cos\beta}{\cos\gamma}$,从而

$$\frac{\partial z}{\partial y}\mathrm{d}\sigma_{xy} = -\frac{\cos\beta}{\cos\gamma}\mathrm{d}x \wedge \mathrm{d}y = -\mathrm{d}z \wedge \mathrm{d}x.$$

将这些式子代人后,即得(*)式.

如果曲面的单位法向量 $\boldsymbol{n}^{\circ}$ 与 z 轴的夹角 γ 大于 $\frac{\pi}{2}$,用样可证(*)式成立.

同理可证:

$$\oint_{\partial S^{+}} Y(x,y,z)\mathrm{d}y = \iint_{S^{+}}\left(\frac{\partial Y}{\partial x}\mathrm{d}x \wedge \mathrm{d}y - \frac{\partial Y}{\partial z}\mathrm{d}y \wedge \mathrm{d}z\right),$$

$$\oint_{\partial S^{+}} Z(x,y,z)\mathrm{d}z = \iint_{S^{+}}\left(\frac{\partial Z}{\partial y}\mathrm{d}y \wedge \mathrm{d}z - \frac{\partial Z}{\partial x}\mathrm{d}z \wedge \mathrm{d}x\right).$$

联合以上三个式子即得 Stokes 公式(4.7.5).

特别,当 ∂S 是 xy 平面上的简单闭曲线,曲面 S 是 ∂S 在 xy 平面上所围成的平面区域,Stokes 公式就退化为 Green 公式.

▶ **例 4.7.3** ……………………………………………………………

计算 $\oint_{L^{+}} y\mathrm{d}x + z\mathrm{d}y + x\mathrm{d}z$ 其中 L^{+} 是由点 $A_1(a,0,0)$,$A_2(0,a,0)$,$A_3(0,0,a)$ 组成的三角形边界 $\overline{A_1A_2A_3A_1}$(如图 4.7.5).

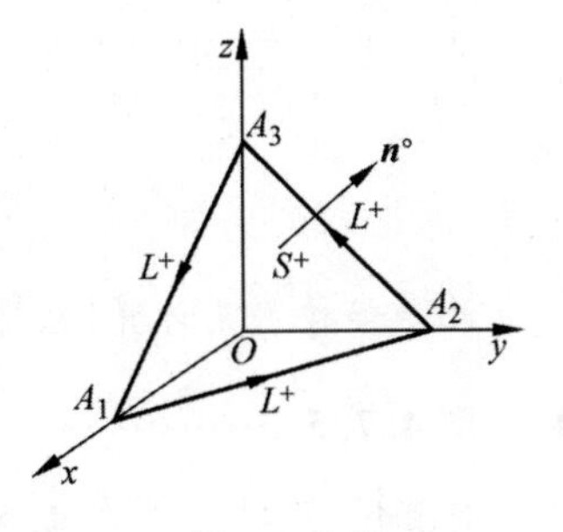

图 4.7.5

解 此题按第二类空间曲线积分定义,容易算得其积分值为 $-\frac{3}{2}a^2$. 现在用 Stokes 公式来计算,为此,我们把闭曲线 L 视为由点 A_1,A_2,A_3 所确定的三角形平面(即 S)的边界,L^{+} 确定了 S^{+} 为该平面的上侧(如图 4.7.5 中 $\boldsymbol{n}^{\circ}$ 所指的一侧),于是

$$\oint_{L^{+}} y\mathrm{d}x + z\mathrm{d}y + x\mathrm{d}z = \iint_{S^{+}}\begin{vmatrix} \mathrm{d}y \wedge \mathrm{d}z & \mathrm{d}z \wedge \mathrm{d}x & \mathrm{d}x \wedge \mathrm{d}y \\ \frac{\partial}{\partial x} & \frac{\partial}{\partial y} & \frac{\partial}{\partial z} \\ y & z & x \end{vmatrix}$$

$$=\iint_{S^+}-\mathrm{d}y\wedge\mathrm{d}z-\mathrm{d}z\wedge\mathrm{d}x-\mathrm{d}x\wedge\mathrm{d}y.$$

S 在 yz 平面上的投影 D_{yz} 是$\triangle OA_2A_3$ 所围的平面域，此时 $\boldsymbol{n}^\circ$与 x 轴正向夹角为锐角，所以 $\mathrm{d}y\wedge\mathrm{d}z=\mathrm{d}\sigma_{yz}=\mathrm{d}y\mathrm{d}z$，因此

$$\iint_{S^+}-\mathrm{d}y\wedge\mathrm{d}z=\iint_{D_{yz}}-\mathrm{d}\sigma_{yz}=-\frac{1}{2}a^2$$

$\left(\text{其中}\frac{a^2}{2}\text{是}\triangle OA_2A_3\text{ 的面积}\right)$. 同理，

$$\iint_{S^+}-\mathrm{d}z\wedge\mathrm{d}x=\iint_{S^+}-\mathrm{d}x\wedge\mathrm{d}y=-\frac{1}{2}a^2,$$

故原积分值为$\left(-\frac{3}{2}\right)a^2$.

例 4.7.4 ……………………………………………………………

计算$\oint_{L^+}\frac{x\mathrm{d}x+y\mathrm{d}y+z\mathrm{d}z}{x^2+y^2+z^2}$，其中 L 是球面 S：$x^2+y^2+z^2=a^2$ 在第一象限与坐标平面相交的圆弧$\widehat{AB}$，$\widehat{BC}$，$\widehat{CA}$ 连接而成的闭曲线，正方向如图 4.7.6 所示.

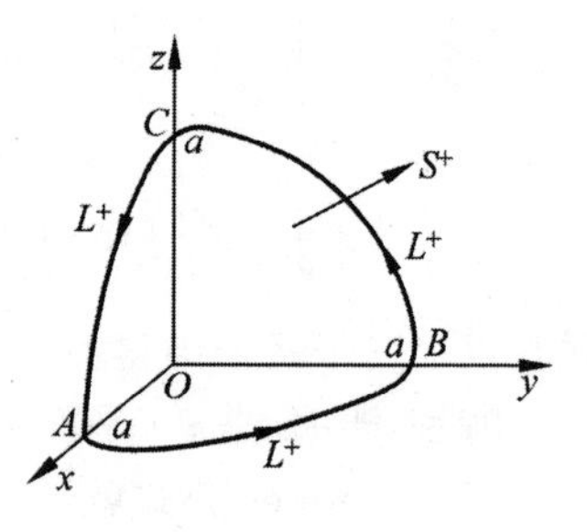

图 4.7.6

解 利用 Stokes 公式将该曲线积分化为球面在第一象限部分正侧(即 S^+)上的曲面积分. 由于曲线 L^+ 在球面上，$x^2+y^2+z^2=a^2$，于是

$$\oint_{L^+}\frac{x\mathrm{d}x+y\mathrm{d}y+z\mathrm{d}z}{x^2+y^2+z^2}=\frac{1}{a^2}\oint_{L^+}x\mathrm{d}y+y\mathrm{d}y+z\mathrm{d}z$$

$$=\frac{1}{a^2}\iint_{S^+}0\mathrm{d}y\wedge\mathrm{d}z+0\mathrm{d}z\wedge\mathrm{d}x+0\mathrm{d}x+\mathrm{d}y=0.$$

此题如按定义计算，也得积分值为 0，但比用 Stokes 公式计算要麻烦一些.

例 4.7.5 ……………………………………………………………

计算$\oint_{L^+}\frac{x\mathrm{d}y-y\mathrm{d}x}{x^2+y^2}$ 其中 L^+ 为：(1) 任意不围绕也不通过 z 轴的闭曲线，正方向如图 4.7.7 所示，记作 L_1^+；(2) 任意围绕 z 轴一圈的闭曲线，正方向如图，记作 L_2(此时正方向符合右手法则，即右手四指按 L_2 的正向弯曲时，大拇指指向 z 轴正向).

解 被积函数的定义域是除 z 轴($x^2+y^2=0$)外的所有点.

(1) 计算沿 L_1^+ 闭路线积分可以用 Stokes 公式，此时只要让任取一个以 L_1^+ 为边界且不通过 z 轴的曲面 S_1，即可把沿 L_1^+ 的曲线积分化为在 S_1^+ 上的曲面

积分，由题设

$$X=\frac{-y}{x^2+y^2},\quad Y=\frac{x}{x^2+y^2},\quad Z=0,$$

于是

$$\frac{\partial Y}{\partial x}=\frac{y^2-x^2}{(x^2+y^2)^2}=\frac{\partial X}{\partial y},$$

$$\frac{\partial Z}{\partial y}=\frac{\partial Y}{\partial z}=\frac{\partial X}{\partial z}=\frac{\partial Z}{\partial x}=0,$$

故

$$\oint_{L_1^+}\frac{x\mathrm{d}y-y\mathrm{d}x}{x^2+y^2}=\iint_{S_1^+}0\mathrm{d}y\wedge\mathrm{d}z+0\mathrm{d}z\wedge\mathrm{d}x+0\mathrm{d}x\wedge\mathrm{d}y=0.$$

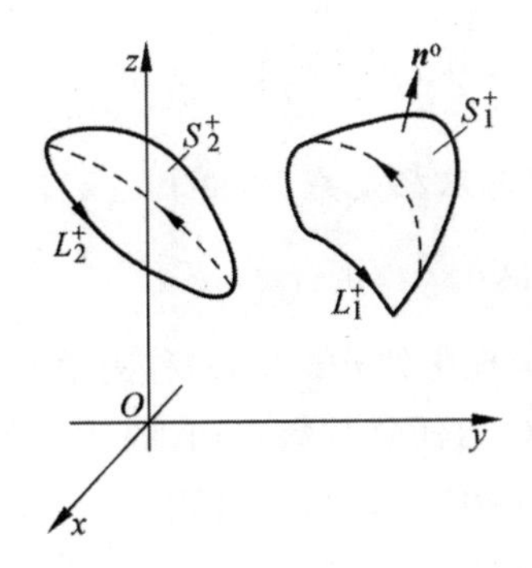

图 4.7.7

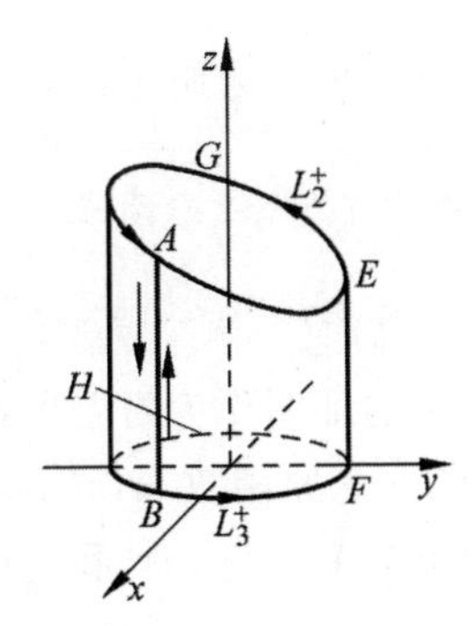

图 4.7.8

(2) 计算 L_2^+ 的闭路线积分时，如图 4.7.8 所示，以 L_2^+ 为边界的曲线 S_2 与 z 轴相交，这样就不满足 Stokes 公式的条件，为了能用 Stokes 公式计算沿 L_2^+ 的曲线积分，我们以 L_2^+ 为准线，以平行于 z 轴的直线为母线作一柱面，柱面与 xy 平面的交线为 L_3^+(其正方向与 L_2^+ 的正方向一致)，取该柱面在 L_2^+ 于 L_3^+ 之间的部分为 S，并在 S 上任取一条母线，以闭曲线 L: $AEGABHFBA$(即 L_2^+，$\overline{AB}$，L_3^-，$\overline{BA}$连接而成)为该柱面 S 边界线(也就是把柱面 S 沿$\overline{AB}$剪一条缝)，L 的正方向如上述顺序所指，则 S^+ 为柱面的内侧(如图 4.7.8)，于是

$$\oint_{L^+}\frac{x\mathrm{d}y-y\mathrm{d}x}{x^2+y^2}=\iint_{S^+}0\mathrm{d}y\wedge\mathrm{d}z+0\mathrm{d}z\wedge\mathrm{d}x+0\mathrm{d}x\wedge\mathrm{d}y=0.$$

又因为(下面省略曲线积分的被积分分式)

$$\oint_{L^+}=\oint_{L_2^+}+\oint_{\overline{AB}}+\oint_{L_3^-}+\oint_{\overline{BA}}=\oint_{L_2^+}-\oint_{L_3^+}=0.$$

故得

$$\oint_{L_2^+}\frac{x\mathrm{d}y-y\mathrm{d}x}{x^2+y^2}=\oint_{L_3^+}\frac{x\mathrm{d}y-y\mathrm{d}x}{x^2+y^2}=2\pi.$$

与 Green 公式一样，Stokes 公式可以判断三维空间中的第二类曲线积分与路径无关.

区域 $\Omega\subset\mathbb{R}^3$ 称为**单连通区域**(或**线单连通区域**)，如果对于 Ω 中任一条闭曲线 L，均有 Ω 中的一个曲面 S 以 L 边界.(能不能举一个 $\mathbb{R}^3$ 中不是单连通的区域?)

定理 4.7.3

设 $\Omega\subset\mathbb{R}^3$ 是一个单连通区域，

$$\boldsymbol{V}(x,y,z)=(X(x,y,z),Y(x,y,z),Z(x,y,z))$$

是 Ω 中的连续可微向量场，则下列命题等价：

(1) $\mathrm{rot}\boldsymbol{V}=\boldsymbol{0}$；

(2) 对于 Ω 中任意闭曲线 L，$\oint_L \boldsymbol{V}\cdot \mathrm{d}\boldsymbol{l}=0$；

(3) $\boldsymbol{A},\boldsymbol{B}$ 为 Ω 内任意两点，$\int_{L(\boldsymbol{A})}^{(\boldsymbol{B})}\boldsymbol{V}\cdot \mathrm{d}\boldsymbol{l}$ 与路径无关，其中 $L\subset\Omega$；

(4) 存在三元函数 $u(x,y,z)$，使 $\mathrm{d}u=X\mathrm{d}x+Y\mathrm{d}y+Z\mathrm{d}z$.

这个定理的证明作为习题留给读者，定理中的 $u(x,y,z)$ 称为微分式 $X\mathrm{d}x+Y\mathrm{d}y+Z\mathrm{d}z$ 的一个原函数，$u(x,y,z)+C$ (C 为任意常数)是它的所有函数，对于定理中的向量场 $\boldsymbol{V}(x,y,z)$，我们同样有 Newton-Leidniz 公式

$$\int_{L(A)}^{(B)}\boldsymbol{V}\cdot \mathrm{d}\boldsymbol{l}=u(B)-u(A). \tag{4.7.6}$$

例 4.7.6

计算 $\int_{L^+}(x^2-yz)\mathrm{d}x+(y^2-zx)\mathrm{d}y+(z^2-xy)\mathrm{d}z$，其中 L 为螺线

$$x=a\cos t,\quad y=a\sin t,\quad z=bt,\quad 0\leqslant t\leqslant 2\pi,$$

L^+ 的方向为 t 增大方向(如图 4.7.9).

解　解法一　容易验证，在 $\mathbb{R}^3$ 中 $\dfrac{\partial Z}{\partial y}=\dfrac{\partial Y}{\partial z},\dfrac{\partial X}{\partial z}=\dfrac{\partial Z}{\partial x},\dfrac{\partial Y}{\partial x}=\dfrac{\partial X}{\partial y}$，因此该积分与路径无关，于是沿螺线 L 由点 $A(a,0,0)$ 到点 $B(a,0,2\pi b)$ 的积分等于沿直线段 $\overline{AB}$ 的积分，因此

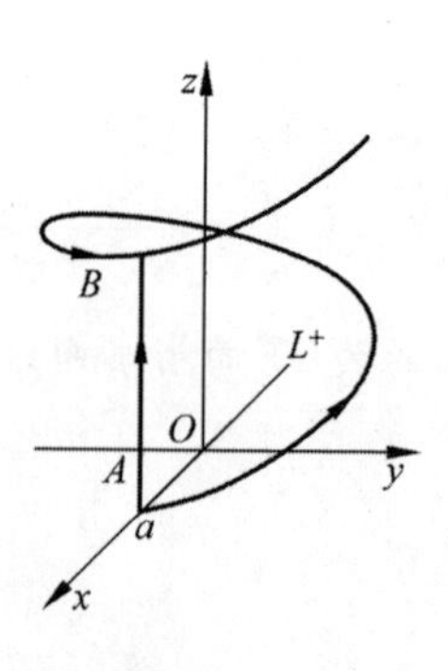

图　4.7.9

$$\begin{aligned}&\int_{L^+}(x^2-yz)\mathrm{d}x+(y^2-zx)\mathrm{d}y+(z^2-xy)\mathrm{d}z\\&=\int_{\overline{AB}}(x^2-yz)\mathrm{d}x+(y^2-zx)\mathrm{d}y+(z^2-xy)\mathrm{d}z\\&=\int_0^{2\pi b}z^2\mathrm{d}z=\frac{8}{3}\pi^3b^3.\end{aligned}$$

这种解法利用了曲线积分与路径无关的性质. 我们还可以利用全微分的性质解此题.

解法二 由于

$$
\begin{aligned}
&(x^2-yz)\mathrm{d}x+(y^2-zx)\mathrm{d}y+(z^2-xy)\mathrm{d}z\\
=&x^2\mathrm{d}x+y^2\mathrm{d}y+z^2\mathrm{d}z-yz\mathrm{d}z-zx\mathrm{d}y-xy\mathrm{d}z\\
=&\mathrm{d}\left(\frac{x^3}{3}+\frac{y^3}{3}+\frac{z^3}{3}-xyz\right),
\end{aligned}
$$

故

$$
\begin{aligned}
&\int_{(A)}^{(B)}(x^2-yz)\mathrm{d}x+(y^2-zx)\mathrm{d}y+(z^2-xy)\mathrm{d}z\\
=&\left(\frac{x^3}{3}+\frac{y^3}{3}+\frac{z^3}{3}-xyz\right)\Bigg|_{(a,0,0)}^{(a,0,2\pi b)}\\
=&\frac{8}{3}\pi^3b^3.
\end{aligned}
$$

▶ **例 4.7.7**

万有引力场或静电场可以表示为

$$\boldsymbol{F}(x,y,z)=-\frac{k}{r^3}\boldsymbol{r},$$

其中: $\boldsymbol{r}=(x,y,z)$, $r=\|\boldsymbol{r}\|=\sqrt{x^2+y^2+z^2}$, k 为常数, 当单位质量的质点或单位电量的点电荷由点 $A(x_1,y_1,z_1)$ 移动到点 $B(x_2,y_2,z_2)$ 时, 场力 $\boldsymbol{F}$ 对它做的功 W 与点 A 到点 B 的路径 L(不过原点)是无关的, 而且

$$W=\int_{(A)}^{(B)}\boldsymbol{F}\cdot\mathrm{d}\boldsymbol{l}=\frac{k}{r}\Bigg|_{r(A)}^{r(B)}=k\left(\frac{1}{r(B)}-\frac{1}{r(A)}\right),\qquad (*)$$

其中 $r(A)=\sqrt{x_1^2+y_1^2+z_1^2}$, $r(B)=\sqrt{x_2^2+y_2^2+z_2^2}$. 这是因为

$$
\begin{aligned}
W&=\int_{L(A)}^{(B)}\boldsymbol{F}\cdot\mathrm{d}\boldsymbol{l}=\int_{L(A)}^{(B)}-\frac{k}{r^3}\boldsymbol{r}\cdot\mathrm{d}\boldsymbol{l}\\
&=\int_{(A)}^{(B)}-k\frac{x\mathrm{d}x+y\mathrm{d}y+z\mathrm{d}z}{(x^2+y^2+z^2)^{\frac{3}{2}}}.
\end{aligned}
$$

注意到

$$-k\frac{x\mathrm{d}y+y\mathrm{d}y+z\mathrm{d}z}{(x^2+y^2+z^2)^{\frac{3}{2}}}=\mathrm{d}\left(\frac{k}{\sqrt{x^2+y^2+z^2}}\right)=\mathrm{d}\left(\frac{k}{r}\right),$$

即得(*)式.

▶ **例 4.7.8**

计算 $\int_L\frac{x\mathrm{d}y-y\mathrm{d}x}{x^2+y^2}$, 其中路径 L 为

(1) 由点 $A(1,0,0)$ 沿第一象限中的任意曲线(不经过 z 轴)到点 $B(0,1,1)$,记作 L_2^+(如图 4.7.10 中的 AFB);

(2) 由点 A 沿第四、三、二象限中的任意曲线(不经过 z 轴)到点 B,记作 L_3^+(如图 4.7.10 中的 AEB).

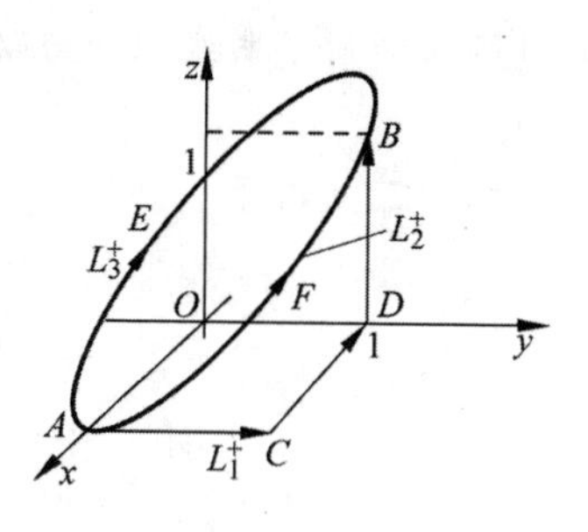

图 4.7.10

解 (1) 由于

$$\frac{x\mathrm{d}y-y\mathrm{d}x}{x^2+y^2}=\mathrm{d}\left(\arctan\frac{y}{x}\right),$$

所以原式对任何不围绕且不经过 z 轴的闭路的积分都等于零,因此沿 L_2^+ 的积分等于沿 $L_1^+:\overline{ACDB}$(如图 4.7.10)的积分,即

$$\begin{aligned}\int_{L_2^+}\frac{x\mathrm{d}y-y\mathrm{d}x}{x^2+y^2}&=\left(\int_{\overline{AC}}+\int_{\overline{CD}}+\int_{\overline{DB}}\right)\frac{x\mathrm{d}y-y\mathrm{d}x}{x^2+y^2}\\&=\int_0^1\frac{\mathrm{d}y}{1+y^2}+\int_1^0\frac{-\mathrm{d}x}{x^2+1}=2\int_0^1\frac{\mathrm{d}x}{1+x^2}\\&=2\arctan 1=\frac{\pi}{2}.\end{aligned}$$

(2) 在例 4.7.5 中我们已证明被积函数沿围绕 z 轴的任何闭路径(逆时针方向)的线积分都等于 2π,于是

$$\int_{L_2^+}\frac{x\mathrm{d}y-y\mathrm{d}x}{x^2+y^2}+\int_{L_3^-}\frac{x\mathrm{d}y-y\mathrm{d}x}{x^2+y^2}=2\pi,$$

$$\int_{L_3^+}\frac{x\mathrm{d}y-y\mathrm{d}x}{x^2+y^2}=\int_{L_2^+}\frac{x\mathrm{d}y-y\mathrm{d}x}{x^2+y^2}-2\pi=\frac{\pi}{2}-2\pi=-\frac{3}{2}\pi.$$

习题 4.7

1. 证明定理 4.7.3.

2. 计算曲面积分 $\oiint\limits_{S^+}\frac{x\mathrm{d}y\wedge\mathrm{d}z+y\mathrm{d}z\wedge\mathrm{d}x+z\mathrm{d}x\wedge\mathrm{d}y}{(x^2+y^2+z^2)^{\frac{3}{2}}}$,其中 S^+ 为:

(1) 不包含也不经过原点的半径为 R 的球面外侧;

(2) 不包含也不经过原点的任意封闭曲面的外侧;

(3) 球面 $x^2+y^2+z^2=\varepsilon^2(\varepsilon>0)$;

(4) 包含原点在其内部的任意封闭曲面的外侧.

3. 利用 Gauss 公式计算下列曲面积分.

(1) $\oiint\limits_{S^+}x^3\mathrm{d}y\wedge\mathrm{d}z+y^3\mathrm{d}z\wedge\mathrm{d}x+z^3\mathrm{d}x\wedge\mathrm{d}y$,其中 S^+ 为球面 $x^2+y^2+z^2=$

$a^2(a>0)$ 的外侧；

(2) $\oiint\limits_{S^+}(x-y)\mathrm{d}x\wedge\mathrm{d}y+x(y-z)\mathrm{d}y\wedge\mathrm{d}z$,其中 S^+ 为柱面 $x^2+y^2=1$ 及平面 $z=0,z=1$ 所围立体表面的外侧；

(3) $\oiint\limits_{S^+}(x+2y+3z)\mathrm{d}x\wedge\mathrm{d}y+(y+2z)\mathrm{d}y\wedge\mathrm{d}z+(z^2-1)\mathrm{d}z\wedge\mathrm{d}x$,其中 S^+ 为平面 $x+y+z=1$ 及与三个坐标平面所围四面体的表面,外侧为正；

(4) $\iint\limits_{S^+}a^2b^2z^2x\mathrm{d}y\wedge\mathrm{d}z+b^2c^2x^2y\mathrm{d}z\wedge\mathrm{d}x+c^2a^2y^2z\mathrm{d}x\wedge\mathrm{d}y$,其中 S^+ 为上半椭圆$\frac{x^2}{a^2}+\frac{y^2}{b^2}+\frac{z^2}{c^2}=1(z\geqslant 0)$,下侧为正$(a,b,c>0)$；

(5) $\oiint\limits_{S^+}\boldsymbol{A}\cdot\mathrm{d}\boldsymbol{S}$,其中 $\boldsymbol{A}=\frac{\boldsymbol{r}}{r^3}$,$\boldsymbol{r}=x\boldsymbol{i}+y\boldsymbol{j}+z\boldsymbol{k}$,$r=\|\boldsymbol{r}\|$,$S$ 为椭球面$\frac{x^2}{a^2}+\frac{y^2}{b^2}+\frac{z^2}{c^2}=1$,外侧为正.

4. 求向量场 $\boldsymbol{A}$ 通过闭曲面 S(从里向外) 的通量$\Phi=\oiint\limits_{S^+}\boldsymbol{A}\cdot\mathrm{d}\boldsymbol{S}$.

(1) $\boldsymbol{A}=x^3\boldsymbol{i}+y^3\boldsymbol{j}+z^3\boldsymbol{k}$,$S$ 为球面 $x^2+y^2+z^2=R^2$；

(2) $\boldsymbol{A}=(x-y+z)\boldsymbol{i}+(y-z+x)\boldsymbol{j}+(z-x+y)\boldsymbol{k}$,$S$ 为椭球面$\frac{x^2}{a^2}+\frac{y^2}{b^2}+\frac{z^2}{c^2}=1$.

5. 利用 Stokes 公式计算下列积分.

(1) $\oint_{L^+}y\mathrm{d}x+z\mathrm{d}y+x\mathrm{d}z$,其中 L 是球面 $x^2+y^2+z^2=R^2$ 与平面 $x+y+z=0$ 的交线,从 z 轴正向看上去,为逆时针方向；

(2) $\oint_{L^+}(y-x)\mathrm{d}x+(z-y)\mathrm{d}y+(x-z)\mathrm{d}z$,其中 L 为柱面 $x^2+y^2=1$ 与平面 $x+z=1$ 的交线的方程为 $|x|+|y|=1$,顺时针为正向；从 z 轴正向看上去,为逆时针方向；

(3) $\oint_{L^+}y^2\mathrm{d}x+z^2\mathrm{d}y+x^2\mathrm{d}z$,其中 L 是以 $A(a,0,0)$,$B(0,b,0)$,$C(0,0,c)(a,b,c>0)$ 为顶点的三角形的边界,方向为 $A\to B\to C\to A$.

6. 试验证下列微分式为某个三元函数 $u(x,y,z)$ 的全微分,并求出该函数.

(1) $\frac{1}{x^2}(yz\mathrm{d}x-zx\mathrm{d}y-xy\mathrm{d}z)$；

(2) $\frac{1}{(x+z)^2+y^2}[y\mathrm{d}x-(z+x)\mathrm{d}y+y\mathrm{d}z]$.

7. 证明下列曲线积分与路径无关,并求积分值.

(1) $\int_{(0,0,0)}^{(1,2,1)}(y+z)\mathrm{d}x+(z+x)\mathrm{d}y+(x+y)\mathrm{d}z$;

(2) $\int_{(1,-1,1)}^{(1,1,-1)}y^2z\mathrm{d}x+2xyz\mathrm{d}y+xy^2\mathrm{d}z$.

8. 求向量场 $\boldsymbol{A}=\dfrac{-y\boldsymbol{i}+x\boldsymbol{j}}{x^2+y^2}+a\boldsymbol{k}$ 沿下列曲线的环量 $\Gamma=\oint_{L^+}\boldsymbol{A}\cdot\mathrm{d}\boldsymbol{r}$.

(1) 圆周$\begin{cases}x^2+y^2=\varepsilon^2,\\ z=0,\end{cases}\varepsilon>0$;

(2) 圆周$\begin{cases}(x-1)^2+y^2=r^2,\\ z=2,\end{cases}r>2$.

9. 标量函数 $u=u(x,y,z)$,向量值函数 $\boldsymbol{A}(x,y,z)$ 为 $\mathbb{R}^3$ 中的光滑函数,证明下列等式.

(1) $\operatorname{div}(u\boldsymbol{V})=u\operatorname{div}(\boldsymbol{V})+\operatorname{grad}u\cdot\boldsymbol{V}$;

(2) $\operatorname{rot}(u\boldsymbol{A})=u\operatorname{rot}\boldsymbol{A}+\operatorname{grad}u\times\boldsymbol{A}$;

(3) $\operatorname{div}(\boldsymbol{A}\times\boldsymbol{B})=\boldsymbol{B}\cdot\operatorname{rot}(\boldsymbol{A})-\boldsymbol{A}\cdot\operatorname{rot}(\boldsymbol{B})$;

(4) $\operatorname{rot}(\operatorname{grad}u)=\boldsymbol{0}$;

(5) $\operatorname{div}(\operatorname{rot}\boldsymbol{A})=0$.

10. 求下列向量场在指定点处的散度 $\operatorname{div}\boldsymbol{V}$ 与旋度 $\operatorname{rot}\boldsymbol{V}$.

(1) $\boldsymbol{V}=x^2\boldsymbol{i}+y^2\boldsymbol{j}+z^2\boldsymbol{k}$,在点 $P(-1,1,2)$;

(2) $\boldsymbol{V}=xyz\boldsymbol{r}$,$\boldsymbol{r}=x\boldsymbol{i}+y\boldsymbol{j}+z\boldsymbol{k}$,在点 $P(-1,3,2)$;

(3) $\boldsymbol{V}=(3x^2z+2y)\boldsymbol{i}+(y^2-3xz)\boldsymbol{j}+3xyz\boldsymbol{k}$,在点 $P(1,2,3)$.

11. 设 $\boldsymbol{r}=x\boldsymbol{i}+y\boldsymbol{j}+z\boldsymbol{k}$,$r=\|\boldsymbol{r}\|$,$\boldsymbol{a}$ 为常向量,$f(r)$为光滑函数,求:

(1) $\operatorname{div}(r\boldsymbol{a})$;　　(2) $\operatorname{div}(r^n\boldsymbol{a})$,$n\in\mathbb{Z}^+$;

(3) 求使 $\operatorname{div}(r^n\boldsymbol{a})=0$ 的整数 n;　　(4) $\operatorname{div}(f(r)\boldsymbol{r})=0$,求 $f(r)$;

(5) $\operatorname{div}(\operatorname{grad}f(r))=0$,求 $f(r)$;　　(6) $\operatorname{rot}\boldsymbol{r}$;

(7) $\operatorname{rot}(f(r)\boldsymbol{r})$;　　(8) $\operatorname{rot}(f(r)\boldsymbol{a})$;

(9) $\operatorname{rot}(\boldsymbol{r}\times f(r)\boldsymbol{a})$.

12. 若向量场的积分与路径无关,就称向量场为保守场,考查下列向量场是否为保守场,如果是,求出相应的势函数,并计算积分$\int_{(4,0,1)}^{(2,1,-1)}\boldsymbol{V}\cdot\mathrm{d}\boldsymbol{r}$:

(1) $\boldsymbol{V}=y\cos(xy)\boldsymbol{i}+x\cos(xy)\boldsymbol{j}+\sin z\boldsymbol{k}$;

(2) $\boldsymbol{V}=(2x\cos y-y^2\sin x)\boldsymbol{i}+(2y\cos x-x^2\sin y)\boldsymbol{j}$;

(3) $\boldsymbol{V}=(6xy+z^2)\boldsymbol{i}+(3x^2-z)\boldsymbol{j}+(3xz^2-y)\boldsymbol{k}$;

(4) $\boldsymbol{V}=yz(2x+y+z)\boldsymbol{i}+zx(x+2y+z)\boldsymbol{j}+xy(x+y+2z)\boldsymbol{k}$.

第 4 章总复习题

1. 证明：$\left|\int_L \boldsymbol{V}\cdot \mathrm{d}\boldsymbol{r}\right| \leqslant \int_L \|\boldsymbol{V}\| \mathrm{d}l$.

2. 设曲面 $S: z=f(x,y),(x,y)\in D, S^+$ 的法方向向上，$F\in C(\mathbb{R}^3)$，求证：

(1) $\iint\limits_{S^+} F(x,y,z)\mathrm{d}y\wedge \mathrm{d}z = -\iint\limits_{D} F(x,y,f(x,y))\dfrac{\partial f}{\partial x}\mathrm{d}x\mathrm{d}y$;

(2) $\iint\limits_{S^+} F(x,y,z)\mathrm{d}z\wedge \mathrm{d}x = -\iint\limits_{D} F(x,y,f(x,y))\dfrac{\partial f}{\partial y}\mathrm{d}x\mathrm{d}y$.

3. 设闭曲线 $L: x=x(t), y=y(t), t\in[\alpha,\beta], L^+$ 的方向为 t 增大的方向，证明：由 L 围成区域的面积可以表示成 $S=\dfrac{1}{2}\int_\alpha^\beta \begin{vmatrix} x(t) & y(t) \\ x'(t) & y'(t)\end{vmatrix}\mathrm{d}t$.

4. 设 $L\subset\mathbb{R}^2$ 为光滑闭曲线，逆时针为正向，$\boldsymbol{n}$ 为 L 的外法线单位向量，$\boldsymbol{a}$ 为一固定向量，求证：$\oint_L \cos\langle \boldsymbol{n},\boldsymbol{a}\rangle \mathrm{d}l = 0$.

5. 设 S 为闭曲面，$\boldsymbol{a}$ 为常向量，$\boldsymbol{n}=(\cos\alpha,\cos\beta,\cos\gamma)$ 为 S 的单位法向量，证明：$\oiint_S \cos\langle \boldsymbol{n},\boldsymbol{a}\rangle \mathrm{d}S = 0$.

6. 设 L 为一单连通区域 $D\subset\mathbb{R}^2$ 的边界，P_0 为一定点，$P\in L, \boldsymbol{v}=\overrightarrow{P_0P}, v=\|\boldsymbol{v}\|$，$\boldsymbol{n}$ 为 L 的外法线单位向量，证明：$\oint_L \dfrac{\cos\langle \boldsymbol{n},\boldsymbol{v}\rangle}{v}\mathrm{d}l = \begin{cases} 0, & P_0\in D, \\ 2\pi, & P_0\notin D. \end{cases}$

7. 证明：由闭曲面 S 包围的空间体的体积为 $V=\dfrac{1}{3}\oiint\limits_S (x\cos\alpha + y\cos\beta + z\cos\gamma)\mathrm{d}S$，其中 $\boldsymbol{n}=(\cos\alpha,\cos\beta,\cos\gamma)$ 为 S 的单位外法向量.

8. 设 $\Omega\subset\mathbb{R}^3$ 是一空间区域，$\partial\Omega$ 为逐段光滑曲线，$\boldsymbol{n}$ 为 Ω 的单位外法向，$u,v\in C^2(\Omega)$，证明：

(1) $\oiint\limits_{\partial\Omega} \dfrac{\partial u}{\partial \boldsymbol{n}}\mathrm{d}S = \iiint\limits_{\Omega} \Delta u \mathrm{d}x\mathrm{d}y\mathrm{d}z$;

(2) $\oiint\limits_{\partial\Omega} v\dfrac{\partial u}{\partial \boldsymbol{n}}\mathrm{d}S = \iiint\limits_{\Omega} v\Delta u \mathrm{d}x\mathrm{d}y\mathrm{d}z - \iiint\limits_{\Omega} \nabla u\cdot\nabla v \mathrm{d}x\mathrm{d}y\mathrm{d}z$;

(3) $\oiint\limits_{\partial\Omega} \begin{vmatrix} \dfrac{\partial u}{\partial \boldsymbol{n}} & \dfrac{\partial v}{\partial \boldsymbol{n}} \\ u & v \end{vmatrix}\mathrm{d}S = \iiint\limits_{\Omega} \begin{vmatrix} \Delta u & \Delta v \\ u & v\end{vmatrix}\mathrm{d}x\mathrm{d}y\mathrm{d}z$,

其中 $\Delta=\dfrac{\partial^2}{\partial x^2}+\dfrac{\partial^2}{\partial y^2}+\dfrac{\partial^2}{\partial z^2}, \nabla=\dfrac{\partial}{\partial x}\boldsymbol{i}+\dfrac{\partial}{\partial y}\boldsymbol{j}+\dfrac{\partial}{\partial z}\boldsymbol{k}$.

9. 设 u 为开集 $D\subset\mathbb{R}^2$ 上的调和函数$\left(即\ \Delta u\equiv\dfrac{\partial^2 u}{\partial x^2}+\dfrac{\partial^2 u}{\partial y^2}=0\right)$，证明：

(1) $u(x_0,y_0)=\dfrac{1}{2\pi}\oint_{\partial D}\left(u\dfrac{\partial \ln r}{\partial \boldsymbol{n}}-\ln r\dfrac{\partial u}{\partial \boldsymbol{n}}\right)\mathrm{d}l$,其中$(x_0,y_0)\in D$,$\boldsymbol{r}$为$(x_0,y_0)$到$\partial D$上点的向量,$r=\|\boldsymbol{r}\|$,$\boldsymbol{n}$为$D$的单位外法向量;

(2) $u(x_0,y_0)=\dfrac{1}{2\pi R}\oint_{L}u(x,y)\mathrm{d}l$,其中$L$是以$(x_0,y_0)$为中心,$R$为半径位于$D$中的任意一个圆周.

10. 设u为有界开集$\Omega\subset\mathbb{R}^3$上的调和函数$\left(\text{即 }\Delta u\equiv\dfrac{\partial^2 u}{\partial x^2}+\dfrac{\partial^2 u}{\partial y^2}+\dfrac{\partial^2 u}{\partial z^2}=0\right)$,证明:

(1) $u(\boldsymbol{r}_0)=\dfrac{1}{4\pi}\iint\limits_{\partial\Omega}\left(u\dfrac{\cos\langle\boldsymbol{r},\boldsymbol{n}\rangle}{r^2}+\dfrac{1}{r}\dfrac{\partial u}{\partial \boldsymbol{n}}\right)\mathrm{d}S$,其中$\boldsymbol{r}_0$为$\Omega$内任意一点,$\boldsymbol{r}$为$\boldsymbol{r}_0$到$\partial\Omega$上点的向量,$r=\|\boldsymbol{r}\|$,$\boldsymbol{n}$为$\Omega$的单位外法向;

(2) $\iint\limits_{\partial\Omega}\left(\dfrac{1}{r}\dfrac{\partial u}{\partial \boldsymbol{n}}-u\dfrac{\partial \frac{1}{r}}{\partial \boldsymbol{n}}\right)\mathrm{d}S=\iint\limits_{\partial\Omega_0}\left(\dfrac{1}{r}\dfrac{\partial u}{\partial \boldsymbol{n}}-u\dfrac{\partial \frac{1}{r}}{\partial \boldsymbol{n}}\right)\mathrm{d}S$,

其中$\boldsymbol{M}(x_0,y_0,z_0)\in\Omega$,$\Omega_0=B(\boldsymbol{M},\rho)\subset\Omega$,$\boldsymbol{r}=(x-x_0)\boldsymbol{i}+(y-y_0)\boldsymbol{j}+(z-z_0)\boldsymbol{k}$,$r=\|\boldsymbol{r}\|$.

11. 定义:已知向量场$\boldsymbol{V}$,

若存在函数$u=u(x,y,z)$满足$\boldsymbol{V}=\mathrm{grad}u\equiv\nabla u$,则称向量场$\boldsymbol{V}$为梯度场;

若存在向量场$\boldsymbol{W}$满足$\boldsymbol{V}=\mathrm{rot}\boldsymbol{W}\equiv\nabla\times\boldsymbol{W}$,则称向量场$\boldsymbol{V}$为旋度场;

若$\mathrm{div}\boldsymbol{V}\equiv\nabla\cdot\boldsymbol{V}=0$,则称向量场$\boldsymbol{V}$为无源场;

若$\mathrm{rot}\boldsymbol{V}=\boldsymbol{0}$称向量场$\boldsymbol{V}$为无旋场.

证明:(1) 在一个单连通区域上,一个向量场是无旋的,当且仅当它是一个梯度场;

(2) 在一个单连通区域上,一个向量场是无源的,当且仅当它是旋度场;

(3) 在一个单连通区域上,一个向量场$\boldsymbol{V}=X\boldsymbol{i}+Y\boldsymbol{j}+Z\boldsymbol{k}$是梯度场的充分必要条件是存在函数$u=u(x,y,z)$,满足$\mathrm{d}u=X\mathrm{d}x+Y\mathrm{d}y+Z\mathrm{d}z$.

第5章　常数项级数

有限个实数的求和问题是初等数学所研究的问题，本章及随后几章我们将研究无穷多个实数的求和问题——无穷级数问题.

设$\{u_n\}$为一个无穷数列，将所有的u_n相加就是无穷级数

$$u_1 + u_1 + \cdots + u_n + \cdots.$$

显然，这已经不是能在有限时间算出来的，所以我们首先要定义无穷求和，这就是5.1节要研究的问题.

在本章，$\{u_n\}$是常数列，所以无穷级数$u_1+u_2+\cdots+u_n+\cdots$又称为常数项级数.

5.1　无穷级数的收敛性

无穷级数的求和是通过极限实现的.

定义 5.1.1 ……………………………………………………………………

无穷级数

$$\sum_{n=1}^{+\infty} u_n = u_1 + u_2 + \cdots + u_n + \cdots \tag{5.1.1}$$

的前n项和

$$S_n = u_1 + u_2 + \cdots + u_n$$

称为这个级数的**前n项部分和**.

一个无穷级数的部分和构成一个数列，记作$\{S_n\}$. 一个无穷级数$\sum_{n=1}^{+\infty} u_n$唯一地确定了部分和数列$\{S_n\}$；同样一个部分和数列$\{S_n\}$唯一地确定了一个无穷级数$\sum_{n=1}^{+\infty} u_n$.

下面的定义通过部分和数列$\{S_n\}$的收敛性确定无穷级数的收敛性.

定义 5.1.2 ……………………………………………………………………

如果由无穷级数$\sum_{n=1}^{+\infty} u_n$确定的部分和数列$\{S_n\}$收敛于S，即

$$\lim_{n\to+\infty} S_n = S,$$

则称该无穷级数**收敛**于 S,记作

$$\sum_{n=1}^{+\infty} u_n = S.$$

反之,若部分和数列$\{S_n\}$的极限不存在,则称级数 $\sum\limits_{n=1}^{+\infty} u_n$ **发散**.

无穷级数的收敛值 S 有时也称为**无穷级数的和**.

设$\{S_n\}$是一个数列,令 $u_1=S_1$

$$u_n = S_n - S_{n-1},\quad n=2,3,\cdots,$$

则$\{S_n\}$是无穷级数 $\sum\limits_{n=1}^{+\infty} u_n$ 的部分和数列,由此可见级数的敛散性和数列的敛散性是可以互相转化的.上册中关于数列收敛性的定理和性质同样可以移植到无穷级数的收敛性判断中来.例如我们也有关于级数收敛的 **Cauchy 准则**.

定理 5.1.1 ……

无穷级数(5.1.1)收敛的充分必要条件是:$\forall \varepsilon>0$,$\exists N\in\mathbb{N}^+$,$\forall n>N$,$\forall p\in\mathbb{N}^+$,

$$\left|\sum_{k=n+1}^{n+p} u_k\right| < \varepsilon. \tag{5.1.2}$$

套用部分和数列$\{S_n\}$收敛的 Cauchy 准则可立即证明定理 5.1.1.

在不等式(5.1.2)中令 $p=1$,可以得到

$$\forall \varepsilon>0,\quad \exists N\in\mathbb{N}^+,\quad \forall n>N,\quad |u_{n+1}|<\varepsilon,$$

因此我们有:

推论 5.1.1 ……

如果无穷级数 $\sum\limits_{n=1}^{+\infty} u_n$ 收敛,则有

$$\lim_{n\to+\infty} u_n = 0.$$

例 5.1.1 ……

当$|q|<1$时,等比级数

$$\sum_{n=1}^{+\infty} q^n = 1+q+q^2+\cdots+q^n+\cdots \tag{5.1.3}$$

收敛,其和为$\frac{1}{1-q}$.

证明 等比级数(5.1.3)的部分和为

$$S_n = 1+q+\cdots+q^n = \frac{1-q^{n+1}}{1-q}.$$

因为$|q|<1$,$\lim\limits_{n\to+\infty} q^n=0$,所以$\lim\limits_{n\to+\infty} S_n=\frac{1}{1-q}$,即

$$\sum_{n=1}^{+\infty} q^n = 1+q+q^2+\cdots+q^n+\cdots = \frac{1}{1-q}.$$

▶ **例 5.1.2** ……………………………………………………………………

证明无穷级数$\sum\limits_{n=1}^{+\infty}\frac{1}{n^2}$收敛.

证明: **证法一** 用 Cauchy 准则证明. 由(5.1.2)式,$\forall p\in\mathbb{N}^+$,

$$\begin{aligned}\sum_{k=n+1}^{n+p}\frac{1}{k^2} &= \frac{1}{(n+1)^2}+\frac{1}{(n+2)^2}+\cdots+\frac{1}{(n+p)^2}\\ &< \frac{1}{n(n+1)}+\frac{1}{(n+1)(n+2)}+\cdots+\frac{1}{(n+p-1)(n+p)}\\ &= \frac{1}{n}-\frac{1}{n+p}<\frac{1}{n}.\end{aligned} \tag{5.1.4}$$

$\forall\varepsilon>0$,取$N=\left[\frac{1}{\varepsilon}\right]+1$,$\forall n>N$,$\forall p\in\mathbb{N}^+$,

$$\left|\sum_{k=n+1}^{n+p}\frac{1}{k^2}\right|<\varepsilon,$$

故$\sum\limits_{n=1}^{+\infty}\frac{1}{n^2}$收敛.

证法二 用单调有界定理证明.

级数$\sum\limits_{n=1}^{+\infty}\frac{1}{n^2}$的部分和$S_n=\sum\limits_{k=1}^{n}\frac{1}{k^2}$. 显然部分和数列$\{S_n\}$为单调上升数列. 与(5.1.4)式类似,

$$\begin{aligned}S &= \frac{1}{1^2}+\frac{1}{2^2}+\cdots+\frac{1}{n^2}\\ &< 1+\frac{1}{1\cdot 2}+\cdots+\frac{1}{(n-1)n}\\ &< 2,\end{aligned}$$

故$\{S_n\}$为有界数列,因此$\{S_n\}$收敛,即$\sum\limits_{n=1}^{+\infty}\frac{1}{n^2}$收敛.

例 5.1.3

级数 $\sum_{n=1}^{+\infty}(-1)^n$ 发散，这是因为通项 $u_n=(-1)^n$ 不趋于零.

收敛级数还有些下列性质：

定理 5.1.2

设级数 $\sum_{n=1}^{+\infty}u_n$ 和 $\sum_{n=1}^{+\infty}v_n$ 都收敛，则 $\forall\lambda,\mu\in\mathbb{R}$，其线性组合构成的新级数

$$\sum_{n=1}^{+\infty}(\lambda u_n+\mu v_n)$$

也收敛，并且

$$\sum_{n=1}^{+\infty}(\lambda u_n+\mu v_n)=\lambda\sum_{n=1}^{+\infty}u_n+\mu\sum_{n=1}^{+\infty}v_n.$$

要注意的是两个发散级数的线性组合未必是发散的；但是一个收敛的级数与一个发散级数的和一定是发散的.

定理 5.1.3

在级数 $\sum_{n=1}^{+\infty}u_n$ 中，改变有限项的值不影响级数的敛散性.

定理 5.1.3 可以直接从 Cauchy 准则证明.

定理 5.1.3 告诉我们，收敛级数的收敛性不会因为改变有限项的值而改变，但收敛值通常会改变.

习题 5.1

1. 证明定理 5.1.2，定理 5.1.3.

2. 级数 $\sum_{n=1}^{\infty}u_n$ 的部分和序列 S_n 满足 $\lim_{n\to\infty}S_{2n+1}$ 存在，$\lim_{n\to\infty}u_n=0$，证明：$\sum_{n=1}^{\infty}u_n$ 收敛.

3. 已知级数 $\sum_{n=1}^{\infty}u_n$ 的部分和序列 $S_n=\dfrac{2n}{n+1}$，$n=1,2,\cdots$，求：

(1) u_n 的通项公式；　　(2) 判断 $\sum_{n=1}^{\infty}u_n$ 的收敛性.

4. 已知级数 $\sum_{n=1}^{\infty}u_n$ 中 $u_n>0$，证明：

(1) $\sum_{n=1}^{\infty}u_n$ 收敛 $\Leftrightarrow$ 级数 $(u_1+\cdots+u_{n_1})+(u_{n_1+1}+\cdots+u_{n_2})+\cdots+(u_{n_{k-1}+1}+$

$\cdots + u_{n_k}) + \cdots$ 收敛；

(2) $\sum\limits_{n=1}^{\infty} u_n$ 收敛 $\Rightarrow \sum\limits_{n=1}^{\infty} u_{2n+1}$ 收敛.

5. 设数列$\{u_n\}$满足$\lim\limits_{n\to\infty} nu_n = 0$，证明：级数$\sum\limits_{n=1}^{\infty}(n+1)(u_{n+1}-u_n)$收敛等价于$\sum\limits_{n=1}^{\infty} u_n$收敛.

6. 利用定义判断下列级数的敛散性，对收敛的级数求和.

(1) $\sum\limits_{n=1}^{\infty} 100\left(\dfrac{1}{4}\right)^{n-1}$；

(2) $\sum\limits_{n=1}^{\infty} \sqrt{\dfrac{n+1}{n+2}}$；

(3) $\sum\limits_{n=1}^{\infty} \dfrac{1}{(2n-1)(2n+3)}$；

(4) $\sum\limits_{n=1}^{\infty} \dfrac{1}{n(n+1)(n+2)}$；

(5) $\sum\limits_{n=1}^{\infty} \dfrac{(-1)^n n^3}{2n^3+n}$；

(6) $\sum\limits_{n=1}^{\infty} (\sqrt{n+2} - 2\sqrt{n+1} + \sqrt{n})$；

(7) $\sum\limits_{n=1}^{\infty} \arctan \dfrac{1}{2n^2}$；

(8) $\sum\limits_{n=1}^{\infty} \dfrac{2n-1}{2^n}$；

(9) $\sum\limits_{n=1}^{\infty} \dfrac{1}{\sqrt[n]{n}}$.

7. 求级数$\sum\limits_{n=1}^{\infty} \dfrac{1}{n(n+m)}(m>0, m\in\mathbb{Z})$的和.

5.2 非负项级数的收敛性

级数$\sum\limits_{n=1}^{+\infty} u_n$中，若$u_n \geqslant 0, n=1,2,\cdots$，称其为**非负项级数**.

由定理5.1.3可知，若存在$N\in\mathbb{N}^+$，使得当$n>N$时，$u_n\geqslant 0$，这样的级数也可用非负项级数收敛性的判别法则判断其收敛性.

若$\sum\limits_{n=1}^{+\infty} u_n$为非负项级数，其部分和数列$\{S_n\}$为单调增数列，$\{S_n\}$收敛的充分必要条件是其有上界.

定理 5.2.1(比较判敛法)

设$\sum\limits_{n=1}^{+\infty} u_n$，$\sum\limits_{n=1}^{+\infty} v_n$均为非负项级数，且$\forall n\in\mathbb{N}^+$，均有

$$u_n \leqslant v_n, \tag{5.2.1}$$

则

(1) 若 $\sum_{n=1}^{+\infty} v_n$ 收敛,则 $\sum_{n=1}^{+\infty} u_n$ 收敛;

(2) 若 $\sum_{n=1}^{+\infty} u_n$ 发散,则 $\sum_{n=1}^{+\infty} v_n$ 发散.

证明:(1) 设 $\sum_{n=1}^{+\infty} u_n$ 和 $\sum_{n=1}^{+\infty} v_n$ 的部分和数列分别为 $\{S_n\}$ 和 $\{T_n\}$,级数 $\sum_{n=1}^{+\infty} v_n$ 收敛,$\{T_n\}$ 为单调有界数列,由不等式(5.2.1)可知

$$S_n \leqslant T_n,$$

$\{S_n\}$ 也为单调有界数列,必收敛. 故 $\sum_{n=1}^{+\infty} u_n$ 收敛.

(2) 如果级数 $\sum_{n=1}^{+\infty} v_n$ 收敛,由(1)可知 $\sum_{n=1}^{+\infty} u_n$ 收敛. 所以我们由条件:级数 $\sum_{n=1}^{+\infty} u_n$ 发散,可得级数 $\sum_{n=1}^{+\infty} v_n$ 也发散.

由定理 5.1.3 可知,关于通项的不等式(5.2.1)只要对充分的大的 n 均成立,定理 5.2.1 就成立.

定理 5.2.1 可以写成极限形式如下:

定理 5.2.2(比较判敛法的极限形式)

若非负 u_n, v_n 满足

$$\lim_{n \to +\infty} \frac{u_n}{v_n} = L, \tag{5.2.2}$$

则有:

(1) 若 $0 < L < +\infty$,则 $\sum_{n=1}^{+\infty} u_n$ 与 $\sum_{n=1}^{+\infty} v_n$ 有相同的敛散性;

(2) 若 $L = 0$,则由 $\sum_{n=1}^{+\infty} v_n$ 收敛可推出 $\sum_{n=1}^{+\infty} u_n$ 收敛;

(3) 若 $L = +\infty$,则由 $\sum_{n=1}^{+\infty} v_n$ 发散可推出 $\sum_{n=1}^{+\infty} u_n$ 发散.

证明:(1) 若 $L>0$,取 $\varepsilon = \frac{L}{2}$,由(5.2.2)式可得:$\exists N \in \mathbb{N}^+, \forall n > N$,

$$\left| \frac{u_n}{v_n} - L \right| < \frac{L}{2},$$

$$\frac{L}{2} v_n < u_n < \frac{3}{2} L v_n,$$

由定理 5.2.1 可知，$\sum_{n=1}^{+\infty} u_n$ 与 $\sum_{n=1}^{+\infty} v_n$ 有相同的敛散性.

(2) 若 $L=0$，取 $\varepsilon=1$，由(6.2.2)式，$\exists N\in\mathbb{N}^+$，$\forall n>N$，

$$\left|\frac{u_n}{v_n}\right|<1,$$

$$u_n<v_n,$$

故由 $\sum_{n=1}^{+\infty} v_n$ 收敛可推出 $\sum_{n=1}^{+\infty} u_n$ 收敛.

(3) 当 $L=+\infty$ 时，

$$\lim_{n\to+\infty}\frac{v_n}{u_n}=0,$$

由(2)可知由 $\sum_{n=1}^{+\infty} v_n$ 发散可推出 $\sum_{n=1}^{+\infty} u_n$ 发散.

要指出的是，非负项级数 $\sum_{n=1}^{+\infty} u_n$ 发散就是单调增数列 $\{S_n\}$ 无界，即 $\lim_{n\to+\infty} S_n=+\infty$，此时也常记作

$$\sum_{n=1}^{+\infty} u_n=+\infty.$$

例 5.2.1

判断级数 $\sum_{n=1}^{+\infty}\frac{\sqrt[3]{5n^3-2n^2+1}}{n^2}$ 的敛散性.

解 当 $n\to+\infty$ 时，

$$\frac{\sqrt[3]{5n^3-2n^2+1}}{n^2}\sim\frac{\sqrt[3]{5}}{n},$$

而 $\sum_{n=1}^{+\infty}\frac{1}{n}$ 是发散的，故级数 $\sum_{n=1}^{+\infty}\frac{\sqrt[3]{5n^3-2n^2+1}}{n^2}$ 发散.

例 5.2.2

判断级数 $\sum_{n=1}^{+\infty}\left[\mathrm{e}-\left(1+\frac{1}{n}\right)^n\right]^2$ 的敛散性.

解 因为

$$\mathrm{e}-\left(1+\frac{1}{n}\right)^n=\mathrm{e}-\mathrm{e}^{n\ln\left(1+\frac{1}{n}\right)}=\mathrm{e}\left[1-\mathrm{e}^{n\ln\left(1+\frac{1}{n}\right)-1}\right]$$

$$\sim-\mathrm{e}\left[n\ln\left(1+\frac{1}{n}\right)-1\right]$$

$$\sim\frac{\mathrm{e}}{2n},\quad n\to+\infty,$$

所以

$$\left[\mathrm{e}-\left(1+\frac{1}{n}\right)^n\right]^2 \sim \frac{\mathrm{e}^2}{4n^2}, \quad n\to+\infty.$$

由例 5.1.2，$\sum\limits_{n=1}^{+\infty}\frac{1}{n^2}$ 收敛，故级数 $\sum\limits_{n=1}^{+\infty}\left[\mathrm{e}-\left(1+\frac{1}{n}\right)^n\right]^2$ 收敛.

定理 5.2.2 的本意是通过一个简单的、已知敛散性的级数 $\sum\limits_{n=1}^{+\infty}v_n$ 来推断一个复杂级数 $\sum\limits_{n=1}^{+\infty}u_n$ 的敛散性. v_n 相当于一个尺子，用这个尺子通过(5.2.2)式极限来度量一个比较复杂的 u_n. 我们现在已经知道的尺度有 $\frac{1}{n}, \frac{1}{n^2}$，级数 $\sum\limits_{n=1}^{+\infty}\frac{1}{n}$ 发散，级数 $\sum\limits_{n=1}^{+\infty}\frac{1}{n^2}$ 收敛. 例 5.2.1 和例 5.2.2 分别用这两个尺度来度量两个复杂级数的敛散性. 这两个尺度显然是不够的，下面通过积分判敛法可以得到更多的尺度.

定理 5.2.3(Cauchy 积分判敛法) ……………………………………

设 $f\in C[1,+\infty)$ 且非负递减，$u_n=f(n)(n=1,2,\cdots)$，则非负项级数 $\sum\limits_{n=1}^{+\infty}u_n$ 收敛的充分必要条件是广义积分 $\int_1^{+\infty}f(x)\mathrm{d}x$ 收敛.

证明 由本定理的条件可知，$\forall x\in[k,k+1](k\in\mathbb{N}^+)$，有

$$u_{k+1}\leqslant f(x)\leqslant u_k.$$

由定积分的保序性质可得

$$u_{k+1}\leqslant\int_k^{k+1}f(x)\mathrm{d}x\leqslant u_k,$$

故连加后可得

$$\sum_{k=1}^{n-1}u_{k+1}\leqslant\int_1^n f(x)\mathrm{d}x\leqslant\sum_{k=1}^{n-1}u_k.$$

记 $\sum\limits_{n=1}^{+\infty}u_n$ 的部分和数列为 $\{S_n\}$，则

$$S_n-u_1\leqslant\int_1^n f(x)\mathrm{d}x\leqslant S_{n-1},$$

$\{S_n\}$ 有界的充分必要条件为 $\int_1^n f(x)\mathrm{d}x$ 收敛. 本定理得证.

广义积分 $\int_1^{+\infty}\frac{\mathrm{d}x}{x^p}$ 当且仅当 $p>1$ 时收敛，故级数 $\sum\limits_{n=1}^{+\infty}\frac{1}{n^p}$ 当且仅当 $p>1$ 时收敛.

以 $\frac{1}{n^p}$ 作为尺度，我们有：

推论 5.2.1

若 $\lim\limits_{n\to+\infty} n^p u_n = L$，则

(1) 当 $p>1$，且 $0\leqslant L<+\infty$ 时，$\sum\limits_{n=1}^{+\infty} u_n$ 收敛；

(2) 当 $p\leqslant 1$，且 $0<L\leqslant+\infty$ 时，$\sum\limits_{n=1}^{+\infty} u_n$ 发散.

令 $v_n=\dfrac{1}{n^p}$，利用定理 5.2.2 可直接推得本推论.

例 5.2.3

判断级数 $\sum\limits_{n=1}^{+\infty}(\sqrt{n+2}-2\sqrt{n+1}+\sqrt{n})$ 的收敛性，若收敛，求其和.

解

$$\begin{aligned}\sqrt{n+2}-2\sqrt{n+1}+\sqrt{n}&=\sqrt{n}\left(1+\frac{2}{n}\right)^{\frac{1}{2}}-2\sqrt{n}\left(1+\frac{1}{n}\right)^{\frac{1}{2}}+\sqrt{n}\\&=\sqrt{n}\left[\left(1+\frac{1}{n}-\frac{1}{2}\frac{1}{n^2}\right)-2\left(1+\frac{1}{2n}-\frac{1}{8n^2}\right)+1+O(n^{-3})\right]\\&\sim-\frac{1}{4n^{3/2}},\quad n\to+\infty.\end{aligned}$$

$p=\dfrac{3}{2}>1$，由推论 5.2.1 可知级数收敛. 记

$$S_n=\sum_{k=1}^{n}\left[(\sqrt{k+2}-\sqrt{k+1})+(\sqrt{k+1}-\sqrt{k})\right],$$

则

$$\begin{aligned}S_n&=\sum_{k=1}^{n}\left[(\sqrt{k+2}-\sqrt{k+1})+(\sqrt{k+1}-\sqrt{k})\right]\\&=\sqrt{n+2}-\sqrt{n+1}-\sqrt{2}+1\\&=\frac{1}{\sqrt{n+1}+\sqrt{n+2}}-\sqrt{2}+1,\end{aligned}$$

$$\lim_{n\to+\infty} S_n=1-\sqrt{2},$$

故

$$\sum_{n=1}^{+\infty}(\sqrt{n+2}-2\sqrt{n+1}+\sqrt{n})=1-\sqrt{2}.$$

例 5.2.4

讨论级数 $\sum\limits_{n=2}^{+\infty}\dfrac{1}{n^p\ln^q n}$ 的敛散性.

解 记 $u_n=\frac{1}{n^p \ln^q n}$.

(1) 当 $p>1$ 时,取 $v_n=\frac{1}{n^{\frac{1+p}{2}}}$. $\forall q\in\mathbb{R}$,

$$\lim_{n\to+\infty}\frac{u_n}{v_n}=\lim_{n\to+\infty}\frac{1}{n^{\frac{p-1}{2}}\ln^q n}=0.$$

而此时 $\frac{1+p}{2}>1$, $\sum_{n=2}^{+\infty}v_n$ 收敛,由比较判敛法的极限形式可知 $\sum_{n=2}^{+\infty}u_n$ 收敛.

(2) 当 $p<1$ 时,取 $v_n=\frac{1}{n^{\frac{1+p}{2}}}$, $\forall q\in\mathbb{R}$,

$$\lim_{n\to+\infty}\frac{u_n}{v_n}=\lim_{n\to+\infty}\frac{n^{\frac{1-p}{2}}}{\ln^q n}=+\infty.$$

而此时 $\frac{1+p}{2}<1$, $\sum_{n=2}^{+\infty}v_n$ 发散,同样由比较判敛法的极限形式可知 $\sum_{n=2}^{+\infty}u_n$ 发散.

(3) 当 $p=1$ 时,由 Cauchy 积分判敛法可知 $\sum_{n=2}^{+\infty}u_n$ 与广义积分

$$\int_2^{+\infty}\frac{\mathrm{d}x}{x\ln^q x}$$

同敛散,即当 $q>1$ 时 $\sum_{n=2}^{+\infty}u_n$ 收敛,当 $q\leqslant 1$ 时 $\sum_{n=2}^{+\infty}u_n$ 发散.

由例 5.1.1 可知当 $|q|<1$ 时,等比级数

$$1+q+q^2+\cdots+q^n+\cdots$$

是收敛的.等比级数的性质是通项后项比前项为常数 q 或通项开 n 次方为常数.以等比级数为尺度,我们可以推出下面两个级数判敛法:

定理 5.2.4(比率判敛法)

正项级数 $\sum_{n=1}^{+\infty}u_n$,若

$$\lim_{n\to+\infty}\frac{u_{n+1}}{u_n}=\rho, \tag{5.2.3}$$

其中 ρ 可以是非负实数或 $+\infty$,则

(1) 当 $\rho<1$ 时,级数 $\sum_{n=1}^{+\infty}u_n$ 收敛;

(2) 当 $\rho>1$ 时,级数 $\sum_{n=1}^{+\infty}u_n$ 发散.

证明 (1) 当 $\rho<1$ 时,取 $\varepsilon=\frac{1-\rho}{2}>0$,由(5.2.3)式可知 $\exists N\in\mathbb{N}^+$, $\forall n>N$,都有

$$\left|\frac{u_{n+1}}{u_n}-\rho\right|<\frac{1-\rho}{2},$$

$$\frac{u_{n+1}}{u_n}<\frac{1+\rho}{2},$$

$$u_n<\frac{1+\rho}{2}u_{n-1}<\cdots<\left(\frac{1+\rho}{2}\right)^{n-N-1}u_{N+1}=C\left(\frac{1+\rho}{2}\right)^n,$$

其中常数 $C=\left(\dfrac{2}{1+\rho}\right)^{N+1}u_{N+1}$. 因为 $0<\dfrac{1+\rho}{2}<1$,等比级数 $\sum\limits_{n=1}^{+\infty}\left(\dfrac{1+\rho}{2}\right)^n$ 收敛,所以由比较定理,$\sum\limits_{n=1}^{+\infty}u_n$ 收敛.

(2) 当 $\rho>1$ 时,取 $\varepsilon=\dfrac{\rho-1}{2}$,同样由(5.2.3)式可知 $\exists N\in\mathbb{N}^+$,$\forall n>N$,都有

$$\left|\frac{u_{n+1}}{u_n}-\rho\right|<\frac{\rho-1}{2},$$

$$\frac{u_{n+1}}{u_n}>\frac{1+\rho}{2},$$

$$u_n>\frac{1+\rho}{2}u_{n-1}>\cdots>\left(\frac{1+\rho}{2}\right)^{n-N-1}u_{N+1}=C\left(\frac{1+\rho}{2}\right)^n,$$

其中常数 $C=\left(\dfrac{2}{1+\rho}\right)^{N+1}u_{N+1}$. 此时 $\dfrac{1+\rho}{2}>1$,等比级数 $\sum\limits_{n=1}^{+\infty}\left(\dfrac{1+\rho}{2}\right)^n$ 发散,由比较定理可知 $\sum\limits_{n=1}^{+\infty}u_n$ 发散.

定理 5.2.5(根值判敛法)

非负级数 $\sum\limits_{n=1}^{+\infty}u_n$,若

$$\lim_{n\to+\infty}\sqrt[n]{u_n}=\rho,\tag{5.2.4}$$

其中 ρ 可以是非负实数或 $+\infty$,则

(1) 当 $\rho<1$ 时 $\sum\limits_{n=1}^{+\infty}u_n$ 收敛;

(2) 当 $\rho>1$ 时 $\sum\limits_{n=1}^{+\infty}u_n$ 发散.

证明 (1) 当 $\rho<1$ 时,取 $\varepsilon=\dfrac{1-\rho}{2}>0$,由(5.2.4)式,$\exists N\in\mathbb{N}^+$,$\forall n>N$,都有

$$\left|\sqrt[n]{u_n}-\rho\right|<\frac{1-\rho}{2},$$

$$\sqrt[n]{u_n} < \frac{1+\rho}{2},$$

$$u_n < \left(\frac{1+\rho}{2}\right)^n,$$

因为$\frac{1+\rho}{2} < 1$,级数$\sum\limits_{n=1}^{+\infty}\left(\frac{1+\rho}{2}\right)^n$收敛,所以由比较定理可知$\sum\limits_{n=1}^{+\infty}u_n$也收敛.

(2) 当$\rho>1$时,取$\varepsilon=\frac{\rho-1}{2}>0$,同样,当$n$足够大时,

$$\left|\sqrt[n]{u_n}-\rho\right| < \frac{\rho-1}{2},$$

$$\sqrt[n]{u_n} > \frac{\rho+1}{2},$$

$$u_n > \left(\frac{\rho+1}{2}\right)^n,$$

此时$\frac{\rho+1}{2}>1$,级数$\sum\limits_{n=1}^{+\infty}\left(\frac{1+\rho}{2}\right)^n$发散,故$\sum\limits_{n=1}^{+\infty}u_n$发散.

当$\lim\limits_{n\to+\infty}\frac{u_{n+1}}{u_n}$或$\lim\limits_{n\to+\infty}\sqrt[n]{u_n}$不存在时,比率判敛法和根值判敛法有如下推广:

定理 5.2.4′ ……

正项级数$\sum\limits_{n=1}^{+\infty}u_n$中:

(1) 若$\overline{\lim\limits_{n\to+\infty}}\frac{u_{n+1}}{u_n}=\rho<1$,则$\sum\limits_{n=1}^{+\infty}u_n$收敛;

(2) 若$\underline{\lim\limits_{n\to+\infty}}\frac{u_{n+1}}{u_n}=\rho>1$,则$\sum\limits_{n=1}^{+\infty}u_n$发散.

定理 5.2.5′ ……

非负级数$\sum\limits_{n=1}^{+\infty}u_n$,若$\overline{\lim\limits_{n\to+\infty}}\sqrt[n]{u_n}=\rho$:

(1) 当$\rho<1$时,$\sum\limits_{n=1}^{+\infty}u_n$收敛;

(2) 当$\rho>1$时,$\sum\limits_{n=1}^{+\infty}u_n$发散.

上面的$\overline{\lim\limits_{n\to+\infty}}$与$\underline{\lim\limits_{n\to+\infty}}$分别为上极限与下极限(在本书的上册讨论过). 在此就不证明了.

定理 5.2.4 与定理 5.2.5 通常分别称为 D'Alembet 判别法和 Cauchy 判别法.

例 5.2.5

分别讨论级数 $\sum_{n=1}^{+\infty}\frac{n!}{3^n}$ 和 $\sum_{n=1}^{+\infty}\frac{n!}{n^n}$ 的敛散性.

解 对于级数 $\sum_{n=1}^{+\infty}\frac{n!}{3^n}$,

$$\frac{u_{n+1}}{u_n}=\frac{n+1}{3}\to+\infty,\quad n\to+\infty.$$

由比率判别法可得 $\sum_{n=1}^{+\infty}\frac{n!}{3^n}$ 发散.

对于级数 $\sum_{n=1}^{+\infty}\frac{n!}{n^n}$,

$$\frac{u_{n+1}}{u_n}=\left(\frac{n}{n+1}\right)^n\to\frac{1}{\mathrm{e}},\quad n\to+\infty,$$

同样由比率判别法可得 $\sum_{n=1}^{+\infty}\frac{n!}{n^n}$ 收敛.

例 5.2.6

讨论 $\sum_{n=1}^{+\infty}\frac{n^2}{3^n}$ 和 $\sum_{n=1}^{+\infty}\frac{1}{2^n}\left(1+\frac{1}{n}\right)^{n^2}$ 的敛散性.

解 对于级数 $\sum_{n=1}^{+\infty}\frac{n^2}{3^n}$,

$$\sqrt[n]{u_n}=\frac{\sqrt[n]{n^2}}{3}\to\frac{1}{3},\quad n\to+\infty,$$

由根值判别法知 $\sum_{n=1}^{+\infty}\frac{n^2}{3^n}$ 收敛.

对于级数 $\sum_{n=1}^{+\infty}\frac{1}{2^n}\left(1+\frac{1}{n}\right)^{n^2}$,

$$\sqrt[n]{u_n}=\frac{1}{2}\left(1+\frac{1}{n}\right)^n\to\frac{\mathrm{e}}{2}>1,\quad n\to+\infty,$$

同样由根值判别法知 $\sum_{n=1}^{+\infty}\frac{1}{2^n}\left(1+\frac{1}{n}\right)^{n^2}$ 发散.

例 5.2.7

讨论级数

$$\frac{1}{2}+\frac{1}{3}+\frac{1}{2^2}+\frac{1}{3^2}+\cdots+\frac{1}{2^n}+\frac{1}{3^n}+\cdots \tag{5.2.5}$$

的敛散性.

解 $u_{2n-1}=\dfrac{1}{2^n}, u_{2n}=\dfrac{1}{3^n}$，因此 $\lim\limits_{n\to+\infty}\sqrt[n]{u_n}$ 不存在. 但是

$$\lim_{n\to+\infty}\sqrt[2n-1]{u_{2n-1}}=\frac{1}{\sqrt{2}},\quad \lim_{n\to+\infty}\sqrt[2n]{u_{2n}}=\frac{1}{\sqrt{3}},$$

因此 $\overline{\lim\limits_{n\to+\infty}}\sqrt[n]{u_n}=\dfrac{1}{\sqrt{2}}<1$，原级数(5.2.5)收敛.

例 5.2.8

讨论 $\sum\limits_{n=1}^{+\infty}\dfrac{2+(-1)^n}{4^n}$ 的敛散性.

解

$$0<\frac{2+(-1)^n}{4^n}\leqslant\frac{3}{4^n}.$$

可以直接由比较定理得知级数收敛. 试一下比率判别法.

$$\frac{u_{2n+1}}{u_{2n}}=\frac{1}{12},\quad \frac{u_{2n+2}}{u_{2n+1}}=\frac{3}{4},$$

故 $\lim\limits_{n\to+\infty}\dfrac{u_{n+1}}{u_n}$ 不存在，但是 $\overline{\lim\limits_{n\to+\infty}}\dfrac{u_{n+1}}{u_n}=\dfrac{3}{4}<1$，由推广了的比率判别法定理 5.2.4′ 可知原级数收敛.

级数 $\sum\limits_{n=1}^{+\infty}\dfrac{1}{n}$， $\sum\limits_{n=1}^{+\infty}\dfrac{1}{n^2}$，无论是比率或根值判别法都不能判断它们的敛散性，因为

$$\lim_{n\to+\infty}\frac{\dfrac{1}{n+1}}{\dfrac{1}{n}}=1,\quad \lim_{n\to+\infty}\sqrt[n]{\frac{1}{n}}=1,$$

$$\lim_{n\to+\infty}\frac{\dfrac{1}{(n+1)^2}}{\dfrac{1}{n^2}}=1,\quad \lim_{n\to+\infty}\sqrt[n]{\frac{1}{n^2}}=1.$$

$\rho=1$ 恰好是用两种判别法都不能得到级数的敛散性结论. 当 $\rho=1$ 时，我们还有比上述两种判别法更精细的判别法，例如 Raabe 判敛法：

定理 5.2.6(Raabe 判敛法)

设 $u_n>0, n=1,2,\cdots$.

(1) 如果存在 $\rho>1$，使得当 n 充分大时，有

$$n\left(\frac{u_n}{u_{n+1}}-1\right)\geqslant\rho,$$

则级数 $\sum\limits_{n=1}^{+\infty}u_n$ 收敛；

(2) 如果当 n 充分大时,有

$$n\left(\frac{u_n}{u_{n+1}}-1\right)\leqslant 1,$$

则 $\sum\limits_{n=1}^{+\infty}u_n$ 发散.

本书不证明定理 5.2.6,有要了解该定理证明的同学请参阅《数学分析》教材.

级数 $\sum\limits_{n=1}^{+\infty}\frac{1}{n},\sum\limits_{n=1}^{+\infty}\frac{1}{n^2}$ 可由 Raabe 定理判断收敛性.

还可以构造更精细的判别法,在此就不再叙述了.

习题 5.2

1. 判断下列级数的敛散性.

(1) $\sum\limits_{n=1}^{\infty}\frac{1}{(2n-1)2^{n-1}}$;　　(2) $\sum\limits_{n=1}^{\infty}\sin\frac{\pi}{2^n}$;

(3) $\sum\limits_{n=2}^{\infty}\frac{1}{\ln n}$;　　(4) $\sum\limits_{n=1}^{\infty}\frac{\ln n}{n^{\frac{3}{2}}}$;

(5) $\sum\limits_{n=1}^{\infty}\left(\frac{1+n^2}{1+n^3}\right)^2$;　　(6) $\sum\limits_{n=1}^{\infty}\frac{1}{n}\sin\frac{1}{\sqrt{n}}$;

(7) $\sum\limits_{n=1}^{\infty}\frac{1}{\sqrt{n}}\ln\left(\frac{n+1}{n-1}\right)$;　　(8) $\sum\limits_{n=1}^{\infty}(e^{\frac{1}{\sqrt{n}}}-1)$.

2. 判断下列级数的敛散性.

(1) $\sum\limits_{n=1}^{\infty}\frac{2^n}{(2n-1)!}$;　　(2) $\sum\limits_{n=1}^{\infty}\frac{n^2}{2^n}$;

(3) $\sum\limits_{n=2}^{\infty}\frac{3^n n}{n^n}$;　　(4) $\sum\limits_{n=1}^{\infty}\frac{(2n-1)!!}{3^n n!}$;

(5) $\sum\limits_{n=1}^{\infty}n^3\sin\frac{\pi}{3^n}$;　　(6) $\sum\limits_{n=2}^{\infty}2^{n-1}\tan\frac{\pi}{2^n}$.

3. 判断下列级数的敛散性.

(1) $\sum\limits_{n=1}^{\infty}\frac{2^n}{\sqrt{n^n}}$;　　(2) $\sum\limits_{n=1}^{\infty}\frac{1}{3^n}\left(1+\frac{1}{n}\right)^{n^2}$;

(3) $\sum\limits_{n=3}^{\infty}\frac{1}{n^p(\ln n)^q(\ln\ln n)^r}$;　　(4) $\sum\limits_{n=1}^{\infty}\frac{1}{\sqrt[3]{n+1}}\ln\frac{n+2}{n}$;

(5) $\sum\limits_{n=1}^{\infty}\left(\sin\left(\frac{\pi}{4}+\frac{1}{n}\right)\right)^n$;　　(6) $\sum\limits_{n=1}^{\infty}\frac{\ln(n!)}{n!}$;

(7) $\sum_{n=1}^{\infty} e^{-\frac{n^2+1}{n+1}}$;　　(8) $\sum_{n=1}^{\infty} \frac{(\ln^n n)n!}{n^n}$;

(9) $\sum_{n=1}^{\infty} \frac{3n-1}{2^n+2^{-n}}$;　　(10) $\sum_{n=1}^{\infty} \frac{1}{1+a^n}(a>0)$.

4. 设 $u_n, v_n > 0$, $\frac{u_{n+1}}{u_n} \leqslant \frac{v_{n+1}}{v_n}$,证明:$\sum_{n=1}^{\infty} v_n$ 收敛,则 $\sum_{n=1}^{\infty} u_n$ 收敛.

5. 设 $u_n > 0$,数列$\{nu_n\}$有界,证明:$\sum_{n=1}^{\infty} \frac{u_n}{n}$ 收敛.

6. 设 $u_n, v_n > 0$,且 $\sum_{n=1}^{\infty} v_n$, $\sum_{n=1}^{\infty} u_n$ 均发散,考查 $\sum_{n=1}^{\infty} \max\{v_n, u_n\}$ $\sum_{n=1}^{\infty} \min\{v_n, u_n\}$ 的敛散性.

7. 若 $\sum_{n=1}^{\infty} u_n (u_n > 0)$ 收敛,则 $\lim_{n\to\infty} \frac{u_{n+1}}{u_n} = l < 1$ 正确吗?请举例说明.

8. 利用 Raabe 判别法,讨论下列级数的敛散性.

(1) $\sum_{n=1}^{\infty} \frac{\sqrt{n!}}{(1+\sqrt{1})(1+\sqrt{2})\cdots(1+\sqrt{n})}$;

(2) $\sum_{n=1}^{\infty} \frac{n!n^{-p}}{q(q+1)(q+2)\cdots(q+n)}$,　$p,q>0$.

9. 讨论下列级数的敛散性.

(1) $\sum_{n=1}^{\infty} \left(\frac{1}{\sqrt{n}} - \sqrt{\ln\frac{n+1}{n}}\right)$;　　(2) $\sum_{n=1}^{\infty} (n^{\frac{1}{n^2+1}} - 1)$.

10. 设 $\sum_{n=1}^{\infty} u_n$ 为正项级数,证明:$\sum_{n=1}^{\infty} u_n$ 与 $\sum_{n=1}^{\infty} \frac{u_n}{u_n+1}$ 的敛散性相同.

11. 利用级数证明:$\lim_{n\to\infty} \frac{n!}{n^n} = 0$, $\lim_{n\to\infty} \frac{n^4}{a^n} = 0$　$(a>1)$.

5.3 任意项级数的收敛性

所谓任意项级数,指的是通项可正可负的常数项级数.任意项级数的收敛性有两种——绝对收敛与条件收敛.

5.3.1 任意项级数的两种收敛性

定义 5.3.1 ………………………………………………………………

任意项级数 $\sum_{n=1}^{+\infty} u_n$,如果通项加上绝对值之后的非负项级数 $\sum_{n=1}^{+\infty} |u_n|$ 收敛,则称原级数 $\sum_{n=1}^{+\infty} u_n$ **绝对收敛**.

取绝对值之后的 $\sum_{n=1}^{+\infty}|u_n|$ 是非负项级数. 5.2 节的所有判敛法则都适用. 因此绝对收敛的问题已经解决. 下面的定理告诉我们绝对收敛与本身收敛的关系:

定理 5.3.1 ……

若 $\sum_{n=1}^{+\infty}|u_n|$ 收敛, 则 $\sum_{n=1}^{+\infty}u_n$ 一定收敛.

证明 我们用 Cauchy 准则来证明定理. 因为 $\sum_{n=1}^{+\infty}|u_n|$ 收敛, 所以 $\forall\varepsilon>0$, $\exists N\in\mathbb{N}^+$, $\forall p>N$,

$$\left|\sum_{k=n+1}^{n+p}|u_n|\right|<\varepsilon,$$

因此

$$\left|\sum_{k=n+1}^{n+p}u_n\right|\leqslant\left|\sum_{k=n+1}^{n+p}|u_n|\right|<\varepsilon.$$

由级数收敛的 Cauchy 准则定理 5.1.1 可知, 原级数 $\sum_{n=1}^{+\infty}u_n$ 一定收敛.

定理 5.3.1 的逆命题不成立, 我们在下一小节会举例说明有些级数其本身 $\sum_{n=1}^{+\infty}u_n$ 收敛, 而通项取了绝对值之后就发散了.

定义 5.3.2 ……

若任意项级数 $\sum_{n=1}^{+\infty}u_n$ 收敛, 但 $\sum_{n=1}^{+\infty}|u_n|$ 发散, 则称级数 $\sum_{n=1}^{+\infty}u_n$ **条件收敛**.

在讨论一般的任意项级数收敛性问题之前, 我们先讨论一种特殊的任意项级数.

5.3.2 交错项级数的收敛性

交错项级数指的是通项的正负号交错, 一般记作

$$\sum_{n=1}^{+\infty}(-1)^{n-1}u_n,\quad u_n\geqslant 0,\quad n=1,2\cdots,\tag{5.3.1}$$

对于交错项级数收敛性的判断, 我们有:

定理 5.3.2(Leibniz 定理) ……

若交错项级数(5.3.1)中, 数列 $\{u_n\}$ 递减, 并且 $\lim\limits_{n\to+\infty}u_n=0$, 则

(1) 交错项级数 $\sum_{n=1}^{+\infty}(-1)^{n-1}u_n$ 收敛, 其和 $S\leqslant u_1$;

(2) 如果我们取前 n 项和 $S_n=\sum_{k=1}^{n}(-1)^{k-1}u_k$，则其截断误差 $R_n=S-S_n=\sum_{k=n+1}^{+\infty}(-1)^{k-1}u_k$ 满足

$$|R_n|\leqslant u_{n+1},\quad n=1,2,\cdots.$$

证明 (1) 记级数 $\sum_{n=1}^{+\infty}(-1)^{n-1}u_n$ 的前 $2n$ 项部分和为

$$S_{2n}=(u_1-u_2)+(u_3-u_4)+\cdots+(u_{2n-1}-u_{2n}),$$

则数列 $\{S_{2n}\}_{n=1}^{+\infty}$ 为单调递增数列，且

$$S_{2n}=u_1-(u_2-u_3)-\cdots-(u_{2n-2}-u_{2n-1})-u_{2n}\leqslant u_1,$$

故单调递增数列 $\{S_{2n}\}_{n=1}^{+\infty}$ 有上界 u_1，其必有极限记作 S，

$$\lim_{n\to+\infty}S_{2n}=S\leqslant u_1.$$

原级数的前 $2n+1$ 项之和

$$S_{2n+1}=S_{2n}+u_{2n+1},$$

且 $\lim_{n\to+\infty}u_{2n+1}=0$，故

$$\lim_{n\to+\infty}S_{2n+1}=\lim_{n\to+\infty}S_{2n}+\lim_{n\to+\infty}u_{2n+1}=S,$$

从而 $\lim_{n\to+\infty}S_n=S$.

(2) $R_n=S-S_n=\sum_{k=n+1}^{+\infty}(-1)^{k-1}u_k$ 也是交错项级数，由(1)可知其一定收敛，且 $|R_n|\leqslant u_{n+1}$.

满足上述定理要求的交错项级数有时称为 **Leibniz 级数**.

例 5.3.1 ……

$\sum_{n=1}^{+\infty}\frac{(-1)^n}{n},\sum_{n=1}^{+\infty}\frac{(-1)^n}{\sqrt{n}},\sum_{n=2}^{+\infty}\frac{(-1)^n}{\ln n}$ 均为 Leibniz 级数，均收敛. 但各项取绝对值之后构成的级数 $\sum_{n=1}^{+\infty}\frac{1}{n},\sum_{n=1}^{+\infty}\frac{1}{\sqrt{n}},\sum_{n=2}^{+\infty}\frac{1}{\ln n}$ 均发散，故这些 Leibniz 级数的收敛性均为条件收敛.

Leibniz 级数 $\sum_{n=1}^{+\infty}\frac{(-1)^{n-1}}{n^2}$ 也收敛，各项取绝对值之后的级数 $\sum_{n=1}^{+\infty}\frac{1}{n^2}$ 收敛. 因此 $\sum_{n=1}^{+\infty}\frac{(-1)^{n-1}}{n^2}$ 为绝对收敛.

例 5.3.2 ……

分别讨论级数

$$\sum_{n=2}^{+\infty}\frac{(-1)^{n-1}}{\sqrt{n}+(-1)^n}\text{和}\sum_{n=2}^{+\infty}\frac{(-1)^{n-1}}{n+(-1)^n} \tag{5.3.2}$$

的收敛性.

解 (5.3.2)式中的两个级数均为交错项级数,通项当 $n\to+\infty$ 时也都趋于零,但它们都不是 Leibniz 级数,因为 $\{u_n\}$,$\{v_n\}$ 都不是单调数列,其中

$$u_n=\frac{1}{\sqrt{n}+(-1)^n},\quad v_n=\frac{1}{n+(-1)^n},\quad n=2,3,\cdots.$$

定理 5.3.2 不能用于本例题.我们可以通过通项的 Taylor 展开来讨论两个级数的收敛性.

$$\begin{aligned}\frac{(-1)^{n-1}}{\sqrt{n}+(-1)^n}&=\frac{(-1)^{n-1}}{\sqrt{n}}\cdot\frac{1}{1+\frac{(-1)^n}{\sqrt{n}}}\\&=\frac{(-1)^{n-1}}{\sqrt{n}}\left\{1+\frac{(-1)^{n-1}}{\sqrt{n}}+O\left(\frac{1}{n}\right)\right\}\\&=\frac{(-1)^{n-1}}{\sqrt{n}}+\frac{1}{n}+\frac{(-1)^{n-1}}{\sqrt{n}}O\left(\frac{1}{n}\right),\quad n\to+\infty,\end{aligned}$$

其中存在常数 C_1 使得 $\left|O\left(\frac{1}{n}\right)\right|\leqslant\frac{C_1}{n}$. 显然 $\sum_{n=2}^{+\infty}\frac{(-1)^{n-1}}{\sqrt{n}}$ 为 Leibniz 级数,收敛.

$$\left|\frac{(-1)^{n-1}}{\sqrt{n}}O\left(\frac{1}{n}\right)\right|\leqslant\frac{C_1}{n^{\frac{3}{2}}},$$

$\sum_{n=2}^{+\infty}\frac{(-1)^{n-1}}{\sqrt{n}}O\left(\frac{1}{n}\right)$ 为绝对收敛级数. 而中间一项 $\sum_{n=2}^{+\infty}\frac{1}{n}$ 为发散级数,故原级数 $\sum_{n=2}^{+\infty}\frac{(-1)^{n-1}}{\sqrt{n}+(-1)^n}$ 为发散级数.

同样用 Taylor 展开方法,

$$\begin{aligned}\frac{(-1)^{n-1}}{n+(-1)^n}&=\frac{(-1)^{n-1}}{n}\cdot\frac{1}{1+\frac{(-1)^n}{n}}\\&=\frac{(-1)^{n-1}}{n}\left\{1+\frac{(-1)^{n-1}}{n}+O\left(\frac{1}{n^2}\right)\right\},\quad n\to+\infty,\end{aligned}$$

其中存在常数 C_2 使得 $\left|O\left(\frac{1}{n^2}\right)\right|\leqslant\frac{C_2}{n^2}$. 而三个级数

$$\sum_{n=2}^{+\infty}\frac{(-1)^{n-1}}{n},\quad\sum_{n=2}^{+\infty}\frac{1}{n^2},\quad\sum_{n=2}^{+\infty}\frac{(-1)^{n-1}}{n}O\left(\frac{1}{n^2}\right)$$

分别为条件收敛、绝对收敛、绝对收敛的级数,故原级数 $\sum_{n=2}^{+\infty}\frac{(-1)^{n-1}}{n+(-1)^n}$ 条件收

敛.(想一下为什么一个条件收敛的级数与一个绝对收敛的级数之和为条件收敛级数?)

在例 5.3.2 中,对于通项,我们有

$$\frac{(-1)^{n-1}}{\sqrt{n}+(-1)^n} \sim \frac{(-1)^{n-1}}{\sqrt{n}}, \quad n \to +\infty,$$

$$\frac{(-1)^{n-1}}{n+(-1)^n} \sim \frac{(-1)^{n-1}}{n}, \quad n \to +\infty.$$

显然,$\sum\limits_{n=2}^{+\infty} \frac{(-1)^{n-1}}{\sqrt{n}}$ 与 $\sum\limits_{n=2}^{+\infty} \frac{(-1)^{n-1}}{n}$ 均为条件收敛级数,而最终我们得到了发散与条件收敛两个不同的结论,因此 5.2 节所给出的一些判敛法(比较判敛法、等价无穷小判敛法等)仅对非负项级数适用.

5.3.3 任意项级数的收敛性

在讨论一般的任意项级数之前,先给出一个引理.

定理 5.3.3(Abel 引理)

设有限数列 $\{u_k\}_{k=1}^n$ 的部分和数列 $\{S_k\}$ 为有界数列,即存在 $M>0$,使得

$$|S_k| = \left|\sum_{i=1}^k u_i\right| \leqslant M, \quad k=1,2,\cdots,n,$$

有限数列 $\{v_k\}_{k=1}^n$ 为单调数列,则

$$\left|\sum_{k=1}^n u_k v_k\right| \leqslant M(|v_1| + 2|v_n|).$$

证明 记 $S_0=0$,则 $u_k = S_k - S_{k-1}$, $k=1,2,\cdots,n$. 所以

$$\begin{aligned}\sum_{k=1}^n u_k v_k &= \sum_{k=1}^n (S_k - S_{k-1}) v_k = \sum_{k=1}^n S_k v_k - \sum_{k=1}^n S_{k-1} v_k \\ &= \sum_{k=1}^n S_k v_k - \sum_{k=0}^{n-1} S_k v_{k+1} \\ &= \sum_{k=1}^{n-1} S_k (v_k - v_{k+1}) + S_n v_n,\end{aligned}$$

$$\begin{aligned}\left|\sum_{k=1}^n u_k v_k\right| &\leqslant \sum_{k=1}^{n-1} |S_k||v_k - v_{k+1}| + |S_n||v_n| \\ &\leqslant M\left(\sum_{k=1}^{n-1} |v_k - v_{k+1}| + |v_n|\right),\end{aligned}$$

因为 $\{v_k\}_{k=1}^n$ 为单调数列,$\sum\limits_{k=1}^{n-1}(|v_k - v_{k+1}| + |v_n|) = |v_1 - v_n| + |v_n|$,所以

$$\left|\sum_{k=1}^{n} u_k v_k\right| \leqslant M(|v_1| + 2|v_n|).$$

由此引理我们可以证明

定理 5.3.4(Dirichlet 判敛法)

设数列$\{u_n\}$，$\{v_n\}$满足：

(1) 数列$\{u_n\}$的部分和数列$\{S_n\}$为有界数列，即存在$M>0$，使得

$$|S_n| = \left|\sum_{k=1}^{n} u_k\right| \leqslant M,\quad n=1,2,\cdots;\tag{5.3.3}$$

(2) 数列$\{v_n\}$为单调趋于 0 数列，

则级数$\sum_{n=1}^{+\infty} u_n v_n$收敛.

证明 由不等式(5.3.3)可知

$$\left|\sum_{k=n+1}^{n+p} u_k\right| \leqslant \left|\sum_{k=1}^{n+p} u_k - \sum_{k=1}^{n} u_k\right| \leqslant 2M,$$

故由 Abel 引理知

$$\left|\sum_{k=n+1}^{n+p} u_k v_k\right| \leqslant 2M(|v_{n+1}| + 2|v_{n+p}|),$$

由定理的条件$\lim\limits_{n\to+\infty} v_n=0$，$\forall \varepsilon>0$，$\exists N\in\mathbb{N}^+$，$\forall n>N$，有$|v_n|<\frac{\varepsilon}{6M}$. $\forall p\in\mathbb{N}^+$，$|v_{n+p}|<\frac{\varepsilon}{6M}$，因此

$$\left|\sum_{k=n+1}^{n+p} u_k v_k\right| \leqslant 2M(|v_{n+1}| + 2|v_{n+p}|) < \varepsilon.$$

由 Cauchy 准则，级数$\sum_{n=1}^{+\infty} u_n v_n$收敛.

定理 5.3.5(Abel 判敛法)

设数列$\{u_n\}$，$\{v_n\}$满足：

(1) $\sum_{n=1}^{+\infty} u_n$收敛；

(2) $\{v_n\}$单调有界，

则级数$\sum_{n=1}^{+\infty} u_n v_n$收敛.

证明 记L为数列$\{v_n\}$的界，即

$$|v_n| \leqslant L, \quad n=1,2,\cdots.$$

因为$\sum_{n=1}^{+\infty} u_n$收敛，$\forall \varepsilon>0, \exists N \in \mathbb{N}^+, \forall n>N, \forall p \in \mathbb{N}^+$，

$$\left|\sum_{k=n+1}^{n+p} u_k\right| < \frac{\varepsilon}{3L}.$$

由 Abel 引理，

$$\left|\sum_{k=n+1}^{n+p} u_k v_k\right| < \frac{\varepsilon}{3L}(|v_{n+1}|+2|v_{n+p}|) \leqslant \varepsilon,$$

故由 Cauchy 准则，级数$\sum_{n=1}^{+\infty} u_n v_n$收敛.

Abel 判敛法也可由 Dirichlet 判敛法得到. 考虑级数$\sum_{n=1}^{+\infty} u_n(v_n-v)$即可，其中$v$为单调有界数列$\{v_n\}$的收敛值.

Dirichlet 判敛法和 Abel 判敛法对数列$\{u_n\}$，$\{v_n\}$的要求各有强弱，因此遇到题目时要选择合适的判敛法.

▶ **例 5.3.3** ……………………………………………………………………

设$\{a_n\}$单调趋于 0，证明：当$x \neq 2m\pi(m \in \mathbb{N})$时，$\sum_{n=1}^{+\infty} a_n \cos nx$收敛.

证明

$$\sum_{k=1}^{n} \cos kx = \frac{\sin\left(n+\frac{1}{2}\right)x - \sin\frac{x}{2}}{2\sin\frac{x}{2}}.$$

当$x \neq 2m\pi$时，

$$\left|\sum_{k=1}^{n} \cos kx\right| \leqslant \frac{1}{\left|\sin\frac{x}{2}\right|}.$$

由 Dirichlet 判敛法，当$x \neq 2m\pi$时，级数$\sum_{n=1}^{+\infty} a_n \cos nx$收敛.

当$x=2m\pi$时，级数

$$\sum_{n=1}^{+\infty} a_n \cos nx = \sum_{n=1}^{+\infty} a_n,$$

其收敛性取决于$\{a_n\}$.

▶ **例 5.3.4** ……………………………………………………………………

讨论级数$\sum_{n=1}^{+\infty} \frac{\cos n}{n}$的收敛性.

解 由例 5.3.3，当 $a_n=\dfrac{1}{n}$ 时的情况可知 $\sum\limits_{n=1}^{+\infty}\dfrac{\cos n}{n}$ 收敛. 各项取绝对值之后，

$$\frac{|\cos n|}{n}\geqslant\frac{\cos^2 n}{n}=\frac{1+\cos 2n}{2n},$$

级数 $\sum\limits_{n=1}^{+\infty}\dfrac{\cos 2n}{2n}$ 收敛，而级数 $\sum\limits_{n=1}^{+\infty}\dfrac{1}{2n}$ 发散，同此原级数 $\sum\limits_{n=1}^{+\infty}\dfrac{\cos n}{n}$ 为条件收敛.

例 5.3.5

证明级数 $\sum\limits_{n=1}^{+\infty}\dfrac{\cos\frac{1}{n}\cos n}{n}$ 收敛.

证明 由上例可知 $\sum\limits_{n=1}^{+\infty}\dfrac{\cos n}{n}$ 收敛，而 $\left\{\cos\dfrac{1}{n}\right\}$ 单调有界，因此由 Abel 判敛法，级数 $\sum\limits_{n=1}^{+\infty}\dfrac{\cos\frac{1}{n}\cos n}{n}$ 收敛.

我们进一步还可以证明 $\sum\limits_{n=1}^{+\infty}\dfrac{\cos\frac{1}{n}\cos n}{n}$ 为条件收敛.

5.3.4 无穷求和运算的结合律和交换律

有限和的运算具有结合律和交换律. 下面讨论无穷和运算（即级数运算）是否还有结合律与交换律.

定理 5.3.6

设 $\sum\limits_{n=1}^{+\infty}u_n$ 为收敛级数，在不改变次序的情况下将无穷和任意合并成为新的级数

$$(u_1+\cdots+u_{k_1})+(u_{k_1+1}+\cdots+u_{k_2})+\cdots+(u_{k_{n-1}+1}+\cdots+u_{k_n})+\cdots \tag{5.3.4}$$

也收敛于同一和，其中 $k_j(j=1,2,\cdots)$ 均为正整数，且 $k_1<k_2<\cdots<k_n<\cdots$.

证明 设 $\sum\limits_{n=1}^{+\infty}u_n$ 的部分和数列为 $\{S_n\}$，则新的级数(5.3.4)的部分和数列为 $\{S_{n_k}\}$，$\{S_{n_k}\}$ 为 $\{S_n\}$ 的子列，有相同的收敛性，且收敛到同一数.

定理 5.3.5 的逆命题不成立，$\sum\limits_{n=1}^{+\infty}(-1)^{n-1}$ 是发散的级数，但两两结合后新的级数

$$(1-1)+(1-1)+\cdots+(1-1)+\cdots$$

为收敛级数.加上一个条件后,定理 5.3.5 的逆命题也成立.

定理 5.3.7 ……

如果级数(5.3.4)收敛,且每个括号中的项都有相同的正负号,则原级数 $\sum_{n=1}^{+\infty} u_n$ 收敛于同一数.

证明 设原级数的部分和为$\{S_n\}$,经过任意合并后的新级数的部分和为$\{T_n\}$,由于括号中的项都是同号的,若第 k 个括号内 $u_{n_{k-1}+1},\cdots,u_{n_k}$ 均为正号,则

$$T_{k-1} \leqslant S_i \leqslant T_k, \quad n_{k-1} < i < n_k.$$

若第 k 个括号内 $u_{n_{k-1}+1},\cdots,u_{n_k}$ 均为负号,则

$$T_{k-1} \geqslant S_i \geqslant T_k, \quad n_{k-1} < i < n_k.$$

令 $i \to +\infty$,此时 $k \to +\infty$, $\lim\limits_{k\to+\infty} T_k = S$,由极限存在性的夹逼定理可得

$$\lim_{n\to+\infty} S_n = S.$$

无穷和的交换律是一个复杂的问题.

定理 5.3.8 ……

绝对收敛的级数求和有交换律,即交换绝对收敛的数中无穷多项的求和次序,得到的新的级数绝对收敛,其和与原来极数的和相同.

证明 (1) 先证非负项级数求和的交换律.

设 $u_n \geqslant 0, n = 1,2,\cdots$,交换级数 $\sum_{n=1}^{+\infty} u_n$ 的求和次序得到新的级数记作 $\sum_{n=1}^{+\infty} v_n$. $\sum_{n=1}^{+\infty} u_n$ 与 $\sum_{n=1}^{+\infty} v_n$ 的部分和分别记作$\{S_n\}$与$\{T_n\}$,则

$$T_n \leqslant \sum_{n=1}^{+\infty} u_n = S.$$

$\{T_n\}$为单调增有界数列,必收敛,设收敛值为 T,则 $T \leqslant S$. 反之, $\sum_{n=1}^{+\infty} v_n$ 也能通过改变求和次序成为 $\sum_{n=1}^{+\infty} u_n$,同理有 $S \leqslant T$. 故 $S = T$.

(2) 再证任意项的绝对收敛级数求和的交换律.

设 $\sum_{n=1}^{+\infty} u_n$ 是一个任意项级数,绝对收敛,记

$$u_n^+ = \frac{|u_n| + u_n}{2}, \quad u_n^- = \frac{|u_n| - u_n}{2},$$

则

$$u_n^+ = \begin{cases} u_n, & u_n \geqslant 0, \\ 0, & u_n < 0, \end{cases} \quad u_n^- = \begin{cases} -u_n, & u_n \leqslant 0, \\ 0, & u_n > 0. \end{cases}$$

且$\sum\limits_{n=1}^{+\infty}u_n^+$，$\sum\limits_{n=1}^{+\infty}u_n^-$ 均为非负项级数.由本题的条件：$\sum\limits_{n=1}^{+\infty}|u_n|$ 收敛可知 $\sum\limits_{n=1}^{+\infty}u_n^+$ 与 $\sum\limits_{n=1}^{+\infty}u_n^-$ 均收敛.

$$\sum_{n=1}^{+\infty}u_n=\sum_{n=1}^{+\infty}u_n^+-\sum_{n=1}^{+\infty}u_n^-.$$

改变无穷级数$\sum\limits_{n=1}^{+\infty}u_n$ 的求和次序得到新的级数$\sum\limits_{n=1}^{+\infty}v_n$.同样可以构造 v_n^+ 与 v_n^- 得到

$$\sum_{n=1}^{+\infty}v_n=\sum_{n=1}^{+\infty}v_n^+-\sum_{n=1}^{+\infty}v_n^-.$$

由(1)非负项级数无穷求和的交换律可知非负项级数

$$\sum_{n=1}^{+\infty}u_n^+=\sum_{n=1}^{+\infty}v_n^+,\sum_{n=1}^{+\infty}u_n^-=\sum_{n=1}^{+\infty}v_n^-,$$

故 $\sum\limits_{n=1}^{+\infty}u_n=\sum\limits_{n=1}^{+\infty}v_n$.

若$\sum\limits_{n=1}^{+\infty}u_n$ 是条件收敛的，则定理 5.3.7 证明中的结论："$\sum\limits_{n=1}^{+\infty}u_n^+$ 与 $\sum\limits_{n=1}^{+\infty}u_n^-$ 均为收敛的非负项级数"不再成立，因此定理 5.3.7 不再成立.下面的例子告诉我们，一个条件收敛的级数可以通过变换无穷项的求和次序依据收敛到任意一个实数，甚至是无穷大.

▶ **例 5.3.6** ……………………………………………………………………

变换条件收敛级数$\sum\limits_{n=1}^{+\infty}\dfrac{(-1)^{n-1}}{n}$ 的求和次序，使变换次序后的级数收敛到 100(这里的 100 是一个随意给的数字，也可以是其他数字或无穷大).

解 记 $u_n=\dfrac{(-1)^{n-1}}{n}$，$n=1,2,\cdots$，则

$$u_n^+=\frac{|u_n|+u_n}{2}=\begin{cases}\dfrac{1}{2m+1}, & n=2m+1,\\ 0, & n=2m,\end{cases}$$

$$u_n^-=\frac{|u_n|-u_n}{2}=\begin{cases}\dfrac{1}{2m}, & n=2m,\\ 0, & n=2m+1,\end{cases}$$

因为$\sum\limits_{n=1}^{+\infty}u_n$ 为条件收敛级数，所以非负项级数

$$\sum_{n=1}^{+\infty}u_n^+=\frac{1}{2}\left(\sum_{n=1}^{+\infty}|u_n|+\sum_{n=1}^{+\infty}u_n\right)=+\infty,\tag{5.3.5}$$

$$\sum_{n=1}^{+\infty} u_n^- = \frac{1}{2}\left(\sum_{n=1}^{+\infty} | u_n | - \sum_{n=1}^{+\infty} u_n\right) = +\infty. \tag{5.3.6}$$

由(5.3.5)式可知，存在正整数 n，使得

$$\sum_{i=1}^{n_1-1} u_i^+ \leqslant 100 < \sum_{i=1}^{n_1} u_i^+.$$

记 $U_1 = \sum_{i=1}^{n_1} u_i^+$. 加的项太多了，减小，由(5.3.6)式存在正整数 m_1，使得

$$U_1 - \sum_{j=1}^{m_1} u_j^- < 100 \leqslant U_1 - \sum_{j=1}^{m_1-1} u_j^-,$$

记 $V_1 = \sum_{j=1}^{m_1} u_j^-$，新的有限和 $U_1 - V_1 = \sum_{i=1}^{n_1} u_i^+ - \sum_{j=1}^{m_1} u_j^-$ 中的前 k 项部分和($n_1 < k \leqslant m_1 + n_1$)$S_k$ 满足

$$| S_k - 100 | \leqslant \max\{u_{n_1}^+, u_{m_1}^-\}.$$

上述过程可以重复，存在正整数 n_2，使得

$$U_1 - V_1 + \sum_{i=n_1+1}^{n_2-1} u_i^+ \leqslant 100 < U_1 - V_1 + \sum_{i=n_1+1}^{n_2} u_i^+,$$

记 $U_2 = \sum_{i=n_1+1}^{n_2} u_i^+$. 存在正整数 m_2，使得

$$U_1 - V_1 + U_2 - \sum_{j=m_1+1}^{m_2} u_j^- < 100 \leqslant U_1 - V_1 + U_2 - \sum_{j=m_1+1}^{m_2-1} u_j^-.$$

记 $V_2 = \sum_{j=m_1+1}^{m_2} u_j^-$，则有限和式

$$U_1 - V_1 + U_2 - V_2 = \sum_{i=1}^{n_1} u_i^+ - \sum_{j=1}^{m_1} u_j^- + \sum_{i=n_1+1}^{n_2} u_i^+ - \sum_{j=m_1+1}^{m_2} u_j^-$$

中的部分和 S_k($m_1+n_1<k\leqslant m_1+n_2$)满足

$$| S_k - 100 | \leqslant \max\{u_{m_1}^-, u_{n_2}^+\},$$

当 $m_1+n_2<k\leqslant m_2+n_2$ 时，

$$| S_k - 100 | \leqslant \max\{u_{m_2}^-, u_{n_2}^+\}.$$

重复 l 项上述过程，存在正整数 n_l，使得

$$(U_1 - V_1) + \cdots + (U_{l-1} - V_{l-1}) + \sum_{i=n_{l-1}+1}^{n_l-1} u_i^+ \leqslant 100 < (U_1 - V_1) + \cdots$$

$$+ (U_{l-1} - V_{l-1}) + \sum_{i=n_{l-1}+1}^{n_l} u_i^+.$$

记 $U_l=\sum_{i=n_{l-1}+1}^{n_l}u_i^+$. 存在正整数 m_l，使得

$$(U_1-V_1)+\cdots+(U_{l-1}+V_{l-1})+U_l-\sum_{j=m_{l-1}+1}^{m_l}u_j^-<100\leqslant(U_1-V_1)+\cdots$$

$$+(U_{l-1}-V_{l-1})+U_l-\sum_{j=m_{l-1}+1}^{m_l-1}u_j^-.$$

记 $V_l=\sum_{j=m_{l-1}+1}^{m_l}u_j^-$. 此时有限和式

$$(U_1-V_1)+\cdots+(U_l+V_l)=\sum_{i=1}^{n_1}u_i^+-\sum_{j=1}^{m_1}u_j^-+\cdots+\sum_{i=n_{l-1}+1}^{n_l}u_i^+-\sum_{j=m_{l-1}+1}^{m_l}u_j^-$$

的前 k 次和 S_k 满足

$$|S_k-100|\leqslant\max\{u_{m_{l-1}}^-,u_{n_l}^+\},\quad m_{l-1}+n_{l-1}<k\leqslant m_{l-1}+n_l,\tag{5.3.7}$$

$$|S_k-100|\leqslant\max\{u_{m_l}^-,u_{n_l}^+\},\quad m_{l-1}+n_{l-1}<k\leqslant m_l+n_l.\tag{5.3.8}$$

因为原级数 $\sum_{n=1}^{+\infty}u_n$ 收敛，其通项 u_n 趋于 0，

$$\lim_{n\to+\infty}u_n^+=\lim_{n\to+\infty}u_n^-=0.$$

当 $k\to+\infty$ 时，m_l,n_l 均趋于 $+\infty$，$u_{m_l}^-,u_{n_l}^+$ 均趋于 0，故由(5.3.7)式、(5.3.8)式可得

$$\lim_{k\to+\infty}S_k=100,$$

即 $\sum_{n=1}^{+\infty}u_n$ 的更序级数 $U_1-V_1+U_2-V_2+\cdots+U_l-V_l+\cdots$ 收敛到 100.

习题 5.3

1. 举出相应的例子.

(1) $u_n>0,\lim\limits_{n\to\infty}u_n=0$，但 $\sum_{n=1}^{\infty}(-1)^nu_n$ 发散；

(2) $u_n>0,\{u_n\}$ 单调递减，但 $\sum_{n=1}^{\infty}(-1)^nu_n$ 发散.

2. 若非负级数 $\sum_{n=1}^{\infty}a_n$ 收敛，证明：$\sum_{n=1}^{\infty}a_n^2$ 收敛. 又问逆命题正确吗？

3. 若级数 $\sum_{n=1}^{\infty}u_n$ 收敛，且 $\lim\limits_{n\to\infty}\frac{u_n}{v_n}=1$，能否断定级数 $\sum_{n=1}^{\infty}v_n$ 收敛？

4. 判断下列级数是绝对收敛性、条件收敛还是发散.

(1) $\sum_{n=1}^{\infty}\frac{(-1)^n}{\sqrt{n+1}}$；　　(2) $\sum_{n=1}^{\infty}(-1)^n\frac{(2n-1)!!}{(2n)!!}$；

(3) $\sum_{n=1}^{\infty}(-1)^n\frac{n}{n+1}$;

(4) $\sum_{n=2}^{\infty}(-1)^n\sqrt{\frac{n+1}{n(n-1)}}$;

(5) $\sum_{n=1}^{\infty}\frac{1}{2^n}\sin\frac{n\pi}{4}$;

(6) $\sum_{n=2}^{\infty}\frac{1}{n(\ln n)^3}\cos\frac{n\pi}{4}$;

(7) $\sum_{n=1}^{\infty}(-1)^n\frac{2^{n^2}}{n!}$;

(8) $\sum_{n=1}^{\infty}\frac{(-1)^n}{n-\ln n}$;

(9) $\sum_{n=1}^{\infty}(-1)^n(\sqrt{n+1}-\sqrt{n})$;

(10) $\sum_{n=1}^{\infty}\sin(\pi\sqrt{n^2+1})$;

(11) $\sum_{n=2}^{\infty}\frac{(-1)^n}{\sqrt{n+(-1)^n}}$;

(12) $\sum_{n=2}^{\infty}\frac{\cos n\pi}{\sqrt{n}+(-1)^n}\frac{n+1}{n}$;

(13) $\frac{1}{\sqrt{2}-1}+\frac{1}{\sqrt{2}+1}+\frac{1}{\sqrt{3}-1}+\frac{1}{\sqrt{3}+1}+\cdots+\frac{1}{\sqrt{n}-1}+\frac{1}{\sqrt{n}+1}+\cdots$;

(14) $1-\ln 2+\frac{1}{2}-\ln\frac{3}{2}+\cdots+\frac{1}{n}-\ln\frac{n+1}{n}+\cdots$.

5. 讨论 p 取何值时,级数 $\sum_{n=1}^{\infty}\frac{(-1)^n}{[n+(-1)^n]^p}$, $\sum_{n=1}^{\infty}\frac{(-1)^n}{[\sqrt{n}+(-1)^n]^p}$ 分别绝对收敛、条件收敛、发散.

6. 级数 $\sum_{n=1}^{\infty}a_n^2$, $\sum_{n=1}^{\infty}b_n^2$ 收敛,证明:$\sum_{n=1}^{\infty}(a_n+b_n)^2$ 收敛,$\sum_{n=1}^{\infty}\frac{a_n}{n}$ 绝对收敛.

7. 若级数 $\sum_{n=1}^{\infty}a_n$, $\sum_{n=1}^{\infty}b_n$ 均收敛,且 $a_n\leqslant c_n\leqslant b_n$,证明:$\sum_{n=1}^{\infty}c_n$ 收敛.

8. 若级数 $\sum_{n=1}^{\infty}(-1)^n u_n(u_n>0)$ 条件收敛,证明:$\sum_{n=1}^{\infty}u_{2n}$ 发散.

9. 设正项数列 $\{u_n\}$ 单调减少,且级数 $\sum_{n=1}^{\infty}(-1)^n u_n$ 发散,证明:级数 $\sum_{n=1}^{\infty}\left(\frac{1}{1+u_n}\right)^n$ 收敛.

10. p 为何值时,级数 $\sum_{n=1}^{\infty}\frac{\sin n}{n^p+\sin n}$ 绝对收敛、条件收敛、发散.

11. 证明:$\sum_{n=1}^{\infty}u_n$ 绝对收敛的充分必要条件是 $\sum_{n=1}^{\infty}u_n^{+}$, $\sum_{n=1}^{\infty}u_n^{-}$ 都收敛.

5.4 无穷乘积

无穷级数是无穷多个数求和,无穷乘积讨论的是无穷多个数的乘积. 设 $\{p_n\}$ 是一个数列,

$$\prod_{n=1}^{+\infty} p_n = p_1 p_2 \cdots p_n \cdots$$

称为一个无穷乘积，

$$P_n = \prod_{k=1}^{n} p_k$$

称为这个无穷乘积的前 n 项部分乘积.

定义 5.4.1

无穷乘积 $\prod_{n+1}^{+\infty} p_n$ 称为是**收敛**的，如果其部分乘积数列 $\{P_n\}$ 收敛于一个非零实数 P. 记作

$$\prod_{n+1}^{+\infty} p_n = P,$$

否则，则称无穷乘积是**发散**的.

定理 5.4.1

若无穷乘积 $\prod_{n+1}^{+\infty} p_n$ 收敛，则其项通 p_n 满足 $\lim\limits_{n\to+\infty} p_n = 1$.

证明 设 $\prod_{k=1}^{n} p_n = P_n$，则 $p_n = \dfrac{P_n}{P_{n-1}}$. $\lim\limits_{n\to+\infty} P_n = P \neq 0$，故

$$\lim_{n\to+\infty} p_n = \lim_{n\to+\infty} \frac{P_n}{P_{n-1}} = \frac{P}{P} = 1.$$

如果记 $p_n = 1 + a_n$，则由定理 5.4.1，无穷乘积 $\prod_{n=1}^{+\infty}(1+a_n)$ 收敛的必要条件为 $\lim\limits_{n\to+\infty} a_n = 0$.

下面的定理给出了无穷乘积收敛性的简单判别法.

定理 5.4.2

无穷乘积 $\prod_{n=1}^{+\infty}(1+a_n)$ 收敛的充分必要条件为 $\sum_{n=m}^{+\infty}\ln(1+a_n)$ 收敛，其中 m 为充分大的正整数，使得当 $n \geqslant m$ 时 $1+a_n > 0$.

证明 由定理 5.4.1，$\lim\limits_{n\to+\infty} a_n = 0$，故存在充分大的 m，使得当 $n \geqslant m$ 时，$1+a_n > 0$. 不妨设 $m=1$. 部分乘积 P_n 取对数后

$$\ln P_n = \ln\left[\prod_{k=1}^{n}(1+a_k)\right] = \sum_{k=1}^{n}\ln(1+a_k), \tag{5.4.1}$$

因此，$\{P_n\}$ 收敛的充分必要条件为级数 $\sum_{n=1}^{\infty}\ln(1+a_n)$ 收敛. 更进一步，若 $\sum_{n=1}^{\infty}\ln(1+$

$a_n) = S$，由(5.4.1)式可知 $\prod\limits_{n=1}^{+\infty}(1+a_n) = \mathrm{e}^S$.

例 5.4.1

讨论无穷乘积 $\prod\limits_{n=2}^{+\infty}\left(1+\frac{(-1)^n}{n}\right)$ 与 $\prod\limits_{n=2}^{+\infty}\left(1+\frac{(-1)^n}{\sqrt{n}}\right)$ 的收敛性.

解 由定理5.4.2，本题中两个无穷乘积的收敛性与级数

$$\sum_{n=2}^{+\infty}\ln\left(1+\frac{(-1)^n}{n}\right),\quad \sum_{n=2}^{+\infty}\ln\left(1+\frac{(-1)^n}{\sqrt{n}}\right)$$

的收敛性等价. 与例5.3.2类似，当 $n\to+\infty$ 时

$$\ln\left(1+\frac{(-1)^n}{n}\right) = \frac{(-1)^n}{n} + O\left(\frac{1}{n^2}\right),$$

$$\ln\left(1+\frac{(-1)^n}{\sqrt{n}}\right) = \frac{(-1)^n}{\sqrt{n}} - \frac{1}{2n} + O\left(\frac{1}{n^{\frac{3}{2}}}\right),$$

级数 $\sum\limits_{n=2}^{+\infty}\ln\left(1+\frac{(-1)^n}{n}\right)$ 收敛，级数 $\sum\limits_{n=2}^{+\infty}\ln\left(1+\frac{(-1)^n}{\sqrt{n}}\right)$ 发散，故无穷乘积 $\prod\limits_{n=2}^{+\infty}\left(1+\frac{(-1)^n}{n}\right)$ 收敛，而 $\prod\limits_{n=2}^{+\infty}\left(1+\frac{(-1)^n}{\sqrt{n}}\right)$ 发散.

习题 5.4

1. 证明下列恒等式.

(1) $\prod\limits_{n=2}^{\infty}\frac{n^3-1}{n^3+1} = \frac{2}{3}$；　(2) $\prod\limits_{n=2}^{\infty}\left(1-\frac{2}{n(n+1)}\right) = \frac{1}{3}$；

(3) $\prod\limits_{n=0}^{\infty}\left(1+\left(\frac{1}{2}\right)^{2^n}\right) = 2$.

2. 讨论下列无穷乘积的收敛性.

(1) $\prod\limits_{n=2}^{\infty}\frac{1}{n}$；　(2) $\prod\limits_{n=1}^{\infty}\frac{(n+1)^2}{n(n+2)}$；　(3) $\prod\limits_{n=1}^{\infty}\sqrt[n]{1+\frac{1}{n}}$；

(4) $\prod\limits_{n=1}^{\infty}\frac{n}{\sqrt{n^2+1}}$；　(5) $\prod\limits_{n=1}^{\infty}\left(\frac{n^2-1}{n^2+1}\right)^2$；

(6) $\prod\limits_{n=2}^{\infty}\sqrt[n]{\ln\left(1+\frac{x}{n}\right)}$，　$x \neq 0, x > -2$.

第5章总复习题

1. 证明下列等式.

(1) $\sum\limits_{n=1}^{\infty}\frac{2n+1}{n^2(n+1)^2} = 1$；　(2) $\sum\limits_{n=1}^{\infty}\ln\frac{n(2n+1)}{(n+1)(2n-1)} = \ln 2$；

(3) $\sum\limits_{\substack{n=1\\n\neq m}}^{\infty}\frac{1}{m^2-n^2}=\frac{3}{4m^2}(m>0,m\in\mathbb{Z})$.

2. 求下列数项级数的和.

(1) $\sum\limits_{n=1}^{\infty}\frac{n^2}{2^{n-1}}$; (2) $\sum\limits_{n=1}^{\infty}\arctan\frac{1}{2n^2}$.

3. 判断下列级数的敛散性.

(1) $\sum\limits_{n=1}^{\infty}\frac{1}{(\ln n)^{\ln\ln n}}$; (2) $\sum\limits_{n=1}^{\infty}\frac{1}{n^{1+\frac{1}{n}}}$;

(3) $\sum\limits_{n=1}^{\infty}\left(n\ln\frac{2n+1}{2n-1}-1\right)$; (4) $\sum\limits_{n=1}^{\infty}\frac{1}{\ln(n!)}$;

(5) $\sum\limits_{n=1}^{\infty}\frac{1}{3^{\ln n}}$; (6) $\sum\limits_{n=1}^{\infty}\frac{n^{\ln n}}{(\ln n)^n}$;

(7) $\sum\limits_{n=1}^{\infty}\frac{n^3(\sqrt{3}+(-1)^n)}{3^n}$; (8) $\sum\limits_{n=2}^{\infty}(\sqrt{n+1}-\sqrt{n})^{\frac{1}{2}}\ln\frac{n-1}{n+1}$;

(9) $\sum\limits_{n=1}^{\infty}\frac{a(a+1)(a+2)\cdots(a+n-1)}{n^n}$;

(10) $\sum\limits_{n=1}^{\infty}\frac{(2n)!!}{a(a+1)(a+2)\cdots(a+n)}$;

(11) $\sqrt{2}+\sqrt{2-\sqrt{2}}+\sqrt{2-\sqrt{2+\sqrt{2}}}+\sqrt{2-\sqrt{2+\sqrt{2+\sqrt{2}}}}+\cdots$.

4. 证明级数$\sum\limits_{n=1}^{\infty}x^{1+\frac{1}{2}+\frac{1}{3}+\cdots+\frac{1}{n}}$当$0<x<\frac{1}{\mathrm{e}}$时收敛,在$x\geqslant\frac{1}{\mathrm{e}}$时发散.

5. 若级数$\sum\limits_{n=1}^{\infty}\frac{a_n}{n^\alpha}$收敛,则对任意$\beta>\alpha$,级数$\sum\limits_{n=1}^{\infty}\frac{a_n}{n^\beta}$收敛.

6. 如果$a_n>0$,且$\lim\limits_{n\to\infty}n\left(\frac{a_n}{a_{n+1}}-1\right)=\lambda>0$,证明:交错级数$\sum\limits_{n=1}^{\infty}(-1)^n a_n$收敛.

7. 证明级数$\sum\limits_{n=1}^{\infty}\frac{(-1)^{[\sqrt{n}]}}{n}$收敛.

8. 判断下列级数的绝对收敛性和条件收敛性.

(1) $\sum\limits_{n=1}^{\infty}\frac{\sin nx}{n^\alpha},\alpha>1$; (2) $\sum\limits_{n=1}^{\infty}\left(-\frac{1}{2}\right)^n\cos nx$;

(3) $\sum\limits_{n=1}^{\infty}(-1)^n\frac{1}{n\ln n}$; (4) $\sum\limits_{n=1}^{\infty}(-1)^n\frac{\cos 2n}{n^p}$;

(5) $\sum\limits_{n=1}^{\infty}(-1)^{n-1}\left(\mathrm{e}-\left(1+\frac{1}{n}\right)^n\right)$; (6) $\sum\limits_{n=1}^{\infty}(-1)^{n-1}(\sqrt[n]{n}-1)$;

(7) $\sum_{n=1}^{\infty}\ln\left(1+\frac{(-1)^n}{n^p}\right)$；

(8) $\frac{1}{1^p}-\frac{1}{2^q}+\frac{1}{3^p}-\frac{1}{4^q}+\frac{1}{5^p}-\frac{1}{6^q}+\cdots(p,q>0)$；

9. $\sum_{n=1}^{\infty}u_n^2<+\infty$，证明$\prod_{n=1}^{\infty}\cos u_n$收敛.

10. 证明：$\prod_{n=1}^{\infty}\cos\frac{x}{2^n}=\frac{\sin x}{x},x\neq 0$.

第 6 章　函数项级数

设 $\{u_n(x)\}_{n=1}^{+\infty}$ 是定义在集合 $D\subset\mathbb{R}$ 上的函数列，

$$\sum_{n=1}^{+\infty}u_n(x)=u_1(x)+u_2(x)+\cdots+u_n(x)+\cdots$$

称为集合 D 上的**函数项级数**.

当每个函数均为常数函数 $u_n(x)=u_n$，$n=1,2,\cdots$ 时，函数项级数就是在第 5 章研究的常数项级数.

$$\sum_{n=1}^{+\infty}x^n,\quad \sum_{n=1}^{+\infty}\frac{x^n}{n!},\quad \sum_{n=1}^{+\infty}\frac{4\sin(2n-1)x}{(2n-1)n}$$

等均为函数项级数.

6.1　函数项级数的收敛性

6.1.1　函数项级数的逐点收敛性

函数项级数 $\sum\limits_{n=1}^{+\infty}u_n(x)$，$x\in D$ 中，取集合 D 中一点 x_0，在 x_0 点处，级数 $\sum\limits_{n=1}^{+\infty}u_n(x_0)$ 为常数项级数，可以用第 5 章的知识讨论常数项级数 $\sum\limits_{n=1}^{+\infty}u_n(x_0)$ 的收敛性. 若函数项级数在 x_0 点收敛，则称 x_0 为该函数项级数的**收敛点**. 设集合 $I\subset D$ 为集合 D 上所有收敛点构成的集合，则在集合 I 上，函数项级数 $\sum\limits_{n=1}^{+\infty}u_n(x)$ 有和函数

$$S(x)=\sum_{n=1}^{+\infty}u_n(x),\quad x\in I. \tag{6.1.1}$$

集合 I 称为函数项级数 $\sum\limits_{n=1}^{+\infty}u_n(x)$ 的**收敛域**.

例 6.1.1

函数项级数$\sum\limits_{n=1}^{+\infty}x^n$的收敛域为$(-1,1)$,其和函数为

$$\sum_{n=1}^{+\infty}x^n=\frac{1}{1-x},\quad x\in(-1,1).$$

函数项级数$\sum\limits_{n=0}^{+\infty}\frac{x^n}{n!}$的收敛域为$\mathbb{R}$,其和函数为

$$\sum_{n=0}^{+\infty}\frac{x^n}{n!}=\mathrm{e}^x,\quad x\in\mathbb{R}.\tag{6.1.2}$$

函数项级数$\sum\limits_{n=1}^{+\infty}\frac{4\sin(2n-1)x}{(2n-1)n}$的收敛域也为$\mathbb{R}$,其和函数为

$$\sum_{n=1}^{+\infty}\frac{4\sin(2n-1)x}{(2n-1)n}=\begin{cases}1, & x\in(2n\pi,(2n+1)\pi)\\ -1, & x\in((2n-1)\pi,2n\pi),\\ 0, & x=n\pi,\end{cases}\tag{6.1.3}$$

其中n为正整数.后两个函数项级数的求和将在随后的章节给出.

6.1.2 函数项级数的一致收敛性

设$\sum\limits_{n=1}^{+\infty}u_n(x)=S(x),x\in I$,则$\forall\, x_0\in I$,

$$\lim_{n\to+\infty}\sum_{k=1}^{n}u_n(x_0)=S(x_0).$$

用“ε-N”语言可以描述为:$\forall\,\varepsilon>0,\exists\, N\in\mathbb{N}^+,\forall\, n>N$,

$$\left|\sum_{k=1}^{n}u_n(x_0)-S(x_0)\right|<\varepsilon.$$

通常,正整数N的选取与ε值有关,记作$N(\varepsilon)$.如果让x_0在集合I上变化,$N(\varepsilon)$其实还与x_0有关,因此可以记作$N(\varepsilon,x_0)$.如果可以找到与x_0无关的$N(\varepsilon)$,则称级数$\sum\limits_{n=1}^{+\infty}u_n(x)$在$I$上一致收敛于$S(x)$.

定义 6.1.1

设函数项级数$\sum\limits_{n=1}^{+\infty}u_n(x)$,如果存在函数$S(x)$,使得

$$\forall\,\varepsilon>0,\exists\, N(\varepsilon)\in\mathbb{N}^+,\forall\, n>N(\varepsilon),\forall\, x\in I,$$

$$\left|\sum_{k=1}^{n} u_k(x) - S(x)\right| < \varepsilon,$$

则称函数项级数$\sum_{n=1}^{+\infty} u_n(x)$在$I$上**一致收敛**于$S(x)$.

同样，我们有函数项级数$\sum_{n=1}^{+\infty} u_n(x)$在$I$上一致收敛的Cauchy准则：

定理 6.1.1 ……

函数项级数$\sum_{n=1}^{+\infty} u_n(x)$在$I$上一致收敛的充分必要条件为

$\forall \varepsilon>0, \exists N(\varepsilon)\in\mathbb{N}^+, \forall n>N, \forall p\in\mathbb{N}^+, \forall x\in I,$

$$|u_{n+1}(x)+\cdots+u_{n+p}(x)|<\varepsilon.$$

记函数项级数$\sum_{n=1}^{+\infty} u_n(x)$的部分和函数列$\{S_n(x)\}$，其中

$$S_n(x) = \sum_{k=1}^{n} u_k(x), \quad n = 1,2,\cdots.$$

对于函数列$\{S_n(x)\}$我们也有一致收敛的概念：

定义 6.1.2 ……

函数列$\{S_n(x)\}$，$x\in I$，如果$\forall \varepsilon>0, \exists N(\varepsilon)\in\mathbb{N}^+, \forall n>N, \forall p\in\mathbb{N}^+$，$\forall x\in I$，有

$$|S_{n+p}(x)-S_n(x)|<\varepsilon,$$

则称$\{S_n(x)\}$在I上**一致收敛**.

显然我们有结论：

定理 6.1.2 ……

函数项级数$\sum_{n=1}^{+\infty} u_n(x)$在集合$I$上一致收敛的充分必要条件为其部分和函数列$\{S_n(x)\}$在$I$上一致收敛.

▶ **例 6.1.2** ……

证明函数项级数$\sum_{n=2}^{+\infty} \dfrac{(-1)^n}{n+\sin x}$在$\mathbb{R}$上是一致收敛的.

证明　$\forall x\in\mathbb{R}$，$\sum_{n=2}^{+\infty} \dfrac{(-1)^n}{n+\sin x}$为交错项级数，故

$$\left|\sum_{k=n+1}^{n+p}\frac{(-1)^k}{k+\sin x}\right|\leqslant\frac{1}{n+1+\sin x}\leqslant\frac{1}{n},$$

因此 $\forall\varepsilon>0$,取 $N=\left[\frac{1}{\varepsilon}\right]+1$,$\forall n>N$,$\forall p\in\mathbb{N}^+$,$\forall x\in\mathbb{R}$ 都有

$$\left|\sum_{k=n+1}^{n+p}\frac{(-1)^k}{k+\sin x}\right|<\varepsilon,$$

故函数项级数 $\sum_{n=2}^{+\infty}\frac{(-1)^n}{n+\sin x}$ 在 $\mathbb{R}$ 上是一致收敛的.

▶ **例 6.1.3** ……

设 $S_n(x)=x^n$,$x\in(0,1)$,证明函数列 $\{S_n(x)\}$,在 $(0,1)$ 内不是一致收敛的.

证明 显然,当 $x\in(0,1)$ 时,$\lim_{n\to+\infty}S_n(x)=S(x)=0$,因此函数列 $\{S_n(x)\}$ 在 $(0,1)$ 区间内是收敛的.取 $\varepsilon_0=\frac{1}{4}$,$\forall N\in\mathbb{N}^+$,取 $n=N+1>N$,取 $p=N+1\in\mathbb{N}^+$,取 $x_0=\left(\frac{1}{2}\right)^{\frac{1}{N+1}}\in(0,1)$,

$$|S_{n+p}(x_0)-S_n(x_0)|=\left|\frac{1}{2^2}-\frac{1}{2}\right|=\frac{1}{4}=\varepsilon_0,$$

故函数列 $\{S_n(x)\}$ 在 $(0,1)$ 内收敛但不一致收敛的.

关于函数项级数一致收敛性的判别法,我们有:

定理 6.1.3(Weierstrass 判别法) ……

如果存在非负常数项级数 $\sum_{n=1}^{+\infty}M_n$,使得在集合 I 上,

$$|u_n(x)|\leqslant M_n,\quad n=1,2,\cdots,x\in I,\tag{6.1.4}$$

且 $\sum_{n=1}^{+\infty}M_n$ 收敛,则函数项级数 $\sum_{n=1}^{+\infty}u_n(x)$ 在 I 上一致收敛.

证明 因为 $\sum_{n=1}^{+\infty}M_n$ 收敛,由 Cauchy 准则,$\forall\varepsilon>0$,$\exists N(\varepsilon)\in\mathbb{N}^+$,$\forall n>N$,$\forall p\in\mathbb{N}^+$,有

$$|M_{n+1}+M_{n+2}+\cdots+M_{n+p}|<\varepsilon.$$

由不等式(6.1.4),

$$|u_{n+1}(x)+u_{n+2}(x)+\cdots+u_{n+p}(x)|<\varepsilon,\quad x\in I,$$

故 $\sum_{n=1}^{+\infty}u_n(x)$ 在 I 上一致收敛.

例 6.1.4

讨论函数项级数$\sum_{n=1}^{+\infty}\frac{\sin nx}{n^2}$与$\sum_{n=1}^{+\infty}\frac{x}{1+n^4x^2}$在$\mathbb{R}$上的收敛性。

解 因为

$$\left|\frac{\sin nx}{n^2}\right|\leqslant\frac{1}{n^2},\quad n=1,2,\cdots,x\in\mathbb{R},$$

而$\sum_{n=1}^{+\infty}\frac{1}{n^2}$收敛，由 Weierstrass 判别法可知$\sum_{n=1}^{+\infty}\frac{\sin nx}{n^2}$在$\mathbb{R}$上一致收敛.

又因为

$$\left|\frac{x}{1+n^4x^2}\right|\leqslant\frac{1}{2n^2},\quad n=1,2,\cdots,x\in\mathbb{R},$$

同样由 Weierstrass 判别法函数项级数，可知$\sum_{n=1}^{+\infty}\frac{x}{1+n^4x^2}$在$x\in\mathbb{R}$上也一致收敛.

对于函数项级数的收敛性，我们更关注是否一致收敛.

Weierstrass 判别法在判别函数项级数$\sum_{n=1}^{+\infty}u_n(x)$一致收敛的同时，也判断了它的绝对收敛性. 类似于例 6.1.2 中的函数项级数，本身是一致收敛但不是绝对收敛，显然 Weierstrass 判别法就不再适用了. 在函数项级数一致收敛的判别法中，同样也有 Dirichlet 判别法和 Abel 判别法. 在介绍它们之前，我们首先给出函数列的一致有界，**一致趋于零**的概念.

定义 6.1.3

设函数列$\{S_n(x)\}$，$x\in I$. 若存在$M\in\mathbb{R}$，使得

$$|S_n(x)|\leqslant M,\quad n=1,2,\cdots,x\in I,$$

则称函数列$\{S_n(x)\}$在I上**一致有界**.

例如$\{\sin nx\}$在$\mathbb{R}$上显然是一致有界的.

定义 6.1.4

设函数列$\{S_n(x)\}$，$x\in I$. 若$\forall\varepsilon>0$，$\exists N\in\mathbb{N}^+$，$\forall n>N$，$\forall x\in I$，都有

$$|S_n(x)|<\varepsilon,$$

则称极限$\lim_{n\to+\infty}S_n(x)=0$关于$x\in I$是一致的.

例如函数列$\{x^n\}$，$x\in[0,1)$，显然

$$\lim_{n\to+\infty}x^n=0,\quad x\in[0,1)$$

不是一致的，而在区间$[0,1-\delta]$($0<\delta<1$)是一致的.

定理 6.1.4(Dirichlet 判别法) ……

对于函数项级数 $\sum_{n=1}^{+\infty} u_n(x)v_n(x), x\in I$,如果

(1) 函数列 $\{v_n(x)\}$ 对于任意固定的 $x\in I$ 都单调,且在集合 I 上一致趋于 0;

(2) 函数项级数 $\sum_{n=1}^{+\infty} u_n(x)$ 的部分和数列在集合 I 上一致有界,即存在 $M\in\mathbb{R}$,使得

$$\left|\sum_{k=1}^{n} u_k(x)\right| \leqslant M, \quad n=1,2,\cdots, x\in I,$$

则函数项级数 $\sum_{n=1}^{+\infty} u_n(x)v_n(x)$ 在 I 上一致收敛.

定理 6.1.5(Abel 判别法) ……

对于函数项级数 $\sum_{n=1}^{+\infty} u_n(x)v_n(x), x\in I$,如果

(1) 函数列 $\{v_n(x)\}$ 对于任意固定的 $x\in I$ 都单调,且在集合 I 上一致有界,即存在 $M\in\mathbb{R}$,使得

$$|v_n(x)| \leqslant M, \quad n=1,2,\cdots, x\in I;$$

(2) 函数项级数 $\sum_{n=1}^{+\infty} u_n(x)$ 在 I 上一致收敛,

则函数项级数 $\sum_{n=1}^{+\infty} u_n(x)v_n(x)$ 在 I 上一致收敛.

定理 6.1.4 和定理 6.1.5 的证明与判别常数项级数收敛性的 Dirichlet 判别法和 Abel 判别法(定理 5.3.3、定理 5.3.4)的证明过程完全一样,只是将原来的"有界"、"收敛"改成"一致有界"、"一致收敛"而已. 当然,在证明过程中同样会用到 Able 引理(引理 5.3.1). 在此就不重复了.

▶ **例 6.1.5** ……

证明级数 $\sum_{n=1}^{+\infty} \frac{\sin nx}{n}$ 在 $[\delta, 2\pi-\delta]$ $(0<\delta<\pi)$ 上一致收敛.

证明

$$\left|\sum_{k=1}^{n} \sin kx\right| \leqslant \frac{1}{\sin\frac{x}{2}} \leqslant \frac{1}{\sin\frac{\delta}{2}},$$

$n=1,2,\cdots, x\in[\delta, 2\pi-\delta]$, 即 $\sum_{n=1}^{+\infty} \sin nx$ 的部分和一致有界, 而

$$\lim_{n\to+\infty}\frac{1}{n}=0$$

与 x 无关，关于 $x\in[\delta,2\pi-\delta]$ 显然是一致收敛于零的. 由 Dirichlet 判别法，$\sum_{n=1}^{+\infty}\frac{\sin nx}{n}$ 在 $[\delta,2\pi-\delta]$ 上是一致收敛的.

例 6.1.6

讨论级数 $\sum_{n=1}^{+\infty}\frac{(-1)^{[\sqrt{n}]}}{\sqrt{n(n+x)}}$，$x\in[0,+\infty)$ 的收敛性.

解 记

$$u_n=\frac{(-1)^{[\sqrt{n}]}}{n},\quad v_n(x)=\frac{1}{\sqrt{1+\frac{x}{n}}},\quad x\in[0,+\infty).$$

首先证明 $\sum_{n=1}^{+\infty}u_n$ 在 $[0,+\infty)$ 上一致收敛. 因为 u_n 实际上与 x 无关，只要证明常数项级数 $\sum_{n=1}^{+\infty}\frac{(-1)^{[\sqrt{n}]}}{n}$ 收敛即可.

$$\begin{aligned}\sum_{n=1}^{+\infty}\frac{(-1)^{[\sqrt{n}]}}{n}=&-\left(1+\frac{1}{2}+\frac{1}{3}\right)+\left(\frac{1}{4}+\frac{1}{5}+\frac{1}{6}+\frac{1}{7}+\frac{1}{8}\right)+\cdots\\&+(-1)^k\left(\frac{1}{k^2}+\frac{1}{k^2+1}+\cdots+\frac{1}{(k+1)^2-1}\right)+\cdots.\end{aligned}\tag{6.1.5}$$

记 $w_k=\frac{1}{k^2}+\frac{1}{k^2+1}+\cdots+\frac{1}{(k+1)^2-1}$，则

$$\begin{aligned}w_k&=\frac{1}{k^2}+\frac{1}{k^2+1}+\cdots+\frac{1}{k^2+k-1}+\frac{1}{k^2+k}+\frac{1}{k^2+k+1}+\cdots+\frac{1}{k^2+2k}\\&>\frac{k}{k^2+k}+\frac{k+1}{k^2+2k}\\&>\frac{k+1}{(k+1)^2}+\frac{k+2}{(k+1)(k+2)}\\&>\frac{1}{(k+1)^2}+\frac{1}{(k+1)^2+1}+\cdots+\frac{1}{(k+1)^2+k}\\&\quad+\frac{1}{(k+1)^2+(k+1)}+\frac{1}{(k+1)^2+(k+1)+1}+\cdots+\frac{1}{(k+2)^2-1}\\&=w_{k+1},\end{aligned}$$

所以 $\{w_k\}$ 单调下降，且 $0\leqslant w_k\leqslant\frac{2k+1}{k^2}$，

$$\lim_{k\to+\infty}w_k=0.$$

级数 $\sum\limits_{k=1}^{+\infty}(-1)^k w_k$ 为 Leibniz 级数，收敛. (6.1.5)式的每个括号内的数都是同号的，由定理 5.3.6 可知，常数项级数 $\sum\limits_{n=1}^{+\infty}u_n$ 也收敛，即在$[0,+\infty)$ 一致收敛. $|v_n(x)|\leqslant 1$ 关于 $x\in[0,+\infty)$ 一致有界，由 Abel 定理可知 $\sum\limits_{n=1}^{+\infty}\dfrac{(-1)^{[\sqrt{n}]}}{\sqrt{n(n+x)}}$ 在 $[0,+\infty)$ 上一致收敛.

本小节最后一个例子将告诉我们，函数项级数的一致收敛和绝对收敛是不同的概念.

例 6.1.7

讨论函数项级数 $\sum\limits_{n=1}^{+\infty}\sin\dfrac{1}{2^n x}$ 在 $x\in(0,+\infty)$ 内的收敛性.

解 先讨论 $\sum\limits_{n=1}^{+\infty}\sin\dfrac{1}{2^n x}$ 的绝对收敛性. $\forall x\in(0,+\infty)$,

$$\left|\sin\frac{1}{2^n x}\right|\leqslant\frac{1}{2^n x}$$

而等比级数 $\sum\limits_{n=1}^{+\infty}\dfrac{1}{2^n x}$ 收敛，故 $\sum\limits_{n=1}^{+\infty}\sin\dfrac{1}{2^n x}$ 当 $x\in(0,+\infty)$ 时绝对收敛.

现在讨论 $\sum\limits_{n=1}^{+\infty}\sin\dfrac{1}{2^n x}$ 在$(0,+\infty)$ 内的一致收敛性. 取 $\varepsilon_0=1$, $\forall N\in\mathbb{N}^+$，取 $n_0=N+1$, $p_0=1$, $x_0=\dfrac{1}{2^{N+1}\pi}$,

$$|u_{n_0+1}(x_0)+\cdots+u_{n_0+p_0}(x_0)|=|u_{n_0+1}(x_0)|=1=\varepsilon_0,$$

故 $\sum\limits_{n=1}^{+\infty}\sin\dfrac{1}{2^n x}$ 在$(0,+\infty)$ 不一致收敛.

习题 6.1

1. 证明定理 6.1.3、定理 6.1.4.

2. 求下列函数项级数的收敛域，并指出使级数绝对收敛、条件收敛的 x 的范围.

(1) $\sum\limits_{n=1}^{\infty}n\mathrm{e}^{-nx}$;　　(2) $\sum\limits_{n=1}^{\infty}\left(\dfrac{\ln x}{3}\right)^n$;

(3) $\sum\limits_{n=1}^{\infty}\left(\dfrac{n+1}{x}\right)^n$;　　(4) $\sum\limits_{n=1}^{\infty}x^n\sin\dfrac{x}{2^n}$;

(5) $\sum_{n=1}^{\infty}\frac{1}{1+x^n}$；　　(6) $\sum_{n=1}^{\infty}x^n\ln\left(1+\frac{1}{2^n}\right)$；

(7) $\sum_{n=1}^{\infty}\frac{1}{n+x^n}$；　　(8) $\sum_{n=1}^{\infty}\frac{x^n}{1+x^{2n}}$；

(9) $\sum_{n=1}^{\infty}\frac{(-1)^n}{n+x^2}$；　　(10) $\sum_{n=1}^{\infty}\frac{n5^{2n}}{6^n}x^n(1-x)^n$.

3. 下列函数项级数在收敛域上是否一致收敛？

(1) $\sum_{n=1}^{\infty}\frac{1-\cos nx}{n^2}$；　　(2) $\sum_{n=1}^{\infty}\arctan\frac{2x}{x^2+n^3}$；

(3) $\sum_{n=1}^{\infty}x^3\mathrm{e}^{-nx^2}$；　　(4) $\sum_{n=1}^{\infty}\frac{nx}{1+n^6x^2}$；

(5) $\sum_{n=1}^{\infty}\frac{\cos nx+\sin n^x}{n^{1.001}}$；　　(6) $\sum_{n=1}^{\infty}\ln\left(1+\frac{2x}{x^2+n^3}\right)$.

4. 考查级数 $\sum_{n=1}^{\infty}\frac{(-1)^n}{x+2^n}$ 在 $x\in[0,+\infty)$ 上是否一致收敛？

5. 证明级数 $\sum_{n=1}^{\infty}\frac{(-1)^n}{x^2+n}$ 在 $x\in(-\infty,+\infty)$ 上一致收敛，但不绝对收敛.

6. 讨论函数项级数 $\sum_{n=2}^{\infty}x^{n-1}(x-1)^2$ 在 $x\in[0,1]$ 是否一致收敛.

7. 证明：函数序列$\{nx^n(1-x)\}$在 $x\in[0,1]$上不一致收敛.

8. 考查级数 $\sum_{n=1}^{\infty}(-1)^n\frac{1}{n+x^n}$ 在$(-\infty,+\infty)$上的一致收敛性与绝对收敛性.

9. 级数 $\sum_{n=1}^{\infty}a_n$ 收敛，证明：级数 $\sum_{n=1}^{\infty}a_n\mathrm{e}^{-nx}$ 在$[0,+\infty)$上一致收敛.

10. 设 $u_n(x)$ $(n=1,2,\cdots)$ 是$[a,b]$上的单调函数，若 $\sum_{n=1}^{\infty}u_n(a)$，$\sum_{n=1}^{\infty}u_n(b)$ 绝对收敛，证明：$\sum_{n=1}^{\infty}u_n(x)$ 在$[a,b]$上绝对并一致收敛.

6.2 一致收敛函数项级数和函数的性质

为了叙述简单起见，假设 $I\subset\mathbb{R}$ 为一个区间，函数项级数 $\sum_{n=1}^{+\infty}u_n(x)$ 在区间 I 上一致收敛，其和函数为

$$S(x)=\sum_{n=1}^{+\infty}u_n(x),\quad x\in I. \tag{6.2.1}$$

在本节,我们将讨论和函数 $S(x)$ 的分析性质: $S(x)$ 的连续性、可微性及可积性.

定理 6.2.1

若函数项级数 $\sum_{n=1}^{+\infty}u_n(x)$ 在区间 I 上一致收敛于 $S(x)$,且 $\forall n\in\mathbb{N}^+$, $u_n(x)$ 在 I 上连续,则 $S(x)$ 也在 I 上连续.

证明　$\forall x_0\in I$,证明 $S(x)$ 在 x_0 点连续(若 x_0 为 I 区间的边界点,则讨论 $S(x)$ 在 x_0 点的单侧连续性).

$\forall\varepsilon>0$,因为 $\sum_{n=1}^{+\infty}u_n(x)$ 在区间 I 一致收敛于 $S(x)$,所以 $\exists N\in\mathbb{N}^+$,使得 $\forall x\in I$,

$$\left|\sum_{n=N+1}^{+\infty}u_n(x)\right|<\frac{\varepsilon}{3}.$$

因为 $u_n(x)(k=1,2,\cdots,N)$ 为 I 上的连续函数,其有限和 $\sum_{n=1}^{N}u_n(x)$ 也为 I 上的连续函数,对于上述 $\varepsilon>0$, $\exists\delta>0$, $\forall x\in I$, $|x-x_0|<\delta$,

$$\left|\sum_{n=1}^{N}u_n(x)-\sum_{n=1}^{N}u_n(x_0)\right|<\frac{\varepsilon}{3}.$$

此时

$$\begin{aligned}|S(x)-S(x_0)|&=\left|\sum_{n=1}^{+\infty}u_n(x)-\sum_{n=1}^{+\infty}u_n(x_0)\right|\\&\leqslant\left|\sum_{n=1}^{N}u_n(x)-\sum_{n=1}^{N}u_n(x_0)\right|+\left|\sum_{n=N+1}^{+\infty}u_n(x)\right|+\left|\sum_{n=N+1}^{+\infty}u_n(x_0)\right|\\&<\varepsilon,\end{aligned}$$

故 $S(x)$ 为 I 上的连续函数.

将定理 6.2.1 的结论用数学公式表示

$$\begin{aligned}\lim_{x\to x_0}\left[\sum_{n=1}^{+\infty}u_n(x)\right]&=\lim_{x\to x_0}[S(x)]\\&=S(x_0)\\&=\sum_{n=1}^{+\infty}[\lim_{x\to x_0}u_n(x)],\end{aligned}$$

或

$$\lim_{x\to x_0}\left[\sum_{n=1}^{+\infty}u_n(x)\right]=\sum_{n=1}^{+\infty}\left[\lim_{x\to x_0}u_n(x)\right].$$

关于变量 n 无穷求和运算和关于变量 x 极限运算在一致收敛的条件下可以交换运算次序.这个性质也称为逐项求极限.

例 6.2.1

由例 6.1.5 可知 $\sum_{n=1}^{+\infty}\frac{\sin nx}{n}$ 在$[\delta,2\pi-\delta](0<\delta<\pi)$上一致收敛,因此

$$S(x)=\sum_{n=1}^{+\infty}\frac{\sin nx}{n}$$

是$[\delta,2\pi-\delta]$上的连续函数.同样,由例 6.1.6 可知,

$$S(x)=\sum_{n=1}^{+\infty}\frac{(-1)^{[\sqrt{n}]}}{\sqrt{n(n+x)}}$$

在$[0,+\infty)$上连续.

例 6.2.2

级数 $\sum_{n=0}^{+\infty}(1-x)x^n$ 在$[0,1]$上的和函数

$$S(x)=\sum_{n=0}^{+\infty}(1-x)x^n=\begin{cases}1, & 0\leqslant x<1,\\ 0 & x=1\end{cases}$$

在$[0,1]$上不连续,所以 $\sum_{n=0}^{+\infty}(1-x)x^n$ 在$[0,1]$上不一致收敛.

定理 6.2.2

若函数项级数 $\sum_{n=1}^{+\infty}u_n(x)$ 在区间 I 上一致收敛于 $S(x)$,且 $\forall n\in\mathbb{N}^+$,$u_n(x)$ 在 I 上连续,则 $\forall a,b\in I(a<b)$,

$$\int_a^b S(x)\mathrm{d}x=\sum_{n=1}^{+\infty}\left[\int_a^b u_n(x)\mathrm{d}x\right].\tag{6.2.2}$$

证明 因为 $\sum_{n=1}^{+\infty}u_n(x)$ 在$[a,b]$上一致收敛于 $S(x)$,所以 $\forall\varepsilon>0$,$\exists N\in\mathbb{N}^+$,$\forall n>N$,$\forall x\in[a,b]$,

$$\left|\sum_{k=1}^{n}u_k(x)-S(x)\right|<\frac{\varepsilon}{b-a}.$$

此时

$$\left|\sum_{k=1}^{n}\left[\int_a^b u_k(x)\mathrm{d}x\right]-\int_a^b S(x)\mathrm{d}x\right|=\left|\int_a^b\left[\sum_{k=1}^{n}u_k(x)-S(x)\right]\mathrm{d}x\right|$$
$$\leqslant\int_a^b\left|\sum_{k=1}^{n}u_k(x)-S(x)\right|\mathrm{d}x<\varepsilon,$$

因此(6.2.2)式成立.

将定理 6.2.2 的结论用数学式子表示,

$$\int_a^b\left[\sum_{n=1}^{+\infty}u_n(x)\right]\mathrm{d}x=\int_a^b S(x)\mathrm{d}x=\sum_{n=1}^{+\infty}\left[\int_a^b u_n(x)\mathrm{d}x\right],$$

即

$$\int_a^b\left[\sum_{n=1}^{+\infty}u_n(x)\right]\mathrm{d}x=\sum_{n=1}^{+\infty}\left[\int_a^b u_n(x)\mathrm{d}x\right].$$

(6.2.2)式也称为函数项级数的逐项求积分.

例 6.2.3 ……………………………………………………………

由例 6.1.5 可知

$$\int_{\frac{\pi}{2}}^{\frac{3}{2}\pi}\left[\sum_{n=1}^{+\infty}\frac{\sin nx}{n}\right]\mathrm{d}x=\sum_{n=1}^{+\infty}\left[\int_{\frac{\pi}{2}}^{\frac{3}{2}\pi}\frac{\sin nx}{n}\mathrm{d}x\right]=0.$$

若 $I=[a,b]$为$\mathbb{R}$上有界闭区间,在定理 6.2.2 的条件下,我们还可以得到结论:

推论 6.2.1 ……………………………………………………………

$\forall x_0,x\in[a,b]$,函数项级数$\sum_{n=1}^{+\infty}\left[\int_{x_0}^{x}u_n(t)\mathrm{d}t\right]$在$x\in[a.b]$上一致收敛于$\int_{x_0}^{x}S(t)\mathrm{d}t$.

推论 6.2.1 的证明过程与定理 6.2.2 相似,在此就不重复了.

定理 6.2.2 的函数连续性条件可以减弱为可积性条件:

定理 6.2.2′ ……………………………………………………………

若函数项级数$\sum_{n=1}^{+\infty}u_n(x)$在区间 I 上一致收敛于$S(x)$,$a,b\in I(a<b)$,$\forall n\in\mathbb{N}^+$,$u_n(x)$在$[a.b]$可积,则 $S(x)$ 也在$[a.b]$可积,且

$$\int_a^b S(x)dx=\int_a^b\left[\sum_{n=1}^{+\infty}u_n(x)\right]\mathrm{d}x=\sum_{n=1}^{+\infty}\left[\int_a^b u_n(x)\mathrm{d}x\right].$$

定理 6.2.2 的证明已超过本书的范围,在此就不证明了,有兴趣的同读者可以参阅《数学分析》教材.

定理 6.2.3 ……

若函数项级数 $\sum_{n=1}^{+\infty} u_n(x)$ 满足：

(1) $\forall n \in \mathbb{N}^+$，$u_n(x)$在$[a,b]$上连续可导；

(2) $\sum_{n=1}^{+\infty} u'_n(x)$ 在$[a,b]$上一致收敛，记其和函数为 $\sum_{n=1}^{+\infty} u'_n(x) = T(x)$；

(3) $\exists x_0 \in [a,b]$，使得 $\sum_{n=1}^{+\infty} u_n(x_0)$ 收敛，

则 $\sum_{n=1}^{+\infty} u_n(x)$ 在$[a,b]$上一致收敛. 若记其和函数为

$$\sum_{n=1}^{+\infty} u_n(x) = S(x),$$

则 $S(x) \in C^{(1)}[a,b]$，且 $S'(x) = T(x)$，$x \in [a,b]$，即

$$\left[\sum_{n=1}^{+\infty} u_n(x)\right]' = \sum_{n=1}^{+\infty} u'_n(x). \tag{6.2.3}$$

证明 记$\{S_n(x)\}$为 $\sum_{n=1}^{+\infty} u_n(x)$ 的部分和函数列

$$S_n(x) = \sum_{k=1}^{n} u_k(x), \quad x \in [a,b].$$

因为 $\sum_{n=1}^{+\infty} u_n(x_0)$ 收敛，即 $\lim_{n\to+\infty} S_n(x_0)$ 存在，所以由 Cauchy 准则，$\forall \varepsilon > 0$，$\exists N_1 \in \mathbb{N}^+$，$\forall m,n > N_1$，

$$| S_n(x_0) - S_m(x_0) | < \frac{\varepsilon}{2}. \tag{6.2.4}$$

又因为 $\sum_{n=1}^{+\infty} u'_n(x)$ 在$[a,b]$上一致收敛，其部分和函数列$\{S'_n(x)\}$在$[a,b]$上也一致收敛，$\exists N_2 \in \mathbb{N}^+$，$\forall m,n > N_2$，$\forall x \in [a,b]$，

$$| S'_n(x) - S'_m(x) | < \frac{\varepsilon}{2(b-a)}. \tag{6.2.5}$$

由定积分的 Newton-Leibniz 公式

$$S_n(x) = S_n(x_0) + \int_{x_0}^{x} S'_n(t)\mathrm{d}t,$$

$$S_m(x) = S_m(x_0) + \int_{x_0}^{x} S'_m(t)\mathrm{d}t. \tag{6.2.6}$$

令 $N=\max\{N_1,N_2\}$，$\forall m,n>N$，$\forall x\in[a,b]$，

$$|S_n(x)-S_m(x)|\leqslant|S_n(x_0)-S_m(x_0)|+\left|\int_{x_0}^{x}[S_n'(t)-S_m'(t)]\mathrm{d}t\right|<\varepsilon,$$

所以函数列 $\{S_n(x)\}$ 在 $[a,b]$ 上一致收敛，即 $\sum\limits_{n=1}^{+\infty}u_n(x)$ 在 $[a,b]$ 上一致收敛. 记 $\sum\limits_{n=1}^{+\infty}u_n(x)=S(x)$，在等式(6.2.6)两边取极限

$$S(x)=\lim_{n\to+\infty}S_n(x)=\lim_{n\to+\infty}S_n(x_0)+\lim_{n\to+\infty}\int_{x_0}^{x}S_n'(t)\mathrm{d}t.$$

由 $\{S_n'(x)\}$ 在 $[a,b]$ 上的一致收敛性可知

$$\begin{aligned}S(x)&=S(x_0)+\int_{x_0}^{x}[\lim_{n\to+\infty}S_n'(t)]\mathrm{d}t\\&=S(x_0)+\int_{x_0}^{x}T(t)\mathrm{d}t,\end{aligned}$$

$$S'(x)=T(x),$$

即

$$\left[\sum_{n=1}^{+\infty}u_n(x)\right]'=\sum_{n=1}^{+\infty}u_n'(x).$$

(6.2.3)式也称为逐项求导数.

▶ **例 6.2.4** ……………………………………………………

证明 $S(x)=\sum\limits_{n=1}^{+\infty}\dfrac{\cos nx}{n^2}$ 在 $[\delta,2\pi-\delta]$ $(0<\delta<\pi)$ 上连续可导.

证明　$u_n'(x)=-\dfrac{\sin nx}{n}$ 在 $[\delta,2\pi-\delta]$ 上连续. 由例 6.2.1 可知

$$\sum_{n=1}^{+\infty}u_n'(x)=-\sum_{n=1}^{+\infty}\frac{\sin nx}{n}$$

在 $[\delta,2\pi-\delta]$ 上一致收敛；在 $x_0=\pi$ 点，$\sum\limits_{n=1}^{+\infty}\dfrac{\cos n\pi}{n^2}=\sum\limits_{n=1}^{+\infty}\dfrac{(-1)^n}{n^2}$ 收敛，所以由定理 6.2.3，$S(x)\in C^1[\delta,2\pi-\delta]$，且

$$S'(x)=-\sum_{n=1}^{+\infty}\frac{\sin nx}{n}.$$

在本节的最后，作为函数项级数的一个应用，我们证明在一定的条件下，一阶常微分方程初值问题

$$\begin{cases}\dfrac{\mathrm{d}y}{\mathrm{d}x}=f(x,y),\\y(x_0)=y\end{cases}\tag{6.2.7}$$

的解存在唯一.在常微分方程部分,这是一个最基本的,也是最重要的定理.由于当时没有函数项级数这个重要工具,我们没有办法证明这个定理.

记 $D=\{(x,y)\mid |x-x_0|\leqslant a, |y-y_0|\leqslant b\}$,二元函数 $f(x,y)$ 称为在 D 上关于变量 y 满足 Lipschitz 条件,如果 $\exists L>0$,使得

$$|f(x,y_1)-f(x,y_2)|\leqslant L|y_1-y_2|, \tag{6.2.8}$$

$\forall (x,y_1),(x,y_2)\in D$ 都成立.

定理 6.2.4 ……

若函数 $f(x,y)$ 在 D 上连续,且关于 y 满足 Lipschitz 条件,则一阶常微分方程初值问题(6.2.7)在区间 $[x_0-b,x_0+b]$ 上存在唯一解 $y=\varphi(x)$,其中

$$h=\min\left(a,\frac{b}{M}\right),\quad M=\max|f(x,y)|.$$

下面通过五个引理来证明定理 6.2.4.

引理 6.2.1 ……

函数 $y=\varphi(x)$ 是初值问题(6.2.7)在区间 $[x_0,x_0+h]$ 上的解的充要条件为 $y=\varphi(x)$ 满足

$$\varphi(x)=y_0+\int_{x_0}^{x}f(t,\varphi(t))\mathrm{d}t,\quad x\in[x_0,x_0+h]. \tag{6.2.9}$$

证明 若 $y=\varphi(x)$ 是常微分方程初值问题(6.2.7)的解,则有

$$\frac{\mathrm{d}\varphi}{\mathrm{d}x}=f(x,\varphi(x)).$$

两边从 x_0 到 x 积分

$$\varphi(x)-\varphi(x_0)=\int_{x_0}^{x}f(t,\varphi(t))\mathrm{d}t,$$

而 $\varphi(x_0)=y_0$,因此 $y=\varphi(x)$ 满足(6.2.9)式.

若 $y=\varphi(x)$ 满足(6.2.9)式,两边对 x 求导可得

$$\frac{\mathrm{d}(\varphi(x))}{\mathrm{d}x}=f(x,\varphi(x)),$$

将 $x=x_0$ 代入(6.2.9)式,

$$\varphi(x_0)=y_0,$$

因此 $y=\varphi(x)$ 是常微分方程初值问题(6.2.7)式的解.

现构造函数列 $\{\varphi_n(x)\}_{n=0}^{+\infty}$ 如下:

$$\begin{cases}\varphi_0(x)=y_0,\\ \varphi_n(x)=y_0+\int_{x_0}^{x}f(t,\varphi_{n-1}(t))\mathrm{d}t,\quad x\in[x_0,x_0+h],\end{cases}\quad n=1,2,\cdots. \tag{6.2.10}$$

引理 6.2.2 ……………………………………………………………

$\forall n\in\mathbb{N}^+$ 由(6.2.10)式定义的 $\varphi_n(x)$ 在 $[x_0,x_0+h]$ 上连续,且满足

$$|\varphi_n(x)-y_0|\leqslant b. \tag{6.2.11}$$

证明 当 $n=1$ 时,

$$\varphi_1(x)=y_0+\int_{x_0}^{x}f(t,y_0)\mathrm{d}t,\quad x\in[x_0,x_0+h],$$

$\varphi_1(x)$ 在 $[x_0,x_0+h]$ 上连续,且

$$\begin{aligned}|\varphi_1(x)-y_0|&=\left|\int_{x_0}^{x}f(t,y_0)\mathrm{d}t\right|\leqslant\int_{x_0}^{x}|f(t,y_0)|\mathrm{d}t\\&\leqslant M(x-x_0)\leqslant Mh\leqslant b.\end{aligned} \tag{6.2.12}$$

假设当 $n=k$ 时, $\varphi_k(x)$ 在 $[x_0,x_0+h]$ 上连续且满足

$$|\varphi_k(x)-y_0|\leqslant b,$$

则当 $n=k+1$ 时,

$$\varphi_{k+1}(x)=y_0+\int_{x_0}^{x}f(t,\varphi_{k-1}(t))\mathrm{d}t$$

在 $[x_0,x_0+h]$ 上连续,且

$$|\varphi_{k+1}(x)-y_0|\leqslant\int_{x_0}^{x}|f(t,\varphi_{k-1}(t))|\mathrm{d}t\leqslant M(x-x_0)\leqslant Mh\leqslant b.$$

由数学归纳法可知不等式(6.2.11)对任意正整数 n 均成立.

引理 6.2.3 ……………………………………………………………

函数列 $\{\varphi_n(x)\}_{n=0}^{+\infty}$ 在 $[x_0,x_0+h]$ 上一致收敛.

证明 考虑函数项级数

$$\varphi_0(x)+\sum_{n=1}^{+\infty}[\varphi_n(x)-\varphi_{n-1}(x)],\quad x\in[x_0,x_0+h], \tag{6.2.13}$$

其部分和为

$$\varphi_0(x)+\sum_{k=1}^{n}[\varphi_k(x)-\varphi_{k-1}(x)]=\varphi_n(x),\quad n=1,2,\cdots,$$

因此要证明函数列 $\{\varphi_n(x)\}_{n=0}^{+\infty}$ 在 $[x_0,x_0+h]$ 上一致收敛,等价于证明函数项级数(6.2.13)在 $[x_0,x_0+h]$ 上一致收敛.我们用定理 6.1.2 的结论来证明.

由(6.2.12)式可得

$$|\varphi_1(x)-\varphi_0(x)|\leqslant M(x-x_0),$$

由 Lipschitz 条件可知

$$|\varphi_2(x)-\varphi_1(x)|\leqslant\int_{x_0}^{x}|f(t,\varphi_1(t))-f(t,\varphi_0(t))|\mathrm{d}t$$

$$\leqslant L\int_{x_0}^{x} |\varphi_1(t)-\varphi_0(t)|\,\mathrm{d}t$$

$$\leqslant L\int_{x_0}^{x} M(t-x_0)\,\mathrm{d}t=\frac{ML}{2}(x-x_0)^2.$$

假设当 $n=k$ 时，

$$|\varphi_k(x)-\varphi_{k-1}(x)|\leqslant\frac{ML^{k-1}}{k}(x-x_0)^k.$$

则当 $n=k+1$ 时

$$|\varphi_{k+1}(x)-\varphi_k(x)|\leqslant\int_{x_0}^{x} |f(t,\varphi_k(t))-f(t,\varphi_{k-1}(t))|\,\mathrm{d}t$$

$$\leqslant L\int_{x_0}^{x} |\varphi_k(t)-\varphi_{k-1}(t)|\,\mathrm{d}t$$

$$\leqslant\frac{ML^k}{k!}\int_{x_0}^{x}(t-x_0)^k\,\mathrm{d}t=\frac{ML^k}{(k+1)!}(x-x_0)^{k+1}.$$

因此由数学归纳法，$\forall n\in\mathbb{N}^+$，$\forall x\in[x_0,x_0+h]$，

$$|\varphi_n(x)-\varphi_{n-1}(x)|\leqslant\frac{ML^{n-1}}{n!}(x-x_0)^n\leqslant\frac{ML^{n-1}}{n!}h^n.$$

而常数项级数

$$\sum_{n=1}^{+\infty}\frac{ML^{n-1}}{n!}h^n$$

是收敛的，由 Weierstrass 定理(定理 6.1.2)可知，函数项级数(6.2.8)在$[x_0,x_0+h]$上一致收敛.

记

$$\varphi(x)=\lim_{n\to+\infty}\varphi_n(x),\quad x\in[x_0,x_0+h],\tag{6.2.14}$$

由定理 6.2.1 可知，$\varphi(x)$在$[x_0,x_0+h]$上连续，且$|\varphi(x)-y_0|\leqslant b$.

引理 6.2.4 ……………………………………

由(6.2.14)式定义的 $\varphi(x)$就是常微分方程初值问题(6.2.7)的解.

证明 由 Lipschitz 条件

$$|f(x,\varphi_n(x))-f(x,\varphi(x))|\leqslant L|\varphi_n(x)-\varphi(x)|,$$

而$\{\varphi_n(x)\}_{n=0}^{+\infty}$在$[x_0,x_0+h]$上一致收敛于 $\varphi(x)$，因此$\{f(x,\varphi_n(x))\}$在$[x_0,x_0+h]$上也一致收敛于 $f(x,\varphi(x))$，在等式(6.2.10)两边令 $n\to+\infty$，

$$\lim_{n\to+\infty}\varphi_n(x)=y_0+\lim_{n\to+\infty}\left[\int_{x_0}^{x}f(t,\varphi_{n-1}(t))\,\mathrm{d}t\right].$$

由定理 6.2.2 可知

$$\lim_{n\to+\infty}\left[\int_{x_0}^{x}f(t,\varphi_{n-1}(t))\,\mathrm{d}t\right]=\int_{x_0}^{x}\left[\lim_{n\to+\infty}f(t,\varphi_{n-1}(t))\,\mathrm{d}t\right]\mathrm{d}t=\int_{x_0}^{x}f(t,\varphi(t))\,\mathrm{d}t,$$

因此

$$\varphi(x) = y_0 + \int_{x_0}^{x} f(t,\varphi(t))\mathrm{d}t.$$

由引理 6.2.1 可知 $\varphi(x)$是常数微分方程初值问题(6.2.7)的解.这样,我们就证明了初值问题(6.2.7)解的存在性问题.下面的引理告诉我们在定理的条件下,解是唯一的.

引理 6.2.5 ……

若 $\psi(x)$是常微分方程初值问题(6.2.7)在$[x_0,x_0+h]$上的解,则

$$\psi(x) \equiv \varphi(x), \quad x \in [x_0, x_0+h].$$

证明 由引理 6.2.1,$\psi(x)$满足

$$\psi(x) = y_0 + \int_{x_0}^{x} f(t,\psi(t))\mathrm{d}t.$$

同样构造函数列$\{\varphi_n(x)\}_{n=0}^{+\infty}$如(6.2.10)式,则

$$|\varphi_0(x) - \psi(x)| \leqslant \int_{x_0}^{x} |f(x,\psi(t))| \mathrm{d}t \leqslant M(x-x_0),$$

$$\begin{aligned}|\varphi_1(x) - \psi(x)| &\leqslant \int_{x_0}^{x} |f(x,\varphi_0(t)) - f(x,\psi(t))| \mathrm{d}t \\ &\leqslant L\int_{x_0}^{x} |\varphi_0(t) - \psi(t)| \mathrm{d}t \leqslant \frac{ML}{2!}(x-x_0)^2.\end{aligned}$$

假设 $|\varphi_{n-1}(x) - \psi(t)| \leqslant \dfrac{ML^{n-1}}{n!}(x-x_0)^n$,则

$$\begin{aligned}|\varphi_n(x) - \psi(t)| &\leqslant \int_{x_0}^{x} |f(t,\varphi_{n-1}(t)) - f(t,\psi(t))| \mathrm{d}t \\ &\leqslant L\int_{x_0}^{x} |\varphi_{n-1}(x) - \psi(t)| \mathrm{d}t \leqslant \frac{ML^n}{(n+1)!}(x-x_0)^{n+1}.\end{aligned}$$

由数学归纳法可得,$\forall n \in \mathbb{N}^+$,

$$|\varphi_n(x) - \psi(t)| \leqslant \frac{ML^n}{(n+1)!}h^{n+1}, \quad x \in [x_0, x_0+h],$$

故当 $n \to +\infty$时$\{\varphi_n(x)\}$在$[x_0,x_0+h]$上一致趋于 $\psi(x)$.由引理 6.2.3 及极限的唯一性,$\psi(x) \equiv \varphi(x)$,$x \in [x_0,x_0+h]$.

定理 6.2.4 可以推广列一阶常微分方程组的情况,设 $\boldsymbol{y}(x) = (y_1(x),\cdots,y_n(x))^{\mathrm{T}}$,当连续的多元向量值函数 $\boldsymbol{f}(x,\boldsymbol{y})$满足 Lipschitz 条件:$\exists L \in \mathbb{R}$,

$$\|\boldsymbol{f}(x,\boldsymbol{y}_1) - \boldsymbol{f}(x,\boldsymbol{y}_2)\| \leqslant L\|\boldsymbol{y}_1 - \boldsymbol{y}_2\|$$

时,常微分方程组的初值问题

$$\begin{cases} \dfrac{\mathrm{d}\boldsymbol{y}}{\mathrm{d}x} = \boldsymbol{f}(x,\boldsymbol{y}), \\ \boldsymbol{y}(x_0) = \boldsymbol{y}_0 \end{cases}$$

的解存在唯一. 对于高阶常微分方程初值问题,可以通过适当变换,转化成一阶常微分方程组的初值问题得到解决,在此就不再叙述了.

习题 6.2

1. 证明:推论 6.2.1.

2. 设 $S(x) = \sum\limits_{n=1}^{\infty} \dfrac{1}{2^n}\tan\dfrac{x}{2^n}$,计算$\int_{\frac{\pi}{6}}^{\frac{\pi}{3}} S(x)\mathrm{d}x$.

3. 证明:$\int_0^1 x^x\mathrm{d}x = 1 - \dfrac{1}{2^2} + \dfrac{1}{3^3} - \dfrac{1}{4^4} + \cdots + (-1)^n\dfrac{1}{(n+1)^{n+1}} + \cdots$.

4. 证明:函数 $f(x) = \sum\limits_{n=1}^{\infty} \dfrac{n}{x^n}$ 是$(1,+\infty)$上的连续函数.

5. 证明:级数$\sum\limits_{n=1}^{\infty} \dfrac{x^2}{(1+x^2)^n}$对任意的$x$绝对收敛,但在$(-\infty,+\infty)$上非一致收敛.

6. 证明:函数 $f(x) = \sum\limits_{n=1}^{\infty} n\mathrm{e}^{-nx}$ 是$(0,+\infty)$上连续,进一步证明在$(0,+\infty)$上可微.

7. 证明:函数 $f(x) = \sum\limits_{n=1}^{\infty} \dfrac{\mathrm{e}^{-nx}}{n^2}$ 是$(0,+\infty)$上连续,进一步证明在$(0,+\infty)$上可微.

6.3 幂级数,函数的幂级数展开

幂级数是特殊的函数项级数. 幂级数的一般形式为

$$\sum_{n=0}^{+\infty} a_n(x-x_0)^n = a_0 + a_1(x-x_0) + \cdots + a_n(x-x_0)^n + \cdots. \tag{6.3.1}$$

为了书写简单,假设 $x_0 = 0$,此时幂级数为

$$\sum_{n=0}^{+\infty} a_n x^n = a_0 + a_1 x + \cdots + a_n x^n + \cdots. \tag{6.3.2}$$

幂级数(6.3.1)的性质与幂级数(6.3.2)完全相似,只要自变量 x 在实轴上作一个平移变换.

6.1 节、6.2 节得到的关于一般函数项级数的定理对于幂级数完全适用,在本节我们讨论幂级数所特有的性质.

6.3.1　幂级数的收敛性与一致收敛性

定理 6.3.1(Abel 定理) ……………………………………

如果幂级数(6.3.2)的通项构成的数列$\{a_nx^n\}$在x_0点有界($x_0\neq0$),则幂级数(6.3.1)在开区间$(-|x_0|,|x_0|)$内绝对收敛,并且$\forall r:r<|x_0|$,幂级数(6.3.2)在$[-r,r]$上一致收敛.

证明　不妨假设$\forall n\in\mathbb{N}^+$,$|a_nx_0^n|\leqslant M$. $\forall x\in(-|x_0|,|x_0|)$,

$$|a_nx^n|=|a_nx_0^n|\cdot\left|\frac{x}{x_0}\right|^n\leqslant M\left|\frac{x}{x_0}\right|^n,$$

而当$x\in(-|x_0|,|x_0|)$时,$\left|\frac{x}{x_0}\right|<1$,等比级数$\sum\limits_{n=0}^{+\infty}M\left|\frac{x}{x_0}\right|^n$收敛. 由非负级数收敛性判断的比较定理可知幂级数(6.3.2)在x点,$x\in(-|x_0|,|x_0|)$绝对收敛.

当$x\in[-r,r]$时(其中常数$r<|x_0|$),$|a_nx^n|\leqslant M\left|\frac{r}{x_0}\right|^n$,常数项等比级数$\sum\limits_{n=0}^{+\infty}M\left|\frac{r}{x_0}\right|^n$收敛,由 Weierstrass 定理可知幂级数(6.3.2)在$[-r,r]$上一致收敛.

定理 6.3.1 中的"$\forall r:r<|x_0|$,$\sum\limits_{n=0}^{+\infty}a_nx^n$在$[-r,r]$上一致收敛"的性质有时称为**内闭一致收敛性**.

由定理 6.3.1 可知,若$\sum\limits_{n=0}^{+\infty}a_nx^n$在一点$x_0(x_0\neq0)$处收敛,则$\lim\limits_{n\to+\infty}a_nx_0^n=0$,$\{a_nx_0^n\}_{n=0}^{+\infty}$一定是一个有界数列,幂级数$\sum\limits_{n=0}^{+\infty}a_nx^n$在$(-|x_0|,|x_0|)$内绝对收敛,内闭一致收敛；反之,若幂级数$\sum\limits_{n=0}^{+\infty}a_nx^n$在$x_0(x_0\neq0)$点发散,则一定在$(-\infty,-|x_0|)\cup(|x_0|,+\infty)$内发散. 因此幂级数$\sum\limits_{n=0}^{+\infty}a_nx^n$的收敛点构成的集合是一个以原点为中心,除端点之外关于原点对称的区间,$(-R,R)$,$[-R,R)$或$[-R,R]$$\left(\text{若}\sum\limits_{n=0}^{+\infty}a_nx^n\text{在整个实轴上都收敛},R\text{记作}+\infty\right)$. R称为幂级数$\sum\limits_{n=0}^{+\infty}a_nx^n$**收敛半径**.

对于更一般的幂级数(6.3.1)其收敛区间为(x_0-R,x_0+R),$[x_0-R,x_0+R)$,$(x_0-R,x_0+R]$　或　$[x_0-R,x_0+R]$,R仍然称为该级数的收敛半径.

由非负级数收敛域的比率判别法和根值判别法(定理 5.2.4 和定理 5.2.5)可知,若

$$\lim_{n\to+\infty}\left|\frac{a_{n+1}}{a_n}\right| = q \tag{6.3.3}$$

存在，则幂的数的收敛半径 $R=\frac{1}{q}$（若 $q=0, R=+\infty$）；

若

$$\lim_{n\to+\infty}\sqrt[n]{|a_n|} = q \tag{6.3.4}$$

存在，则幂级数的收敛半径 $R=\frac{1}{q}$（同样，若 $q=0, R=+\infty$）.

若极限(6.3.4)不存在，由定理5.2.5′知其可由上极限代替：若

$$\overline{\lim_{n\to+\infty}}\sqrt[n]{|a_n|} = q,$$

则幂级数的收敛半径 $R=\frac{1}{q}$（$q=0$ 时 R 取 $+\infty$）.

▶ **例 6.3.1** ……………………………………………………………

分别求 $\sum_{n=1}^{+\infty}\frac{x^n}{n}, \sum_{n=1}^{-\infty}\frac{x^n}{n^2}, \sum_{n=1}^{+\infty}nx^n$ 的收敛半径和收敛域.

解 由(6.3.3)式或(6.3.4)式不难求出三个幂级数的收敛半径均为 $R=1$，在两个端点 $x=\pm1$ 点，分别讨论三个幂级数的收敛性可知它们的收敛域分别为 $[-1,1)$，$[-1,1]$ 和 $(-1,1)$.

▶ **例 6.3.2** ……………………………………………………………

求下列幂级数的收敛域：

(1) $\sum_{n=1}^{+\infty}(-1)^n\frac{2^n}{\sqrt{n}}x^n$；　　(2) $\sum_{n=1}^{+\infty}\frac{1}{n^2}(x+2)^n$；

(3) $\sum_{n=1}^{+\infty}(-nx)^n$；　　(4) $\sum_{n=0}^{+\infty}\frac{1}{n!}x^n$；

(5) $\sum_{n=1}^{+\infty}\frac{1}{3^n n}x^{2n-1}$.

解 (1) $\lim_{n\to+\infty}\sqrt[n]{\frac{2^n}{\sqrt{n}}}=2$，故收敛半径 $R=\frac{1}{2}$. 原级数在 $x=\frac{1}{2}$ 处收敛，在点 $x=-\frac{1}{2}$ 处发散，故收敛域为 $\left(-\frac{1}{2},\frac{1}{2}\right]$.

(2) $\lim_{n\to+\infty}\sqrt[n]{\frac{1}{n^2}}=1$，故收敛半径 $R=1$. 原级数在 $x=-2\pm1$ 点均收敛，因此收敛域为 $[-3,-1]$.

(3) $\lim_{n\to+\infty}\left|\frac{a_{n+1}}{a_n}\right|=\lim_{n\to+\infty}\frac{(n+1)^{n+1}}{n^n}=+\infty$，故收敛半径 $R=0$，级数 $\sum_{n=1}^{+\infty}(-nx)^n$

仅在 $x=0$ 点收敛.

(4) $\lim\limits_{n\to+\infty}\left|\dfrac{a_{n+1}}{a_n}\right|=\lim\limits_{n\to+\infty}\dfrac{n!}{(n+1)!}=0$,故收敛半径 $R=+\infty$,收敛域为 $\mathbb{R}$.

(5) $\lim\limits_{n\to+\infty}\left|\dfrac{\dfrac{x^{2n+1}}{3^{n+1}(n+1)}}{\dfrac{x^{2n-1}}{3^n n}}\right|=\lim\limits_{n\to+\infty}\dfrac{n}{3(n+1)}|x|^2=\dfrac{|x|^2}{3}<1$,当 $x=\pm\sqrt{3}$ 时,级数 $\sum\limits_{n=1}^{+\infty}\dfrac{1}{3^n n}x^{2n-1}$ 发散,故级数的收敛域为 $(-\sqrt{3},\sqrt{3})$.

下面的定理告诉我们幂级数一致收敛的最大区间.

定理 6.3.2(Abel 第二定理) ……

设幂级数 $\sum\limits_{n=0}^{+\infty}a_nx^n$ 在收敛区间的端点 $x=R$(或 $x=-R$)处收敛,则 $\forall r:0<r<R$, $\sum\limits_{n=0}^{+\infty}a_nx^n$ 在 $[-r,R]$(或 $[-R,r]$)上一致收敛.

证明 只讨论 $x=R$ 的情况. $\forall x\in[0,R]$,

$$\sum_{n=0}^{+\infty}a_nx^n=\sum_{n=0}^{+\infty}a_nR^n\left(\frac{x}{R}\right)^n.$$

由已知条件,$\sum\limits_{n=0}^{+\infty}a_nR^n$ 收敛,而函数列 $\left\{\left(\dfrac{x}{R}\right)^n\right\}_{n=0}^{+\infty}$ 对于固定的 $x\in[0,R]$ 关于 n 单调下降,且 $\left|\dfrac{X}{R}\right|^n\leqslant 1$,一致有界,由一致收敛的 Abel 判别法(定理 6.1.4)得,$\sum\limits_{n=0}^{+\infty}a_nx^n$ 在 $[0,R]$ 上一致收敛. $\forall r<R$,由定理 6.3.1 知 $\sum\limits_{n=0}^{+\infty}a_nx^n$ 在 $[-r,0]$ 上一致收敛,故 $\sum\limits_{n=0}^{+\infty}a_nx^n$ 在 $[-r,R]$ 上一致收敛.

▶ **例 6.3.3** ……

例 6.3.1 中的三个幂级数分别在 $[-1,r]$,$[-1,1]$ 和 $[-r,r]$ 上一致收敛,其中 r 为任意小于 1 的正实数.

设幂级数 $\sum\limits_{n=0}^{+\infty}a_nx^n$ 的收敛区间为 I(I 为 $[-R,R]$,$[-R,R)$,$(-R,R]$,$(-R,R)$ 中一个),则在区间上幂级数有和函数

$$S(x)=\sum_{n=0}^{+\infty}a_nx^n,\quad x\in I.$$

6.2节关于和函数 $S(x)$ 的三个定理(定理6.2.1、定理6.2.2、定理6.2.3)可以直接应用到幂级数的和函数 $S(x)$ 上.

定理 6.3.3 ……

幂级数的和函数在收敛域的内部 $(-R,R)$ 内连续,若幂级数在 $x=R$ 点收敛,则 $S(x)$ 在 $x=R$ 点左连续;若幂级数在 $x=-R$ 点收敛,则 $S(x)$ 在 $x=-R$ 点右连续.

定理 6.3.4 ……

设幂级数 $\sum\limits_{n=0}^{+\infty} a_n x^n$ 的收敛半径为 R,则 $\forall x \in (-R,R)$,

$$\int_0^x S(t)\,\mathrm{d}t = \sum_{n=0}^{+\infty} \frac{a_n}{n+1} x^{n+1}.$$

设新的幂级数 $\sum\limits_{n=0}^{+\infty} \frac{a_n}{n+1} x^{n+1}$ 的收敛半径为 R_1,则

$$R_1 \geqslant R. \tag{6.3.5}$$

定理 6.3.5 ……

设幂级数 $\sum\limits_{n=0}^{+\infty} a_n x^n$ 的收敛半径为 R,则其和函数 $S(x) \in C^{(\infty)}(-R,R)$(在 $(-R,R)$ 内任意阶可导),且 $\forall x \in (-R,R)$,$k=1,2,\cdots$,

$$S^{(k)}(x) = k!a_k + \frac{(k+1)!}{1!} a_{k+1} x + \cdots + \frac{(k+n)!}{n!} a_{n+k} x^n + \cdots,$$

新的级数的收敛半径也为 R.

证明 只证 $k=1$ 的情况,$k>1$ 类似.

$\forall x \in (-R,R)$,取常数 r_1, r_2 使得

$$|x| < r_1 < r_2 < R.$$

级数 $\sum\limits_{n=0}^{+\infty} |a_n| r_2^n$ 收敛,故通项有界,即 $\exists M>0$,

$$|a_n| r_2^n \leqslant M, \quad n=1,2,\cdots.$$

考虑

$$n|a_n x^{n-1}| < n|a_n| r_1^{n-1} = n|a_n| r_2^{n-1}\left(\frac{r_1}{r_2}\right)^{n-1} \leqslant Mn\left(\frac{r_1}{r_2}\right)^{n-1},$$

而 $0<\frac{r_1}{r_2}<1$,所以 $\sum\limits_{n=1}^{+\infty} n\left(\frac{r_1}{r_2}\right)^{n-1}$ 收敛,级数 $\sum\limits_{n=1}^{+\infty} na_n x^{n-1}$ 在 $[-r_1, r_1]$ 上一致收敛.

根据定理 6.2.3,可逐项求导,即 $S(x)$ 可导,且

$$S'(x) = a_1 + 2a_2x + \cdots + na_nx^{n-1} + \cdots, \quad x \in (-R,R). \tag{6.3.6}$$

设幂级数(6.3.6)的收敛半径为 R_2,则

$$R_2 \geqslant R.$$

显然,$\sum_{n=0}^{+\infty} a_nx^n$ 是由幂级数(6.3.6) 逐项积分而得,由不等式(6.3.5),

$$R \geqslant R_2,$$

因此,$R=R_1=R_2$,也就是幂级数经逐项积分或逐项求导之后新的幂级数与原来幂级数的收敛半径相同.收敛域可能改变.

例 6.3.4

幂级数 $\sum_{n=1}^{+\infty} \frac{x^n}{n}$,收敛域为$[-1,1)$. $\sum_{n=1}^{+\infty} \frac{x^n}{n}$ 逐项积分后新的幂级数为 $\sum_{n=1}^{+\infty} \frac{x^{n+1}}{n(n+1)}$,收敛域为$[-1,1]$.

6.3.2 无穷可导函数的幂级数展开

定义在(x_0-R,x_0+R)内的函数 $f(x)$的幂级数展开,指的是找到一个幂级数,使 $f(x)$恰好是该幂级数的和函数

$$f(x) = \sum_{n=0}^{+\infty} a_n(x-x_0)^n, \tag{6.3.7}$$

并非任意一个定义在(x_0-R,x_0+R)上的函数都有幂级数展开,由定理 6.3.5 可知,作为幂级数和函数的 $f(x)$必须在(x_0-R,x_0+R)内任意阶可导.此时,

$$f^{(k)}(x) = k!a_k + \frac{(k+1)!}{1}a_{k+1}(x-x_0) + \cdots + \frac{(k+n)!}{n!}a_{k+n}(x-x_0)^n + \cdots,$$

因此幂级数(6.3.7)的系数

$$a_n = \frac{f^{(n)}(x_0)}{n!}, \quad n = 0,1,2,\cdots.$$

由这些系数构成的幂级数

$$\sum_{n=0}^{+\infty} \frac{f^{(n)}(x_0)}{n!}(x-x_0)^n \tag{6.3.8}$$

称为 $f(x)$在 x_0 点的 **Taylor 级数**(当 $x_0=0$ 时,该级数也称为 **Maclaurin**(**麦克劳林**)**级数**).只要 $f(x)$在 x_0 点任意阶可导,其 Taylor 级数一定存在.在写成等式(6.3.7)之前,我们必须解决两个问题:

(1) 幂级数(6.3.8)是否在(x_0-R,x_0+R)内收敛?

(2) 若幂级数(6.3.8)在(x_0-R,x_0+R)内收敛,其和函数是否为 $f(x)$?

有一个例子可以说明即便幂级数(6.3.8)收敛，其和函也可能不是 $f(x)$.

例 6.3.5

$$f(x)=\begin{cases} e^{-\frac{1}{x^2}}, & x\neq 0 \\ 0, & x=0. \end{cases}$$

可以证明 $f^{(n)}(0)=0, n=0,1,2,\cdots$，因此它的 Taylor 级数展开为

$$0+0x+0x^2+\cdots+0x^a+\cdots,$$

收敛到 0，而非 $f(x)$.

设 $f(x)$ 在 (x_0-R,x_0+R) 内任意阶可导，由 Taylor 公式可知 $\forall n\in\mathbb{N}^+$，$\exists\theta\in(0,1)$，

$$f(x)=\sum_{k=0}^{n}\frac{f^{(k)}(x_0)}{k!}(x-x_0)^k+\frac{f^{(n+1)}(\xi)}{(n+1)!}(x-x_0)^{n+1},$$

其中 $\xi=x_0+\theta(x-x_0)$，

$$R_n(x)=\frac{f^{(n+1)}(\xi)}{(n+1)!}(x-x_0)^{n+1} \tag{6.3.9}$$

称为 Lagrange 余项. 因此在 (x_0-R,x_0+R) 内，幂级数(6.3.8)收敛于 $f(x)$ 的充分必要条件为

$$\lim_{n\to+\infty}R_n(x)=0,\quad x\in(x_0-R,x_0+R).$$

不难从 $R_n(x)$ 的表达式(6.3.9)证明：

定理 6.3.6

若 $\exists M>0$，使得 $\forall x\in(x_0-R,x_0+R)$，$\forall$ 充分大的 n，

$$|f^{(n)}(x)|\leqslant M,$$

则 $\lim\limits_{n\to+\infty}R_n(x)=0, x\in(x_0-R,x_0+R)$，即 $f(x)$ 能在 (x_0-R,x_0+R) 内展成 Taylor 级数

$$f(x)=\sum_{n=0}^{+\infty}\frac{f^{(n)}(x_0)}{n!}(x-x_0)^n.$$

例 6.3.6

求 $e^x,\sin x,\cos x$ 的 Maclaurin 级数.

解 $\forall R>0$，在 $(-R,R)$ 内 $|(e^x)^{(n)}|=e^x\leqslant e^R$ 有界，因此

$$e^x=\sum_{n=0}^{+\infty}\frac{x^n}{n!},\quad x\in(-R,R). \tag{6.3.10}$$

由 R 的任意性可知(6.3.10)在实轴 $\mathbb{R}$ 上均成立.

同样，$|\sin^{(n)}(x)|=\left|\sin\left(x+\frac{n}{2}\right)\right|\leqslant 1$，

$$\sin x = \sum_{n=0}^{+\infty} \frac{(-1)^n}{(2n+1)!!} x^{2n+1}, \quad x \in \mathbb{R}, \tag{6.3.11}$$

$$|\cos^{(n)} x| = \left|\cos\left(x + \frac{n}{2}\pi\right)\right| \leqslant 1,$$

$$\cos x = \sum_{n=0}^{+\infty} \frac{(-1)^n}{(2n)!!} x^{2n}, \quad x \in \mathbb{R}. \tag{6.3.12}$$

对于函数 $f(x)=(1+x)^{\alpha}(\alpha\in\mathbb{R})$的 Maclaurin 级数展开,我们有结论:

$$(1+x)^{\alpha} = 1 + \alpha x + \frac{\alpha(\alpha-1)}{2!}x^2 + \cdots + \frac{\alpha(\alpha-1)\cdots(\alpha-n+1)}{n!}x^n + \cdots. \tag{6.3.13}$$

根据 α 的不同值,(6.3.13)成立的区间也不同:

(1) 当 $\alpha\leqslant -1$ 时,(6.1.13)当 $x\in(-1,1)$时成立;

(2) 当$-1<\alpha<0$ 时,(6.1.13)当 $x\in(-1,1]$时成立;

(3) 当 $\alpha>0$ 时,(6.1.13)当 $x\in[-1,1]$时成立.

上述结论的证明过程用到 Taylor 公式的 Cauchy 余项,在此我们就不作证明了.

作为(6.1.13)的特例,我们有:

$$\frac{1}{1-x} = 1 + x + x^2 + \cdots + x^n + \cdots, \quad x \in (-1,1), \tag{6.3.14}$$

$$\frac{1}{1+x} = 1 - x + x^2 + \cdots + (-1)^n x^n + \cdots, \quad x \in (-1,1), \tag{6.3.15}$$

$$\frac{1}{\sqrt{1+x}} = 1 - \frac{1}{2}x + \frac{1\cdot 3}{2\cdot 4}x^2 + \cdots + (-1)^n \frac{(2n-1)!!}{(2n)!!}x^n + \cdots, \quad x \in (-1,1). \tag{6.3.16}$$

分别以 x^2 和$-x^2$ 代替 x,代入(6.3.15)和(6.3.16)式

$$\frac{1}{1+x^2} = 1 - x^2 + x^4 + \cdots + (-1)^n x^{2n} + \cdots, \quad x \in (-1,1), \tag{6.3.17}$$

$$\frac{1}{\sqrt{1-x^2}} = 1 + \frac{1}{2}x^2 + \frac{1\cdot 3}{2\cdot 4}x^4 + \cdots + \frac{(2n-1)!!}{(2n)!!}x^{2n} + \cdots, \quad x \in (-1,1). \tag{6.3.18}$$

由幂级数在收敛域内部逐项求积分的定理(6.2.2)可得

$$\ln(1+x) = \int_0^x \frac{dx}{1+x} = \int_0^x \left[\sum_{n=0}^{+\infty} (-1)^n x^n\right] dx$$

$$= x - \frac{x^2}{2} + \frac{x^3}{3} + \cdots + (-1)^n \frac{x^{n+1}}{n+1} + \cdots, \quad x \in (-1,1],$$

$$\arctan x = \int_0^x \frac{dx}{1+x^2} = \int_0^x \left[\sum_{n=0}^{+\infty} (-1)^n x^{2n}\right] dx$$

$$=x-\frac{x^3}{3}+\frac{x^5}{5}+\cdots+(-1)^n\frac{x^{2n+1}}{2n+1}+\cdots,\quad x\in[-1,1],$$

$$\arcsin x=\int_0^x\frac{\mathrm{d}x}{\sqrt{1-x^2}}=x+\frac{1}{2}\cdot\frac{x^3}{3}+\frac{1\cdot 3}{2\cdot 4}\cdot\frac{x^5}{5}$$

$$+\cdots+\frac{(2n-1)!!}{(2n)!!}\cdot\frac{x^{2n+1}}{2n+1}+\cdots,\quad x\in(-1,1).$$

例 6.3.7 ……………………………………………………………

求函数 $f(x)=\frac{1}{2}\tan x+\frac{1}{4}\ln\frac{1+x}{1-x}$ 的 Maclaurin 的数展开.

解
$$f'(x)=\frac{1}{1-x^4}=\sum_{n=0}^{+\infty}x^{4n},\quad x\in(-1,1),$$

$$f(x)=\int_0^x f'(t)\mathrm{d}t=\int_0^x\left(\sum_{n=0}^{+\infty}t^{4n}\right)\mathrm{d}x=\sum_{n=0}^{+\infty}\frac{x^{4n+1}}{4n+1},\quad x\in(-1,1).$$

例 6.3.8 ……………………………………………………………

求 $f(x)=\frac{1}{(1-x)^2}$ 的 Maclaurin 展开.

解

$$f(x)=\left(\frac{1}{1-x}\right)'=\left(\sum_{n=0}^{+\infty}x^n\right)'=\sum_{n=1}^{+\infty}nx^{n-1},\quad x\in(-1,1).$$

本节的最后，我们给出几个求简单幂级数和函数的例子.

例 6.3.9 ……………………………………………………………

求下列幂级数的和函数：

(1) $\sum_{n=1}^{+\infty}\frac{x^n}{n(n+1)}$；　　　　(2) $\sum_{n=1}^{+\infty}nx^n$.

解 (1) 级数 $\sum_{n=1}^{+\infty}\frac{x^n}{n(n+1)}$ 的收敛域为 $[-1,1]$. 记

$$S(x)=\sum_{n=1}^{+\infty}\frac{x^n}{n(n+1)},\quad x\in(-1,1),$$

则
$$S'(x)=\sum_{n=1}^{+\infty}\frac{x^{n-1}}{n+1},$$

$$x^2S'(x)=\sum_{n=1}^{+\infty}\frac{x^{n+1}}{n+1},$$

$$(x^2S'(x))'=\sum_{n=1}^{+\infty}x^n=\frac{x}{1-x}.$$

积分可得

$$x^2S'(x)=\int_0^x\frac{t}{1-t}\mathrm{d}t=-x-\ln(1-x),$$

$$S'(x)=-\frac{x+\ln(1-x)}{x^2},$$

$$\begin{aligned}S(x)&=\int_0^x S'(t)\mathrm{d}t\\&=\frac{\ln(1-x)}{x}-\ln(1-x)+1.\end{aligned}$$

(2)

$$\frac{S(x)}{x}=\sum_{n=1}^{+\infty}nx^{n-1},$$

$$\int_0^x\frac{S(t)}{t}\mathrm{d}t=\sum_{n=1}^{+\infty}\int_0^x nt^{n-1}\mathrm{d}t=\sum_{n=1}^{+\infty}x^n=\frac{x}{1-x},$$

$$\frac{S(x)}{x}=\left(\frac{x}{1-x}\right)'=\frac{1}{(1-x)^2},$$

$$S(x)=\frac{x}{(1-x)^2}.$$

例 6.3.10

求幂级数$\sum_{n=0}^{+\infty}\frac{x^{2n}}{(2n)!}$的和函数.

解 显然,幂级数的收敛半径$R=+\infty$.记

$$S(x)=\sum_{n=0}^{+\infty}\frac{x^{2n}}{(2n)!},$$

则

$$S'(x)=\sum_{n=1}^{+\infty}\frac{2nx^{2n-1}}{(2n)!}=\sum_{n=1}^{+\infty}\frac{x^{2n-1}}{(2n-1)!},$$

$$S''(x)=\sum_{n=1}^{+\infty}\frac{(2n-1)x^{2n-2}}{(2n-1)!}=\sum_{n=1}^{+\infty}\frac{x^{2n-2}}{(2n-2)!}=S(x),$$

因此$S(x)$满足

$$S''(x)-S(x)=0.$$

该微分方程的通解为$S(x)=C_1\mathrm{e}^x+C_2\mathrm{e}^{-x}$.由

$$\begin{cases}S(0)=1,\\S'(0)=0,\end{cases}$$

可得$C_1=C_2=\frac{1}{2}$,$S(x)=\frac{1}{2}(\mathrm{e}^x+\mathrm{e}^{-x})$.

习题 6.3

1．求下列幂级数的收敛半径与收敛域.

(1) $\sum_{n=1}^{\infty}\frac{x^n}{n^n}$；　　(2) $\sum_{n=1}^{\infty}\frac{1}{2^n}x^{2n-1}$；

(3) $\sum_{n=1}^{\infty}\frac{x^{3n+1}}{(2n-1)2^n}$；　　(4) $\sum_{n=1}^{\infty}n4^{n-1}x^{2n}$；

(5) $\sum_{n=1}^{\infty}\frac{\ln n}{n}x^n$；　　(6) $\sum_{n=1}^{\infty}\left[\left(\frac{x}{2}\right)^n+(4x)^n\right]$；

(7) $\sum_{n=1}^{\infty}\frac{1}{n^p}(x-1)^n(p>0)$；　　(8) $\sum_{n=1}^{\infty}\frac{2^{2n-1}}{n\sqrt{n}}(x+1)^n$；

(9) $\sum_{n=1}^{\infty}2^n(x+a)^{2n}$；　　(10) $\sum_{n=1}^{\infty}\frac{(x-a)^{3n}}{(3n)!}$.

2．求下列幂级数的收敛域与和函数.

(1) $\sum_{n=2}^{\infty}\frac{x^n}{n(n-1)}$；　　(2) $\sum_{n=1}^{\infty}\frac{1}{4n-1}x^{4n-1}$；

(3) $\sum_{n=1}^{\infty}(2n+1)x^{2n+1}$；　　(4) $\sum_{n=1}^{\infty}\frac{2n-1}{2^n}x^{2n-2}$；

(5) $\sum_{n=1}^{\infty}\frac{n(n+1)}{2}x^{n-1}$；　　(6) $\sum_{n=1}^{\infty}(-1)^{n+1}\frac{1}{n(n+1)}x^n$.

3．将下列函数在 x_0 点展成幂级数,并求收敛域.

(1) $\cos x, x_0=\frac{\pi}{4}$；　　(2) $\sin\left(x+\frac{\pi}{6}\right), x_0=0$；

(3) $\ln(1+x), x_0=2$；　　(4) $\mathrm{ch}x, x_0=-1$；

(5) $\sin x^2, x_0=0$；　　(6) $\ln(3-x), x_0=-1$；

(7) $\frac{1}{x-1}, x_0=-1$；　　(8) $\frac{x+2}{x^2-x-2}, x_0=-2$；

(9) $\frac{x}{(x-1)(x+3)}, x_0=0$；　　(10) $\frac{x}{2x-1}, x_0=-1$；

(11) $\ln(x+\sqrt{x^2+1}), x_0=0$；　　(12) $\frac{2}{(1-x)^3}, x_0=-1$；

(13) $\int_0^x\frac{\arctan t}{t}\mathrm{d}t, x_0=0$；　　(14) $\int_0^x\frac{1}{\sqrt{1+t^3}}\mathrm{d}t, x_0=0$.

4．将下列函数在 $x_0=0$ 点展到指定的项.

(1) $\mathrm{e}^{\sin x}$，展到 x^3 项；　　(2) $\mathrm{e}^x\sin x$，展到 x^3 项；

(3) $\cos^3 x$，展到 x^4 项；　　(4) $\frac{\ln(1-x)}{\cos x}$，展到 x^3 项.

5. 已知 $f(x)=\dfrac{x^2-x}{x+2}$，$g(x)=\dfrac{x}{(x-1)(x+2)}$，求 $f^{(n)}(0)$，$g^{(n)}(0)$.

6. 求下列表达式的近似值.

(1) $\sqrt[5]{\mathrm{e}}$，误差不超过 10^{-4}；　　(2) $\arcsin\dfrac{1}{3}$，误差不超过 10^{-3}；

(3) $\displaystyle\int_0^{\frac{1}{4}}\frac{\arcsin t}{t}\mathrm{d}t$，取前两项计算其近似值；

(4) $\displaystyle\int_0^{\frac{1}{2}}\frac{1}{\sqrt{1+x^4}}\mathrm{d}t$，误差不超过 10^{-4}；

(5) 求曲线 $y^2=x^3+1$，y 轴及直线 $x=\dfrac{1}{2}$ 所围成图形的面积的近似值，误差不超过 10^{-3}.

7. 幂级数 $\displaystyle\sum_{n=1}^{\infty}a_nx^n$ 在 $x=3$ 处条件收敛，求 $\displaystyle\sum_{n=1}^{\infty}na_n(x-1)^{n+1}$ 的收敛区间.

8. 幂级数 $\displaystyle\sum_{n=0}^{\infty}a_nx^n$ 与 $\displaystyle\sum_{n=0}^{\infty}b_nx^n$ 在 $(-R,R)$ 内有相同的和函数，证明 $a_n=b_n(n=0,1,2,\cdots)$.

9. 幂级数 $\displaystyle\sum_{n=0}^{\infty}a_nx^n$ 与 $\displaystyle\sum_{n=0}^{\infty}b_nx^n$ 的收敛半径分别为 R_1，R_2，证明：

(1) $\displaystyle\sum_{n=0}^{\infty}(a_n+b_n)x^n$ 的收敛半径 $R\geqslant\min\{R_1,R_2\}$；

(2) $\displaystyle\sum_{n=0}^{\infty}a_nb_nx^n$ 的收敛半径 $R\geqslant R_1R_2$.

第6章总复习题

1. 求下列函数项级数的收敛域.

(1) $\displaystyle\sum_{n=1}^{\infty}\frac{(n+x)^n}{n^{n+x}}$；　　(2) $\displaystyle\sum_{n=1}^{\infty}\frac{x^ny^n}{x^n+y^n}$；

(3) $\displaystyle\sum_{n=1}^{\infty}\frac{\ln(1+x^n)}{n^y}$，$x>0$；　　(4) $\displaystyle\sum_{n=1}^{\infty}(\sqrt[n]{n}-1)^x$，$x>0$.

2. 设函数项级数 $\displaystyle\sum_{n=1}^{\infty}u_n(x)$ 在有界闭区间 $[a,b]$ 上收敛于 $S(x)$，如果 $u_n(x)$ 均为 $[a,b]$ 上的非负连续函数，证明：$S(x)$ 在 $[a,b]$ 上可以取到最小值.

3. 证明：级数 $\displaystyle\sum_{n=1}^{\infty}(-1)^nx^n(1-x)$ 在 $[0,1]$ 上绝对并一致收敛，但非绝对一致收敛.

4. 设 $u_n(x)$ $(n=1,2,\cdots)$ 是 $[a,b]$ 上的连续函数，若 $\displaystyle\sum_{n=1}^{\infty}u_n(a)$，$\displaystyle\sum_{n=1}^{\infty}u_n(b)$ 有

一个发散,证明:$\sum\limits_{n=1}^{\infty}u_n(x)$ 在(a,b)上非一致收敛.

5. $f_1(x)\in R[a,b]$,定义 $f_{n+1}(x)=\int_a^x f_n(t)\mathrm{d}t(n=1,2,\cdots)$,证明:$\{f_n(x)\}$ 在$[a,b]$上一致收敛于0.

6. 设函数列$\{f_n(x)\}$,$\{g_n(x)\}$在区间$[a,b]$上一致收敛,若每个 f_n,g_n 在$[a,b]$上有界,证明:f_ng_n 在$[a,b]$上一致有界.

7. 证明:Riemannζ函数$\zeta(x)=\sum\limits_{n=1}^{\infty}\dfrac{1}{n^x}$在$(1,+\infty)$内连续,并在这个区间内有各阶连续导数.

8. 考查下列函数项级数在指定区间的一致收敛性.

(1) $\sum\limits_{n=2}^{\infty}\ln\left(1+\dfrac{x}{n\ln^2 n}\right),x\in(0,+\infty)$;

(2) $\sum\limits_{n=2}^{\infty}\ln\left(1+\dfrac{x}{n\ln^2 n}\right),x\in(-1,1)$;

(3) $\sum\limits_{n=1}^{\infty}\dfrac{n^2}{\sqrt{n!}}(x^n+x^{-n}),\dfrac{1}{3}\leqslant|x|\leqslant 3$;

(4) $\sum\limits_{n=1}^{\infty}2^n\sin\dfrac{1}{3^n x},x\in(0,+\infty)$;

(5) $\sum\limits_{n=1}^{\infty}\dfrac{\cos nx}{n\ln x},x\in(0,\pi]$.

9. 求下列幂级数的收敛半径与收敛域.

(1) $\sum\limits_{n=1}^{\infty}\left(\dfrac{n+1}{n}\right)^{n^2}x^n$;(2) $\sum\limits_{n=1}^{\infty}x^{n^2}$;(3) $\sum\limits_{n=1}^{\infty}\left(1+\dfrac{1}{2}+\cdots+\dfrac{1}{n}\right)\dfrac{1}{2^n}(x+1)^n$.

10. 证明:$y=\sum\limits_{n=0}^{\infty}\dfrac{x^n}{(n!)^2}$ 满足等式 $xy''+y'-y=0$.

11. 设 $f(x)=\sum\limits_{n=0}^{\infty}a_nx^n,x\in(-R,R)$,证明:若 $f(x)$ 为偶函数,则 $a_{2n+1}=0$.

12. 设 $S(x)=\sum\limits_{n=0}^{\infty}a_nx^n,x\in(-R,R)$,那么当 $T(x)=\sum\limits_{n=0}^{\infty}\dfrac{a_n}{n+1}R^{n+1}$ 收敛时,不论 $S(x)=\sum\limits_{n=0}^{\infty}a_nR^n$ 是否收敛,均有$\int_0^R S(x)\mathrm{d}x=\sum\limits_{n=0}^{\infty}\dfrac{a_n}{n+1}R^{n+1}$.

13. 将下列函数展成泰勒级数.

(1) $(x-2)\mathrm{e}^{-x},x_0=1$; (2) $\dfrac{1}{(1+x)^2},x_0=0$; (3) $\dfrac{x}{\sqrt{1-x^2}},x_0=0$;

(4) $\ln\dfrac{1}{2+2x+x^2},x_0=-1$; (5) $\int_0^x\cos t^2\mathrm{d}t,x_0=0$.

14. 求下列幂级数的收敛域与和函数.

(1) $\sum_{n=2}^{\infty}\frac{n(n+1)}{2}(x+1)^{n-1}$；

(2) $\sum_{n=1}^{\infty}\frac{(-1)^{n-1}}{n(2n-1)}x^{2n}$；

(3) $\sum_{n=1}^{\infty}\frac{n^2+1}{n!2^n}x^n$；

(4) $\sum_{n=1}^{\infty}(n+1)(n+2)(n+3)x^n$.

15. 将 $f(x)=\frac{1}{1+x}$展成$\frac{1}{x}$的幂级数.

第7章　Fourier 级数

在本章,我们将讨论幂级数之外的另一种特殊的函数项级数——Fourier(傅里叶)级数:

$$\sum_{n=0}^{+\infty}(a_n\cos nx+b_n\sin nx). \tag{7.0.1}$$

这是由正弦与余弦函数构成的函数项级数,每一个函数:$\sin nx,\cos nx(n=0,1,2,\cdots)$都是以 $T=2\pi$ 为周期的函数. 如果 Fourier 级数(7.0.1)收敛,其和函数

$$f(x)=\sum_{n=0}^{+\infty}(a_n\cos nx+b_n\sin nx) \tag{7.0.2}$$

必然也是以 $T=2\pi$ 为周期的函数. 因此我们在这一节涉及的函数都是周期函数:以 $T=2\pi$ 为周期的函数,或更一般地,以 $T=2l$ 为周期的函数.

7.1　形式 Fourier 级数

7.1.1　内积与内积空间

首先我们从另一个角度重新考虑幂级数. 设函数 $f(x)$在$[-\pi,\pi]$区间上有幂级数展开

$$f(x)=\sum_{n=0}^{+\infty}a_nx^n\quad x\in[-\pi,\pi], \tag{7.1.1}$$

其部分和函数

$$S_n(x)=\sum_{k=0}^{n}a_kx^k=(a_0,a_1,\cdots,a_n)\begin{pmatrix}1\\x\\\vdots\\x^n\end{pmatrix}, \tag{7.1.2}$$

其中$(a_0,a_1,\cdots,a_n)$是一个行向量,$(1,x,\cdots,x_n)^{\mathrm T}$ 是一个列向量.(7.1.2)式就是线性代数中的行向量与列向量的乘积. 记$C[-\pi,\pi]=\{f\mid f$ 为$[-\pi,\pi]$上的连续函数$\}$,则可以在 $C[-\pi,\pi]$内定义加法和数乘运算:$\forall f,g\in C[-\pi,\pi]$,

$\forall \lambda \in \mathbb{R}$,

$$f+g \in C[-\pi,\pi],$$
$$\lambda f \in C[-\pi,\pi].$$

而函数的加法与数乘运算显然满足交换律,结合律等线性空间要满足的八条公理,所以 $C[-\pi,\pi]$关于加法和数乘运算在实数域上是一个线性空间.(7.1.2)式表示 $S_n(x)$能用$\{1,x,\cdots,x^n\}$线性表出.

显然,我们知道作为 $C[-\pi,\pi]$里的 $n+1$ 个向量,$1,x,\cdots,x^n$ 线性无关,它们张成 $C[-\pi,\pi]$的一个线性子空间

$$L\{1,x,\cdots,x^n\} = \left\{ \sum_{k=0}^{n} a_k x^k \mid a_k \in \mathbb{R}, k=0,1,\cdots,n \right\}.$$

部分和函数 $S_n(x) \in L\{1,x,\cdots,x^n\}$,而 $a_0,a_1,\cdots,a_n$ 就是 $S_n(x)$在基$\{1,x,\cdots,x^n\}$下的坐标.令 $n\to+\infty$,记无穷维向量的内积

$$(a_0,a_1,\cdots,a_n,\cdots)\begin{pmatrix}1\\x\\\vdots\\x^n\\\vdots\end{pmatrix} = \sum_{n=0}^{+\infty} a_n x^k.$$

如果幂级数 $\sum\limits_{n=0}^{+\infty} a_n x^n$ 收敛于 $f(x)$,则 $f(x)$ 可以用一组线性无关向量$\{1,x,\cdots,x^n,\cdots\}$ 在幂级数收敛的意义下(无穷) 线性表出,而系数$(a_0,a_1,\cdots,a_n,\cdots)$ 正是这(无穷) 线性表出的系数.

在线性空间 $C[-\pi,\pi]$中,除了$\{1,x,\cdots,x^n,\cdots\}$这无穷多个线性无关向量之外,还存在其他线性无关向量组,例如

$$\{1,\cos x,\sin x,\cos 2x,\sin 2x,\cdots,\cos nx,\sin nx,\cdots\}. \tag{7.1.3}$$

为了证明(7.1.3)式是 $C[-\pi,\pi]$中的一组线性无关向量组,我们先引进 $C[-\pi,\pi]$中的内积.

定义 7.1.1 ……………………………………………………

设 $f,g \in C[-\pi,\pi]$,定义

$$(f,g) = \int_{-\pi}^{\pi} f(x)g(x)\,\mathrm{d}x.$$

$\forall f,g \in C[-\pi,\pi]$,由定义 7.1.1 定义的$(f,g)$满足线性代数中内积的性质,我们称$(f,g)$为 $C[-\pi,\pi]$中的**内积**.

同样,若 $f,g \in C[-\pi,\pi]$,$f\neq 0$,$g\neq 0$,$(f,g)=0$,则称 f,g **正交**.

由线性代数的知识告诉我们,两个正交向量 f,g **必线性无关**.

定理 7.1.1 ……………………………………………………………………

$\{1,\cos x,\sin x,\cdots,\cos nx,\sin nx,\cdots\}$是$C[-\pi,\pi]$中的一组线性无关向量组.

证明 $\forall n\in\mathbb{N}^+$

$$(1,\cos nx)=\int_{-\pi}^{\pi}\cos nx\,\mathrm{d}x=0,$$

$$(1,\sin nx)=\int_{-\pi}^{\pi}1\cdot\sin nx\,\mathrm{d}x=0.$$

$\forall n,m\in\mathbb{N}^+$,

$$(\cos nx,\cos mx)=\int_{-\pi}^{\pi}\cos nx\cos mx\,\mathrm{d}x$$

$$=\frac{1}{2}\int_{-\pi}^{\pi}[\cos(n-m)x+\cos(n+m)x]\mathrm{d}x=\begin{cases}\pi, & n=m,\\ 0, & n\neq m,\end{cases}$$

$$(\sin nx,\sin mx)=\int_{-\pi}^{\pi}\sin nx\sin mx\,\mathrm{d}x$$

$$=\frac{1}{2}\int_{-\pi}^{\pi}[\cos(n-m)x-\cos(n+m)x]\mathrm{d}x=\begin{cases}\pi, & n=m,\\ 0, & n\neq m,\end{cases}$$

$$(\sin nx,\cos mx)=\int_{-\pi}^{\pi}\sin nx\cos mx\,\mathrm{d}x$$

$$=\frac{1}{2}\int_{-\pi}^{\pi}[\sin(n+m)x+\sin(n-m)x]\mathrm{d}x=0,$$

所以$\forall n\in\mathbb{N}^+$,

$$\{1,\cos x,\sin x,\cdots,\cos nx,\sin nx\}$$

是一组正交的线性无关向量组. 所以

$$\{1,\cos x,\sin x,\cdots,\cos nx,\sin nx,\cdots\}$$

是由无穷多个彼此正交的线性无关向量构成的向量组.

作为定理 7.1.1 的一个直接推论,我们可知$C[-\pi,\pi]$作为线性空间是无穷维的.

7.1.2 2π周期函数的形式 Fourier 级数

$f(x)$为周期是2π的周期函数,如果$f(x)$可以表示成

$$f(x)=a_0+\sum_{n=1}^{+\infty}[a_n\cos nx+b_n\sin nx],\tag{7.1.4}$$

且函数项级数(7.1.4)在$[-\pi,\pi]$上一致收敛,则

$$(f,1)=a_0(1,1)+\sum_{n=1}^{+\infty}[a_n(\cos nx,1)+b_n(\sin nx,1)]=2\pi a_0,$$

$$(f,\cos kx)=a_0(1,\cos kx)+\sum_{n=1}^{+\infty}[a_n(\cos nx,\cos kx)+b_n(\sin nx,\cos kx)]=\pi a_k,$$

$$(f,\sin kx)=a_0(1,\sin kx)+\sum_{n=1}^{+\infty}[a_n(\cos nx,\sin kx)+b_n(\sin nx,\sin kx)]=\pi b_k,$$

所以三角级数(7.1.4)的系数——**Fourier 系数**：

$$a_0=\frac{1}{2\pi}\int_{-\pi}^{\pi}f(x)\mathrm{d}x,$$

$$a_n=\frac{1}{\pi}\int_{-\pi}^{\pi}f(x)\cos nx\,\mathrm{d}x,\quad n=1,2,\cdots,$$

$$b_n=\frac{1}{\pi}\int_{-\pi}^{\pi}f(x)\sin nx\,\mathrm{d}x,\quad n=1,2,\cdots.$$

为了系数的统一表示，通常三角级数(7.1.4)写成

$$f(x)=\frac{a_0}{2}+\sum_{n=1}^{+\infty}(a_n\cos nx+b_n\sin nx),\tag{7.1.5}$$

其中

$$a_n=\frac{1}{\pi}\int_{-\pi}^{\pi}f(x)\cos nx\,\mathrm{d}x,\quad n=0,1,2,\cdots,$$

$$b_n=\frac{1}{\pi}\int_{-\pi}^{\pi}f(x)\sin nx\,\mathrm{d}x,\quad n=1,2,\cdots.\tag{7.1.6}$$

我们在三角级数(7.1.5)一致收敛的条件下得到系数表达式(7.1.6). 实际上，只要在条件：$f\in R[-\pi,\pi]$下，a_n,b_n 表达式(7.1.6)就有意义. 因此我们有如下的定义：

定义 7.1.2 ……

设 $f\in R[-\pi,\pi]$，称

$$\frac{a_0}{2}+\sum_{n=1}^{+\infty}[a_n\cos nx+b_n\sin nx]$$

为 $f(x)$的**形式 Fourier 级数**，记作

$$f(x)\sim\frac{a_0}{2}+\sum_{n=1}^{+\infty}[a_n\cos nx+b_n\sin nx],\tag{7.1.7}$$

其中 a_n,b_n 由(7.1.6)式表示.

在本小节的其余部分，我们将求一些函数的形式 Fourier 级数，在下一节，我们将讨论在什么条件下，形式 Fourier 级数是收敛的，如果形式 Fourier 级数收敛，它的和函数是什么.

▶ **例 7.1.1** ……

设定义在$\mathbb{R}$上的以 2π 为周期的周期函数 $f(x)$在$(-\pi,\pi]$的定义为

$$f(x)=x,\quad x\in(-\pi,\pi],$$

求 f 的形式 Fourier 级数.

解
$$a_n = \frac{1}{\pi}\int_{-\pi}^{\pi} x\cos nx\,\mathrm{d}x = 0, \quad n = 0,1,2,\cdots,$$
$$b_n = \frac{1}{\pi}\int_{-\pi}^{\pi} x\sin nx\,\mathrm{d}x = (-1)^{n-1}\frac{2}{n}, \quad n = 1,2,\cdots,$$
因此
$$f(x) \sim \sum_{n=1}^{+\infty}(-1)^{n-1}\frac{2}{n}\sin nx.$$

在例 7.1.1 中,$a_n=0$,($n=0,1,2,\cdots$)并不是偶然的.若 2π 周期函数 $f(x)$ 是奇函数,则 $f(x)\cos nx$ 也是奇函数,
$$a_n = \frac{1}{\pi}\int_{-\pi}^{\pi} f(x)\cos nx\,\mathrm{d}x = 0, \quad n = 0,1,2,\cdots;$$
若 2π 周期函数 $f(x)$是偶函数,则 $f(x)\sin nx$ 是奇函数,
$$b_n = \frac{1}{\pi}\int_{-\pi}^{\pi} f(x)\sin nx\,\mathrm{d}x = 0, \quad n = 1,2,\cdots.$$

2π 周期奇函数的形式 Fourier 级数
$$f(x) \sim \sum_{n=1}^{+\infty} b_n\sin nx$$
称为**形式正弦 Fourier 级数**,此时
$$b_n = \frac{1}{\pi}\int_{-\pi}^{\pi} f(x)\sin nx\,\mathrm{d}x = \frac{2}{\pi}\int_{0}^{\pi} f(x)\sin nx\,\mathrm{d}x, \quad n = 1,2,\cdots.$$
2π 周期偶函数的形式 Fourier 级数
$$f(x) \sim \frac{a_0}{2} + \sum_{n=1}^{+\infty} a_n\cos nx,$$
称为**形式余弦 Fourier 级数**.此时
$$a_n = \frac{1}{\pi}\int_{-\pi}^{\pi} f(x)\cos nx\,\mathrm{d}x = \frac{2}{\pi}\int_{0}^{\pi} f(x)\cos nx\,\mathrm{d}x, \quad n = 1,2,\cdots.$$

▶ **例 7.1.2** ……………………………………………………………………

定义在$\mathbb{R}$上的以 2π 为周期的周期偶函数 $f(x)$在$[0,\pi)$上的定义为
$$f(x) = \pi - x, \quad x \in [0,\pi),$$
求 f 的形式余弦 Fourier 级数.

解 因为 f 为偶函数,所以
$$f(x) = \begin{cases} \pi - x, & x \in [0,\pi), \\ \pi + x, & x \in [-\pi,0), \end{cases}$$
又因为 f 为 2π 周期函数,在$[0,\pi)$有定义的上述 $f(x)$可以作周期开拓,在$\mathbb{R}$上,

$$f(x)=\begin{cases}(2n+1)\pi-x, & x\in[2n\pi,(2n+1)\pi),\\ x-(2n+1)\pi, & x\in[(2n+1)\pi,(2n+2)\pi),\end{cases}$$

$n=0,\pm1,\pm2,\cdots$.

$$a_0=\frac{2}{\pi}\int_0^{\pi}(\pi-x)\mathrm{d}x=\pi,$$

$$a_n=\frac{2}{\pi}\int_0^{\pi}(\pi-x)\cos nx\,\mathrm{d}x=\frac{2[1-(-1)^n]}{n^2\pi},\quad n=1,2,\cdots,$$

故

$$f(x)\sim\frac{\pi}{2}+\sum_{n=1}^{+\infty}\frac{2[1-(-1)^n]}{n^2\pi}\cos nx.$$

▶ **例 7.1.3** ……………………………………………………………………

2π 周期函数 $f(x)$在$[-\pi,\pi]$内的定义为 $f(x)=\mathrm{e}^{-x}$,$x\in[-\pi,\pi)$. 求 $f(x)$的形式 Fourier 级数.

解

$$a_0=\frac{1}{\pi}\int_{-\pi}^{\pi}\mathrm{e}^{-x}\mathrm{d}x=\frac{1}{\pi}(\mathrm{e}^{\pi}-\mathrm{e}^{-\pi}),$$

$$a_n=\frac{1}{\pi}\int_{-\pi}^{\pi}\mathrm{e}^{-x}\cos nx\,\mathrm{d}x=(-1)^n\frac{\mathrm{e}^{\pi}-\mathrm{e}^{-\pi}}{\pi(1+n^2)},$$

$$b_n=\frac{1}{\pi}\int_{-\pi}^{\pi}\mathrm{e}^{-x}\sin nx\,\mathrm{d}x=(-1)^n\frac{n(\mathrm{e}^{\pi}-\mathrm{e}^{-\pi})}{\pi(1+n^2)}.$$

$n=1,2,\cdots$,故

$$f(x)\sim\frac{\mathrm{e}^{\pi}-\mathrm{e}^{-\pi}}{\pi}\left[\frac{1}{2}-\frac{\cos x}{1+1^2}-\frac{\sin x}{1+1^2}+\frac{\cos 2x}{1+2^2}-\frac{2\sin 2x}{1+2^2}+\cdots+\frac{(-1)^n\cos nx}{1+n^2}+\frac{(-1)^n n\sin nx}{1+n^2}+\cdots\right].$$

▶ **例 7.1.4** ……………………………………………………………………

把定义在$(0,\pi)$上的函数

$$f(x)=x,\quad x\in(0,\pi)$$

展成形式正弦 Fourier 级数和形式余弦 Fourier 级数.

解 为了将 $f(x)$展成形式正弦 Fourier 级数,首先将 $f(x)$奇延拓到$(-\pi,0)$上,然后再作 2π 为周期的周期延拓到$\mathbb{R}$(见图 7.1.1),其形式正弦 Fourier 级数的系数为

$$b_n=\frac{2}{\pi}\int_0^{\pi}f(x)\sin nx\,\mathrm{d}x=\frac{(-1)^{n-1}2}{n},\quad n=1,2,\cdots,$$

$$f(x) \sim 2\sum_{n=1}^{+\infty}(-1)^{n-1}\frac{\sin nx}{n}, \quad x \in (0,\pi).$$

为了将 $f(x)$展成余弦 Fourier 级数，首先将 $f(x)$偶延拓到$(-\pi,0)$上，然后再作 2π 为周期的周期延拓列$\mathbb{R}$(见图 7.1.2)，其形式余弦 Fourier 级数的系数.

$$a_0 = \frac{2}{\pi}\int_0^{\pi} f(x)\mathrm{d}x = \pi,$$

$$a_n = \frac{2}{\pi}\int_0^{\pi} f(x)\cos nx\,\mathrm{d}x \begin{cases} 0, & n = 2k, \\ -\dfrac{4}{\pi n^2}, & n = 2k+1, \end{cases}$$

$k=1,2,\cdots$.

$$f(x) \sim \frac{\pi}{2} - \frac{4}{\pi}\sum_{k=0}^{+\infty}\frac{\cos(2k+1)x}{(2k+1)^2}.$$

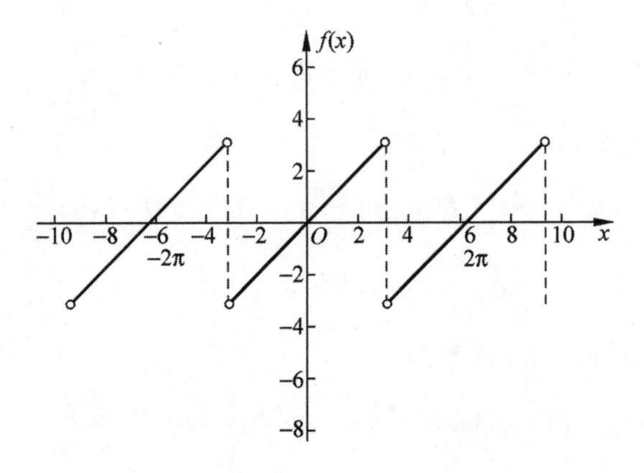

图 7.1.1

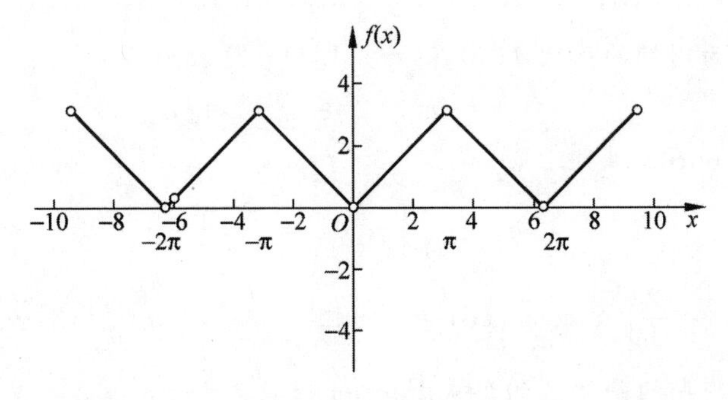

图 7.1.2

7.1.3 其他周期函数的形式 Fourier 级数

设 $f(x)$是以 $T=2l$ 为周期的函数，在$[-l,l]$上 f 可积，作变换

$$t=\frac{\pi}{l}x, \tag{7.1.8}$$

记 $\varphi(t)=f\left(\frac{l}{\pi}t\right)$，则 φ 是 2π 周期函数，且在$[-\pi,\pi]$上可积. $\varphi(t)$有形式 Fourier 级数

$$\varphi(t)\sim\frac{a_0}{2}+\sum_{n=1}^{+\infty}(a_n\cos nt+b_n\sin nt),$$

其中

$$a_n=\frac{1}{\pi}\int_{-\pi}^{\pi}\varphi(t)\cos nt\,\mathrm{d}t,\quad n=0,1,\cdots,$$

$$b_n=\frac{1}{\pi}\int_{-\pi}^{\pi}\varphi(t)\sin nt\,\mathrm{d}t,\quad n=1,2,\cdots.$$

作变量代换(7.1.8)

$$a_n=\frac{1}{l}\int_{-l}^{l}f(x)\cos\frac{n\pi}{l}x\,\mathrm{d}x,\quad n=0,1,\cdots,$$

$$b_n=\frac{1}{l}\int_{-l}^{l}f(x)\sin\frac{n\pi}{l}x\,\mathrm{d}x,\quad n=1,2,\cdots.$$

此时，$f(x)$的形式 Fourier 级数为

$$f(x)\sim\frac{a_0}{2}+\sum_{n=1}^{+\infty}\left(a_n\cos\frac{n\pi}{l}x+b_n\sin\frac{n\pi}{l}x\right).$$

▶ **例 7.1.5** ……………………………………………………………………

以 $T=2$ 为周期的函数 $f(x)$在$[-1,1]$的表达式为

$$f(x)=x^2,\quad x\in[-1,1],$$

求 f 的形式 Fourier 级数.

解

$$a_0=\frac{2}{1}\int_0^1 x^2\,\mathrm{d}x=\frac{2}{3},$$

$$a_n=\frac{2}{1}\int_0^1 x^2\cos n\pi x\,\mathrm{d}x=(-1)^n\frac{4}{(n\pi)^2},\quad n=1,2,\cdots.$$

所以 $T=2$ 为周期的函数 f 的形式 Fourier 级数为

$$f(x)\sim\frac{1}{3}+\frac{4}{\pi^2}\sum_{n=1}^{+\infty}\frac{(-1)^n}{n^2}\cos n\pi x.$$

习题 7.1

1. 将下列函数展成指定周期的 Fourier 级数.

(1) $T=2\pi, f(x)=\begin{cases} x+\pi, & x\in[-\pi,0), \\ \pi-x, & x\in[0,\pi]; \end{cases}$

(2) $T=2\pi, f(x)=|\sin x|\, x\in[0,2\pi]$;

(3) $T=2\pi, f(x)=\dfrac{\pi}{4}-\dfrac{x}{2}, x\in(-\pi,\pi)$;

(4) $T=2$, $f(x)$是奇函数, $f(x)=x(1-x), x\in(0,1)$;

(5) $f(x)=\begin{cases} 1, & x\in[0,h], \\ 0, & x\in\left(h,\dfrac{T}{2}\right) \end{cases}$展成以 T 为周期的余弦级数;

(6) $f(x)=\begin{cases} 1-x, & x\in[0,1], \\ 0, & x\in(1,2] \end{cases}$展成以 4 为周期的正弦级数;

(7) $f(x)=x+x^2, x\in[0,2\pi]$展成以 2π 为周期的 Fourier 级数.

2. 设 $f(x)=x-1$.

(1) 将 $f(x)$在$(0,2\pi)$上展成 2π 为周期的 Fourier 级数;

(2) 将 $f(x)$在$(0,\pi)$上展成$\dfrac{\pi}{2}$为周期的正弦级数;

(3) 将 $f(x)$在$(0,1)$上展成 4 为周期的余弦级数; 如何展开,展开法是否唯一?

3. 将 $f(x)=\mathrm{e}^x$ 在$(-\pi,\pi)$展成 Fourier 级数,并求$\sum\limits_{n=1}^{\infty}\dfrac{1}{n^2+1}$的和.

7.2 Fourier 级数的性质及收敛性

7.2.1 Fourier 级数的性质

我们首先研究 Fourier 级数(7.1.6)的性质.

定理 7.2.1(Riemann-Lebesgue 引理)

设 f 在$[a,b]$上可积或广义绝对可积,则

$$\lim_{\lambda\to+\infty}\int_a^b f(x)\sin\lambda x\,\mathrm{d}x=0,$$

$$\lim_{\lambda\to+\infty}\int_a^b f(x)\cos\lambda x\,\mathrm{d}x=0.$$

证明 (1) 若 $f\in R[a,b]$,则 $f(x)$在$[a,b]$上必有界,即

$$\exists M>0,\forall x\in[a,b],\quad |f(x)|\leqslant M.$$

记 $n=[\sqrt{\lambda}]$,则当 $\lambda\to+\infty$时,$n\to+\infty$. 将$[a,b]$区间 n 等分,分点为

$$x_i=a+\frac{i}{n}(b-a),\quad i=0,1,2,\cdots,n.$$

记

$$\omega_i(f)=\sup_{\xi,\eta\in[x_{i-1},x_i]}|f(\xi)-f(\eta)|,\quad i=1,2,\cdots,n,$$

则因为 $f\in R[a,b]$,

$$\lim_{n\to+\infty}\sum_{i=1}^{n}\omega_i(f)\Delta x_i=0,$$

其中 $\Delta x_i=x_i-x_{i-1}=\dfrac{b-a}{n}$.

$$\begin{aligned}\left|\int_a^b f(x)\sin\lambda x\,dx\right|&=\left|\sum_{i=1}^{n}\int_{x_{i-1}}^{x_i}f(x)\sin\lambda x\,dx\right|\\&=\left|\sum_{i=1}^{n}\int_{x_{i-1}}^{x_i}(f(x)-f(x_{i-1}))\sin\lambda x\,dx+\sum_{i=1}^{n}f(x_{i-1})\int_{x_{i-1}}^{x_i}\sin\lambda x\,dx\right|,\end{aligned}$$

而

$$\left|\int_{x_{i-1}}^{x_i}\sin\lambda x\,dx\right|=\frac{1}{\lambda}|\cos x_i-\cos x_{i-1}|\leqslant\frac{2}{\lambda},$$

所以

$$\left|\int_a^b f(x)\sin\lambda x\,dx\right|\leqslant\sum_{i=1}^{n}\omega_i(f)\Delta x_i+\frac{2n}{\lambda}M.$$

因为 $n=[\sqrt{\lambda}]$,所以

$$\lim_{\lambda\to\infty}\int_a^b f(x)\sin\lambda x\,dx=0.$$

同理

$$\lim_{\lambda\to+\infty}\int_b^a f(x)\cos\lambda x\,dx=0.$$

(2) 若 $f(x)$在$[a,b]$广义绝对可积,不妨假设 b 为唯一的瑕点,则 $\forall\varepsilon>0$,$\exists\delta>0$,使得

$$\int_{b-\delta}^{b}|f(x)|\,dx<\frac{\varepsilon}{2}.$$

在$[a,b-\delta]$上,f Riemann 可积,

$$\lim_{\lambda\to+\infty}\int_a^{b-\delta}f(x)\sin\lambda x\,dx=0,$$

故 $\exists\Lambda>0,\forall\lambda>\Lambda$,

$$\left|\int_a^{b-\delta}f(x)\sin\lambda x\,dx\right|<\frac{\varepsilon}{2}.$$

此时

$$\left|\int_a^b f(x)\sin\lambda x\,\mathrm{d}x\right| \leqslant \left|\int_a^{b-\delta} f(x)\sin\lambda x\,\mathrm{d}x\right| + \left|\int_{b-\delta}^b f(x)\sin\lambda x\,\mathrm{d}x\right|$$

$$\leqslant \left|\int_a^{b-\delta} f(x)\sin\lambda x\,\mathrm{d}x\right| + \int_{b-\delta}^b |f(x)|\,\mathrm{d}x < \varepsilon,$$

故

$$\lim_{\lambda\to+\infty}\int_a^b f(x)\sin\lambda x\,\mathrm{d}x = 0.$$

同理可证

$$\lim_{\lambda\to+\infty}\int_a^b f(x)\cos\lambda x\,\mathrm{d}x = 0.$$

由定理 7.2.1 可以直接推出：

推论 7.2.1 ……………………………………………………………

$f\in R[a,b]$或在$[a,b]$上广义绝对可积，$\{a_n\}$，$\{b_n\}$是 f 的形式 Fourier 级数，则

$$\lim_{n\to+\infty} a_n = \lim_{n\to+\infty} b_n = 0.$$

7.2.2 形式 Fourier 级数的逐点收敛性

在本小节，我们将讨论 2π 周期函数 $f(x)$的形式 Fourier 级数

$$f(x) \sim \frac{a_0}{2} + \sum_{n=1}^{+\infty}[a_n\cos x + b_n\sin x] \tag{7.2.1}$$

在一个固定点 $x_0\in\mathbb{R}$ 的收敛性，其中 Fourier 级数

$$a_n = \frac{1}{\pi}\int_{-\pi}^{\pi} f(x)\cos nx\,\mathrm{d}x,\quad n = 0,1,2,\cdots,$$

$$b_n = \frac{1}{n}\int_{-\pi}^{\pi} f(x)\sin nx\,\mathrm{d}x,\quad n = 1,2,\cdots.$$

首先考虑在点 $x_0\in\mathbb{R}$ 处形式 Fourier 级数的前 n 项和

$$S_n(x_0) = \frac{a_0}{2} + \sum_{k=1}^{n}[a_n\cos kx_0 + b_k\sin kx_0]$$

$$= \frac{1}{2\pi}\int_{-\pi}^{\pi} f(x)\mathrm{d}x + \frac{1}{\pi}\sum_{k=1}^{n}\int_{-\pi}^{\pi} f(x)(\cos kx\cos kx_0 + \sin kx\sin kx_0)\mathrm{d}x$$

$$= \frac{1}{\pi}\int_{-\pi}^{\pi} f(x)\left[\frac{1}{2} + \sum_{k=1}^{n}\cos k(x - x_0)\right]\mathrm{d}x$$

$$=\frac{1}{\pi}\int_{-\pi}^{\pi} f(x)\,\frac{\sin\left(n+\frac{1}{2}\right)(x-x_0)}{2\sin\frac{1}{2}(x-x_0)}\mathrm{d}x.$$

因为 $f(x)$ 及 $\dfrac{\sin\left(n+\frac{1}{2}\right)(x-x_0)}{2\sin\frac{1}{2}(x-x_0)}$ 均为 2π 周期函数，作变量代换 $x=t+x_0$，

$$S_n(x_0)=\frac{1}{\pi}\int_{x_0-\pi}^{x_0+\pi} f(x)\,\frac{\sin\left(n+\frac{1}{2}\right)(x-x_0)}{2\sin\frac{1}{2}(x-x_0)}\mathrm{d}x$$

$$=\frac{1}{\pi}\int_{-\pi}^{\pi} f(t+x_0)\,\frac{\sin\left(n+\frac{1}{2}\right)t}{2\sin\frac{t}{2}}\mathrm{d}t$$

$$=\frac{1}{\pi}\int_{0}^{\pi}[f(x_0+t)+f(x_0-t)]\,\frac{\sin\left(n+\frac{1}{2}\right)t}{2\sin\frac{t}{2}}\mathrm{d}t.$$

定理 7.2.2(Dini 判别法)

设 $f(x)$ 是 2π 周期函数，在 $[-\pi,\pi]$ 上可积或广义绝对可积，$x_0\in[-\pi,\pi]$，若存在 $S\in\mathbb{R}$ 和 $\delta>0$，使得

$$\frac{1}{t}[f(x_0+t)+f(x_0-t)-2s] \tag{7.2.2}$$

在 $[0,\delta]$ 上可积或广义绝对可积，则 $f(x)$ 的形式 Fourier 级数(7.2.1)在 x_0 点收敛于 s.

证明 当 $f(x)\equiv 1$ 为常数时，由(7.2.2)式可得

$$1=S_n(x_0)=\frac{1}{\pi}\int_{0}^{\pi}[f(x_0+t)+f(x_0-t)]\,\frac{\sin\left(n+\frac{1}{2}\right)t}{2\sin\frac{t}{2}}\mathrm{d}t$$

$$=\frac{2}{\pi}\int_{0}^{\pi}\frac{\sin\left(n+\frac{1}{2}\right)t}{2\sin\frac{t}{2}}\mathrm{d}t.$$

故由(7.2.2)式，对于一般的 2π 周期上可积或广义绝对可积函数 $f(x)$，其形式 Fourier 级数在 $x_0\in\mathbb{R}$ 的部分和 $S_n(x_0)$ 满足

$$S_n(x_0)-s=\frac{1}{\pi}\int_{0}^{\pi}\frac{f(x_0+t)+f(x_0-t)-2s}{2\sin\frac{t}{2}}\cdot\sin\left(n+\frac{1}{2}\right)t\mathrm{d}t.$$

显然，$2\sin\frac{t}{2}\sim t, t\to 0$，由已知条件(7.2.2)可知

$$\frac{f(x_0+t)+f(x_0-t)-2s}{2\sin\frac{t}{2}}$$

在$[0,\delta]$上可积或广义绝对可积，

$$\lim_{n\to+\infty}\frac{1}{\pi}[S_n(x_0)-s]=\lim_{n\to+\infty}\frac{1}{\pi}\left(\int_0^{\delta}+\int_{\delta}^{\pi}\right)\frac{f(x_0+t)+f(x_0-t)-2s}{2\sin\frac{t}{2}}$$

$$\cdot\sin\left(n+\frac{1}{2}\right)t\mathrm{d}t=0.$$

故 $f(x)$的形式 Fourier 级数(7.2.1)在 x_0 点收敛于 s.

下面的一些定理使 Dini 判别法的条件具体化.

定义 7.2.1

设 f 是定义在 x_0 附近的函数，如果 $\exists\,\delta>0, L>0, \alpha>0$，使得 $\forall\, t\in(0,\delta]$，

$$|f(x_0+t)-f(x_0+0)|\leqslant Lt^{\alpha},$$

$$|f(x_0-t)-f(x_0-0)|\leqslant Lt^{\alpha},$$

则称 f 在 x_0 附近满足**广义 α 阶 Lipschitz 条件**，其中 $f(x_0+0)$，$f(x_0-0)$是 f 在 x_0 点的右、左极限.

由 Dini 判断法可以很容易推出下面的定理：

定理 7.2.3

2π 周期函数 f 在$[-\pi,\pi]$上可积或广义绝对可积，若 f 在 x_0 附近满足广义 α 阶 Lipschitz 条件，则 f 的形式 Fourier 级数在 x_0 点收敛于 $\frac{1}{2}[f(x_0+0)+f(x_0-0)]$，即

$$\frac{a_0}{2}+\sum_{n=1}^{+\infty}[a_n\cos nx_0+b_n\sin x_0]=\frac{1}{2}[f(x_0+0)+f(x_0-0)].$$

定义 7.2.2

定义在$[a,b]$上的函数 f，若存在有限个点

$$a=x_0<x_1<x_2<\cdots<x_n=b$$

使得 f 在每一小段(x_{i-1},x_i)，$(i=1,2,\cdots,n)$内可微，在端点 x_{i-1}，x_i 处右导数、左导数分别存在，则称 f 在$[a,b]$逐段可微.

定理 7.2.4

2π 周期函数 $f(x)$ 在 $[-\pi,\pi]$ 上逐段可微函数，则 $\forall x_0\in\mathbb{R}$，f 的形式 Fourier 级数在 x_0 点收敛于 $\frac{1}{2}[f(x_0+0)+f(x_0-0)]$. 特别地，若 f 在 x_0 点连续，则 f 的形式 Fourier 级数在 x_0 点收敛于 $f(x_0)$.

将上述定理用于例 7.1.1、例 7.1.2、例 7.1.3、例 7.1.4、例 7.1.5 可知：

例 7.2.1

由例 7.1.1，

$$S(x)=\sum_{n=1}^{+\infty}(-1)^{n-1}\frac{2}{n}\sin nx=\begin{cases}x, & x\in(-\pi,\pi),\\ 0, & x=-\pi \text{ 或 } \pi.\end{cases}$$

和函数 $S(x)$ 的图像，为图 7.2.1.

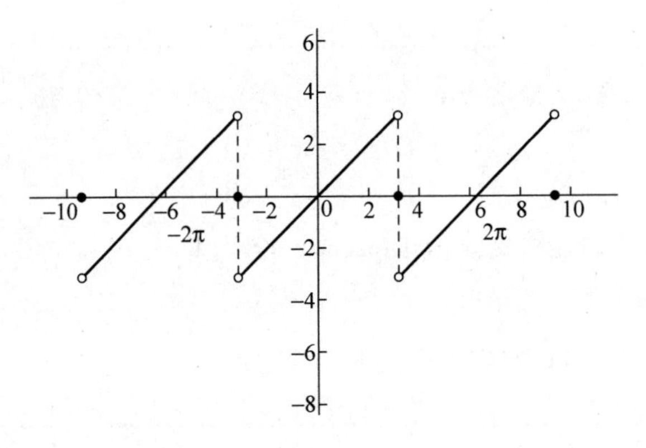

图 7.2.1

特别地，当 $x_0=\frac{\pi}{2}$ 时，

$$S\left(\frac{\pi}{2}\right)=\frac{\pi}{2}=\sum_{n=1}^{+\infty}(-1)^{n-1}\frac{2}{n}\sin\frac{n}{2}\pi.$$

故

$$1-\frac{1}{3}+\frac{1}{5}+\cdots+(-1)^{n-1}\frac{1}{2n-1}+\cdots=\frac{\pi}{4}.$$

例 7.2.2

在例 7.1.2 中，2π 周期函数在 $\mathbb{R}$ 上连续，故当 $x\in[-\pi,\pi]$ 时，

$$S(x)=\sum_{n-1}^{+\infty}\frac{1-(-1)^n}{n^2}\cos nx=\pi-x,\quad x\in[-\pi,\pi].$$

和函数的图像与 $f(x)$ 一样，为图 7.2.2.

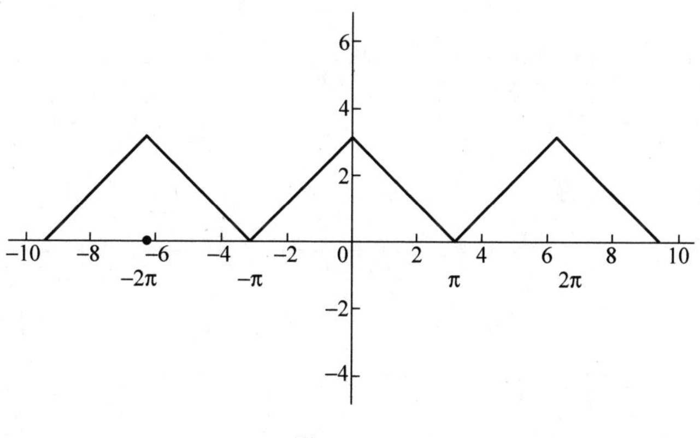

图 7.2.2

例 7.2.3

在例 7.1.3 中

$$S(x)=\frac{e^{\pi}-e^{-\pi}}{\pi}\left[\frac{1}{2}-\frac{\cos x}{1+1^2}-\frac{\sin x}{1+1^2}+\frac{\cos 2x}{1+2^2}+\frac{2\sin 2x}{1+2^2}\right.$$

$$\left.+\cdots+\frac{(-1)^n\cos nx}{1+n^2}+\frac{(-1)^n n\sin nx}{1+n^2}+\cdots\right]$$

$$=\begin{cases}e-x, & x\in(-\pi,\pi),\\ \dfrac{e^{\pi}+e^{-\pi}}{2}, & x=\pm\pi.\end{cases}$$

和函数 $S(x)$的图像,为图 7.2.3.

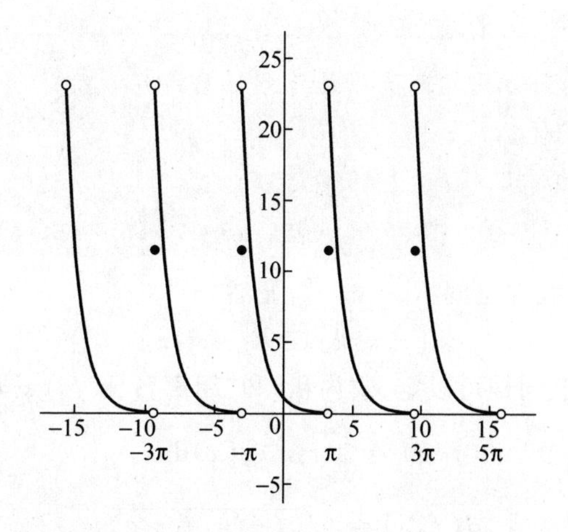

图 7.2.3

例 7.2.4

在例 7.1.5 中，$f(x)$在$\mathbb{R}$上连续，故

$$S(x)=\frac{1}{3}+\frac{4}{\pi^2}\sum_{n=1}^{+\infty}\frac{(-1)^n}{n^2}\cos n\pi x=x^2\quad x\in[-1,1].$$

特别地，当 $x=1$ 时可得

$$\frac{1}{1^2}+\frac{1}{2^2}+\cdots+\frac{1}{n^2}+\cdots=\frac{\pi^2}{6}.$$

当 $x=0$ 时

$$\frac{1}{1^2}-\frac{1}{2^2}+\cdots+(-1)^{n-1}\frac{1}{n^2}+\cdots=\frac{\pi^2}{12}.$$

7.2.3 形式 Fourier 级数的平方平均距离

我们已给在 $C[-\pi,\pi]$上定义了两个连续函数的内积：$\forall f,g\in C[-\pi,\pi]$，

$$(f,g)=\int_{-\pi}^{\pi}f(x)g(x)\mathrm{d}x. \tag{7.2.3}$$

这个内积可以导出“距离”的概念.

定义 7.2.3

$\forall f,g\in C[-\pi,\pi]$，

$$d(f,g)=\sqrt{(f-g,f-g)}, \tag{7.2.4}$$

称为 $C[-\pi,\pi]$上的**平方平均距离**.

定理 7.2.5

$C[-\pi,\pi]$上的平方平均距离满足下列性质：

(1) $d(f,g)=d(g,f)$；

(2) $d(f,f)\geqslant 0$，且 $d(f,f)=0\Leftrightarrow f=0$；

(3) $d(f,g)\leqslant d(f,h)+d(h,g)$，$\forall f,g,h\in C[-\pi,\pi]$.

考虑更广泛的线性空间 $R[-\pi,\pi]$，显然

$$C[-\pi,\pi]\subset R[-\pi,\pi],$$

在 $R[-\pi,\pi]$上同样可以定义“**内积**”和“**距离**”；$\forall f,g\in R[-\pi,\pi]$，

$$(f,g)=\int_{\pi}^{\pi}f(x)g(x)\mathrm{d}x, \tag{7.2.5}$$

$$d(f,g)=\sqrt{(f-g,f-g)}. \tag{7.2.6}$$

这里的“内积”和“距离”各有一个缺陷：

$$(f,f)=0\Leftrightarrow f=0.$$

等价地，

$$d(f,g)=0 \Leftrightarrow f=g$$

都不成立.

▶ **例 7.2.5** ……………………………………………………………………

设 $f \in R[-\pi,\pi]$，

$$f(x)=\begin{cases}0, & x \in (-\pi,0) \cup (0,\pi], \\ 1, & x=0.\end{cases}$$

显然 $f \neq 0$，但

$$(f,f)=\int_{-\pi}^{\pi} f^2(x)\mathrm{d}x=0,$$

$$d(f,0)=\int_{-\pi}^{\pi} f^2(x)\mathrm{d}x=0.$$

除此之外，内积和距离所应满足的性质，(7.2.5)式、(7.2.6)式都满足.

为了克服这个缺陷，我们可以在线性空间 $R[-\pi,\pi]$ 中引入一个“等价关系”，从而可以构造“等价类”. 这些内容已超过本书的范围. 我们忽略在 $R[-\pi,\pi]$ 中 $d(f,g)$ 的这个缺陷，定义(7.2.6)式就是 $R[-\pi,\pi]$ 中的一个距离，$R[-\pi,\pi]$ 中的平方平均距离，记作 $\|f-g\|$. $\|f\|$ 即为模.

7.2.4 形式 Fourier 级数的最优性

我们知道，在内积(7.2.6)下，

$$\{1,\cos x,\sin x,\cos 2x,\sin 2x,\cdots,\cos nx,\sin nx,\cdots\}$$

构成 $R[-\pi,\pi]$ 上的一正交函数族. 记

$$\varphi_0(x)=\frac{1}{\sqrt{2\pi}},$$

$$\varphi_{2n-1}(x)=\frac{\cos nx}{\sqrt{\pi}},$$

$$\varphi_{2n}(x)=\frac{\sin nx}{\sqrt{\pi}}, \tag{7.2.7}$$

则 $\{\varphi_0(x),\varphi_1(x),\varphi_2(x),\cdots,\varphi_n(x),\cdots\}$ 构成 $R[-\pi,\pi]$ 上的一组**标准正交函数族**（$\|\varphi_n\|=1, n=0,1,2,\cdots$）.

$\forall f \in R[-\pi,\pi]$，形式 Fourier 级数(7.1.6)可以写成

$$f(x) \sim \sum_{k=0}^{+\infty} c_n \varphi_n(x), \tag{7.2.8}$$

其中

$$c_0 = \int_{-\pi}^{\pi} f(x)\varphi_0(x)\mathrm{d}x = \sqrt{\frac{\pi}{2}}\,a_0,$$

$$c_{2n-1} = \int_{-\pi}^{\pi} f(x)\varphi_{2n-1}(x)\mathrm{d}x = \sqrt{\pi}\,a_n,$$

$$c_{2n} = \int_{-\pi}^{\pi} f(x)\varphi_{2n}(x)\mathrm{d}x = \sqrt{\pi}\,b_n, \tag{7.2.9}$$

$a_0, a_n, b_n (n=1,2,\cdots)$就是(7.1.6)式给出的 Fourier 级数.

记形式 Fourier 级数(7.2.8)式的前 n 项和为

$$S_n(x) = \sum_{k=0}^{n} c_k\varphi_k(x), \tag{7.2.10}$$

c_k 由(7.2.9)式给出. 设 $T_n(x)$是$\{\varphi_0(x),\varphi,(x),\cdots,\varphi_n(x)\}$的任一线性组合

$$T_n(x) = \sum_{k=0}^{n} \lambda_k\varphi_k(x), \tag{7.2.11}$$

其中 $\lambda_k\in\mathbb{R}$,$k=0,1,2,\cdots$.

定理 7.2.6 ……………………………………………………

设 $f\in R[-\pi,\pi]$,$c_k(k=0,1,2,\cdots)$是其 Fourier 级数,则

(1) $\forall n\in\mathbb{N}^+$, $\forall \lambda_0,\lambda_1,\cdots,\lambda_n\in\mathbb{R}$,

$$\left\| f-\sum_{k=0}^{n}\lambda_k\varphi_k \right\| \geqslant \left\| f-\sum_{k=0}^{n}c_k\varphi_k \right\|; \tag{7.2.12}$$

(2) $$\left\| f-\sum_{k=0}^{n}c_k\varphi_k \right\|^2 = \| f \|^2 - \sum_{k=0}^{n}c_k^2; \tag{7.2.13}$$

(3) $$\sum_{k=0}^{n}c_k^2 \leqslant \| f \|^2. \tag{7.2.14}$$

证明 $\forall n\in\mathbb{N}^+$, $\forall \lambda_0,\lambda_1,\cdots,\lambda_n\in\mathbb{R}$,由(7.2.11)式表示的 $T_n(x)$满足

$$\begin{aligned}
\| f-T_n \|^2 &= (f-T_n, f-T_n) \\
&= \left(f-\sum_{k=0}^{n}\lambda_k\varphi_k, f-\sum_{k=0}^{n}\lambda_k\varphi_k\right) \\
&= (f,f)-\sum_{k=0}^{n}\lambda_k(f,\varphi_k)-\sum_{k=0}^{n}\lambda_k(\varphi_k,f)+\sum_{k=0}^{n}\sum_{l=0}^{n}\lambda_k\lambda_l(\varphi_k,\varphi_l) \\
&= \| f \|^2 - 2\sum_{k=0}^{n}\lambda_k(f,\varphi_k)+\sum_{k=0}^{n}\lambda_k^2 \\
&= \| f \|^2 - 2\sum_{k=0}^{n}\lambda_k c_k+\sum_{k=0}^{n}\lambda_k^2 \\
&= \| f \|^2 - \sum_{k=0}^{n}c_k^2+\sum_{k=0}^{n}(\lambda_k-c_k)^2.
\end{aligned}$$

而 $\|f-S_n\|^2=\|f\|^2-\sum_{k=0}^{n}c_k^2$. 因此

$$\|f-T_n\|\geqslant\|f-S_n\|,$$

并且 $\sum_{k=0}^{n}c_k^2\leqslant\|f\|^2$.

不等式(7.2.12)表示在由$\{\varphi_0(x),\varphi_1(x),\cdots,\varphi_n(x)\}$张成的线性空间 $L(\varphi_0,\varphi_1,\cdots,\varphi_n)$中,形式 Fourier 级数的前 n 项和 $S_n(x)$是 f 在平方平均距离 $\|f-g\|$(其中 $g\in L(\varphi_0,\varphi_1,\cdots,\varphi_n)$)意义下的最佳逼近.

由不等式(7.2.14) 可知;由 f 的 Fourier 级数的平方构成的级数 $\sum_{k=0}^{+\infty}c_k^2$ 是一个收敛级数,且 $\sum_{k=0}^{+\infty}C_k^2\leqslant\|f\|^2$. 由此可推出:

$$\lim_{n\to+\infty}c_n=0.$$

不等式(7.2.14)称为 **Bessel 不等式**.

7.2.5 形式 Fourier 级数的平方平均逼近

(7.2.7)式是 $R[-\pi,\pi]$中的一组标准正交函数族. 显然,$R[-\pi,\pi]$中还有许多标准正交函数族(事实上,$R[-\pi,\pi]$中的任意一组线性无关函数族都可以通过施密特正交化过程使其化成一组标准正交函数族).

定义 7.2.4 ……………………………………………………………………

设$\{\varphi_n\}$是 $R[-\pi,\pi]$中的一组存标准正交函数族,$c_n=(f,\varphi_n)$,$n=0,1,2,\cdots$,如果

$$\lim_{n\to+\infty}\|f-\sum_{k=0}^{n}c_k\varphi_k\|=0,$$

则称$\{\varphi_n\}$是完备的.

由(7.2.14)式可得

推论 7.2.1 ……………………………………………………………………

$R=[-\pi,\pi]$的一组标准正交函数族$\{\varphi_n\}$是完备的充分必要条件是

$$\sum_{n=0}^{+\infty}c_n^2=\|f\|^2. \tag{7.2.15}$$

等式(7.2.15)称为 **Parseval 等式**.

最后,我们不加证明地给出

定理 7.2.7

在 $R[-\pi,\pi]$ 中的标准正交函数族

$$\left\{\frac{1}{\sqrt{2\pi}},\frac{\cos x}{\sqrt{\pi}},\frac{\sin x}{\sqrt{\pi}},\cdots,\frac{\cos nx}{\sqrt{\pi}},\frac{\sin nx}{\sqrt{\pi}},\cdots\right\}$$

是完备的.

需要指出的是,完备性是由距离 $\|f-g\|$ 定义的,而距离和正交是由内积 (f,g) 给出的,我们现在所用的“内积”

$$(f,g)=\int_{-\pi}^{\pi}f(x)g(x)\mathrm{d}x$$

并非是 $R[-\pi,\pi]$ 中唯一内积,$R[-\pi,\pi]$ 中不同的“内积”定义可以得到 $R[-\pi,\pi]$ 中的不同完备的标准正交函数族,不同的完备的标准正交函数可以导致 $R[-\pi,\pi]$ 中异于三角级数的广义 Fourier 级数.

习题 7.2

1. 设 $f(x)$ 是周期为 2 的周期函数,且 $f(x)=\mathrm{e}^x$,$x\in[0,2)$. 若 $S(x)$ 是 $f(x)$ 的 Fourier 级数的和函数,试求 $S(0)$,$S(2)$,$S(3)$.

2. 设函数 $f(x)$ 在区间 $[0,\pi]$ 可积,证明:$\pi\sum\limits_{n=1}^{\infty}b_n^2=2\int_0^{\pi}f^2(x)\mathrm{d}x$,其中 $b_n=\frac{2}{\pi}\int_0^{\pi}f(x)\sin nx\mathrm{d}x$,$n=1,2,\cdots$.

3. 设函数 $f(x)$ 在区间 $[0,\pi]$ 可积,证明:$\frac{\pi}{2}a_0^2+\pi\sum\limits_{n=1}^{\infty}a_n^2=2\int_0^{\pi}f^2(x)\mathrm{d}x$,其中 $a_n=\frac{2}{\pi}\int_0^{\pi}f(x)\cos nx\mathrm{d}x$,$n=0,1,\cdots$.

4. 设函数 $f(x)$ 在区间 $[0,\pi]$ 可积,证明:$\frac{\pi}{2}a_0^2+\pi\sum\limits_{n=1}^{\infty}(a_n^2+b_n^2)=2\int_0^{\pi}f^2(x)\mathrm{d}x$,其中 $a_n=\frac{2}{\pi}\int_0^{\pi}f(x)\cos 2nx\mathrm{d}x$,$n=0,1,2,\cdots$,$b_n=\frac{2}{\pi}\int_0^{\pi}f(x)\sin 2nx\mathrm{d}x$,$n=1,\cdots$.

第 7 章总复习题

1. 设 $f(x)$ 以 2π 为周期,在 $[-\pi,\pi]$ 可积,证明:

(1) 若 $f(x)$ 在 $[-\pi,\pi]$ 上满足 $f(x+\pi)=f(x)$,则其 Fourier 级数满足 $a_{2k-1}=b_{2k-1}=0$;

(2) 若 $f(x)$ 在 $[-\pi,\pi]$ 上满足 $f(x+\pi)=-f(x)$,则其 Fourier 级数满足

$a_{2k}=b_{2k}=0$.

2. 设函数 $f(x)$以 2π 为周期,在区间$[-\pi,\pi]$可积,$a_n(n=0,1,\cdots)$,$b_n(n=1,2,\cdots)$ 是 $f(x)$的 Fourier 级数,求函数 $f(x+c)$(c 是常数)的 Fourier 级数.

3. 设 $f(x)$周期为 2π,$f(x)\in R[-\pi,\pi]$,其 Fourier 级数为 a_n,b_n,

求证:(1) 若 $f(x)$在$(0,2\pi)$内递增(减),则 $b_n\leqslant 0(b_n\geqslant 0)$;

(2) 若$\exists L>0,\forall x,y\in\mathbb{R}$,$|f(x)-f(y)|\leqslant L|x-y|$,则$|a_n|\leqslant\dfrac{2L}{n}$,$|b_n|\leqslant\dfrac{2L}{n}$,$n\geqslant 1$.

部分习题答案

习题 1.1

2. (1) 内部为$\varnothing$,外部为$\{(x,y)\mid x^2+y^2\neq 1\}$,边界为$\{(x,y)\mid x^2+y^2=1\}$,闭包为$\{(x,y)\mid x^2+y^2=1\}$;

(2) 内部为$\varnothing$,外部为$\{(x,y,z)\mid 1<x^2+y^2+z^2<4\}$,边界为$\{(x,y,z)\mid x^2+y^2+z^2=1$ 或 $4\}$,闭包为$\{(x,y,z)\mid 1\leqslant x^2+y^2+z^2\leqslant 4\}$.

7. (1) 非连通;(2) 连通;(3) 连通;(4) 连通.

8. 不是.

习题 1.2

1. (1) $\dfrac{\pi}{3}(l^2-h^2)h$;　(2) $xy\sqrt{4-x^2-y^2}$;

(3) $8xyc\sqrt{1-\dfrac{x^2}{a^2}-\dfrac{y^2}{b^2}}$;　(4) $|\sqrt{2}-\sqrt{(x-1)^2+y^2+(z+1)^2}|$.

2. (1) $\{(x,y)\mid 4x^2+y^2\geqslant 1\}$;　(2) $\{(x,y)\mid xy>0\}$;

(3) $\{(x,y)\mid y^2\geqslant 1, x^2+y^2+z^2<4\}$;　(4) $\mathbb{R}^2$.

3. $f(x,y)=\begin{cases}\dfrac{1-y}{1+y}x^2, & y\neq -1,\\ 0, & y=1.\end{cases}$

4. (1) $k=0$;(2) 不是;(3) $k=2$.

5. $\boldsymbol{F}=-G\dfrac{Mm_0}{d^3}\boldsymbol{r}$, $F_x=-G\dfrac{Mm_0}{d^3}(x-x_0)$, $F_y=-G\dfrac{Mm_0}{d^3}(y-y_0)$, $F_z=-G\dfrac{Mm_0}{d^3}(z-z_0)$,其中 $d=\sqrt{(x-x_0)^2+(y-y_0)^2+(z-z_0)^2}$.

6. $\boldsymbol{F}(D)=[1,4]\times[1,2]$; $u=a^2-\dfrac{v^2}{a^2}$.

7. (1) $u^2+v^2=\dfrac{1}{R^2}$;(2) $u=v, v\geqslant\dfrac{1}{2}$.

习题 1.3

1.(1) 1；(2) 0；(3) 0；(4) 不存在；(5) 不存在；(6) 不存在；

(7) 0；(8) 0；(9) 不存在；(10) $\frac{1}{3}$；(11) 不存在；(12) $-\frac{1}{3}$.

2. (1) $\frac{\ln 3}{3}$；(2) 0；(3) 0；(4) 0；(5) 0；(6) 0.

3. (1) 0,1,不存在；(2) $\frac{1}{2}$,0,不存在.

(3) 不存在,不存在,0.

4. (1) 第 3 题即可说明.

6. (1) 连续；(2) 不连续；(3) 连续；(4) 不连续.

7. (1) 在 $y=-x$ 上间断,在其余点连续；

(2) 在(0,0)间断,在其余点连续；

(3) 在 $x+y=k,k\in\mathbb{Z}$ 上间断,在其余点连续；

(4) 在 $x+y=0$ 上连续,在其余点间断.

10. (1) 2 阶；(2) 1 阶；(3) 1 阶；(4) 1 阶；(5) $a=c,b=0$ 时为 2 阶.

习题 1.4

1. (1) $\frac{\partial z}{\partial x}=2axy+by^2,\frac{\partial z}{\partial y}=ax^2+2bxy$；

(2) $\frac{\partial z}{\partial x}=2x\sec(x^2+y^2),\frac{\partial z}{\partial y}=2y\sec(x^2+y^2)$；

(3) $\frac{\partial z}{\partial x}=\frac{1}{y}-\frac{y}{x^2},\frac{\partial z}{\partial y}=\frac{1}{x}-\frac{x}{y^2}$；(4) $\frac{\partial z}{\partial x}=\frac{-2xy}{x^4+y^2},\frac{\partial z}{\partial y}=\frac{x^2}{x^4+y^2}$；

(5) $\frac{\partial z}{\partial x}=\frac{1}{\sqrt{x^2-y^2}},\frac{\partial z}{\partial y}=\frac{\sqrt{x^2-y^2}-y}{(x+\sqrt{x^2-y^2})\sqrt{x^2-y^2}}$；

(6) $\frac{\partial z}{\partial x}=\mathrm{e}^{-y}-y\mathrm{e}^{-x},\frac{\partial z}{\partial y}=-x\mathrm{e}^{-y}+\mathrm{e}^{-x}$；

(7) $\frac{\partial z}{\partial x}=-2^{xy}y\sin(1+2^{xy})\ln 2,\frac{\partial z}{\partial y}=-2^{xy}x\sin(1+2^{xy})\ln 2$；

(8) $\frac{\partial u}{\partial x}=-\frac{y}{x^2}\mathrm{ch}\,\frac{y}{x},\frac{\partial u}{\partial y}=\frac{1}{x}\mathrm{ch}\,\frac{y}{x}+z\mathrm{sh}(yz),\frac{\partial u}{\partial z}=y\mathrm{sh}(yz)$；

(9) $\frac{\partial z}{\partial x}=\lim\limits_{t\to x}\frac{z(t,y)-z(x,y)}{t-x}$

$$=\lim_{t\to x}\sqrt{|y|}\frac{\sqrt{|t|}-\sqrt{|x|}}{t-x}=\begin{cases}0, & y=0,\\ \dfrac{\sqrt{|y|}}{2\sqrt{x}}, & x>0,y\neq 0,\\ \dfrac{-\sqrt{|y|}}{2\sqrt{-x}}, & x<0,y\neq 0,\\ \text{不存在}, & x=0,y\neq 0.\end{cases}$$

2. (1) 不可微；(2) 不可微；(3) 不可微；(4) 可微.

3. $z=\sqrt{|xy|}$在点(0,0)；$z=|xy|$在点(0,0).

4. (1) $\mathrm{d}u=-\cos 1\left(\frac{\sqrt{2}}{2}\mathrm{d}x+\frac{1}{2}\mathrm{d}y-\frac{1}{2}\mathrm{d}z\right)$；(2) $\mathrm{d}u=\mathrm{e}^{x+y+z}(\mathrm{d}x+\mathrm{d}y+\mathrm{d}z)$；

(3) $\mathrm{d}z=2(x+y)(\mathrm{d}x+\mathrm{d}y)$； (4) $\mathrm{d}u=\frac{x\mathrm{d}x+y\mathrm{d}y+z\mathrm{d}z}{\sqrt{1+x^2+y^2+z^2}}$；

(5) $\mathrm{d}z=\frac{2(y\mathrm{d}x-x\mathrm{d}y)}{(x+y)^2}$； (6) $\mathrm{d}z=-\frac{\mathrm{e}^{xy}}{\sqrt{1-\mathrm{e}^{xy}}}(y\mathrm{d}x+x\mathrm{d}y)$；

(7) $\mathrm{d}u=2\frac{x\mathrm{d}x+y\mathrm{d}y+z\mathrm{d}z}{1+x^2+y^2+z^2}$； (8) $\mathrm{d}z=2\sum_{i=1}^{n}\sum_{j=1}^{n}x_i\mathrm{d}x_j$.

5. $\Delta V\approx 2576\mathrm{cm}^3$. 6. $\Delta R\approx 0.17\mathrm{cm}$. 10. 任意方向.

11. (1) $\frac{1}{5}$；(2) $\frac{4}{81}$；(3) $-2n\sqrt{n}$；(4) $\sqrt{n}$.

12. (1) $\frac{1}{\sqrt{x^2+y^2}}$；

(2) $u(x,y,z)=\frac{1}{(x+y+z)^3}(y^2z+yz^2,z^2x+zx^2,x^2y+xy^2)$；

(3) $(1,1,\cdots,1)$；(4) $2\sum_{i=1}^{n}\sum_{j=1}^{n}x_i(1,1,\cdots,1)$.

13. $7,\left(\frac{3}{7},-\frac{2}{7},\frac{6}{7}\right),3\sqrt{5},\left(\frac{2}{\sqrt{5}},\frac{1}{\sqrt{5}},0\right)$；$P(-2,1,1),0$.

14. (1) $\frac{\partial^2 u}{\partial x^2}=-2a^2\cos 2(ax-by),\frac{\partial^2 u}{\partial x\partial y}=2ab\cos 2(ax-by)$,

$\frac{\partial^2 u}{\partial y^2}=-2b^2\cos 2(ax-by)$；

(2) $\frac{\partial^2 u}{\partial x^2}=\alpha^2\mathrm{e}^{-\alpha x}\sin\beta y,\frac{\partial^2 u}{\partial x\partial y}=\alpha\beta\mathrm{e}^{-\alpha x}\cos\beta y,\frac{\partial^2 u}{\partial y^2}=-\beta^2\mathrm{e}^{-\alpha x}\sin\beta y$；

(3) $\frac{\partial^2 u}{\partial x^2}=(xy^2-2y)\mathrm{e}^{-xy},\frac{\partial^2 u}{\partial x\partial y}=(-2x+x^2y)\mathrm{e}^{-xy},\frac{\partial^2 u}{\partial y^2}=x^3\mathrm{e}^{-xy}$；

(4) $\frac{\partial^2 u}{\partial x^2}=-\frac{1}{(x+\sqrt{1-y^2})^2},\frac{\partial^2 u}{\partial x\partial y}=\frac{y}{\sqrt{1-y^2}(x+\sqrt{1-y^2})^2}$,

$$\frac{\partial^2 u}{\partial y^2}=\frac{x+(1+y^2)\sqrt{1-y^2}}{\sqrt{1-y^2}(x\sqrt{1-y^2}+1-y^2)^2}.$$

习题 1.5

1. (1) $\begin{bmatrix}\dfrac{x}{\sqrt{x^2+y^2}} & \dfrac{y}{\sqrt{x^2+y^2}}\\ -\dfrac{y}{\sqrt{x^2+y^2}} & \dfrac{x}{\sqrt{x^2+y^2}}\end{bmatrix}$, $\mathrm{d}f=\begin{bmatrix}\dfrac{x}{\sqrt{x^2+y^2}} & \dfrac{y}{\sqrt{x^2+y^2}}\\ -\dfrac{y}{\sqrt{x^2+y^2}} & \dfrac{x}{\sqrt{x^2+y^2}}\end{bmatrix}\begin{bmatrix}\mathrm{d}x\\ \mathrm{d}y\end{bmatrix}$,

$\mathbb{R}^2\backslash\{(0,0)\}$;

(2) $\begin{bmatrix}\mathrm{e}^x\cos y & -\mathrm{e}^x\sin y\\ \mathrm{e}^x\sin y & \mathrm{e}^x\cos y\end{bmatrix}$, $\mathrm{d}f=\begin{bmatrix}\mathrm{e}^x\cos y & -\mathrm{e}^x\sin y\\ \mathrm{e}^x\sin y & \mathrm{e}^x\cos y\end{bmatrix}\begin{bmatrix}\mathrm{d}x\\ \mathrm{d}y\end{bmatrix}$, $\mathbb{R}^2$;

(3) $\begin{bmatrix}\dfrac{y^2-x^2}{(y^2+x^2)^2} & \dfrac{-2xy}{(y^2+x^2)^2}\\ \dfrac{-2xy}{(y^2+x^2)^2} & \dfrac{x^2-y^2}{(y^2+x^2)^2}\end{bmatrix}$, $\mathrm{d}f=\begin{bmatrix}\dfrac{y^2-x^2}{(y^2+x^2)^2} & \dfrac{-2xy}{(y^2+x^2)^2}\\ \dfrac{-2xy}{(y^2+x^2)^2} & \dfrac{x^2-y^2}{(y^2+x^2)^2}\end{bmatrix}\begin{bmatrix}\mathrm{d}x\\ \mathrm{d}y\end{bmatrix}$,

$\mathbb{R}^2\backslash\{(0,0)\}$;

(4) $\begin{bmatrix}\dfrac{x}{x^2+y^2} & \dfrac{y}{x^2+y^2}\\ -\dfrac{y}{x^2+y^2} & \dfrac{x}{x^2+y^2}\end{bmatrix}$, $\mathrm{d}f=\begin{bmatrix}\dfrac{x}{x^2+y^2} & \dfrac{y}{x^2+y^2}\\ -\dfrac{y}{x^2+y^2} & \dfrac{x}{x^2+y^2}\end{bmatrix}\begin{bmatrix}\mathrm{d}x\\ \mathrm{d}y\end{bmatrix}$, $\mathbb{R}^2\backslash\{(0,0)\}$.

2. $\begin{bmatrix}\sin\theta\cos\varphi & \cos\theta\cos\varphi & \sin\varphi\\ r\cos\theta\cos\varphi & -r\sin\theta\cos\varphi & 0\\ -r\sin\theta\sin\varphi & -r\cos\theta\sin\varphi & r\cos\varphi\end{bmatrix}^{\mathrm{T}}$.

3. (1) $\dfrac{\partial z}{\partial x}=\dfrac{y(x^2-y^2)}{x^4+y^4+3x^2y^2}$, $\dfrac{\partial z}{\partial y}=-\dfrac{x(x^2-y^2)}{x^4+y^4+3x^2y^2}$;

(2) $\dfrac{\partial z}{\partial x}=3f_1'+4f_2'$, $\dfrac{\partial z}{\partial y}=2f_1'-2f_2'$;

(3) $\dfrac{\partial z}{\partial x}=2xf_1'+y\mathrm{e}^{xy}f_2'$, $\dfrac{\partial z}{\partial y}=-2yf_1'+x\mathrm{e}^{xy}f_2'$;

(4) $\dfrac{\partial z}{\partial x}=f_1'+f_2'+f_3'$, $\dfrac{\partial z}{\partial y}=f_2'-f_3'$;

(5) $\dfrac{\partial z}{\partial x}=y-\dfrac{y}{x^2}f(xy)+\dfrac{y^2}{x}f'(xy)$, $\dfrac{\partial z}{\partial y}=x+\dfrac{1}{x}f(xy)+yf'(xy)$;

(6) $\dfrac{\partial z}{\partial x}=(\ln x+1)f_1'+2f_2'$, $\dfrac{\partial z}{\partial y}=-f_2'$.

4. $\dfrac{\mathrm{d}z}{\mathrm{d}x}=-u\left(\ln(u-v)+\dfrac{u}{u-v}\right)+\dfrac{u}{(v-u)\mathrm{e}^v}$，其中 $u=\mathrm{e}^{-x}$, $v=\ln x$.

8. $\frac{\partial^2 w}{\partial u^2}+\frac{\partial w}{\partial u}=0$.

9. (1) $J=\begin{bmatrix} 1 & 1 \\ \frac{x}{x^2+y^2} & \frac{y}{x^2+y^2} \\ -\frac{y(x^2+y^2)}{x^2} & \frac{x^2+y^2}{x} \end{bmatrix}\begin{bmatrix} \frac{y^2-x^2}{(y^2+x^2)^2} & \frac{-2xy}{(y^2+x^2)^2} \\ \frac{-2xy}{(y^2+x^2)^2} & \frac{x^2-y^2}{(y^2+x^2)^2} \end{bmatrix}$,

$\mathrm{d}\boldsymbol{Y}=J\begin{bmatrix}\mathrm{d}x\\ \mathrm{d}y\end{bmatrix}$;

(2) $J=\begin{bmatrix} \ln(x^2+y^2) & 2\arctan\frac{y}{x} \\ \ln(x^2+y^2) & -2\arctan\frac{y}{x} \end{bmatrix}\begin{bmatrix} x & y \\ -y & x \end{bmatrix}$, $\mathrm{d}\boldsymbol{Y}=J\begin{bmatrix}\mathrm{d}x\\ \mathrm{d}y\end{bmatrix}$;

(3) $J=\begin{bmatrix}1 & 0\\ 0 & 1\end{bmatrix}$, $\mathrm{d}\boldsymbol{Y}=\begin{bmatrix}\mathrm{d}x\\ \mathrm{d}y\end{bmatrix}$.

习题 1.6

1. 否,例如 $x-y^3=0$ 在点$(0,0)$处.

2. (1) (x_0,y_0)满足 $y_0\neq 0, x_0^2+y_0^2\neq\frac{a^2}{2}$处,可以确定函数 $y=y(x)$,且$y'=-\frac{a^2x+2x(x^2+y^2)}{2(x^2+y^2)y-ya}$;

(2) $\mathbb{R}^2$, $\frac{\partial z}{\partial x}=\frac{\partial z}{\partial y}=-1$;

(3) (x_0,y_0)满足 $y_0\neq 0, x_0^2+y_0^2\neq\frac{a^2}{2}$处,可以确定函数 $z=z(x,y)$,且$\frac{\partial z}{\partial x}=-\frac{y\cos xy+z\cos xz}{y\cos yz+x\cos zx}$, $\frac{\partial z}{\partial y}=-\frac{x\cos xy+z\cos yz}{y\cos yz+x\cos zx}$.

3. (1) a; (2) y; (3) $\frac{\partial z}{\partial x}=-\left(1+\frac{f_1'+f_2'}{f_3'}\right)$, $\frac{\partial z}{\partial y}=-\left(1+\frac{f_2'}{f_3'}\right)$,

$\frac{\partial^2 z}{\partial x^2}=-(f_3')^{-3}[(f_3')^2(f_{11}''+2f_{12}''+f_{22}'')-2(f_1'+f_2')f_3'(f_{13}''+f_{23}'')+(f_1'+f_2')^2f_{33}'']$;

(4) $\frac{\sin 2v}{u^2}$, $-\frac{\cos 2v}{u^2}$.

5. 能, $\frac{x}{4}(x^2-y^2)$, $\frac{y}{4}(y^2-x^2)$. 6. 能, 0, -1.

7. 在点$(1,-1,2)$处, $\frac{\mathrm{d}x}{\mathrm{d}z}=0$, $\frac{\mathrm{d}y}{\mathrm{d}z}=-1$, $\frac{\mathrm{d}^2x}{\mathrm{d}z^2}=-\frac{1}{4}$, $\frac{\mathrm{d}^2y}{\mathrm{d}z^2}=\frac{1}{4}$.

9. (1) $J=\frac{1}{2(x^2+y^2)}\begin{bmatrix} x & y \\ -y & x \end{bmatrix}, |J|=\frac{1}{4(x^2+y^2)}$;

(2) $J=\begin{bmatrix} e^{-x}\cos y & e^{-x}\sin y \\ -e^{-x}\sin y & e^{-x}\cos y \end{bmatrix}, |J|=e^{-2x}$;

(3) $J=\frac{1}{6x^3y+3y^4}\begin{bmatrix} 2xy & 3y^2 \\ -y^2 & 3x^2 \end{bmatrix}, |J|=\frac{1}{6x^3y+3y^4}$;

(4) $J=\frac{1}{\mathrm{ch}x\mathrm{ch}y+\mathrm{sh}x\mathrm{sh}y}\begin{bmatrix} \mathrm{ch}y & -\mathrm{sh}y \\ \mathrm{sh}x & \mathrm{ch}x \end{bmatrix}, |J|=\frac{1}{\mathrm{ch}x\mathrm{ch}y+\mathrm{sh}x\mathrm{sh}y}$;

(5) $J=\frac{1}{ad-bc}\begin{bmatrix} d & -b \\ -c & a \end{bmatrix}, |J|=\frac{1}{ad-bc}$;

(6) $J=\frac{1}{9x^2y^2+1}\begin{bmatrix} 3y^2 & 1 \\ -1 & 3x^2 \end{bmatrix}, |J|=\frac{1}{9x^2y^2+1}$.

10. (1) 能确定；(2) 能确定；(3) 能确定.

习题 1.7

1. (1) $\frac{x-1}{2}=\frac{y-2}{4}=\frac{z-5}{-1}, 2x+4y-z=5$;

(2) $\frac{x-1}{-\frac{1}{2}}=\frac{y-1}{\frac{1}{2}}=\frac{z-\frac{\pi}{4}}{-1}, x-y+2z=\frac{\pi}{2}$;

(3) $\frac{x-a}{1}=\frac{y-a}{-1}=\frac{z-a}{-1}, x-y-z+a=0$;

(4) $\frac{a\left(x-\frac{a}{\sqrt{3}}\right)}{-c}=\frac{b\left(y-\frac{b}{\sqrt{3}}\right)}{-c}=\frac{z-\frac{c}{\sqrt{3}}}{-1}, c\left(x-\frac{a}{\sqrt{3}}\right)+c\left(y-\frac{b}{\sqrt{3}}\right)+$

$a\left(z-\frac{c}{\sqrt{3}}\right)=0$;

(5) $\frac{u_0(x-u_0\cos v_0)}{-a\sin v_0}=\frac{u_0(y-u_0\sin v_0)}{a\cos v_0}=\frac{z-av_0}{-1}$,

$-a\sin u_0(x-u_0\cos v_0)+a\cos v_0(y-u_0\sin v_0)-u_0(z-av_0)=0$;

(6) $\frac{x-3}{-12}=\frac{y-5}{9}=\frac{z-9}{-2}, 12x-9y+2z+9=0$.

2. $P\left(\frac{a^2}{\sqrt{a^2+b^2+c^2}}, \frac{b^2}{\sqrt{a^2+b^2+c^2}}, \frac{c^2}{\sqrt{a^2+b^2+c^2}}\right)$或

$P\left(\frac{-a^2}{\sqrt{a^2+b^2+c^2}}, \frac{-b^2}{\sqrt{a^2+b^2+c^2}}, \frac{-c^2}{\sqrt{a^2+b^2+c^2}}\right)$.

3. $x+4y+6z=\pm 21$.　　5. $\frac{x-1}{-1}=\frac{y+2}{0}=\frac{z-1}{1}, x-z=0$.

习题 1.8

1. (1) $z=1+\frac{1}{2}(2x^2+2y^2)+o(\sqrt{x^2+y^2})$；$z=1+\frac{1}{2}(2\xi^2+2\eta^2)$；

(2) $z=1+\frac{1}{2}(2x^2-2y^2)+o(\sqrt{x^2+y^2})$；$z=1+\frac{1}{2}(2\xi^2-2\eta^2)$；

(3) $u=x+y+z-\frac{1}{2}(x+y+z)^2+o(\sqrt{x^2+y^2+z^2})$；

$u=x+y+z-\frac{1}{2}(\xi+\eta+\zeta)^2$.

2. (1) $p_2=1+(x-1)+(x-1)(y-1)$, $(1.1)^{1.02}\approx 1.102$；

(2) $p_2=1+\frac{1}{2}(x^2+y^2)$；　(3) $p_2=y-\frac{1}{2}(xy+y^2)$.

习题 1.9

1. (1) 极大值为 $z(0,0)=0$，极小值为 $z(2,2)=-8$；(2) 极小值为 $z(2,-1)=-\frac{\mathrm{e}}{2}$；

(3) 极大值为 $u\left(\frac{\pi}{2},\frac{\pi}{2},\frac{\pi}{2}\right)=4$；(4) 极小值为 $z(2^{\frac{1}{n+1}},2^{\frac{2}{n+1}},\cdots,2^{\frac{n}{n+1}})=(n+1)2^{\frac{1}{n+1}}$；

(5) 极小值为 $z\left(\frac{1}{2},1,1\right)=4$.

2. 极大值为 $z(-2,0)=1$，极小值为 $z\left(\frac{16}{7},0\right)=-\frac{8}{7}$.

4. (1) 最大值 $2\mathrm{e}^{-1}$，最小值 0；(2) 最大值$\frac{64}{27}$，最小值-18.

7. (1) 极小值 $z\left(\frac{ab^2}{a^2+b^2},\frac{a^2b}{a^2+b^2}\right)=\frac{a^2b^2}{a^2+b^2}$；

(2) 极小值 $u\left(-\frac{1}{3},\frac{2}{3},-\frac{2}{3}\right)=-3$，极大值 $u\left(\frac{1}{3},-\frac{2}{3},\frac{2}{3}\right)=3$；

(3) 极小值 $u(0,0,\pm 2)=4$，极大值 $u(\pm 4,0,0)=16$；

(4) 极小值 $u\left(\frac{1}{4},\frac{1}{4},-\frac{1}{2}\right)=\frac{3}{8}$.

8. 最小值 0，最大值 12.

9. (1) 最小值 $2\sqrt{2}-\frac{\sqrt{10}}{2}$，最大值 $2\sqrt{2}+\frac{\sqrt{10}}{2}$；(2) $\frac{\sqrt{3}}{6}$；(3) $\frac{8\sqrt{3}}{9}abc$；

(4) $\sqrt{3}$；(5) 1.

10. (1) 2∶1∶1；(2)$V_{\max}=\dfrac{\sqrt{6}}{9}\dfrac{\sqrt{\pi}}{\pi+2}S^{\frac{3}{2}}$；(3)$\dfrac{4}{27}\pi p^3$；(4)$\dfrac{\sqrt{3}}{4(4\sqrt{3}+9)}a^2$.

12. (1) $P=\left(\dfrac{x_1+x_2+\cdots+x_n}{n},\dfrac{y_1+y_2+\cdots+y_n}{n}\right)$；

(2) $Q=\left(\dfrac{m_1x_1+m_2x_2+\cdots+m_nx_n}{m_1+m_2+\cdots+m_n},\dfrac{m_1y_1+m_2y_2+\cdots+m_ny_n}{m_1+m_2+\cdots+m_n}\right)$.

13. $b=1.739\text{kg/cm}$.　14. 30.4 百万.

第 1 章总复习题

8. $\|\operatorname{grad}r\|=1,\Delta r=2r,\Delta(\ln r)=\dfrac{1}{r^2},\Delta\left(\dfrac{1}{r}\right)=0$.

12. (4) $f(x,y)=\mathrm{e}^{x^2+y^2}$.

14. (2) $x+y=\dfrac{1\pm\sqrt{2}}{2}$. (3) $\dfrac{\partial F_1}{\partial x}\dfrac{\partial F_2}{\partial x}+\dfrac{\partial F_1}{\partial y}\dfrac{\partial F_2}{\partial y}+\dfrac{\partial F_1}{\partial z}\dfrac{\partial F_2}{\partial z}=0$.

(4) 椭球面的长轴的长度是 $\det\left(\dfrac{1}{x^2}I-A\right)=0$ 的最大实根.

17. $6\sqrt{2}-4$.

18. 最小值 0，最大值$\dfrac{3\sqrt{3}}{8}$.

习题 2.1

4. (1) 一致收敛；(2) 一致收敛；(4) 一致收敛；(5) 一致收敛；(6) 一致收敛.

习题 2.2

1. (1) 1；(2) 9.

2. (1) $F'(x)=2x\mathrm{e}^{-x^5}-\mathrm{e}^{-x^3}-\displaystyle\int_x^{x^2}y^2\mathrm{e}^{-xy^2}\mathrm{d}y$；

(2) $F'(y)=\dfrac{\sin(by+y^2)}{b+y}-\dfrac{\sin(ay+y^2)}{a+y}+\displaystyle\int_{a+y}^{b+y}\cos xy\,\mathrm{d}x$；

(3) $F'(t)=\dfrac{\ln(1+t^2)}{t}+\displaystyle\int_0^t\dfrac{1}{1+tx}\mathrm{d}x$；

(4) $F'(t)=f(2t,0)+\displaystyle\int_0^t(f_1'(x+t,x-t)-f_2'(x+t,x-t))\mathrm{d}x$.

习题 2.3

2. (2) $\dfrac{\pi(2n-1)!!}{2(2n)!!}y^{-\left(n+\frac{1}{2}\right)}$.

习题 3.1

3. $\dfrac{1}{4}$　　6. $(1-\mathrm{e}^{-1})^2$.

习题 3.2

3. $\iint\limits_D (x+y)^2\mathrm{d}x\mathrm{d}y<\iint\limits_D (x+y)^3\mathrm{d}x\mathrm{d}y$；(2) $\iint\limits_D \ln(x+y)\mathrm{d}x\mathrm{d}y<\iint\limits_D xy\mathrm{d}x\mathrm{d}y$.

5. $\pi f(0,0)$.

习题 3.3

1. (1) $\dfrac{2}{3}\pi R^3$；(2) $\dfrac{2}{3}\pi R^3$；(3) 2.

2. (1) $\dfrac{\pi}{12}$；(2) 1；(3) 0.

3. $f(b,d)+f(a,c)-f(b,c)-f(a,d)$.

4. (1) $\int_{-1}^{1}\mathrm{d}x\int_{0}^{1-|x|}f(x,y)\mathrm{d}y$；(2) $\int_{-1}^{2}\mathrm{d}y\int_{y^2}^{y+2}f(x,y)\mathrm{d}x$；

(3) $\int_{1}^{2}\mathrm{d}x\int_{\frac{2}{x}}^{2x}f(x,y)\mathrm{d}y$.

5. (1) $\int_{0}^{1}\mathrm{d}y\int_{y-1}^{1-y}f(x,y)\mathrm{d}x$；　(2) $\int_{0}^{2}\mathrm{d}y\int_{1-\frac{y^2}{4}}^{\sqrt{4-y^2}}f(x,y)\mathrm{d}x$；

(3) $\int_{0}^{1}\mathrm{d}y\int_{1-\sqrt{1-y^2}}^{-y+2}f(x,y)\mathrm{d}x$；

(4) $\int_{-1}^{0}\mathrm{d}y\int_{-\sqrt{y+1}}^{\sqrt{y+1}}f(x,y)\mathrm{d}y+\int_{0}^{1}\mathrm{d}y\int_{-\sqrt{1-y}}^{\sqrt{1-y}}f(x,y)\mathrm{d}y$；

(5) $\int_{-1}^{0}\mathrm{d}y\int_{\arccos y}^{\pi}f(x,y)\mathrm{d}x$.

6. (1) $\dfrac{32}{21}$；(2) $\dfrac{2}{3}a^{\frac{3}{2}}$；(3) $\dfrac{R^4}{2}$；(4) 0；(5) $\dfrac{71}{2}$；(6) $(\mathrm{e}-1)^2$；(7) -2；

(8) $2\pi-4$；(9) $\dfrac{35}{4}\pi a^4$；(10) $\dfrac{3}{2}$.

8. 0,0.

10. $\frac{1}{3}\left(\frac{5}{2}+\frac{3}{4}\pi\right)$，$\frac{1}{3}\left(\frac{5}{2}-\frac{3}{4}\pi\right)$.

11. (1) $\int_0^{\frac{\pi}{6}}\mathrm{d}\theta\int_0^{2\sin\theta}f(r\cos\theta,r\sin\theta)r\mathrm{d}r+\int_{\frac{\pi}{6}}^{\frac{\pi}{2}}\mathrm{d}\theta\int_0^1 f(r\cos\theta,r\sin\theta)r\mathrm{d}r$；

(2) $\int_0^{\frac{\pi}{4}}\mathrm{d}\theta\int_0^{a\sin\theta}f(r\cos\theta,r\sin\theta)r\mathrm{d}r+\int_{\frac{\pi}{4}}^{\frac{\pi}{2}}\mathrm{d}\theta\int_0^{a\cos\theta}f(r\cos\theta,r\sin\theta)r\mathrm{d}r$.

12. (1) $\frac{45}{2}\pi$；(2) $\frac{2}{15}\left(\pi+\frac{512-294\sqrt{3}}{5}\right)$；(3) $\frac{\pi}{2}$；(4) $\frac{\pi}{8}a^4$；(5) $\frac{\pi^2}{16}$；

(6) $\frac{\pi}{8}\left(1-\frac{1}{\mathrm{e}}\right)$；(7) $\frac{7}{2}$.

13. (1) $\frac{3\sqrt{3}-\pi}{3}a^2$；(2) $\frac{3}{4}(\pi-\sqrt{3})a^2$.

14. (1) $\frac{28}{3}\ln 3$；(2) 2；(3) $\frac{2}{9}$；(4) 3.

15. (1) $\frac{\pi}{|a_1b_2-a_2b_1|}$；(2) $\frac{a^2}{6}$.

17. $\frac{a+b}{2}\pi R^2$.

18. $F'(x)=2x\int_0^x f(t,x^2)\mathrm{d}t$.

习题 3.4

3. (1) $\frac{1}{3}\pi H^3$；(2) $\frac{1}{6}$.

4. (1) $\int_{-1}^1\mathrm{d}x\int_{-\sqrt{1-x^2}}^{\sqrt{1-x^2}}\mathrm{d}y\int_{\sqrt{x^2+y^2}}^1 f(x,y,z)\mathrm{d}z$；

(2) $\int_0^1\mathrm{d}x\int_0^{1-x}\mathrm{d}y\int_0^{x^2+y^2}f(x,y,z)\mathrm{d}z$.

5. (1) $\frac{1}{364}$；(2) $2\mathrm{e}-5$；(3) $\frac{\pi^2}{16}-\frac{1}{2}$；(4) $\frac{8}{3}$；(5) $\pi(\sin 4-4\cos 4)$；(6) 2.

6. $\frac{\sin 1}{2}$.

7. (1) $\frac{\pi}{6}$；(2) $\frac{2\sqrt{2}}{5}\pi R^5$；(3) $\frac{1}{12}$；(4) $\frac{\pi}{8}a^4$；(5) $\frac{1}{48}$；(6) $\frac{4}{5}\pi\sqrt{z^5}$.

8. (1) $\frac{\pi^2}{4}abc$；(2) $\frac{21}{8}\sqrt{3}$.

9. (1) $\frac{32}{3}\pi$；(2) πa^3；(3) $\frac{2}{3}a^3$；(4) $\left(2\pi-\frac{8}{3}\right)a^3$；(5) $\frac{\pi a^3}{3}$；(6) $\frac{8h_1h_2h_3}{|\det\boldsymbol{A}|}$；

(7) $\dfrac{4\pi r^3}{3|\det\boldsymbol{A}|}$.

11. $\dfrac{4}{3}\pi f(0,0,0)$.

习题 3.5

1. (1) $8a^2$；(2) $\sqrt{2}\pi$；(3) $\dfrac{\pi}{6}(6\sqrt{2}+5\sqrt{5}-1)a^2$.

2. (1) $\left(\dfrac{3}{8}a,\dfrac{3}{8}b,\dfrac{3}{8}c\right)$；(2) $\left(1,1,\dfrac{5}{3}\right)$；(3) $\left(\dfrac{3}{4},3,\dfrac{8}{5}\right)$.

3. (1) $\dfrac{3}{2}$；(2) $\left(0,0,\dfrac{4}{5}a\right)$；(3) 32π.

4. (1) $\dfrac{14}{45}$；(2) $\dfrac{4\pi}{15}(4\sqrt{2}-5)$.

5. $\dfrac{4}{9}MR^2$.

6. $\dfrac{2}{\pi}\dfrac{\dfrac{R}{3}+\dfrac{R^3}{5}}{\dfrac{1}{2}+\dfrac{R^2}{4}}(1,1)$,　$\dfrac{\pi R^4}{12}(3+2R^2)$.

7. $F_x=ah^2,F_y=0$.　8. $\pi a^2\delta\left(\dfrac{2}{3}a-h\right),\pi a^2\delta\left(\dfrac{2}{3}a+h\right)$.

9. $F_x=F_y=0,F_z=-k\dfrac{Mm}{a^2}$.

第3章总复习题

5.(2) $\dfrac{9\pi}{16}$.

6. $-\pi$.

13. $\dfrac{1}{4\mathrm{e}}$.

15. $\dfrac{4\pi}{(e-2)\sqrt{\det\boldsymbol{A}}}$.

16. (1) $\dfrac{7}{3}(2-\sqrt{2})\pi$；(2) $\left(\dfrac{3}{8},0,0\right)$.

17. (1) $\dfrac{n}{3}$；(2) $\dfrac{n(3n+1)}{12}$.

18. (1)$\dfrac{a_1\cdots a_n}{n!}$；(2) $\dfrac{(2a)^n}{n!}$.

习题 4.1

环面是可定向曲面,克莱因瓶不是可定向曲面。

习题 4.2

1. (1) $1+\sqrt{2}$; (2) $2a^2$; (3) $\frac{256}{15}a^3$; (4) $4a^{\frac{4}{3}}$.

2. (1) $\frac{2}{3}\sqrt{2}a^3$; (2) $8\sqrt{13}\pi(1+3\pi^2)$; (3) $\frac{16}{143}\sqrt{2}$; (4) 8.

3. (1) 5; (2) $\sqrt{3}$.   4. $\frac{56}{3}$.   5. $3\pi a^2$.   6. $\left(\frac{4}{3}a,\frac{4}{3}a\right)$.

7. $\left(\frac{a^2}{2}+\frac{b^2}{3}\right)\sqrt{4\pi^2a^2+b^2}$.   8. $8,\frac{32}{3}$.

习题 4.3

1. (1) πa^3; (2) $4\sqrt{61}$; (3) $\frac{3-\sqrt{3}}{2}+(\sqrt{3}-1)\ln 2$; (4) $\frac{64}{15}\sqrt{2}a^4$; (5) 0.

2. $4a^2$.

3. $\frac{2}{15}\pi(1+6\sqrt{3})$.   4. π^2a^3.   5. $\frac{a\pi}{12}\sigma_0(3a^2+2b^2)\sqrt{a^2+b^2}$.

6. $\left(\frac{a}{2},\frac{a}{2},\frac{a}{2}\right),\left(0,0,\frac{a}{2}\right)$.   7. $\left(\frac{a}{2},0,\frac{16}{9\pi}a\right)$.

8. $\sqrt{2}\pi$.   9. $\frac{2}{3}\pi((1+a^2)^{3/2}-1)$.   10. $2\pi abc$.

习题 4.4

1. (1) $-\frac{3}{16}\pi R^{\frac{4}{3}}$; (2) 13; (3) $2\pi(1+b^2)$.

2. (1) $-\frac{56}{15}$; (2) -2π; (3) 0; (4) -4.

3. (1) 1; (2) -2π; (3) aF; (4) $Gm\left(\frac{1}{\sqrt{x_0^2+y_0^2+z_0^2}}-\frac{1}{\sqrt{3}}\right)$.

4. (1) $\frac{a^2-b^2}{2}$; (2) 0.   5. (1) $\frac{k}{2}\ln 2$; (2) $-k\frac{\sqrt{a^2+b^2+c^2}}{c}\ln 2$.

习题 4.5

1. (1) 0; (2) $\frac{4}{3}\pi R^3$; (3) $\frac{8}{3}\pi R^4$.

2. (1) $\frac{1}{6}$；(2) $\frac{1}{12}$；(3) $\frac{1}{20}$.

3. (1) 3；(2) 0；(3) 0；(4) $\frac{5}{12}\pi$；(5) $\frac{\pi R^3}{24}$.

4. $-2\pi R$　5. $\frac{3\pi}{16}$.　6. (1) 0；(2) πh^3；(3) πh^3　7. $\frac{4\pi^3 a^2}{3}$.

习题 4.6

1. (1) $-\frac{5}{3}$；(2) 0；(3) $-2\pi ab$；(4) $\frac{5}{12}\pi$.

2. (1) 0；(2) -2π；(3) -2π；(4) -2π；(5) $\frac{2}{3}\pi$.

3. (1) 12；(2) $2\pi^2 a^3-3a\pi\cos(a\pi)+3\sin(a\pi)-(2a-1)e^{2a}+1$；(3) 3.

4. (1) $\frac{3}{8}\pi a^2$；(2) a^2；(3) $\frac{3}{2}a^2$.

10. (1) $\frac{x^3}{3}-xy+\frac{y}{2}-\frac{\sin 2y}{4}+C=0$；

(2) $xe^y-y^2=C$；

(3) $\sqrt{x^2+y^2}-\frac{y}{x}=C$；

11. (4) $x-y=\ln|x+y|+C$；(5) $x^2=\sin^2 y+C$.

习题 4.7

2. (1) 0；(2) 0；(3) 4π；(4) 4π.

3. (1) $\frac{12}{5}\pi a^5$；(2) $-\frac{\pi}{2}$；(3) $\frac{1}{2}$；(4) $\frac{4}{3}\pi a^3 b^3 c^3$；(5) 0.

4. (1) $3\pi R^4$；(2) $4\pi abc$.

5. (1) $-\sqrt{3}\pi a^2$；(2) -2π；(3) $-\frac{1}{3}(bc^2+a^2c+ab^2)$.

6. (1) $\frac{yz}{x}+C$；(2) $\arctan\frac{x+z}{y}+C$.

7. (1) 5；(2) -2.

8. (1) 2π；(2) 0.

10. (1) 2, (0,0,0)；(2) -36, (5, -9, 16)；(3) 28, (12, -15, -11).

11. (2) 0；(3) $n=0$；(4) $\frac{C}{r^3}$；(5) $\frac{C}{r}$；(7) 0；(9) 0.

12. (1) 是，$\sin 2$；(2) 是，$4\cos 1+\cos 2-16$；(3) 不是；(4) 是，-4.

习题 5.1

3. (1) $u_n=\frac{2}{n(n+1)}$;　　(2) 收敛.

6. (1) 收敛,$\frac{400}{3}$;(2) 发散;(3) 收敛,$\frac{1}{3}$;(4) 收敛,$\frac{1}{4}$;(5) 发散;

   (6) 收敛,$1-\sqrt{2}$;(7) 发散;(8) 收敛,3;(9) 发散.

7. $\frac{1}{m}\left(1+\frac{1}{2}+\cdots+\frac{1}{m}\right)$.

习题 5.2

1. (1) 收敛;(2) 收敛;(3) 发散;(4) 收敛;(5) 收敛;(6) 收敛;
   (7) 收敛;(8) 发散.
2. (1) 收敛;(2) 收敛;(3) 收敛;(4) 收敛;(5) 收敛;(6) 发散.
3. (1) 收敛;(2) 收敛;
   (3) $p>1$ 或者 $p=1,q>1$,或者 $p=q=1,r>1$ 时收敛,其余情况发散;
   (4) 收敛;(5) 发散;(6) 收敛;(7) 收敛;(8) 发散;(9) 收敛;
   (10) $a>1$ 时收敛,其余情况发散.
6. 发散;收敛.
7. 不正确,$u_n=\frac{(-1)^n+2}{n^2}$.
9. (1) 收敛;　　(2) 收敛.

习题 5.3

1. (1) $u_n=\frac{(-1)^n+2}{n}$;(2) $u_n=1+\frac{1}{n}$.　　2. 不正确.

3. $u_n=\frac{(-1)^n}{\sqrt{n}},v_n=\frac{(-1)^n}{\sqrt{n}}+\frac{1}{n}$.

4. (1) 条件收敛;(3) 发散;(4) 条件收敛;(5) 绝对收敛;(6) 绝对收敛;
   (7) 发散;(8) 条件收敛;(9) 条件收敛;(10) 发散. (13) 发散;
   (14) 条件收敛.

第 5 章总复习题

2. (2) $\frac{\pi}{4}$.

3. (1) 发散;(2) 发散;(3) 发散;(4) 发散;(5) 收敛;(6) 收敛;
   (7) 收敛;(8) 收敛;(9) 收敛;(10) 发散;

8. (1) 绝对收敛；(2) 绝对收敛；(3) 条件收敛；(5) 条件收敛；

(6) 条件收敛；(7) $p>1$ 时绝对收敛，$\frac{1}{2}<p\leqslant 1$ 条件收敛，$p\leqslant\frac{1}{2}$ 发散；

(8) $\min\{p,q\}>1$ 时绝对收敛，其余情况发散.

习题 6.1

2. (1) 收敛域$(0,+\infty)$，绝对收敛域$(0,+\infty)$；

(2) 收敛域$(\mathrm{e}^{-3},\mathrm{e}^{3})$，绝对收敛域$(\mathrm{e}^{-3},\mathrm{e}^{3})$；

(3) 收敛域$\varnothing$

(4) 收敛域$[-2,2)$，绝对收敛域$(-2,2)$，条件收敛域：$\{-2\}$；

(5) 收敛域$(-\infty,-1)\cup(1,+\infty)$，绝对收敛域$(-\infty,-1)\cup(1,+\infty)$；

(6) 收敛域$(-2,2)$，绝对收敛域$(-2,2)$；

(7) 收敛域$(-\infty,-1)\cup(1,+\infty)$，绝对收敛域$(-\infty,-1)\cup(1,+\infty)$；

(8) 收敛域 $x\neq\pm 1$，绝对收敛域 $x\neq\pm 1$；

(9) 收敛域：R，条件收敛域：R；

(10) 收敛域：$\left(-\frac{1}{5},\frac{2}{5}\right)\cup\left(\frac{3}{5},\frac{6}{5}\right)$，绝对收敛域：$\left(-\frac{1}{5},\frac{2}{5}\right)\cup\left(\frac{3}{5},\frac{6}{5}\right)$；

3. (1) 一致收敛；(2) 一致收敛；(3) $\sum\limits_{n=1}^{\infty}x^{3}\mathrm{e}^{-nx^{2}}$；(4) 一致收敛；

(5) 一致收敛；(6) 一致收敛.

4. 一致收敛.

6. 非一致收敛.

8. 一致收敛，非绝对收敛.

习题 6.2

2. $\ln\frac{2}{\sqrt{3}}$.

习题 6.3

1. (1) 收敛半径：$+\infty$；收敛域：R；

(2) 收敛半径：$\sqrt{2}$；收敛域：$(-\sqrt{2},\sqrt{2})$；

(3) 收敛半径：$\sqrt[3]{2}$；收敛域：$[-\sqrt[3]{2},\sqrt[3]{2}]$；

(4) 收敛半径：$\frac{1}{2}$；收敛域：$\left(-\frac{1}{2},\frac{1}{2}\right)$；

(5) 收敛半径：1；收敛域：$[-1,1)$；

(6) 收敛半径：$\frac{1}{4}$；收敛域：$\left(-\frac{1}{4},\frac{1}{4}\right)$；

(7) 收敛半径：1；收敛域：当 $p>1$ 时，为$[0,2]$，当 $0<p\leqslant 1$ 时，为$[0,2)$；

(8) 收敛半径：$\frac{1}{4}$；收敛域：$\left[-\frac{5}{4},-\frac{3}{4}\right]$；

(9) 收敛半径：$\frac{1}{\sqrt{2}}$；收敛域：$\left(-a-\frac{1}{\sqrt{2}},-a+\frac{1}{\sqrt{2}}\right)$；

(10) 收敛半径：$+\infty$；收敛域：R.

2\. (1) 收敛域：$[-1,1]$，

和函数：$S(x)=\begin{cases}-x\ln(1-x), & -1\leqslant x<1,\\ 1, & x=1;\end{cases}$

(2) 收敛域：$(-1,1)$，

和函数：$S(x)=\dfrac{x^2}{1-x^4}$；

(3) 收敛域：$(-1,1)$，

和函数：$S(x)=\dfrac{3x^3-x^5}{(1-x^2)^2}$；

(4) 收敛域：$(-\sqrt{2},\sqrt{2})$，

和函数：$S(x)=\dfrac{2+x^2}{(2-x^2)^2}$；

(5) 收敛域：$(-1,1)$，

和函数：$S(x)=\dfrac{1}{(1-x)^3}$；

(6) 收敛域：$[-1,1]$，

和函数：$S(x)=\begin{cases}\ln(1+x)-1+\dfrac{\ln(1+x)}{x},\\ 0, x=0,\\ -1, x=-1.\end{cases}$

7\. $(-2,4)$.

习题 7.1

1\. (1) $f(x)=\frac{1}{2}\pi+\sum\limits_{n=1}^{\infty}\frac{4}{(2n-1)^2\pi}\cos(2n-1)x$，

(2) $f(x)=\frac{2}{\pi}+\sum\limits_{n=1}^{\infty}\frac{4}{1-(2n-1)^2}\frac{1}{\pi}\cos(2n-1)x$，

(3) $f(x)=\frac{\pi}{4}+\sum\limits_{n=1}^{\infty}\frac{(-1)^n}{n}\sin(nx)$；

(4) $f(x)=\sum_{n=1}^{\infty}\frac{8}{[(2n-1)\pi]^3}\sin(2n-1)\pi x$，$-1-\frac{\pi^3}{32}$；

(5) $f(x)=\frac{2h}{T}+\sum_{n=1}^{\infty}\frac{2}{n\pi}\sin(\frac{2n\pi}{T}h)\cos\frac{2n\pi}{T}x$；

(6) $f(x)=\sum_{n=1}^{\infty}\left(\frac{2}{(4n-3)\pi}\right)^2\sin\frac{(4n-3)\pi}{2}x-\left(\frac{2}{(4n-1)\pi}\right)^2\sin\frac{(4n-1)\pi}{2}x$；

(7) $f(x)=\pi+\frac{4}{3}\pi^2+\sum_{n=1}^{\infty}\frac{4}{n^2}\cos(nx)-\frac{2+4\pi}{n}\sin(nx)$.

2. (1) $a_n=0,b_n=\frac{2}{n\pi}((3\pi-1)\cos n\pi-(2\pi-1))$；

(2) $a_n=\frac{2\pi-2}{n\pi}\sin\frac{n\pi}{2},b_n=\frac{1}{n\pi}(\frac{2}{n}\sin\frac{n\pi}{2}-\pi\cos\frac{n\pi}{2})$；

(3) 不唯一,可以分别以 2 或 4 为最小正周期,以 2：$a_n=\frac{2}{n^2\pi^2}(\cos n\pi-1)$；

以 4：$a_n=\frac{4}{n^2\pi^2}(\cos n\pi-1)$.

3. $a_n=(-1)^n\frac{e^{\pi}-e^{-\pi}}{(n^2+1)\pi}$，$b_n=(-1)^{n+1}\frac{n(e^{\pi}-e^{-\pi})}{(n^2+1)\pi}$，$\sum_{n=1}^{\infty}\frac{1}{n^2+1}=\frac{(2\pi-1)e^{\pi}+e^{-\pi}}{2(e^{\pi}-e^{-\pi})}$.

习题 7.2

1. $S(0)-S(2)-\frac{e^2+1}{2},S(3)=e$.

第 7 章总复习题

2. $a_n'=a_n\cos nc+b_n\sin nc,b_n'=b_n\cos nc-a_n\sin nc$.

索　　引